空间定向障碍

SPATIAL DISORIENTATION

姚 钦 编著

清華大學出版社
北 京

内 容 简 介

空间定向障碍号称飞行安全的第一杀手，也是航空医学需要跨越的山峰之一。要彻底解决空间定向障碍需要从三个方面进行突破：第一是设备；第二是教育；第三是训练。本书深入浅出阐述了空间定向障碍发生的生理、心理机制，空间定向障碍与航空工效学、各种飞行错觉产生原理，空间定向障碍防护和训练方法等。适用于航空医学专业本科生、研究生教学，对飞行员训练与安全教育、飞行错觉模拟器研制以及航空座舱设计等诸多方面，均具有重要意义。

图书在版编目（CIP）数据

空间定向障碍 / 姚钦编著. -- 北京：清华大学出版社，2024. 11.

ISBN 978-7-302-67625-6

Ⅰ. V321.3

中国国家版本馆CIP数据核字第2024X7D510号

责任编辑：孙　宇
封面设计：钟　达
责任校对：李建庄
责任印制：沈　露

出版发行：清华大学出版社
网　　址：https://www.tup.com.cn，https://www.wqxuetang.com
地　　址：北京清华大学学研大厦 A 座　　**邮　　编：**100084
社 总 机：010-83470000　　**邮　　购：**010-62786544
投稿与读者服务：010-62776969，c-service@tup.tsinghua.edu.cn
质量反馈：010-62772015，zhiliang@tup.tsinghua.edu.cn
印 装 者：三河市龙大印装有限公司
经　　销：全国新华书店
开　　本：185mm × 260mm　　**印　　张：**22　　**字　　数：**440 千字
版　　次：2024 年 11 月第 1 版　　**印　　次：**2024 年 11 月第 1 次印刷
定　　价：228.00 元

产品编号：106519-01

作者简介

姚　钦

工学博士，空军特色医学中心某研究室主任、正高级工程师。全军医学科学技术委员会航空航天医学专业委员会委员、中国指挥与控制学会虚拟现实与人机交互专业委员会常务委员、中国医药教育协会前庭学专业委员会常务委员、《空军航空医学》编辑委员会委员、《中华航空航天医学杂志》和《海军军医大学学报》审稿专家，飞行事故调查专家组成员。

长期致力于飞行员空间定向障碍、夜视、晕机的基础理论教育、训练标准制定和训练装备的研制工作，为大幅降低我军空间定向障碍飞行事故率和飞行学员晕机率做出重要贡献。先后主持参与“十二五”“十三五”“十四五”多项国家和军队重大重点项目，多次参加重大演习演练任务，为预防空间定向障碍授课50余次，主持了飞行员空间定向障碍训练、仪表视觉空间定向能力训练和夜视训练标准的制定工作，发表论文60余篇。享受军队优秀专业技术人才一类岗位津贴，获得3次军队科技进步二等奖，荣获三等功1次。

编委会名单

编　　著：姚　钦

副 编 著：于立身　贾宏博　郭小朝　赵显亮
　　　　　于　飞

编　　者：（按姓氏笔画排序）
　　　　　王　聪　王　璐　田大为　刘　佳
　　　　　苏　芳　陈　珊　张　琳

校　　对：黄亚萍　刘　璐

前　言

空间定向障碍（spatial disorientation，SD）这本书已撰写超过了五年，在边写边思考和修改的过程中，我对空间定向障碍的认识也在不断地升华，早些年前，许多人将空间定向障碍与飞行错觉相混淆，这也导致了一些事故没有纳入空间定向障碍范畴之内，从而缩小空间定向障碍的预防边界。近五年，我们通过在飞行员中开展广泛的空间定向障碍定义和预防方法的教育宣传以及训练工作，相关事故发生率已大幅降低，这也是我从事空间定向障碍防护工作多年来最欣慰的地方。

空间定向障碍号称“飞行安全第一杀手”，也是航空医学需要跨越的最重要的山峰之一。要彻底解决空间定向障碍需要从三个方面进行突破。第一是设备：飞机上往往装备了很多个体防护装备，如供氧系统、抗荷系统、仪表系统等。要判断一个航空医学问题是否能通过设备解决，至少满足如下两个条件：一是飞机能否判断当前状态下是否发生问题（注意是飞机而不是飞行员），如哪个高度开始会发生缺氧，什么时候出现载荷问题等，这时候机载传感器就能自行判断，而不是由飞行员判断；二是相关设备自动启动能否解决这些问题，如出现载荷时代偿服会开始给下体增压，解决载荷条件下头部缺血问题；高度 3000 米以上飞机开始供纯氧，解决飞行员缺氧问题等。而这些设备开始工作是不需要飞行员参与的，几乎不占用飞行员有限的大脑认知资源。飞机设计师、人机工效专家、航空医学专家和飞行员不断改进着飞机态势信息的显示方式，提升飞行员态势感知能力，但目前的座舱仪表、平显和头显等设备显然还不能完全解决空间定向障碍问题，丢失状态时需要飞行员主动去“看”飞机状态信息，同时对抗错觉带来的影响，从而极大加重了飞行员生理心理负荷。第二是教育：教育飞行员正确认识空间定向障碍的深刻内涵，建立有效的防范意识。以往飞行员往往认为空间定向障碍就是飞行错觉，没有了解到注意力分配不当，忽视状态或者状态不清等通常是导致飞行事故更大诱因；空间定向障碍的发生是人从二维运动环境进入三维运动环境后正常的生理心理反应，是正常的客观现象，在新飞行员和老飞行员中均会发生，但一些经验飞行员往往认为空间定向障碍发生是一种飞行能力问题，羞于与机组成员、飞行同事之间建立客观的空间定向障碍问题的交流状态，导致一些有益的相互交流学习机会丧失。第三是训练：空间定向障碍模拟器是飞行模拟器行业内最难实现的一种模拟器，需要逼真的气象模拟指标显示和复杂的飞行错觉人体感知觉系统等往往使许多模拟器制造公司望而却步，一台优秀的空间定向障碍模拟器需要有高度逼真的飞行仿真环境，如可变化的云，可调整的能见度，各种光照、月亮和星辰等天象变化，不同亮度的夜晚环境，可调节的地面和机场各种灯光等；大视野的视景系统；能模拟不同前庭、本体错觉的运动仿真系统等。飞行员通过训练，掌握飞行错觉发生的飞行环境、飞机运动时的身体反馈感觉和出现错觉时的心理状态等，从而在空中能及时发现，并克服飞行错觉，正确掌握出现空间定向障碍的防范方法，并把这种技能和意识融入整个飞行生涯中。

本书是在 5000 多名飞行员中开展空间定向障碍训练成果、十几年教育工作经验及与飞行员交流心得的基础上撰写而成，同时非常有幸从我国飞行错觉学科创始人、我国航空医学的奠基人之一于立身教授之子于岗先生处获得于立身教授的书稿，认真拜读后我受益匪浅，并将其撰写的“飞行空间定向心理生理”“飞行空间定向障碍错觉模拟”和“空间定向障碍错觉飞行事故的预防”思想和知识消化吸收后融入本书，虽未拜为师，却已获其学，在此行弟子礼。

感谢毕红哲高级工程师的工作帮助，使我在编著过程获益良多；贾宏博、郭小朝、赵显亮、于飞完成了本书整体框架和统稿；王聪完成第五章，苏芳、陈珊完成第九章，田大为、张琳完成第十章，王璐、刘佳完成第十二章内容撰写工作。黄亚萍、刘璐参与本书的校对等工作，在此对以上同僚表示衷心感谢。另外，本书在编著过程中引用了国内外专家、学者的研究成果和出版著作，在此表示感谢。由于水平有限，不妥之处请专家学者和广大读者批评指正。

姚　钦

2024 年 9 月

目　录

第一章

空间定向障碍相关的一些基本概念及分析

第一节　飞行中空间定向简介及特点

空间定向指人确定自己在空间中的姿态和位置。人对这种空间关系的认识是通过空间知觉实现的，形成对物体的位置、距离、方向、大小、形状和体积等的反映。知觉由多种感觉组合而成。各感觉系统的特殊感受器在适宜刺激下，将刺激转换成神经冲动，通过各自的感觉通道，传送到各级中枢，最后在大脑产生相应的知觉。感觉反映了事物的特定特性，在多种感觉有机结合的基础上，加之过去的经验形成知觉。知觉是对事物的整体的反映。人类的空间知觉主要由四种感觉通道（视觉、前庭觉、本体觉、听觉）（图 1-1）分别接受其适宜刺激，转换为空间信息，并在中枢神经系统不同层次上获得生理性的加工，进而在更高级的心理水平上进行认知加工处理形成，人的空间定向系统是多感觉整合系统。所以人的空间定向能力不是先天就有的，而是在人类长期实践中获得的。

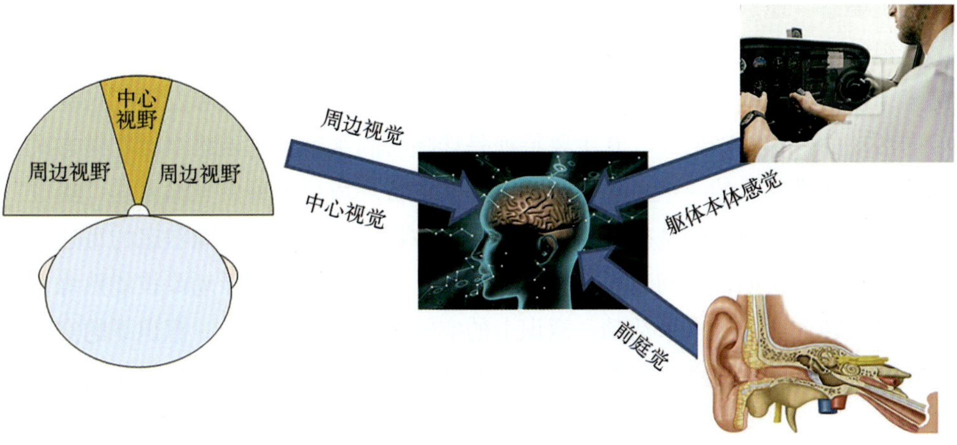

图 1-1　参与空间定向的主要感觉系统

一、复杂的生理定向系统

人在地面上的自身姿态、位置定向是通过多种感觉器官感知在地面坐标系中的相对关系来实现的。人在地面上的活动，通常是在两维空间（前后、左右）进行的，身体与地面经常保持着密切的接触，这对判断自身姿位是一种极为重要的定向线索。地面上的房屋、道路、村庄、城市、江河、桥梁及铁路等规律性的分布，各类物体的特定形态和大小，日月星辰规律性的运动，都可以成为人们据以进行判断的自然定向目标物。这些自然定向目标物不仅使人进行空间定向有了可能，而且具备准确性和可靠性。

飞行员在飞行中的空间定向涉及复杂的生理和心理活动，由视觉、前庭觉、本体觉和听觉等多个感觉系统共同完成。由于人在飞行中是在三维六自由度空间活动，不但受外界视觉环境变化和加速度环境变化的影响，而且受震动、噪声、飞行任务、心理等多种因素影响，所以，飞行中的空间定向活动具有区别于地面空间定向的心理生理特点。飞行空间定向涉及飞行人员对地空目标、飞行状态、空间位置和飞行时间等的认知，同时也包括他们与飞行环境之间的空间关系的判断。这不仅是对飞行环境的复杂感知和认识，而且是一种复杂的情景意识。飞行空间定向是各种飞行技能中核心因素之一，是掌握各种条件下的飞行技能的基础。КовалекоПА 等甚至明确提出，“高机动飞行的根本问题是空间定向。高机动飞行，如超过 90° 攻击角的侧滑可以造成难以想象的错觉和失定向”（КовалекоПА.идрг，2007）。飞行空间定向如同地面空间定向一样也是靠各感觉通道组成的空间定向机能系统进行。飞行是一种高级的复杂劳动，飞行活动中，飞行员必须完成的操作和任务很多，但是所有的操作和任务都建立在一个基本的前提和基础上，那就是飞行人员必须时刻对自身与飞机在三维空间中的姿态、速度、方向、位置等有正确清晰的认识。其中飞机与飞行环境的认知能力主要指对飞机姿态、地点、空间、时间、运动知觉的认知能力，也称态势感知能力。它是以人类视觉、前庭觉和本体觉等基本的感觉系统为先决条件，以飞行员对所接受的视觉信息、仪表信息以及前庭和本体信息的整合加工为基础所形成和发展起来的，是人类定向活动的一种特殊形式。其主要特征是伴随时间维度下的四维空间定向方式。因此这是在时间维度上的一个意识流，是对动态飞行环境里各种感觉输入的“集成”和“综合”，是飞行活动的基础和前提，一旦被破坏，需要一个空间状态的重建过程。在从事一种活动初期，空间定向是在意识水平上进行的，一旦活动或技能熟练，空间定向活动就转入意识下水平活动。意识上的空间定向活动速度慢，意识下的空间定向活动速度快，进入“自动化”程度，只有在平衡受到意外或异常干扰时才回到意识上水平。

二、空间定向参考系

这里指的参考系是地面 1 G 环境参考系，是由地心引力形成的重力垂直线为竖（垂直）轴与由光照形成的视觉水平线为横（水平）轴构成的坐标系。它是物理空间在认知空间中定向关系的表达和反映，是一种立体的、抽象的、深层的认知结构。这种认知结构映射到语言空间里，基本标志是以方向和方位词对定向进行判断（方经民，1999）。根据方位定向词的性质，可把方位定向判断分为绝对定向方位和相对定向方位。“东、南、西、北”是绝对判断定向方位用词；“上、下、前、后、左、右”是相对定向方位判断用词。

人在地面上的空间定向过程如图 1-2 所示，该图示人在地面上的空间定向活动的过程，即空间定向是如何形成的。需着重指出，在空间定向形成中总是不同程度地以条件反射形式进行，即不仅有以直接刺激——光线、重力改变为信息源的第一信号系统经各感觉器官参加，而且也有以间接刺激——语言、文字符号等为信息源的第二信号系统经大脑皮质机制参加；不仅在各感觉通道当时传入的空间信息分析、处理的基础上经整合机制形成空间表象，而且可在第一、第二信号系统信息的“痕迹”——暂时性联系的基础上形成空间表象。各感觉在参与地面空间定向形成中始终以视觉为主导，其他感觉，如前庭觉、本体觉等起补充、强化作用，通常反映空间的感觉一致。这种空间感觉反映一致性对形成正确空间定向非常重要。在飞行环境中，种种原因，这种各感觉反映的一致性会遭受“破坏”，这是造成飞行空间定向障碍（spatial disorientation，SD）的重要原因之一。

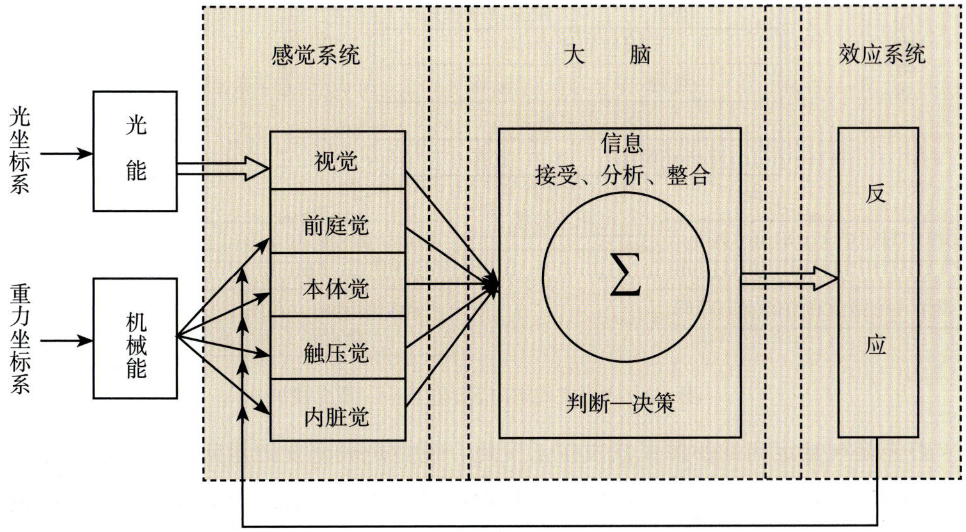

图 1-2　地面空间定向活动过程——概念模型

从这一概念模型中可以看出，行动的正确性取决于大脑如何处理传入的空间感觉信息，以及如何在思维意识水平上做出正确的决策和判断。

如图 1-3 所示在高度不断变化和飞机的机动活动中使人要受外界视觉环境（视觉常性在视觉定向中不起正确线索作用）、重力场变化和各种加速度力惯性力作用，坐标系的“重力垂直线”和“光照水平线”发生了改变，也就是空间定向所依赖的坐标系发生了改变，所进行的空间定向不是像在地面二维的空间定向，而且受震动、噪声、飞行任务、心理等多种因素作用，所以，飞行中的空间定向活动具有区别于地面空间定向的心理生理特点。飞行中发生的飞行空间定向障碍错觉（spatial disorientation illusion in flight）就是发生在人的空间定向系统中的错误知觉或认识。要了解飞行 SD 错觉首先要了解人的空间定向心理生理学特点。

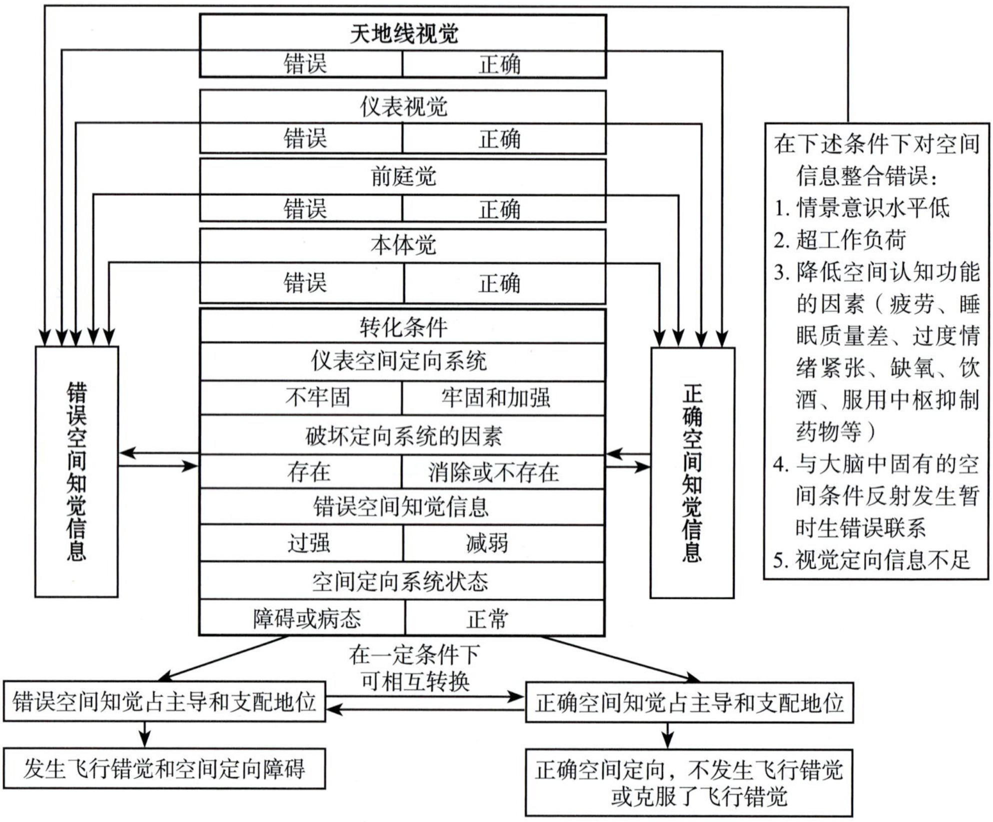

图 1-3　飞行空间定向活动过程——概念模型

首先是视觉定向的参照系统发生了变化。视觉是最重要的定向系统，正常地面情况下人体定向信息的 80% ~ 90% 来自视觉，在飞行空间定向中视觉无疑也起最重要作用。尽管在地面上，我们依赖于众多的视觉参照物，如地面、房屋、树木、山川和湖海等，但在飞行中，最关键的视觉参照线索是天地线。天地线参考可靠、简单、稳定、方便。但是以“天地线”视觉为主导感觉的空间定向机能系统的建立需要一个过程，当这种系统牢固建立、天地线在风挡上投影呈现一定关系位置时，便会以视觉为主导形成飞机状态知觉，此时，前庭觉、本体觉和触压觉等起非主导作用。在复杂气象条件下，天地线不可见或不明显，错误的视觉信息容易诱导飞行员产生各种错觉，如倾斜的云层往往会使飞行员产生带坡度的错觉，此外，由于缺乏可靠的视觉定向信息，前庭本体性的刺激还会诱发产生前庭本体性错觉。

其次是加速度或力环境的变化。在地面情况下，由于视觉在空间定向中的主导作用，人体前庭和本体感觉系统虽然无时无刻不处在重力场内受重力作用，但前庭器官提供信息，使人体保持平衡却是自动的，不受意志控制，时时刻刻在无意识中提供着空间定向信息。一般情况下，视觉信息与前庭本体的信息是一致的，因而很少发生定向错误。在空中，人体前庭本体感受器受到不同于地面的各种加速度及其惯性力作用，由于这些感受器本身的特点，往往会产生许多不正确的知觉，有时与视觉信息是矛盾的，在简单气象条件下，依靠视觉的主导作用可以抑制这些错误感觉，但在复杂气象条件下，视觉主导不能发挥作用，这时前庭本体感觉对人的影响力会大幅提高，这些错误的感觉容易凸显出来，发生前庭本体空间定向障碍。

另外，与地面活动相比，飞行是最复杂的劳动类型之一。飞行员经常处于高度紧张的状态，承受着巨大的心理和生理压力。因此，大脑在处理定向信息时可能会分配注意力不当、忽略关键信息或误解信息，从而导致空间定向障碍。

第二节　空间定向障碍相关的概念

SD 指飞行员对在相对于由地面和重力垂直线所构成的坐标系内的地空目标、飞行状态、空间位置、飞行时间以及自身与飞行环境之间的空间关系进行识别和判断的失能或失效。美军早期将空间定向障碍称为飞行员眩晕（pilot vertigo），20 世纪 70 年代逐渐被 SD 代替，1989 年后在美军的事故分析中正式采用。我军早期常与飞行错觉混用，目前普遍采用 SD 说法。

SD 的本质是人体在三维运动环境下空间定向生理心理能力不足的一种表现。有两层含义，一是人体生理心理局限性是发生 SD 的必要因素；二是外界因素是发生 SD 的重要条件。也就是说，人体生理心理局限性在一定外界因素下才会表现出来。在飞行空间定向功能系统中错误反映飞机状态、位置和运动的感知觉，或中枢对感知觉空间信息在整合过程处理错误，在一定条件下暂时转化为主导感知觉，并在空间关系认识形成中取得支配地位时，则产生错误的空间认识，即发生 SD 或飞行错觉（于立身，1976，2009）。在这里要特别指出，飞行 SD 发生的基础是飞行员在当时飞行环境下空间定向的各感觉系统的生理心理输出特性。

SD 在飞行员中的发生率较高，其危害也相当严重。据调查，军事飞行人员中 SD 发生率为 90% ~ 100%，即几乎每个飞行员在其飞行生涯中都会遇到 SD。严重军事飞行事故中 20% ~ 30% 与 SD 有关。美国空军在 1990—2004 年这 15 年期间，发生 71 起 A 级 SD 事故，导致 62 人丧生，占 A 级事故的 21%，占所有事故的 11%，发生率为 2.9 起 /100 万架次，人员损失占到所有事故人员伤亡的 69%，而且近 30 年来总的事故发生率有下降的趋势，但 SD 事故发生率却居高不下。

1. 飞行错觉

错觉是指在特定条件下对事物产生的某种固有倾向的歪曲知觉。飞行错觉指的是飞行员在飞行过程中对飞行或自身状态的定向、位置和方向产生的错误知觉，这是一个不正确的心理表现，它扭曲了飞机的真实状态。飞行错觉主要包括两个方面：①对自身飞机及自身在由地面和重力垂直线所确定的固定坐标系统内的位置、运动及姿态形成错误的感知；②相对于其他飞机的位置、运动或姿态的感觉上的错误，也属于飞行错觉的范畴。

2. 丢失飞行状态

丢失飞行状态指飞行员虽然意识到在空中丧失了空间定向能力，但仍无法正确感知和掌控自己飞机的状态的现象。在飞行中，丢失飞行状态的发生大致有两种情形：①飞行员处于高脑力负荷，已无法保持清醒思维判断能力掌控自己飞机的状态；②飞行员处于生理失能状态，如黑视、红视、缺氧、受伤等情况，丧失空间定向能力。

3. 忽视飞行状态

忽视飞行状态指飞行员主观上没有把注意力集中于飞行状态的掌控，按照思维惯性，以原有或自我设定的飞行状态操纵飞机，这种状态下飞行员极易发生飞行错觉。飞行中飞行员思维处于低唤醒状态和管状注意力时容易发生忽视飞行状态。

4. 飞行状态不清

飞行状态不清指飞行员在飞行中处于不能判明飞行诸元状态，从而无法对飞机进行正常操作。飞行员在实际飞行中由于复杂气象环境失去视觉定向线索、仪表故障等原因无法获得正确空间定向信息是造成飞行状态不清主要原因。

5. 飞行状态感知

飞行员主要依靠飞行诸元（航向、高度、速度、俯仰、坡度等）了解和把握飞机自身运动变化状态的过程。

6. 飞行中管状注意力

飞行中管状注意力也称飞行中管状思维或管状视野，是指飞行员注意力高度集中于某一对象或操纵活动时，出现眼界狭窄，听觉和其他感觉器官反应能力降低，不能有效进行注意力转移，从而造成丢失情景意识的现象。执行重要任务、突发意外情况都容易造成飞行员出现管状注意力。另外在高过载时，飞行员也容易出现视野缩小情况。

7. 飞行员注意力分配

飞行员注意力分配是指飞行员在同一时间把注意指向不同对象或活动上。其能力与遗传、教育、训练和实践密不可分，但注意力分配技能是可以训练培养出来的。文献介绍，人类最多可以并行完成 2 ~ 4 个不同任务，要同时完成多个不同的任务，需要这些任务在大脑不同的处理区域，而且最多只有一个任务生疏才能成为可能。良好的注意力分配能力，是飞行员在高负荷状态下完成飞行和各项任务，避免空间定向障碍发生的重要能力。

8. 视觉空间定向

视觉空间定向是指飞行员利用视觉定向信息形成了其空间定向知觉。光觉、形觉和色觉等视觉功能均与空间定向有关，这些功能具体包括视力、对比敏感度、视野、色觉、夜间视觉（暗视觉和暗适应）和深度觉等。

9. 前庭觉空间定向

前庭系统是形成空间定向知觉的重要感觉系统，与视觉、听觉、嗅觉等感觉一样，前庭器官受相应的运动和加速度刺激后会形成前庭觉。通过对所受到的各种加速度的感受，前庭器官能准确地测定头部的空间位置及运动状况，在大脑中形成一种我们在三维空间中位置、姿态和运动的知觉，即可以感知我们处于什么位置姿态，在做什么运动。人的前庭觉不能区分物理性质一样的重力与惯性力，因此常将重力与惯性力的合力当作“垂直重力方向”，由此可导致产生有关的前庭性错觉。

10. 本体觉空间定向

包括肌肉和肌腱内本体感受器的感觉，关节囊本体感受器感觉和皮肤内触、压感受器的感觉，从而形成自身空间姿态及运动状况的知觉。与前庭觉一样，人的本体觉不能区分物理性质一样的重力与惯性力，因此常将重力与惯性力的合力当作“垂直重力方向”，由此可导致产生有关的本体性错觉。

11. 听觉空间定向

人体的听觉在定向中也有一定作用，在自然环境下，听觉系统对视觉系统起到控制作用，当听觉事件发生在视野范围外时，人们的一个本能反应就是很快将视线聚焦到声源处，即听觉类似于视觉系统的伺服控制系统。人们对声源定位的误差一般不会超过 10°，相对于视觉，它们可以被更快地发觉，同时人们对于声音随时间的变化更加敏感，可以更加容易地感觉到信息随时间的变化，而这些都是视觉通道信号所无法比拟的。目前新一代飞机利用听觉定向的这些优点，发展以飞行员头部为中心三维声音的听觉显示系统。

第三节　情景意识

一、情景意识定义

情景意识（situational awareness，SA）也被称为处境意识，是飞行员和机组成员对与飞行相关的各种因素在一定的时间和空间范围内的知觉、理解和预测其变化趋势，它综合了飞行人员、飞机、环境和操纵等所有相关因素。情景意识这一术语的概念最早出现在第一次世界大战期间的“军队理论”（military theory）著作中。在 20 世纪 90 年代美国空军首先采用了情景意识这一术语，并与美国海空军都把情景意识丧失（loss of situational awareness，LSA）作为飞行事故分析因素之一。美国海军航空航天医学研究实验室（The Naval Aerospace Medical Research Laboratory，NAMRL）2002 年报告采用情景意识概念和模型创建了一个能生成三维计算机模拟 SD 事故的分析软件，并已经广泛用于飞行事故分析（McGrath et al.，2002）。

从 20 世纪 80 年代起情景意识引起各相关部门，特别是空军的高度重视。当时主要的关注点是人为因素错误造成的事故分析，但面对情景意识所包含的内容极为庞杂和概念模糊不清，一度陷入使人们难以接受的程度，为此曾召开数次国际性研讨会。在 1995 年美国 Endsley M.R（1995a. 1995b）全面论述了情景意识的理论依据、影响因素、测量手段和提出情景意识模型，在 1997 年和 1999 年又分别详细论述了情景意识在飞行环境中的应用。

在 20 世纪 90 年代前后对情景意识的认识差异很大，给出的定义不下 30 种（http://www.raes-hfg.com），使人头昏眼花，不知相信哪位给出的定义科学可信。Endsley MR 在 1988 年首次发表了对情景意识的定义：“知觉环境要素的时空变化，理解其含义并预见其即将发生的态势”（Endsley，1988）。Endsley 提出的情景意识定义是对人在“人、机、环境”相互作用中认知思维活动的高度概括，符合人的认识世界规律，对探索人行为和人因素错误规律无疑具有指导作用。

二、情景意识概念模型

Endsley 于 1995 年在进一步阐述情景意识的定义同时给出情景意识的概念模型（Endsley，1995a），如图 1-4 所示。她把情景意识分为三个水平。

SA1 是指对现状态下的要素的认知。就飞行而言，要认知环境相关要素的状况、特点和变化；要准确认知自己飞机的信息（空速、位置、高度、航线、飞行方向等），以及气象、空中管制净空情况、紧急情况信息等（Endsley and Rodgers，1998；Endsley，1999）。

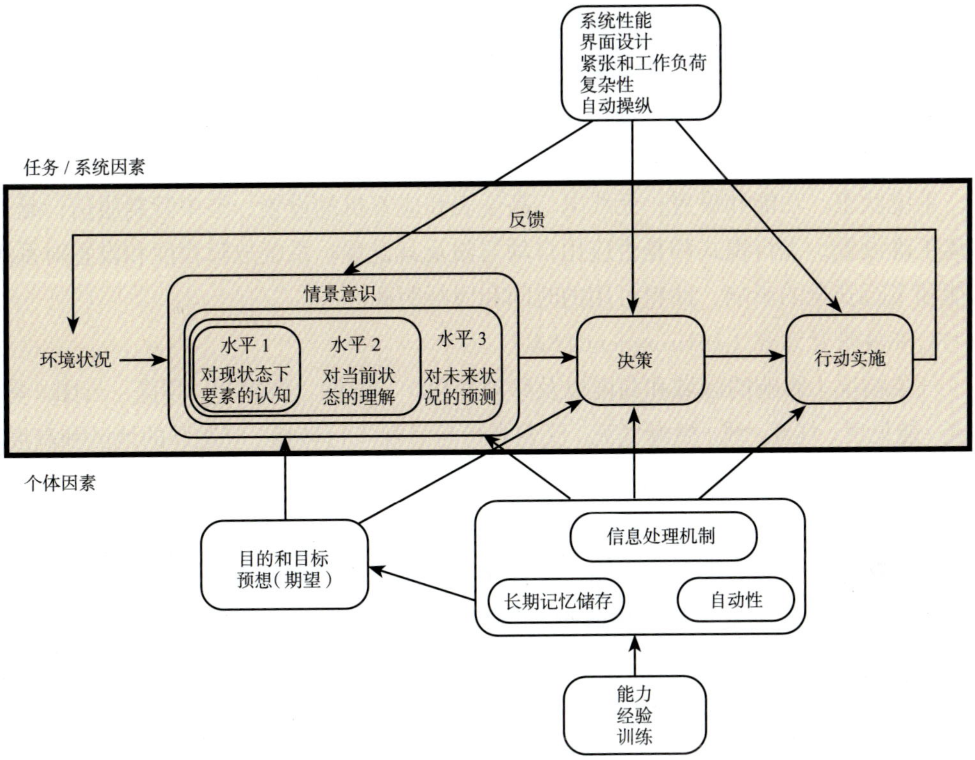

图 1-4　情景意识概念模型

（引自 Endsley，1995a）

SA2 指对当前状态的理解，是以 SA1 的离散的信息为基础，特别是理解那些整合后与操纵者目的有关的因素含义。就飞行而言，要理解任务执行的时机和情况，系统性能变化的影响，油料够飞多长时间和距离，威胁飞机的战术状态等（Endsley and Rodgers，1998；Endsley，1999）。

SA3 是指预见系统即将会发生什么状况。就飞行而言，要预见飞机的战术和机动动作、发射目标和时间的选择等（Endsley，1999）。

该模型涵盖了以下关键因素（http://en.wikipedia.org 2013）：①以认知、理解和预见作为情景意识的三个水平；②目的在于注意和认识感受到的信息的意义；③信息的特点在于启动注意和处理；④期望在于启动对信息的注意和认识；⑤工作记忆资源有限会影响新手和新情况的情景意识；⑥思维模型整合需要的信息和了解其含义有助于对未来时间的预测。

在 1997 年，Edsley 还进一步提出了 5 种 SA 类型，这有助于更深入地理解 SA。

1. 地理情景意识（geographical SA）

自己飞机、他机、地貌、机场、城市、导航点和航行坐标位置；跑道和滑行道布置，上升、下滑点。

2. 空间 / 时间情景意识（spatial/temporal SA）

姿态、高度、航向、速度、垂直速度、G 值、飞行航迹；偏离飞行计划和飞行间隔；飞机的性能；预期飞行航迹；预期着陆时间。

3. 系统情景意识（system SA）

系统状态、功能和设置；无线电、高度表和应答机的设置；空中管制通信；是否偏离正确设置；飞行模式和是否应用自动驾驶及其设置；系统故障程度和设置对系统性能和飞行安全的影响；油料可用的时间和飞行距离。

4. 环境情景意识（environmental SA）

气象情况（影响的区域和高度以及移动变化），温度、积冰、云顶高、云团、雾、阳光、能见度、气流、风、微爆气流；仪表飞行与目视飞行转换、应避开的地区和高度；飞行安全；预计的气象状况。

5. 战术情景意识（tactical SA）

对他机战术状态、类型、性能、位置和飞行动态变化的识别，与他机相比自己的能力，发现飞机、发射能力和目标命中，当前和预计受到的威胁情况，危急和机动飞行，任务执行时间和执行情况等。

目前，这一情景意识理论不仅在航空领域得到了广泛应用，还扩展到了空中管制、核能、运输器操纵和麻醉等多个领域（http://en.wikipedia.org 2013）。对于情景意识的机制，Endsley 也进行了富有成果的研究。

三、情景意识与飞行空间定向

探究情景意识与飞行空间定向之间的关系，目的是明确情景意识丧失与飞行空间定向障碍之间的联系。如上文所述，空间定向在航空环境中确实起到了关键作用，因此，空间定向通常被视为情景意识的一个子集（Previc and Ercolino，2004），如图 1-5 所示。

Previc FH 及其团队（1995）描述了情景意识与飞行空间定向之间的关系，认为“情景意识是对飞机的位置和状态的了解，对环境（地形、地貌、气象状况，如气流和降水）的认识，了解通信（舱内通信和与空中管制人员通信）、正确认读仪表和了解操纵和仪表故障”，简言之，“当飞行员对任何操纵动作、方向或飞行行为失去认识时，即发生了空间定向障碍和情景意识丧失”对飞行员情景意识丧失界定为“飞行员对当时的飞行情景失去有效的理解和判断，并丧失决策能力为发生情景意识丧失”，同时认为“发生情景意识丧失一定伴有空间定向障碍，但发生空间定向障碍可不伴有情景意识丧失”。根据我们的调查，飞行空间定向障碍的出现并不必然导致情景意识丧失，只有极少数飞行员才同时发生情景意识丧失，我们调查 570 名歼击机飞行员发现有 557 名飞行员发生过飞行 SD 错觉，其中只有 6 名在发生飞行 SD 错觉时发生情景意识丧失。

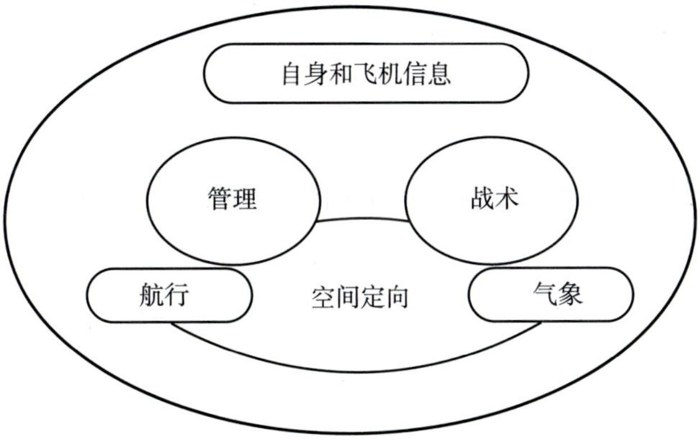

图 1-5　空间定向是情景意识的子集

（引自 Previc and Ercolino, 1995）

КовленкоПА 及其同事（1986，2007）基于心理映象（或称为意象，image）的三个层次（感受水平、表象水平和语言逻辑水平）提出飞行映象的概念，并在此基础上阐述飞行空间定向具有心理学含义的新意，值得重视和深入研究。Endsley 所提出的情景意识的三个水平——感知、理解和预见（Endsley，1995a）在其内涵上与心理映象的三个层次高度相似。从地面和飞行空间定向概念模型（图 1-2 和图 1-3）中同样可以看到相似的三个水平。说明空间定向和情景意识的心理内涵极为可能是同一的。正确的空间定向需要清晰的情景意识。影响情景意识的因素也同样会涉及空间定向，也就是情景意识的三个水平出了问题也必然会反映到空间定向上。

已有大量文献报告探讨了情景意识丧失与飞行事故之间的关系。如 Sipes WE.，和 Lessard CS（Sipes and Lessard，1999）报告美国空军高级仪表飞行学院有 57% 的学员（141 名飞行学员中）体验到过 LSA。Kuipers.A 等（1990）调查了 209 名荷兰飞行员，发现 29% 的 F-16 飞行员和 27% 的 F-5 飞行员发生过情景意识丧失。我们的调查不支持情景意识丧失有如此高的发生率（表 1-1）。

表 1-1　中国飞行员的情景意识丧失（LSA）发生率

机种	调查人数	发生错觉人数	发生 LSA 人数	LSA 发生率（%）
教练机	205	180	8	9.42
歼击机	570	557	6	3.62
强击机	73	73	1	1.37
轰炸－运输机	216	188	7	7.57
直升机	51	44	5	9.80

注：LSA 发生率是以发生飞行空间定向障碍人数为基数做的统计

Jones DG. 和 Endsley MR.（1996）与情景意识相关的飞行事故中 72% 是属于 SA1 水平的问题，22% 属于 SA2 水平的问题和 6% 属于 SA3 水平的问题。

我们认为飞行员情景意识包括飞行员、飞机、环境及操作构成的一组情境，是飞行员和整个机组的感觉和知觉的整合。

可包含以下内容。

（1）飞行员：作为飞行员要对自己的能力、身体状况、疲劳程度及其他因素进行判断。

（2）飞机：飞行员通常以自己对飞机，如发动机、设备或适航性能等方面的分析判断为依据来建立自己的情景意识。

（3）环境：包括许多不属于前两类内容的项目如天气、空管、跑道长度或地面情况等。

（4）操作：飞行员、飞机及环境对每一次飞行操作都有影响，飞行员必须估计前面三类目前的状况，并据此决定是否按计划继续此次飞行。

（5）处境情景意识：是在特殊情况时飞行员和其他机组成员对自己、飞机环境和操作因素的准确估计、理解和预测。更简单地说，要知道在你周围发生了什么、将要发生什么，任何情景都受飞行员、飞机、环境和操作等因素的影响。机组成员的情景意识和飞行安全有直接关系，情景意识越高，飞行就越安全；相反，飞行中的很多案例都可以看作是由于情景意识不强造成的后果。

第四节　空间定向障碍分类及特点

一、空间定向障碍分类

正确的空间定向障碍分类，对其诊断、预防、克服及“矫治”都有实际意义，但有多种分类方法。

按空间定向障碍错觉形态分类，可分为倾斜错觉、俯仰错觉、倒飞错觉等。飞行错觉形态据目前所知不下几十种，但并不能反映错觉的本质。例如，同是倒飞错觉，可因误认地面灯光点为空中闪耀的星星而发生，也可因海天不分，受科里奥利加速度、复合加速度作用，或者一侧前庭功能丧失等原因所致。也就是说，同一形态的飞行错觉，可由不同原因引起，可以是心理生理性的，也可以是由于生理功能障碍，甚至是病理性的。

АФ. Савченко（1975）提出，按空间定向障碍对操纵影响程度可分为四度。Ⅰ度为轻度，占 16%；Ⅱ度为中度，对工作能力可能有影响，但无错误操纵，占 55%；

Ⅲ度为重度，可危及飞行安全，占 22%；Ⅳ度为操纵上发生错误，占 7%。这种分类，对揭示空间定向障碍对安全影响程度有帮助，但也不能说明空间定向障碍的本质。同样性质的空间定向障碍对不同的飞行员往往会有不同的影响。对仪表飞行时间短、技术差、缺乏对空间定向障碍认识的飞行员影响就会重些，而其发生的飞行错觉，在本质上则可能属于正常心理生理性的。

Benson 从认知水平提出飞行 SD 错觉有两型（后来发展为三型），Ⅰ型为认识不到型，Ⅱ型为认识到型，Ⅲ型为不可抵御型。通过对这种飞行 SD 分型分析了大量 SD 事故，发现Ⅰ型认识不到型为 SD 事故主体（约 60%），Ⅱ型认识到型和Ⅲ型不可抵御型占据了 SD 事故的较小部分（各占 20%）。

（一）Ⅰ型

Ⅰ型空间定向障碍指飞行人员自己并没有意识到已经发生了空间定向障碍，自己按照自己虚假的定向进行操控，感到对飞机操纵自如。这种错觉以倾斜、俯仰错觉居多，部分甚至发展到倒飞错觉。这种情况主要是飞行员注意力分配不当造成的，如长时间只注意座舱外而不关注仪表信息，其危害性大，一旦飞机进入危险状态来不及纠正时，就可能引发飞行事故。飞行员在大脑处于低唤醒状态和出现管状注意力时都容易造成Ⅰ型空间定向障碍。根据美国空军调查，1989—1991 年因空间定向障碍引起的 13 起飞行事故均为Ⅰ型引起的。预防Ⅰ型的主要办法之一就是养成良好的飞行习惯。

（二）Ⅱ型

Ⅱ型空间定向障碍指飞行员已经感受到知觉冲突，常常表现为自身感觉与仪表指示发生矛盾，想摆脱这种感觉（错觉），但并没有完全认识到已经错觉了，所以飞行员的第一反应，往往是对仪表产生怀疑，认为是仪表故障（如地平仪故障）。多数情况下，这种矛盾很明显，只要飞行员能坚信仪表所提供的是正确信息，改目视飞行为仪表飞行，很快可以克服。大多数Ⅱ型的特点是产生快、消失得也快。

但也发生过因情况过于复杂，Ⅱ型空间定向障碍较长时间不能克服，理智与感觉长时间作斗争，摇摆不定，失去信心，加剧紧张，产生强烈的应激反应，失去对飞行的控制能力，甚至不能相信仪表、盲目动作或手脚不能操纵飞机等。这种情况虽然极少发生，但也必须引起足够重视。如发生黑洞进场错觉时，有飞行员会感觉跑道垂直竖立在飞机正前方，虽然空速、下滑角等各项着陆参数都是正确的，但这种强烈的视觉冲击力足以让每一名飞行员惊出一身冷汗。累积足够的训练经验和进行必要的抗错觉心理训练都是获取稳定心理状态、防止事故发生的有效办法，从而保证在关键时刻，能用理智战胜感觉，坚信仪表。

（三）Ⅲ型

Ⅲ型空间定向障碍指飞行员虽然意识到了所发生的空间定向障碍，但心身失能，失去了对飞机操纵的控制能力。比如高认知负荷情况下易出现不可抵御型空间定向障碍，如飞行中出现需要注意力高度集中的任务，飞机突发故障，出现意外情况等，飞行员可能已经无暇关注飞行仪表，造成丢失状态或状态不清。

另外病理、生理因素，缺氧，过载等原因导致前庭功能丧失、黑视、红视、眩晕、晕厥等也容易造成不可抵御型空间定向障碍，有 10% ~ 15% 的飞行员体验过此种类型。如飞机在平飞时，飞行员出现变压性眩晕，会感觉天旋地转，造成无法保持状态。

二、空间定向障碍特点

（一）正常性

空间定向障碍是飞行员在飞行状态下的正常生理表现，一方面人类对外界环境的定向知觉，是人体通过视觉、前庭觉、本体觉等感觉器官获取的定向信息，进行整理加工和解释，获得整体认识的心理过程。因为人类的认知永远不可能是对客观世界的真实映射，欠缺和错误是不可避免的。另一方面，由于人类本身生理局限性，在空中飞行环境中也必然会产生一些错觉，如科里奥利错觉、旋转和反旋转错觉、反坡度错觉等。

（二）普遍性

普遍性的表现：一是几乎所有的飞行人员都可能发生飞行错觉，即使是很有经验的飞行员也毫无例外，二是所有的机型都有可能发生，但以单座歼击机为多。

（三）危害性

错觉发生后，如果飞行员意识不到或处置不当，会导致严重事故，各国严重飞行事故的 20% ~ 30% 与错觉有关，如美国 1990—2000 年发生的 323 起 A 级飞行事故中，65 起与错觉有关，占 20.1%，美国陆军和美国海军 2000 年所报道同期的空间定向障碍事故比例与此相当，分别为 27% 和 26%。

（四）多样性

空间定向障碍发生原因可因下列因素不同而有所不同：不同时间段会有所不同，如白天强烈日照会影响飞行员视线，夜晚外界信息缺乏造成定向失能；一些机种设计也具有特殊性，比如地平仪设计有美式和俄式两种，对飞行员空间定向认知会造成差异。另外，复杂气象环境，潮湿多雾的地域，大机动科目，个人生理心理状态不好等都是空间定向障碍的诱发因素。

（五）特殊性

（1）空间定向障碍是复杂的生理心理问题，和生理、心理、知觉、认知、座舱显示、飞行、气象等多种因素有关，已成为主要人因问题之一。

（2）新型空间定向显示形式的出现（如平显、头显、夜视镜等），飞机装备的改善也给飞行人员带来了新的挑战。

（3）训练强度、难度等的增加，如夜间飞行、复杂气象、复杂地域等飞行科目的空间定向障碍具有各自特点。

（六）可防性

随着飞行时间的增加，飞行技能提高，特别是仪表视觉空间定向能力强化，地面与空中模拟各类飞行错觉进行对抗性训练，以及飞行前各方面充分准备等可使空间定向障碍事故发生减少，甚至不发生，即使发生了，因飞行员可迅速识别，及时采取措施，也可防止飞行事故发生。

天地线视觉空间定向：在目视飞行空间定向活动环境中，能正确反映人体和飞机的空间状态、位置、运动变化的是天地线。

仪表视觉空间定向：人体感觉的局限性说明人只有依靠人工视觉定向物——航空仪表，特别是地平仪、平显仪等才能进行正确空间定向。

三、空间定向障碍的影响因素

概括地讲，空间定向障碍的发生与气象环境因素、飞行动作（课目）、飞机设计以及飞行员自身的心理生理因素等有关。

（一）飞行环境因素

易于发生空间定向障碍的飞行环境因素如下。①仪表气象条件下飞行：尤其是在由外界目视信息转入仪表信息时容易接受错误的前庭、本体信息；②夜间飞行：主要因为采用不适当的外界视觉信息引起，如因眼重力错觉和自动错觉而发生孤立光点在运动的感觉，分不清天、地，地面照明不足，在着陆和保持悬停时对高度和状态不能准确地感知；③高空飞行：分离感觉（脱离现象），把错误的天地线作为定向目标；④无特征地区上空飞行：高度知觉错误，易造成忽视状态。

（二）飞行动作

易于发生空间定向障碍的飞行动作如下。①长时间直线加减速飞行：易于发生躯体重力错觉，眼重力错觉，头动“超重”错觉。②长时间角运动飞行：可以感觉不到转弯，躯体旋转错觉和眼旋转错觉（特别在改出时），还可由于眼震使视力受损。③转弯时头动引起交叉力偶刺激。④飞机状态的感受阈值下变化：改出时出现倾斜错觉。⑤急速上升：易发生压力性眩晕。⑥穿云飞行：特别是在编队和编队解散飞行中由目视气象条件转入仪表气象条件飞行时，可发生倾斜（俯仰）错觉。⑦在直升机和垂直短距起降飞机上的低空飞行：因进入尘雾等条件下飞行需要由目视象条件转入仪表气象条件飞行，易发生相对运动错觉。

（三）飞机因素

易于发生空间定向障碍的飞机因素包括：①仪表设计得不合理性；②仪表可见度欠佳；③仪表位置不当，需要动头才能看到；④高加速度（角、线加速度）、高机动性；

⑤从座舱角度的视线：不能看见飞机结构，引起脱离现象，其他更不可靠的视觉参考信息干扰（气泡式座舱）。

以 F-16、苏 -27、幻影 -2000 为代表的高性能战斗机具有持续高加速度（+Gz）、高加速度增长率、高角加速度和高认知负荷的战术特性。据美军报告，因严重错觉导致 F-16 的机毁人亡事故，占该机总事故数的 61.0%。概括地讲，在其他机种上可发生的任何一种错觉，在高性能战斗机上均可发生，但主要发生的错觉有三种形态和四个特点。三种形态是：超重错觉，倒飞错觉和翻、滚、转复合错觉（又称科里奥利加速度错觉）。四个特点是：全天候都可发生；高加速度下动头易发生（尤在 +6 G 以上）；发生了飞行错觉后飞行员意识不到（即 I 型错觉）；同时常伴有情景意识丧失或加速度导致的意识丧失。值得注意的是，高性能战斗机上发生的一些错觉，50% 来源于飞机结构特点，如座位高、无框水泡式座舱盖等。如发生的周边视觉性错觉主要源于这种原因。

从错觉性质分析，高性能战斗机上发生的前庭性错觉，主要是耳石器官性的。发生错觉同时存在管状注意和情景意识丧失。如 70% 的 F-16 飞机飞行员发生了错觉后失去位置意识，不知道自己发生了错觉。据报道，75% 的 F-16 飞行员认为在该机种上易发生错觉且严重。但是只有 2% 的飞行员借助平显仪发现自己发生了错觉，且看平显仪很难克服。

（四）飞行员因素

飞行员因素包括：①飞行经验。飞行经验不能使飞行员避免错觉，但经验可提升飞行员的错觉防范能力。虽然飞行经验有时通过飞行资格等级和飞行时间来衡量，但不能把总飞行时间经验等同于飞某一新机型的飞行经验，特别是跨代机型，往往一些总飞行时间较长的老飞行员在飞新机种时更容易出现空间定向障碍。②仪表飞行的熟练。在大脑处于高度觉醒的多任务情况下，熟练的仪表技能能使飞行员有时间和脑力余量去处理其他任务，同时保持情景意识。③身体健康状况。上呼吸道感染、压力性眩晕等容易使飞行员处于低觉醒状态，造成忽视状态。④精神因素。高度警觉和焦虑容易形成管状注意力，导致发生空间定向障碍。⑤饮酒和药物。会降低高级中枢功能和抑制眼震的能力，容易产生飞行错觉，飞行员处于低觉醒状态，导致空间定向障碍。⑥疲劳和劳动负荷过大。容易使飞行员处于低觉醒状态，造成忽视状态。

四、空间定向障碍发生的基本机制

空间定向障碍的发生受多种因素影响，机制较为复杂。但概括地讲，其主要与外界因素和人体——飞行员自身内部因素有关。外界因素主要包括飞行中所遇到的复杂气象、环境、加速度等，内部因素则主要指人体自身感觉器官生理功能和大脑处理空间定向信息的局限性等。

首先，飞行人员在飞行中的空间定向是一个非常复杂的生理心理活动，它是由包括视觉、前庭觉、本体觉、听觉等在内的完整的感觉机能系统来完成的，其中视觉发挥最重要作用，前庭觉和本体觉则处于次要地位。在简单气象条件下，天地线清晰可见，是飞行员进行空间定向的主要参照；视觉信息与前庭本体感觉信息一致，即使不一致，由于视觉的主导作用，也很少发生空间定向障碍。在复杂气象条件下，天地线等视觉定向线索不可见或不明显，此时，一方面由于视觉定向上存在的“上明下暗”等感觉“恒常性”作用，一些错误的视觉信息容易诱导飞行员产生各种错觉，如倾斜的云层或云中飞机座舱两侧光线不一致往往会使飞行员产生倾斜错觉；另一方面，由于缺乏可靠的视觉定向信息，视觉往往会失去定向的主导作用，前庭和本体感觉信息就会居于主导地位，而由于前庭和本体感觉感受器本身的生理特点，其往往会形成错误的定向感觉，导致飞行员产生各种前庭本体性错觉，发生空间定向障碍。

其次，飞行活动相对于地面各种活动而言，是最复杂的劳动类型之一。飞行员精神高度紧张，心理生理负荷较大，因此人体大脑在处理定向信息时容易发生注意力分配不当，忽视关键的定向信息或将定向信息“翻译”错误等，导致空间定向障碍。

最后，飞行员未能保持良好的仪表视觉空间定向也是发生空间定向障碍的重要原因。所谓仪表视觉空间定向，是指在飞行中，飞行员根据座舱相关仪表（包括平显和头盔显示器等）显示的信息，经过综合分析后进行的空间定向，它是飞行中最可靠的定向信息来源。在复杂气象等易发生空间定向障碍的条件下，如能保持良好的仪表视觉空间定向，也可避免空间定向障碍的发生。但是相对于天地线、地标等视觉定向信息，仪表视觉空间定向具有间接性、不稳定性等特点，如果仪表飞行技术不熟练，仪表视觉空间定向难以发挥有效作用，也会促使空间定向障碍发生。

五、空间定向障碍与飞行错觉的区别

飞行错觉强调的是对飞行中的外界信息的错误认知，空间定向障碍是对有限的空间定向信息的判断失实和失能。必须强调的是，空间定向障碍是飞行错觉的必要条件，飞行错觉是空间定向障碍的充分条件，必须看见飞行过程中出现了错觉而没有被发现是空间定向障碍；发现错觉无法纠正也是空间定向障碍；由于大脑没有接收空间定向信息或对接收到的相互矛盾的空间定向信息无法作出正确决断或作出错误决断同样是空间定向障碍。但在实际使用过程中，通常将飞行错觉和空间定向障碍这两个概念混用，飞行中忽视状态，以及灰视、黑视、空中眩晕、强光致盲、仪表故障等都造成飞行员状态不清等情况都隶属空间定向障碍。比如前面的Ⅱ型空间定向障碍亦称可认知型空间定向障碍，飞行员能够意识到所发生的飞行错觉，同时体验到与实际空间状态之间的矛盾冲突，这时飞行员产生了空间定向障碍，这是由于错觉产生的。Ⅲ型空间定向障碍又称不可抵御型空间定向障碍中，是指飞行员虽然意识到了发生空间定向障碍，但身心失能，失去了正确的空间定向能力，但飞行员也许并没有发生错觉，而是发生状态不清。发生空间定向障碍如果不能及时克服会造成飞行员情景意识丧失，其最终结果是导致发生人因操作失误或可控性撞地（controlled flight into terrain，CFIT），如图 1-6 所示。

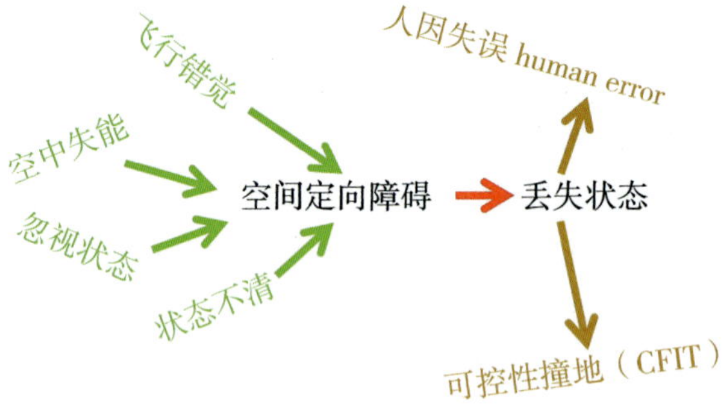

图 1-6　空间定向障碍

第二章

人类空间定向的生理机制

无论在地面还是飞行中，人体的定向和对空间运动信息的感知主要是由视觉、前庭觉、本体觉等完整的机能系统共同完成的。其中最主要的是视觉、前庭觉和本体觉三个感觉系统，尤以视觉为主导，其他感觉系统起补充、强化作用。最后大脑中枢神经系统对来自这些感觉系统的所有定向信息进行分析加工，形成空间定向的知觉（图 2-1）。

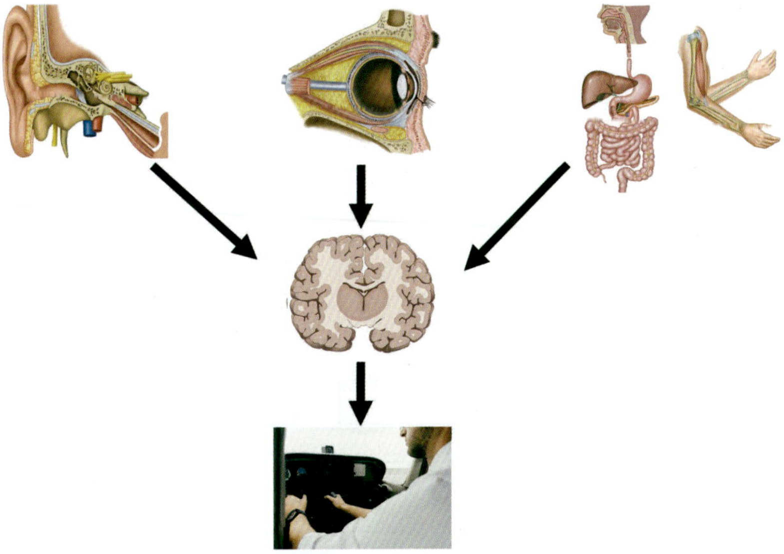

图 2-1　人体空间定向的生理心理学机制

提及飞行空间定向，必然会涉及飞机的运动轴向。一般公认飞机运动轴向，如图 2-2 所示。

Z 轴是飞机平飞时的垂直轴，绕 *Z* 轴运动为偏航（yaw），通常说的是旋转；*X* 轴是飞机的纵向轴，绕 *X* 轴运动为滚转或倾斜；*Y* 轴是飞机的横轴，绕该轴向运动为俯仰或翻转。

人在飞行中的空间定向过程如图 2-3 所示。从该概念模型图中看到，飞行空间定向的定向信息源也是来自 5 个感觉通道，空间信息处理加工和效应反应与地面空间定向机制相同。但以机械能为信息源的感觉通道还要接受来自飞机空气动力系统的反应（如惯性力），以光能为信息源的视觉还要接受反映飞机姿态和活动状态的仪表显示系统的信息。

飞行空间定向可分为目视飞行空间定向（也称为天地线视觉飞行空间定向）和仪表飞行空间定向（也称为仪表视觉飞行空间定向）。

图 2-2　飞机运动轴向

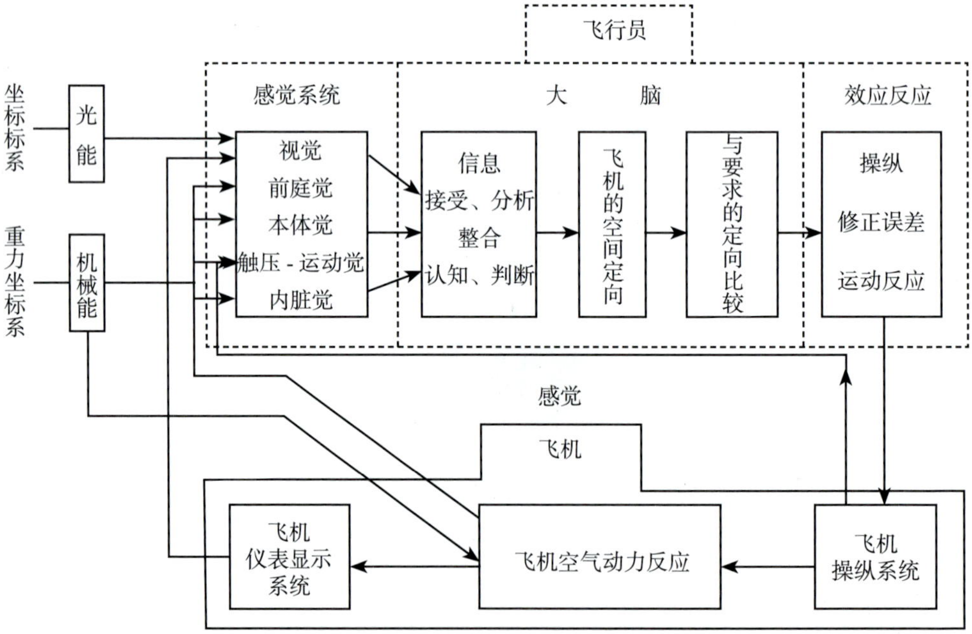

图 2-3　飞行空间定向活动过程——概念模型

第一节 视觉系统与空间定向

目视飞行空间定向通常指飞行人员利用天地线和地标等自然定向目标物，来确定自己飞机在空间中的状态和位置。飞行空间知觉是由视觉、前庭觉、本体觉等形成的，而对飞机状态和位置的知觉主要是通过视觉实现的。在飞行中，飞机座舱盖、座舱壁和底板构成的视觉坐标系与地面上由房屋天棚、墙壁和地面构成的视觉坐标系不同，后者能更真实地反映上、下、左、右、前、后的空间关系。但在飞行中不断产生的各种加速度力，使重力垂直线坐标系不再像在地面上真正反映人体的重力空间知觉；加之随着飞行高度的增高，速度的加快，气象的变化，地面上的目标物大小、形状、位置、颜色上都相应的发生了明显的改变，也都不能正确反映人体与它们之间的关系，因此，虽然视觉在空间定向中起着极为重要的作用，但要辩证的使用所获得的定向信息。

相对于其他感觉，视觉在定向中的重要性体现在三个方面：①视觉信号是从位于我们前方的三维空间发出的，而不像声音等其他信号只是从环境中某一点发出；②视觉信号提供的空间分辨率（至少在中心视觉）高达 1'，高出听觉系统一个数量级；③视觉信号不像前庭、本体等信号，在恒速运动时不存在习服现象。但是，视觉系统相对于非视觉系统的反应时较长，所以反应比较滞后，如听觉系统在确定声源的空间位置的时间约为 1 ms，前庭系统传递信号到眼动控制中心则需要 12 ms，视觉信号却需要大约 100 ms 的时间才能到达视觉皮层，所以我们在头动时可以很好地跟踪高速运动的视标，因为它刺激诱发了前庭眼动反射，而在头部静止时，由于只有视觉跟踪机制起作用，跟踪的视觉信号就非常有限。如头动时可以跟踪高达 10 Hz 频率的视觉信号，视觉跟踪机制在 0.5 ~ 1 Hz 时作用基本已不能很好地发挥。

在空间定向视觉中，通常视觉起主导作用。所谓视觉主导是指飞行员利用视觉定向信息形成了其空间定向知觉，排除了前庭觉、非前庭的本体觉和其他感觉信息的干扰。另外，视觉的主导作用也可以用前庭抑制现象来说明，即视觉活动过程的主导作用压倒了不良的前庭感觉或前庭眼动反射。

视觉的适宜刺激是光辐射能，即 380 ~ 760 nm 的电磁波（图 2-4）。当视觉系统将光辐射能转化为大脑能解释的神经冲动时便产生了视觉。

人体的平衡感和空间定向能力构成了人类所有活动的基石。保持机体平衡和实施正确的空间定向有赖于各感觉系统（视觉、前庭觉、本体觉、触压觉、听觉、内脏觉等）的相互作用和其作用的一致性。其中主要是视觉、前庭觉和本体觉，尤以视觉为主导，其他感觉系统起补充、强化作用。在地面的 1 G 环境中，这一机制已经很明确。但在飞行环境中，由于三维六自由度的重力不断变化并伴随各轴向的加速度惯性力，飞行视觉空间定向系统的形成和作用变得尤为重要，这也是本章的重点讨论内容。同时本章也对视觉系统的结构、基本生理功能和心理特点做了简要介绍。

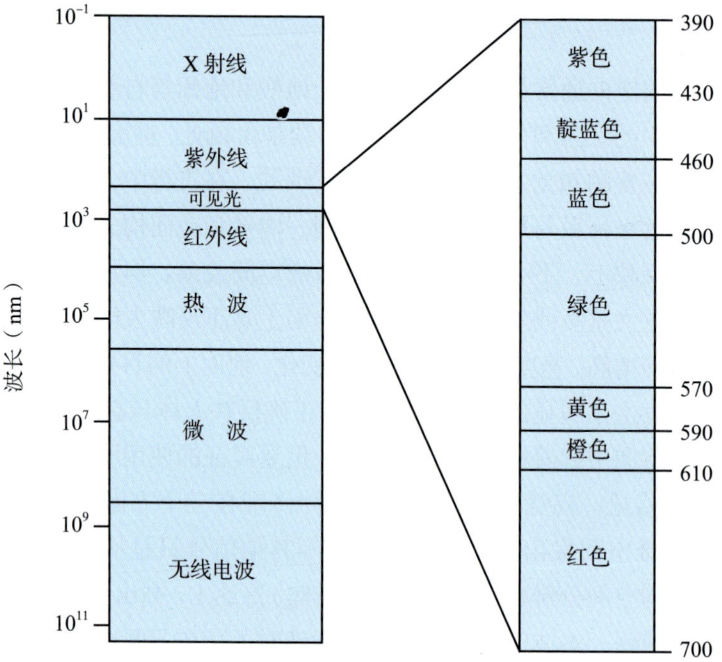

图 2-4　电磁辐射光谱

视觉是指在光线的照射下，眼睛对物体的明暗、形状、颜色、运动以及深浅度的综合感知，这是由物体的影像刺激到视网膜产生的感觉。

人类的视觉系统是一个功能完善的高级信息处理系统。外部世界的视觉信息，通过眼睛光学系统成像于视网膜，由视网膜将随空间与时间变化的光学信息转换成生物电信号，经视传导通路输入，直至视觉皮层相关区域。

一、眼球结构

（一）眼球结构

眼球的形状接近一个球体，并位于眼眶之内。眼球由眼球壁、眼内腔和内容物、神经和血管等组织构成。正常成年人其前后径平均为 24 mm，垂直径平均 23 mm。最前端突出于眶外 12 ~ 14 mm，受眼睑保护。眼球壁主要分为外、中、内三层。外层由角膜、巩膜组成。前 1/6 为透明的角膜，其余 5/6 为白色的巩膜。角膜是眼球前部的透明部分，光线经此射入眼球。中层又称葡萄膜或色素膜，具有丰富的色素和血管，包括虹膜、睫状体和脉络膜三部分。虹膜中央有一个 2.5 ~ 4 mm 的圆孔，称瞳孔。由环形的瞳孔括约肌（副交感神经支配）和瞳孔开大肌（交感神经支配）调节瞳孔的大小。光照下瞳孔缩小，称对光反射。睫状体包括睫状肌、丰富的血管及三叉神经末梢，受副交感神经支配。睫状体经悬韧带调节晶体的屈光度，以看清远近物。位于巩膜和视网膜之间是脉络膜，其血液循环营养视网膜外层，含有的丰富色素起遮光暗房作用。内层为视网膜，是一层透明的膜，也是视觉形成的神经信息传递的第一站，具有很精细的网络结构及丰富的代谢和生理功能。眼内腔包括前房、后房和玻璃体腔（图 2-5）。眼内容物包括房水、晶状体和玻璃体。三者均透明，与角膜一起共称为屈光介质。

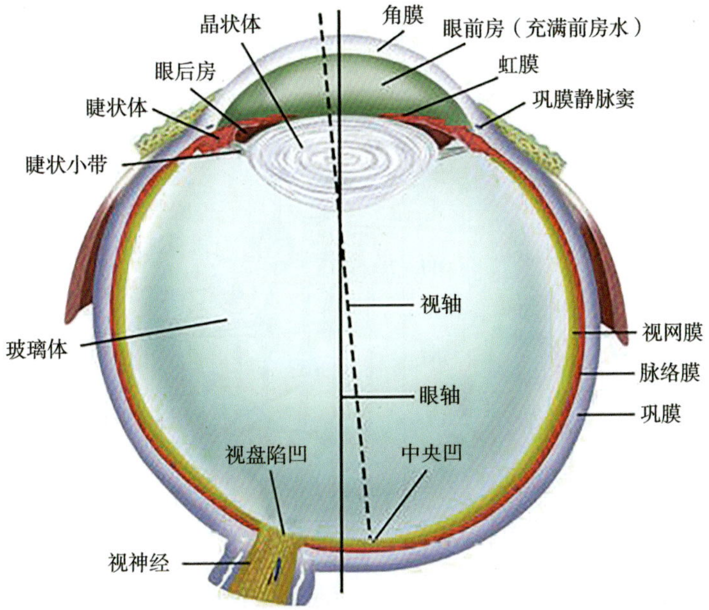

图 2-5　眼球的水平切面（右眼）

（二）视网膜

视网膜分为中央凹（fovea）、旁中央凹和远中央凹；周边区也分为近周边区、中周边区和远周边区。视网膜从起源来说与大脑相同，它是一个复杂的细胞网络，具有初步的信息处理功能（图 2-6）。

光感受器吸收光能并转变成电信号，视觉信息开始其在视网膜复杂的神经元网络中的传递和加工过程。光感受器、双极细胞和神经节细胞形成了由视网膜到脑的直接通路，水平细胞和无长突细胞位于各神经元之间，起着横向联络的作用。

（三）光感受器

视网膜感光刺激的感光细胞（photoreceptor cells），有两类（图 2-7）：一是视锥细胞（cone），每只眼有 650 万个，光敏感度低，强光刺激才能引起兴奋，具有分辨颜色的能力。中央凹，仅有视锥细胞，密度最高，约 150000 个 /mm^2。视锥细胞的感光色素是视紫蓝质。有 3 种视锥细胞（其光谱见图 2-8），含有不同的视紫蓝质分子，蓝视锥细胞为 455 nm（蓝光），绿视锥细胞为 450 ~ 675 nm（绿光），红视锥细胞为 625 nm（橙光）。二是视杆细胞（rod）：每只眼有 1.25 亿个，对弱光敏感，一个光量子可引起一个细胞兴奋，5 个光量子就可使人眼感觉到一个闪光，不能分辨颜色。

视紫红质是视杆细胞的感光色素。两类光感受器在视网膜上的分布如图 2-9 所示。

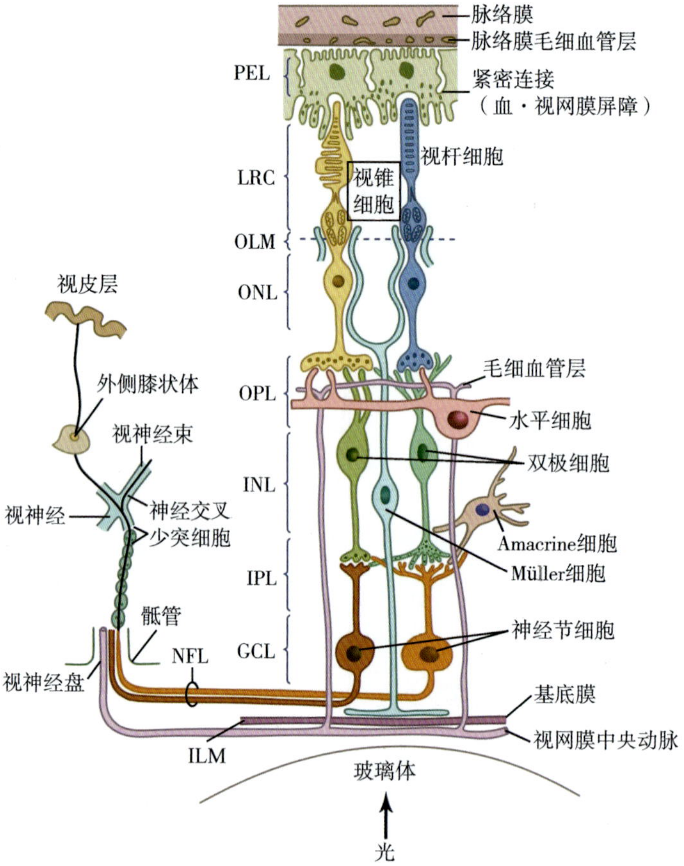

图 2-6　视网膜结构模式图

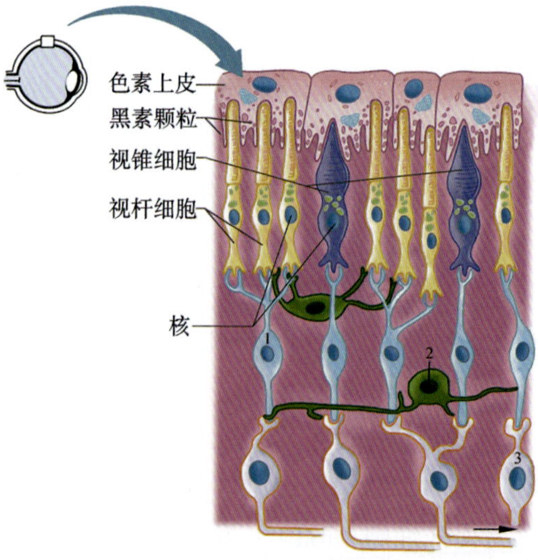

图 2-7　感光细胞（杆状和锥状）示意图

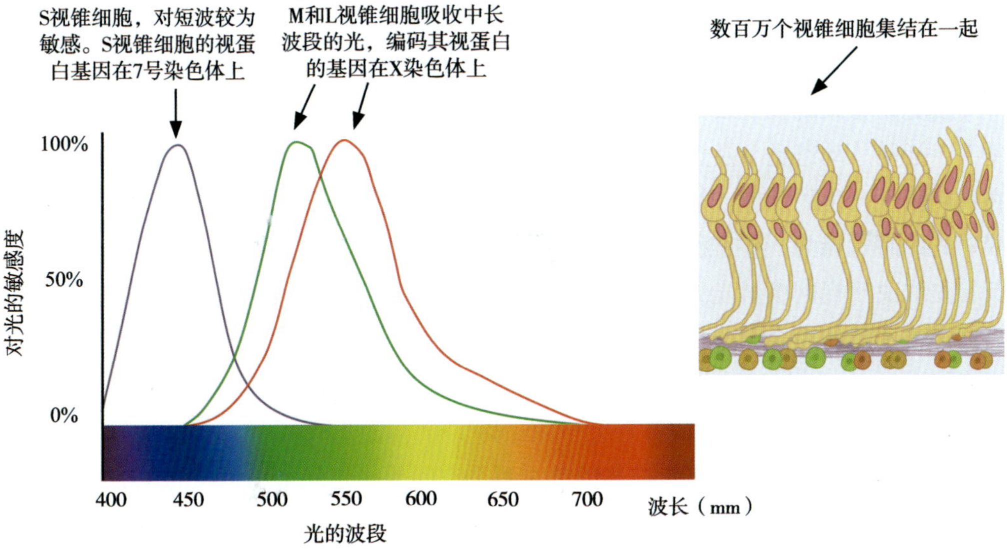

图 2-8 三种视锥细胞对不同波长光的敏感度

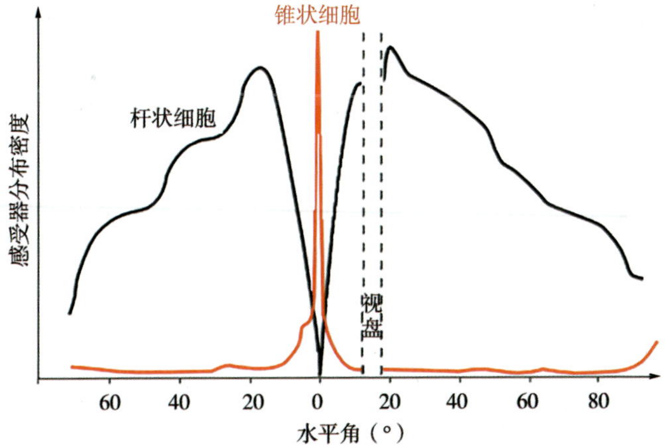

图 2-9 两类光感受器在视网膜上的分布

（四）视觉神经系统通路

人类整个眼球的折光装置类似于一个凸透镜，其中晶状体可以根据视物的远近进行调节，瞳孔的大小可调节进入眼球内光线的强弱。一束平行光线从眼球最前方的角膜穿过，经过瞳孔、前房、晶状体、玻璃体，最后聚焦于视网膜上的一点，被感光细胞接受，产生超极化响应，将光信号转化为电信号；然后经视觉传导通路，传递到脑皮层的视区，形成视觉。视觉传导途径：感受器（视杆和视锥细胞）→第一级神经元（双极细胞）→第二级神经元（节细胞）→视神经→视交叉（鼻侧半纤维交叉，颞侧不交叉）→视束→第三级神经元（外侧膝状体）→视辐射→内囊枕部→枕叶视区。视束中的纤维有部分经上丘臂进入上丘和顶盖前区→组成顶盖脊髓束→参与视、听觉反射。

二、视觉功能

视觉是指眼睛在光线的作用下，对物体明暗（光觉）、形状（形态觉）、颜色（色觉）、运动（动态觉）及远近深浅（立体知觉）等的整体感觉，这是物体的影像刺激在视网膜上产生的反应。视觉主要由光觉、形觉和色觉三个部分构成。光觉表示视网膜对光的感觉能力，包括光的感觉阈；形觉反映视觉系统对外界物体的空间分辨能力，其首先取决于视网膜对光的感觉能力，其次取决于视网膜对各刺激点的分辨能力，最后通过视中枢的整合和分析，以形成完整的形觉；色觉是指视觉系统对不同波长光的识别能力。

（一）视力

视力也被称为视敏度，它描述的是对两个空间单位之间最小距离的识别能力。视力分为中心视力与周边视力，周边视力又称视野。中心视力分为远视力与近视力，都与飞行直接密切相关。此外，还根据观察者与视觉目标之间是否存在相对运动分为静态视力和动态视力，静态视力是指观察者与视景之间相对静止时的视力，反之，两者之间存在相对运动时的视力是动态视力，其中动态视力除与视觉系统相关外，还与前庭眼动反射密切相关，动态视力与飞行关系更为密切。

（二）对比敏感度

对比敏感度是视觉系统在明亮对比变化下对不同空间频率的正弦光栅的识别能力，它反映的是视器对细小目标的分辨能力，同时还反映了对粗大目标和低对比度目标的分辨能力。它比视力表更能反映及预测视功能情况。

（三）色觉

色觉描述的是在可见光的范围内，人眼如何根据光的不同波长产生不同的颜色感知。因此，色觉可被定义为人眼对不同波长光的辨别能力，它是人眼的主要功能之一。色觉对飞行非常重要。飞行人员要使用有色地标图识别仪表板和平显上的各种颜色符号和信号，特别是夜间飞行时，要识别跑道灯、边界灯、障碍物标志灯、航行灯和信号弹。迫降时，色觉还有助于判断地形地貌。飞行人员常处在视角小、辨识时间短的情况下观察各种颜色信号，这些信号常受雾霾、尘埃和烟云等影响，加之飞行中如有缺氧，可使辨色能力降低。在这些外界因素下，正常人的辨别颜色能力下降，甚至发生颜色错误。因此要求飞行人员必须具备良好的辨色能力。

1. 人类色觉的三种理论

（1）Young-Helmoltzd 的三色理论（1807—1860）：以视网膜上有三种原色（红、绿、蓝）感觉神经纤维为假设提出三种纤维对光谱的每一波长都有其特有的兴奋水平，在三种纤维呈不同程度的同时兴奋时引起相应的色觉，如“红”和“绿”纤维同时兴奋引起橙黄色感觉，“绿”和“蓝”纤维同时兴奋引起蓝紫色感觉。

（2）Hering 拮抗色理论（1878）：又称四色学说。是以发现颜色现象总是以红－绿、黄－蓝和黑－白成对发生为依据和以视网膜中存在三对视素（白－黑视素、红－绿视素和黄－蓝视素）为假设提出的拮抗色理论。该理论是视觉后像产生的依据，如对负后像的解释是，当看到的颜色停止刺激（如闭眼）时，与该颜色有关的视素对立过程开始活动，于是产生与原来颜色的补色。

（3）视网膜皮层理论（Retinex）：Retinex 是一合成词，是由 retina 和 cortex 组成，意思是眼和大脑都参与处理（Land，1997）。该理论对“为何表面折射的颜色进入眼内的光实际波长有很大变化，而视觉感觉的颜色却呈倾向一样”做出科学解释。认为色觉有常性（color constancy），是主观常性，有人称为色觉守恒，是人的色觉系统特征之一。用于保障在不同照明条件下感受到的客体颜色相对恒定。例如，在中午主要是白色光照明，看苹果是绿色，而在日落时主要是红色光照明，看苹果也是绿色。光照的光谱发生了变化，客观上人的色觉也应发生相应的变化。但实际上常常不是这样。这是由于人类长期把阳光照射作为物体颜色的标准，称为固有色，形成色觉常性。色觉常性与光源光谱成分有关，在阳光下和日光灯照下色觉常性明显，在霓虹灯、水银灯、钠灯光照下，由于其光谱成分单纯，使色觉常性表现得弱些，另明亮环境中色觉常性高，黑暗环境中色觉常性低。色觉常性与大小常性、形状常性等一样是知觉常性，有助于对客体的识别。主视觉皮层中发现有专门记忆和计算锥体活动比例的神经元，称为双向对抗细胞（double-opponent cell）。它具有处理颜色对抗性和空间对抗性的特性，是实现色觉常性的神经元。

2. 颜色的视觉作用

颜色相互作用产生的现象和一些颜色错觉。当人的大脑皮质在对外界刺激物进行分析、综合处理发生困难时可以造成错觉，视觉也一样，在各颜色相互作用时可发生一些特异现象。

（1）当视觉刺激（如颜色）作用停止后，视感觉并不立即消失，出现称为视觉后像现象。视觉后像有两种，一是正后像，是在黑暗中视觉刺激物消失后又“看到”该视觉刺激物，通常因为光线频率在 100 次 /s 而不被觉察到；二是负后像，在注视视觉目标物一定时间后，闭眼或把视线移到白纸上会“看到”颜色为原目标物颜色的补色目标物，如看的红色目标物，负后像是绿色目标物。颜色的补色：红－绿、黄－紫、橙－青紫、黑－白。

（2）相邻颜色发生相互出现的现象：亮色与暗色相邻，亮色更亮，暗色更暗；灰色与艳色并置，艳色更艳，灰色更灰；冷色与暖色并置，冷色更冷，暖色更暖；不同颜色相邻时都倾向于将对方推向补色。

（3）波长长的红橙色有近迫感与扩张感，波长短的蓝紫色有远逝感与收缩感，或者说，红黄光显得近，蓝紫光显得远。

（4）不同颜色背景下颜色可见度的强弱如下。

黑色为背景：白→黄→黄橙→黄绿→橙；白色为背景：黑→红→紫→紫红→蓝；蓝色为背景：白→黄→黄橙→橙；黄色为背景：黑→红→蓝→蓝紫→绿；绿色为背景：白→黄→红→黑→黄橙；紫色为背景：白→黄→黄绿→橙→黄橙；灰色为背景：黄→黄绿→橙→紫→蓝紫。

（5）对比强的色：黄 / 黑、白 / 黑、黄 / 紫、蓝 / 白、黄 / 蓝；对比弱的色：黄 / 白、绿 / 青、黑 / 紫、灰 / 绿。

3. 光色的心理感觉

红色代表热情、活泼、热闹、革命、温暖、幸福、吉祥、危险（飞机上用红色作为危险信号）；橙色代表光明、华丽、兴奋、甜蜜、快乐；黄色代表明朗、愉快、高贵、希望、发展、注意；绿色代表新鲜、平静、安逸、和平、柔和、青春、安全、理想（飞机上用绿色作为安全信号）；蓝色代表深远、永恒、沉静、理智、诚实、寒冷；白色代表纯洁、纯真、朴素、神圣、明快、柔软、虚无；黑色代表崇高、严肃、刚健、粗莽、沉默、黑暗、罪恶、恐怖、绝望、死亡。

4. 环境对色觉的影响

色觉是当物理刺激作用于人眼时产生的视觉特性。它不仅与光波的物理特性有关，还受到时间、空间、物体表面状态、观察距离、物体大小及其周围环境，以及个人的经验、记忆、认知、心境和情绪的影响。我们考察色觉的变化，通常以对物体固有色的感觉为准。物体在标准日光下的颜色为固有色。

（1）亮度变化：光源的亮度会因气象条件或人为因素而变化。适中的亮度下，物体的固有颜色表现得最为鲜明。过亮的光照会使物体的颜色感觉变浅，而过暗的光照则会使其变得灰暗，甚至消失。不管是自然光源，还是人造光源都随气象条件或人为因素在时时发生变化。光源的亮度变化对色觉有直接影响。人的色觉对适度亮度下的物体固有颜色表现最充分。

（2）光源与观察者的距离：使观察的光源色发生改变，如白炽光，随着观察距离远去，逐渐向黄、橙红、红色变化。

（3）环境色对物体色的影响：物体与其周围环境越近，受到环境色的影响越大，反之越小。

（四）夜间视觉

夜间视觉是指在微弱光线下观察物体的能力。它与视网膜的光敏感性和眼睛在强光刺激后恢复到微弱光线下观察的能力（即暗适应）有关，通常需要约 30 min（图 2-10），其与视网膜视杆细胞功能有关。

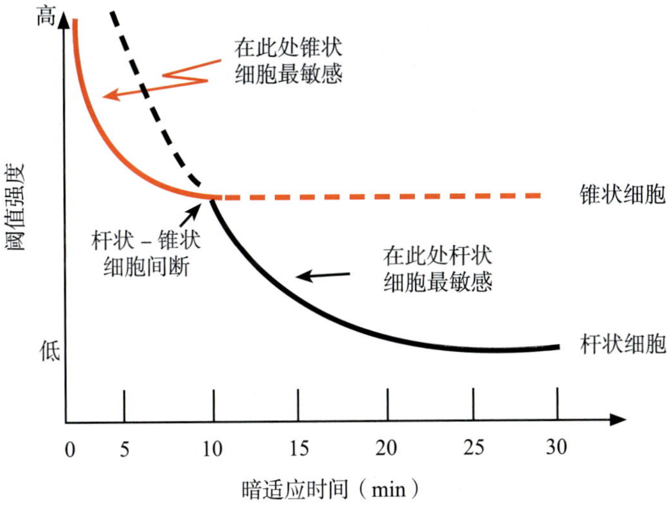

图 2-10 暗适应时间过程

暗适应后再进入明亮中视网膜敏感性可暂时性受损，即夜间视觉受损，而受损程度取决于暴露的光线强度和暴露时间长短。高强度瞬时白色闪光对夜间视觉影响比较小，因其脉冲能量作用时间很短，为几毫秒。所以通常用来做飞机防撞灯光。当暴露于照明弹或探照灯下时间超过 1 s 时对夜间视觉就有严重损害。为了保持飞行员的夜间视力，曾经用红色光作为座舱照明，因为杆状细胞对波长大于 650 nm 的光线不敏感，所以波长大于 650 nm 的红光不影响暗适应。但红光可恶化锥状细胞的暗适应。红光下物体颜色发生改变，对红色、蓝色、黑色标志难以辨认。后来有人研究得出，低亮度的弱白光可不损害夜间视力。所以，现代飞机座舱中照明开始采用弱白光。另外，在夜间执行一些曝光性任务时，如投弹、打空靶等，为了保持夜间视力，可适时闭一下眼。

由明环境突然进入暗环境，如进入浓云层，再如夜间看不到天地线，地面目标物也为黑暗所遮盖等，由于视觉来不及暗适应，或夜间视力低下，使视觉功能被间断，这时可发生严重的飞行错觉。特别是夜间对他机航行灯的识别，对地面灯光点的识别都极易发生错误，甚至引发飞行错觉。夜间着陆发生的跑道错觉是最鲜明的例子。缺氧对夜间视觉也有严重影响，所以一般高度在 2000 m 以上的夜间飞行必须用氧飞行。

（五）立体视觉

双眼视觉的意义在于它可以补偿单眼视野的盲区，增强深度感，从而产生立体视觉。立体视觉的效果并不仅仅依赖双眼视觉，物体表面的光线反射和阴影也会增强立体效果。双眼视觉和立体视觉的意义在于：双眼视野有很大部分重叠，可补偿单限视野的部分盲区，可扩大平面视野，增加深度感，产生立体视觉。当用单眼视物时，只能看到物体的平面（高度和宽度），若用双眼视物时，具有分辨物体深浅、远近等相对位置的能力，形成立体视觉。立体视觉的效果并不全靠双眼视觉，如物体表面的光线反射情况和阴影等，均会加强立体视觉的效果。三维空间中的客体在单眼视网膜上形成二维映象，但人脑却能够利用双眼的二维映象获取三维信息。早在 1838 年 Wheatstnoe 利用首创的立体镜率先揭示了视知觉中存在着基于双眼视差加工的立体视觉现象，从此开拓了一个崭新的视觉研究领域。

（六）深度觉

深度觉，也称为深径觉或距离识别能力，是判断距离和确定自己与其他物体在视界内的位置的能力。深度觉的形成与生理性复视、双眼视差、视网膜上物像大小以及调节与辐辏等因素有关。

（七）眩光敏感度

眩光敏感度用于测定眼内光散射引起的对比敏感度下降。对比敏感度函数（contrast sensitivity function，CSF）是在不同空间频率上对比敏感度的反映。正常人 CSF 路径呈倒“U”形，即在中频区高，两头（低频区、高频区）低的形态特征。低频区主要是反映视觉对比度状况，高频区主要反映视敏度状况，而中频区较为集中地反映视觉对比度和中心视力综合状况。

（八）视野

“视野”又称“视场”。当头部和眼球固定不动时，眼睛看正前方时所能看到的空间范围称为静视野，眼球转动所看到的空间范围称为动视野，常用角度来表示。

双眼视野大于单眼视野。对各种颜色的视野大小也不同，绿色视野最小，红色较大，蓝色更大，白色最大（表 2-1）。

表 2-1　左眼不同颜色视野

纬度	经度							
	0°	45°	90°	135°	180°	225°	270°	315°
白色纬度	75°	33°	31°	39°	47°	75°	67°	70°
蓝色纬度	56°	25°	30°	33°	45°			
红色纬度	50°	25°	28°	25°	40°			
绿色纬度	40°	22°	20°	20°	38°			

（引自徐平，2007）

水平平面视野范围：双眼区域在左右 60° 以内的区域；人们最敏感的视力是在标准视线每侧 1° 的范围内；单眼视野的标准视线每侧 94° ~ 104°。垂直平面视野范围：最大视区为标准视线以下 70°，颜色辨别界限在标准视线以上 30° 和标准视线以下 40°。实际上，人的自然视线是低于标准视线的。在一般情况下站立时自然视线低于标准视线 10°；坐位时低于标准视线 15°；很松弛的状态下站立和坐位时自然视线标准视线分别为 30° 和 38°。观看展示物的最佳视区低于标准视线 30° 的区域内。在飞行中飞行员的前方和上方的视野受仪表板限制。

正常视野正常人动态视野的平均值为：上方 56°，下方 74°，鼻侧 65°，颞侧 91°。生理盲点的中心，在注视点颞侧 15.5°，在水平中线下 1.5°，其垂直径为 7.5°，横径 5.5°。生理盲点的大小及位置因人而稍有差异。动眼和动眼又动头时的视野，如图 2-11 所示。

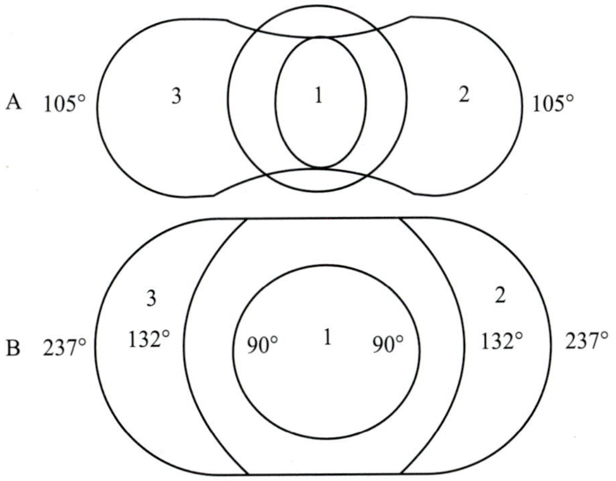

图 2-11　动眼和头时的视野

（引自 Ковалеко ПА,Понаморенко ВА и Чунтул АВ.Учение об иллюциах полета –Основы авиационной деллалогии.Институт психологии.РАН.Москва 2007）

A. 眼转动最大时的视野；B. 眼和头转动最大时的视野。1. 双眼视野；2. 向右侧方向；3. 向左侧方向

飞行中飞行员识别远处目标受视野、目标物大小、目标物与外界空间或地面的对比度、对目标物注意程度等条件影响。在云和雾中不可能发现目标物。对空中他机的发现和识别，受他机的状态和位置影响。对面飞来的飞机，呈机翼构成的线条状，机身和发动机处变粗，侧方面看他机，其占的面积最大。飞机和背景的亮度造成的对比度对发现目标非常重要，以白云为背景的发暗目标物很易发现，而在蓝天和阳光背景下很难发现他机。

三、中心视觉与周边视觉

从处理空间定向信息的角度，将视觉系统分为中心视觉和周边视觉两个子系统。视网膜中央部位的视锥细胞，感色力强，并能清晰地分辨物体，用这个部位视物的称为中心视觉。视网膜边缘部位分布的视杆细胞多，感受色彩能力较差或不能感受，分辨物体的能力差，用这个部位视物的称为周边视觉（边缘视觉）。中心视觉涉及对目标物的认识和识别，概括地讲，它回答了“是什么”这一问题。中心视觉具有分辨细节（高空间频谱）的能力。“空间频率”就如同电脑屏幕的像素，高空间频率就是像素高，比较清晰的视觉信号。此功能主要在中央视野中体现出来。经中心视觉处理过的信息通常能比较完整地反映到意识中，与刺激物理参量（刺激能量和折射误差）密切相关。具体到飞行中，飞行员判读仪表等信息就是“中心视觉”在起作用。周边视觉用于空间定向和定位，概括地讲，用于回答“在何处”这一问题。周边视觉的特点是对周边视野的刺激和比较粗的细节（低空间频谱）的刺激起反应。中心视觉在视野中心大约 30° 范围，周边视觉是视野中除去中心视觉范围的其他部分（图 2-12）。与中心视觉不同的是，周边视觉与刺激能量和视觉影像质量没有系统的关联。周边视觉刺激引起的反应是低意识水平的，近乎意识下的。周边视觉的首要作用是使个体在环境中定向或定位。一般认为周边视觉的定向功能通过两个过程发挥作用：即提供运动信息和提供位置信息。我们主要靠周边视觉感受出来的开阔的、连贯运动着的参照物引起自身的运动感觉或方向改变感觉。在三代战机座舱内人体上臂以上的部分都位于座舱边缘以上，失去了座舱边缘“水平参照物”，直接的感觉就是“骑”在了飞机上，周边视觉直接感觉外界。在云中和夜间飞行中，外界不正确的定向信息不断对正确的视觉定向信息产生干扰，并时常转为主导意识，从而产生错觉。有些飞行员反映，在夜间飞行中，由于座舱盖反射仪表光线和左右综合显示器亮度不一样，可能会产生倾斜、俯仰错觉。

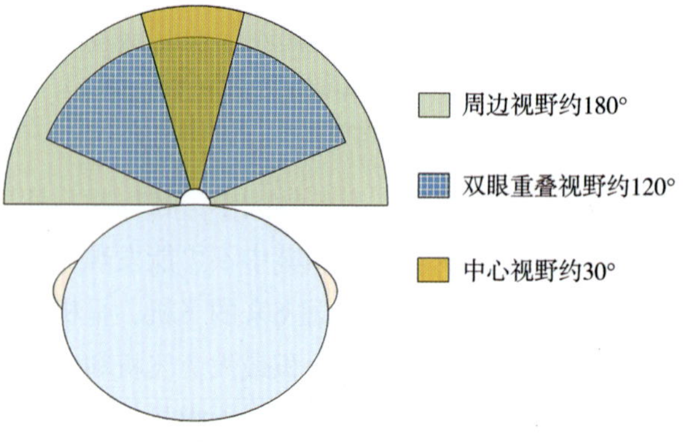

图 2-12　中心视觉与周边视觉

四、视眼动系统构成

当讨论视觉系统及其功能时，必须提到视眼动系统。视眼动系统的功能是防止在头动时，或外界环境运动时视网膜映象在视网膜上滑动，或者说是在头或外界环境运动时能使外界目标物在视网膜中央凹上清晰成像。同时人的视觉注意力分配和转移，以及人的动态视野也都必然涉及视眼动系统。所以在本章最后介绍视眼动系统。

（一）眼动形态

眼动有 6 种形态：扫视跟踪、平稳跟踪、固视、辐辏、前庭性眼动和视性眼动。

它们既有各自的控制系统、特殊功能和解剖组织结构，又有共同的功能活动，就是不论是人体在静态中还是在动态运动中，不论外界目标是静态的还是动态的，都致力于保证取得双眼固视和防止映象在视网膜上滑动，以获取外界目标的清晰映象。在实施共同视觉任务中 6 种眼动系统相互配合、相互作用、协调一致。眼动有 5 种主要功能，以及参与各功能的各眼动系统如表 2-2。

表 2-2　眼动主要功能与眼动系统

眼动主要功能	眼动系统
1. 头或身体运动时和外界视觉环境运动时稳定视觉目标映象	前庭眼动系统和视眼动系统
2. 保持固视运动的目标	平稳跟踪系统
3. 改变向新目标固视	扫视系统
4. 保持双眼在不同视距上协调一致	辐辏系统
5. 保持固视不动目标	固视系统

各种眼动的协同运动依赖于控制各种眼动的不同神经通路和眼动中心，如图 2-13 所示。眼动中心包括位于脑干的眼动生成中心、位于大脑的眼动控制中心（例如额叶、顶叶、上丘、基底神经节等，其中上丘脑和额视区是关键部位），以及位于小脑的眼动调节中心。

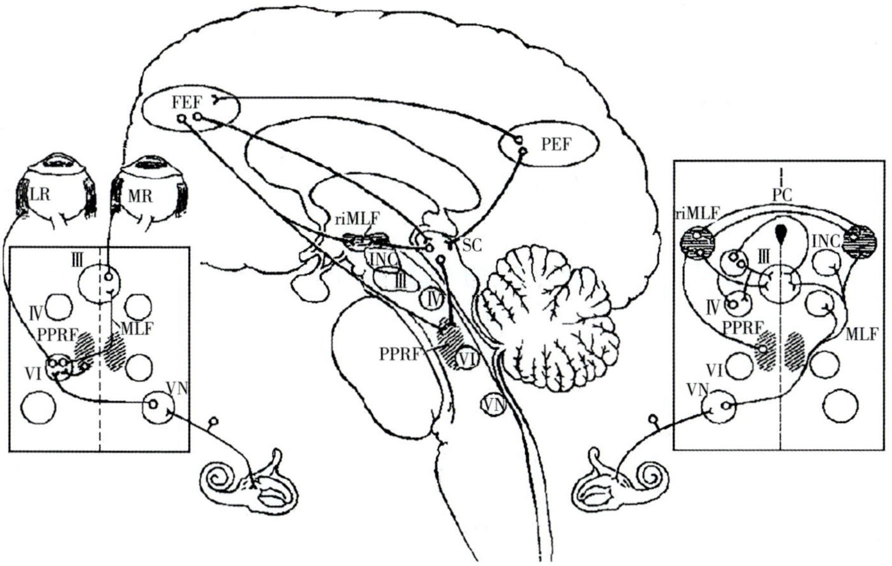

图 2-13　眼动生成、控制、调节的神经结构

（引自 Sharpe JA.Neural Control of Ocular Motor Systems.In: Miller NR.and Newman NJ.(Eds.)Walsh and Hoyt's Clinical Neuro-ophthalmology，1998）

FEE. 额视区；PEF. 顶视区；SC. 上丘；riMLF. 内侧纵束嘴部间质；PPRF. 旁正中网状结构；Ⅲ. 动眼神经核；Ⅳ. 滑车神经核；Ⅵ. 外展神经核；INC. Cajal 间质核；PC. 后连合；VN. 前庭神经核；LR. 眼外直肌；MR. 眼内直肌

（二）眼外肌的功能和神经控制

每只眼由 6 条眼外肌组成，包括 4 条直肌：上直肌、下直肌、内直肌、外直肌，以及 2 条斜肌：上斜肌和下斜肌。这些眼外肌分别由动眼神经、滑车神经和外展神经控制，如图 2-14 所示。

（三）扫视眼动系统

扫视（saccades），是一种迅速的眼球移动，使得目标图像能够聚焦于视网膜的中央凹。随意扫视和反射性扫视，以及前庭和视动眼震的快相，它们本质上都属于扫视性眼动。

1. 扫视眼动特性

扫视速度、幅度和持续时间的关系：正常人扫视峰速为 30° ~ 700°/s，扫视幅度在 0.5° ~ 40° 时扫视持续时间为 30 ~ 100 ms。扫视峰速随扫视幅度增加呈非线性增加，在一定扫视范围内（如 0.5° ~ 40°）扫视持续时间随扫视幅度增加呈线性增加。

2. 扫视速度的影响因素

扫视速度不受人的意志控制，神经肌肉疲劳不使之降低，但在精神疲劳和注意下降时可降低。扫视方向包括水平性、垂直性、斜性和旋转性。眼动方向和眼球初始、终末位置影响扫视速度。对不可预测的视觉目标的扫视速度比对可预测的或暗环境内的视觉目标的扫视速度要高。明亮中扫视速度比黑暗中扫视速度快 10%。

3. 扫视潜伏期

扫视潜伏期是指目标呈现与扫视出现之间的时间间隔，正常为 200 ~ 250 ms。扫视潜伏期随年龄增长稍有延长，随扫视的条件不同（如目标照明、目标大小、空间位置，以及时间上的预测性）可有不同变化。在固视目标消失到新的外周目标出现之间有间隔，扫视潜伏期可约减少 100 ms。与此相反，原来的固视目标还在，又出现一新的目标要去扫视，这种重叠目标使扫视延迟 200 ~ 250 ms。间隔和重叠反映固视和注意对新视觉目标扫视时间的影响。

4. 扫视准确性

理想的扫视幅度应是用一次眼动就把目标映象投入到视网膜中央凹上，然而实际上很多正常人都有些轻度的共轭和失共轭的扫视不准，如轻度的过射（overshooting），更多的是轻度扫视不足（undershooting）。扫视不准的度数通常很小，约为扫视幅度的 10%。老年人疲劳和注意力不集中时扫视不足较为明显。正常人在扫视不足时，会出现矫正性扫视，其潜伏期通常只有 100 ~ 130 ms。

产生、控制和调节扫视的神经结构和通路。各种扫视所以得以实现有赖于控制扫视眼动的不同神经解剖通路，如图 2-15 所示。

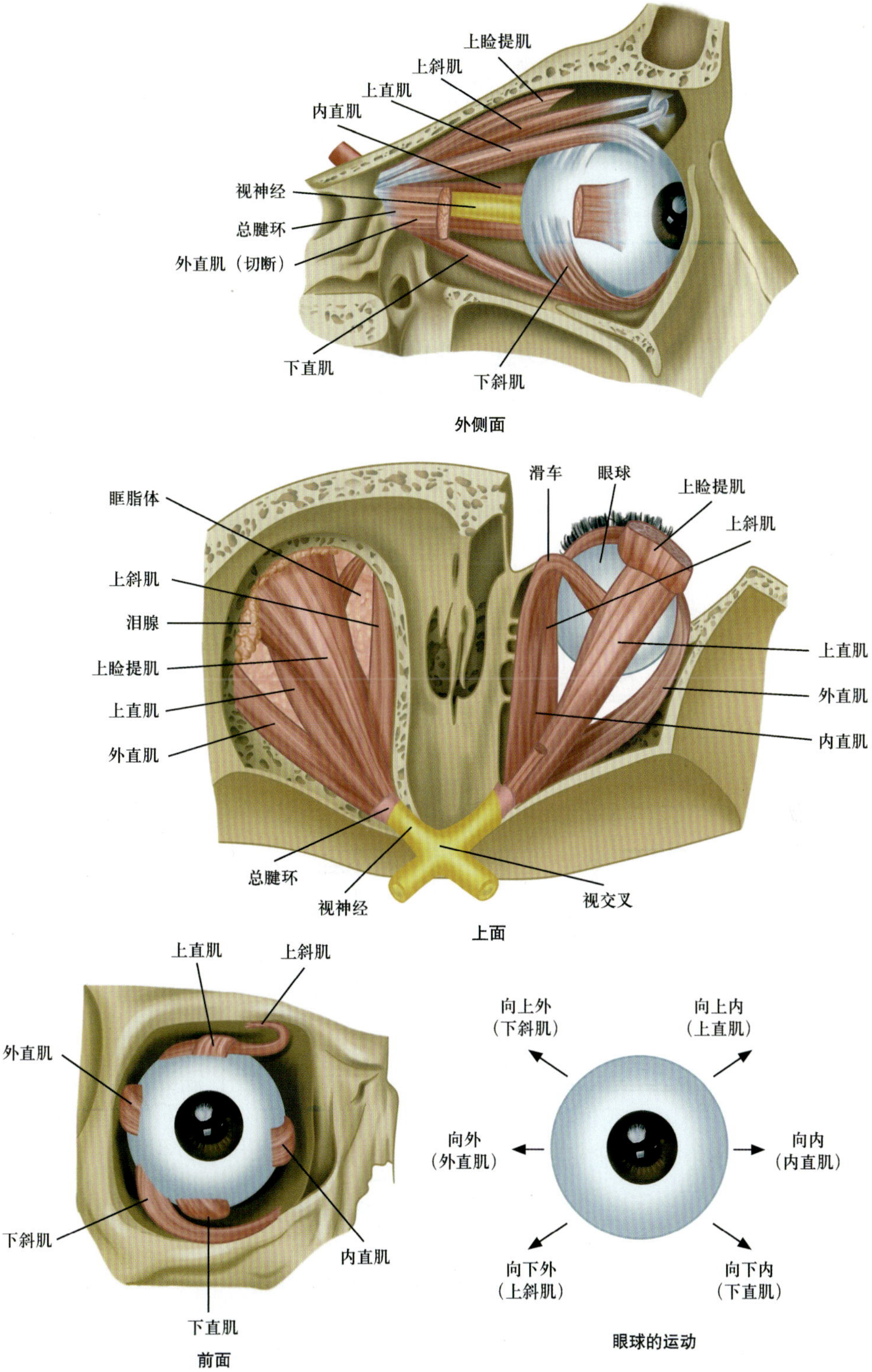

图 2-14　眼部肌肉组成与神经分布

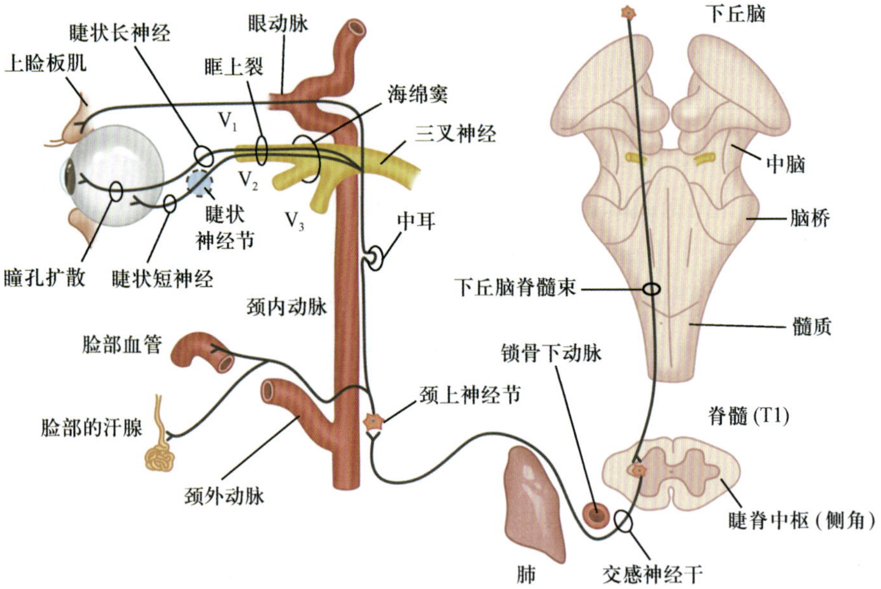

图 2-14 （续）

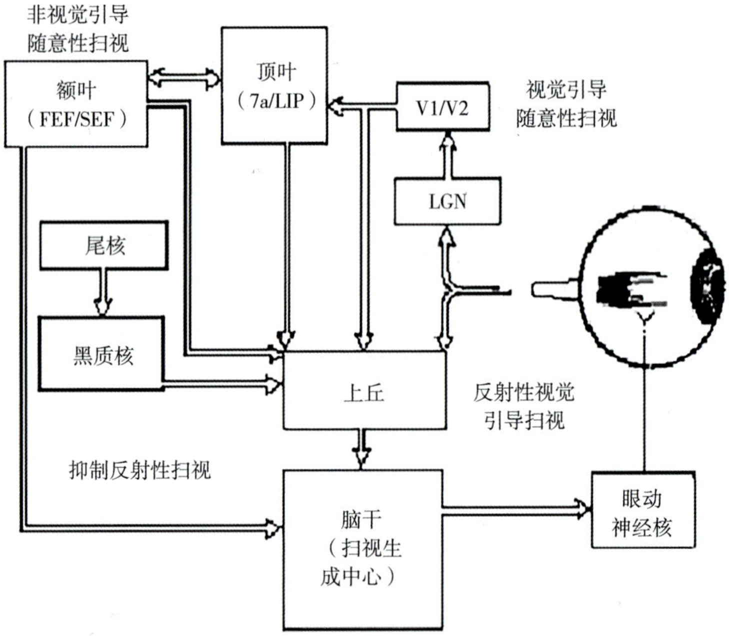

图 2-15 扫视眼动神经解剖通路

（引自 Flitcroft，1998）

FEF. 额视区；SEF. 副视区；LIP. 顶内侧区（顶视区）；LGN. 外膝体

（四）平稳跟踪系统

平稳跟踪是一种连续平稳的眼动，是把缓慢运动的目标映象稳定在中央凹上或中央凹附近，保障对运动目标有一最佳的视力。

平稳跟踪眼动特性如下。

（1）跟踪眼动的潜伏时间多在 100 ~ 130 ms，对可预测的运动目标跟踪，可没有潜伏时，甚至出现超前。

（2）跟踪效率决定于跟踪目标映象的空间频率特性，目标速度低于 30° ~ 50°/s，或周期摆动目标的频率在 1 Hz 以下时跟踪准确（即眼动速度大致与目标速度一样）。

（3）平稳跟踪的效率用增益衡量（平稳跟踪速度 / 目标运动速度），理想增益为 1。

（4）出现扫视性跟踪表明跟踪系统在速度或加速度上达到饱和，目标速度超过 30°/s，或超过 50°/s 就呈现为扫视性跟踪，产生这种饱和不是缘于眼动受限，是缘于感觉运动处理过程，或感觉信息向运动指令转化所限。

产生、控制和调节跟踪的神经结构和通路，如图 2-16 所示。参与跟踪生成、控制和调节的脑结构有：视皮层 1（V1）和视皮层 2（V2）、视皮层 5（V5）和视皮层 5a（V5a）、顶视皮层（PP）、额视区（FEF）、小脑和前庭核（VN）。

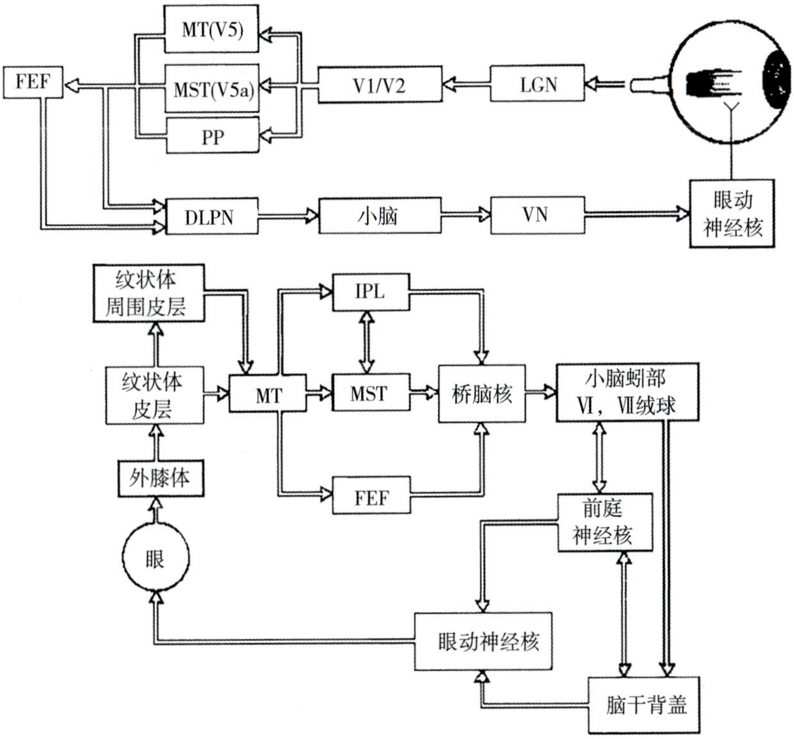

图 2-16　跟踪神经通路脑组织结构

（改编自 Flitcroft, 1998；Sharpe, 1998）

FEF. 额视区；MT. 颞中皮层区，即视皮层 V5 区；MST. 颞上中皮层区，即视皮层 V5a 区；PP. 顶后皮层区，即顶视区；DLPN. 桥脑背侧核；V1. 视皮层 1 区；V2. 视皮层 2 区；LGN. 外膝蹄；VN. 前庭神经核；IPL. 顶下叶，即顶视区

（五）辐辏眼动系统

辐辏眼动可保证双眼在看视距不同的目标时保持在视轴上。辐辏眼动实施立体视觉和防止复视。不管目标位于远处还是近处，不管目标是在向观察者移动还是背离观察者移动，辐辏系统都能保证目标映象投射在每只眼的中央凹上。

辐辏眼动特性如下。

（1）辐辏眼动慢，目标距离突然改变引起的辐辏可持续 1 s 之久；目标为恒速运动时，辐辏轨迹是，辏－会聚运动速度增加，辐－散开运动速度减慢，会聚的峰速高于散开的峰速。

（2）辐辏潜伏期：视网膜模糊刺激引起的辐辏约为 200 ms，视网膜差异引起的辐辏约为 160 ms。

（3）辐辏过程呈指数函数变化过程，时间常数为 150 ～ 200 ms，反映的是眼眶组织的黏滞性和弹性。

（4）共轭眼动与辐辏眼动的运动前指令各自单独生成，在自然视觉观察状况下两种眼动联合运行，辐辏速度增快以减低目标映象投向中央凹延迟时间。

（5）扫视时辐辏相应变化：水平扫视时，眼散开，后会聚，扫视停止后需 30 ～ 100 ms 眼回到正位；向上扫视时，开始眼散开，向下扫视时，眼会聚。

（6）辐辏眼动时视觉敏感性明显下降，在辐辏与扫视时一样也出现视觉抑制（visual suppression）。

产生、控制和调节辐辏的神经结构和通路如下。

1. 辐辏产生的中枢机制

调制辐辏的眼动神经元与调制扫视、跟踪、前庭眼动和视眼动各系统共轭眼动的眼动神经元是同一的，但神经元的敏感性对辐辏改变眼位和共轭眼动不一样。

2. 辐辏眼动大脑控制

辐辏眼动实质上是在矢状平面内的眼动，使“远”或“近”目标映象分别投射到两眼中央凹的眼动。辐辏眼动是深经觉的生理基础，也是看远近目标防止复视的生理基础。辐辏眼动与晶状体的调节和瞳孔缩放在固视矢状平面内运动的目标时相互作用、相互配合，显然是受大脑中枢的“统一”控制和调节。

（六）固视系统

固视（fixation）实质就是凝视（gaze）。

1. 固视眼动特性

固视，实质上不是稳定的固视，消除不了所有眼动，而是存在三种不同形态的微小眼动：微扫视（microsaccades）、微颤动（microtremor）和微移动（microdrift）。稳定性固视时出现微扫视和微移动。注意性固视可控制慢移动和抑制微扫视。

（1）微扫视：其幅度小于 26′（平均为 6′）；平均发生频率约为 120 次 /min。

（2）微颤动：发生频率为 50 ~ 100 Hz，平均幅度远远低于 1′，通常为 5 ~ 30″。

（3）微移动：是一种平稳移动，速率低于 20′/s，幅度为 2 ~ 5′；固视，而无视觉目标时微移动速率增加；微移动参与稳定目标映象；约偏离中心 40° 凝视时，微移动以 30′ 的速率向眶中央位进行。

视觉固视具有两种在生理和神经解剖上各不相同的成分：第一种是注意依赖性视觉固视，它是一种视觉引导过程，可以让我们选摘喜欢的固视对象；第二种是神经整合器（neural intergrator），是由一组位于脑干的结构组成。扫视、跟踪，以及前庭性眼动信号编码的是眼速，而不是眼位，所以在这些眼动之后必须由视觉固视的神经整合器把眼速信号转换成眼位信号。

2. 产生、控制和调节视觉固视的神经结构和通路

很多脑区参与固视，而且关系复杂，目前还没有明确研究。视觉固视神经整合器位于脑干前庭神经内侧核和舌下神经前置核处。

注意依赖性固视：已知顶叶 7 区（顶视区）、副视区（在额叶背内侧）、额前外侧皮层区、额视区、上丘等参与。视觉注意时顶视区中的视觉固视神经元兴奋。副视区可把固视控制在眼眶一特定区域内，同时抑制视觉诱发的扫视眼动；视觉固视方向在副视区上有特定的空间分布，如副视区嘴部的神经元主要在眼向对侧位固视时放电，尾部的神经元主要在眼向同侧位固视时放电，内侧部的神经元主要对下向固视放电，外侧部的神经元主要对上向固视放电；副视区是通过激发上丘嘴部固视细胞控制视觉固视作用。额前外侧皮层区神经元参与视觉固视，同时抑制上向扫视眼动。

额视区在视觉固视控制中起“解除”固视的作用，即解除固视放电（fixation disengagement discharge）作用。

上丘嘴极内的固视神经元在眼处于固视状态下时使上丘尾部内的扫视前神经元处于不活动状态，直到新目标出现和扫视前构建神经元开始活动时为止。上丘向桥脑盖中线处的全休止神经元投射，上丘的固视神经元激活全休止神经元，抑制旁正中网状结构（PPRF）和内侧纵束嘴部间质核（riMLF）中的扫视前爆发神经元，以此保持固视。

另脑皮层枕极 17 和 18 区，枕 – 颞腹外侧 19 和 37 区，额叶腹内侧区（包括前扣带回），额叶腹外侧 8、9、10、45 和 46 区，额眶皮层 10、11 和 32 区等从不同层次和方面参与视觉固视的控制。

据以上所述，可以图 2-17 对凝视控制通路做概括表述。

（七）前庭眼动系统

前庭眼动反射基本作用是，在头动时产生与头动方向相反的代偿性眼位变化，使视网膜映象在头动时保持稳定，以防止视网膜映象滑动。前庭眼动反射的潜伏时间在各种眼动潜伏时间中最短，从头动到出现补偿性眼动的时间少于 16 ms，有报告为 5 ms

（Tabak et al.，1997）。而由视觉或颈本体觉刺激引发的补偿性平稳眼动，从头动之后至少为 80 ms（Bronstein and Hood，1986；Carl and Gellman，1987）。前庭眼动反射是由一组反射组成，与其他与眼动有关的反射相互作用、相互协调，以实现一个共同目的，保证视网膜成像清晰和稳定。请详阅于立身主编的《前庭功能检查技术》（第四军医大学出版社，2013 年 1 月）的第一篇。

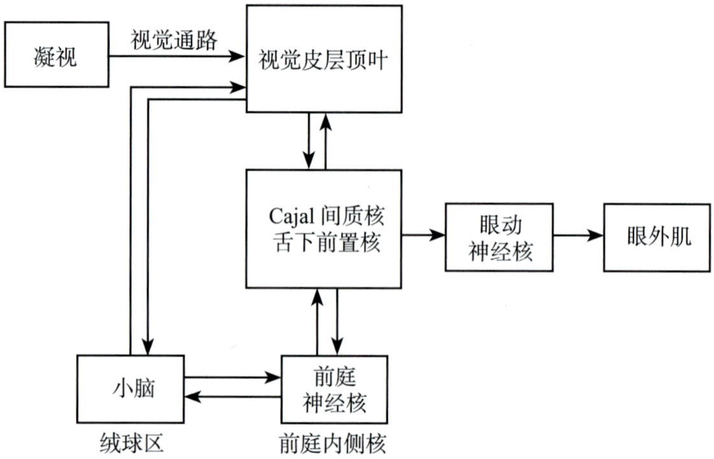

图 2-17　凝视控制通路框图

（八）视眼动系统

视眼动系统的功能作用与前庭眼动系统相似，是防止在头动时，或外界环境运动时视网膜映象在视网膜上滑动，或者在头或外界环境运动时使外界目标物清晰成像在视网膜中央凹上。

1. 视眼动系统的特性

（1）可对任何种视觉映象作出反应，以防止映象在视网膜上滑动。

（2）其眼动反应形态依赖于引发的刺激因子形态，视动眼震慢相速度动态分布与前庭性眼震慢相速度动态分布相似与刺激形态相应。

（3）其眼动反应为前庭眼动反应防止视网膜映象滑动和保证清晰视网膜成像的重要互补。

（4）视动眼震慢相速度随着视动刺激速度增加而增强，在视动刺激速度达到 60° ~ 90°/s 后刺激速度再增加时视动眼震慢相速度不但不再增加，而且降低。

（5）视动眼震可为主动视觉固视所抑制。

（6）引发视动眼震的刺激消除后出现视动后眼震（optokinetic after-nystagmus，OKAN），其眼震方向与视动眼震方向相同。

（7）在线加速度作用时，在明视环境下前庭耳石眼动反应出现的同时也发生眼动跟踪反应，以协助耳石眼动反应，防止视网膜映象滑动。

（8）视眼动反应与前庭眼动反应之间有规律性的相互作用。

产生、控制和调节视眼动反射的神经结构和通路，如图 2-18 所示。

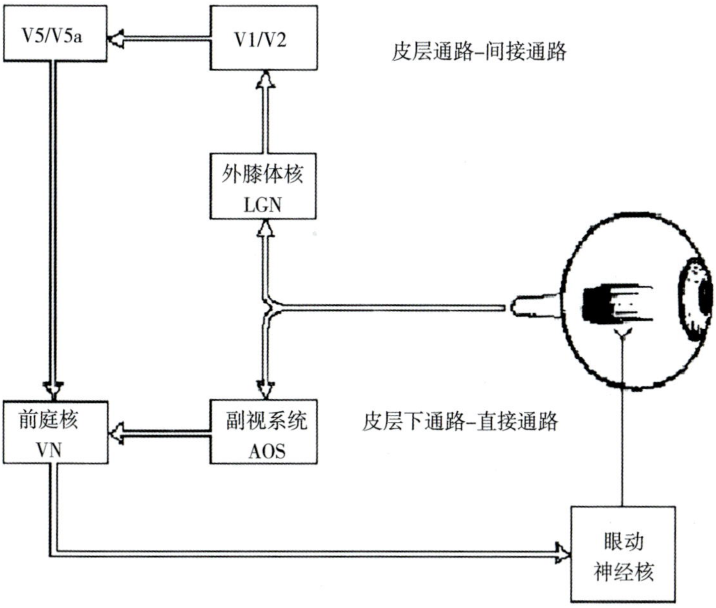

图 2-18 视眼动系统神经通路

（改编自 Flitcroft，1998）

纹状体外视区通过视束核（NOT）和副视系统（AOS）影响视动性眼震；纹状体外视区也向桥脑背外侧核和桥脑背内侧核投射对平稳跟踪施以影响

2. 视眼动系统神经通路

（1）直接通路（皮层下通路）：位于中脑前盖的对侧视束核（nucleus of the optic tract，NOT）和位于脑干的副视觉系统（the accessory optic system，AOS）侧终核接受来自对侧视网膜的投射。视束核向前庭核、舌下前置核和下橄榄体核背盖投射。下橄榄体核经上行纤维向小脑绒球输入信息。

速度储存机制参与视动眼震的生成，而来自前庭的输入参与视动后眼震的产生。视觉固视可抑制视动眼震。

（2）间接通路（皮层通路）：间接通路参与的脑结构多，且复杂，至今没有完全清楚。已经确认的是，视皮层 1、2、5、5a（V1、V2、V5、V5a）区参与间接通路，而且是双侧视区参与视动反应的产生和控制（图 2-18）。

（九）眼动系统神经控制概括性图示总结

根据 Buttner-Ennever JA 和 Horn AKE（2004）的眼动神经控制简化图，我们对眼动神经通路进行了总结（图 2-19）。

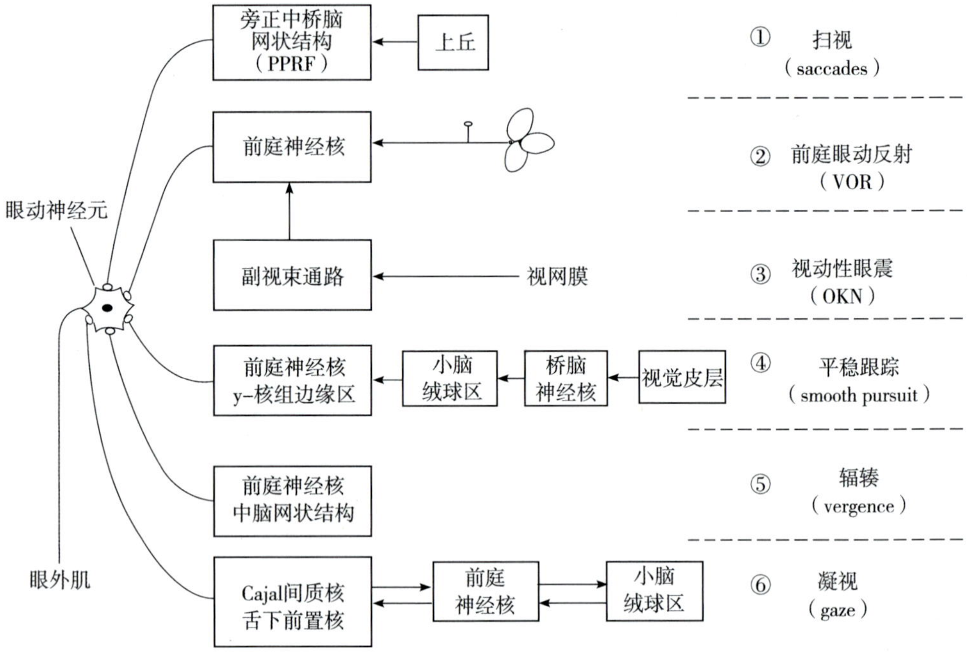

图 2-19　五种眼动系统神经控制通路简要示意图

（引自 Buttner-Ennever and Horn，2004）

五、基于视觉的几种空间定向方式

虽然人的空间定向是由大脑内许多感觉和运动器官参与下完成的，包括视觉、前庭觉、本体感觉等，但其中视觉作用最重要，可以说没有视觉就不能进行正确的飞行空间定向，人不可能飞行。高水平的视觉空间认知能力对于飞行员保持良好的飞行定向水平至关重要。周边视觉系统（ambient visual system）在保持空间定向（orientation in Earth-fixed space）上起主要作用。

视觉定向的优势包括：①视觉输入来自三维空间，不是如声音来自环境的一局部；②视觉输入提供精确的空间映象，中心视觉可以提供的空间分辨率约为 1′，超过听觉系统一个数量级；③视觉输入在匀速运动时不会发生习服现象，而前庭系统和躯体感觉系统会有习服现象发生。因此，视觉系统可连续地提供与环境空间相关的空间信息。

（一）地理视觉空间定向

地理视觉空间定向指的是飞行员通过观察地标和天地线等地理参照物来判断自己操控的飞机在空间中的位置和状态。地标和天地线等自然参照物直观形象，简单易认，稳定可靠，对飞行员而言是一种直接信号，但只适用于简单气象条件下昼间中低空飞行。

1. 天地线空间定向

天地线是指从座舱风挡望出去时，天与地相交的那条巨大的弧形线或水平线。目视飞行中，飞行员以天、地这两个巨大定向标系统和飞机风挡为参照系来确定飞行状态，利用天地坐标系统在飞机风挡上的投射和机头相对位已可以对飞机状态作出判断。天地线实际上是一个大弧形线，但飞行员通常将天地线视作一条水平线，只有到了万米以上高空飞行时，才会有地球弧线的影响。在目视飞行空间定向活动环境中，唯一能正确反映人体和飞机空间状态、位置、运动变化的是天地线。以天地线视觉为主导感知觉的空间定向功能系统经飞行训练可很快形成。所以，在目视飞行中尽管源源不断地有错误的空间信息送入空间定向功能系统，但由于天地线视觉起主导作用，错误空间信息在形成空间认识时不起决定性作用，这就是一般情况下在目视飞行条件下不发生空间定向障碍的缘由。

2. 地点空间定向

地点空间定向用的是在飞行中要确定飞机当前在什么地点上空、飞行朝向是哪里。任何一次飞行都涉及地点定向问题，例如，根据飞行任务选择航线、保持航向、判断着陆点等。可以当作地点定向参照的地标很多，比如山脉、河流、城镇、道路、岛屿等，在可见度良好的气象条件下，地点定向比较容易，但在气象条件不佳、低空、海上或地形复杂情况下飞行时，目视地点定向变得非常困难。如果出现地点定向错误，可能导致迷航。

（二）仪表视觉空间定向

在夜间、云雾、雨雪等复杂气象条件下飞行，天地线视觉空间定向会失去视觉主导作用，其他感觉器官因其自身生理特点在飞行因素作用下会向空间定向功能系统传送错误空间信息，这些错误信息一旦在空间认识过程中起了主导作用，将不可避免地导致空间定向障碍。在这种条件下，人只有依靠人工视觉定向物——航空仪表，特别是地平仪、平显仪等才能进行正确空间定向（图 2-20）。其中目前平显仪在仪表定向中的作用越来越重要（图 2-21）。实践表明，在看不见天地线和地标的条件下飞行，飞行员只有通过专门训练才能建立和获得以仪表视觉为主导感知觉的空间定向功能系统。天地线视觉是以自然、直接刺激物为空间信息源的视觉，而仪表视觉是以直接刺激物的“符号”为空间信息源的视觉。

1. 仪表视觉空间定向的本质

仪表视觉空间定向是指在没有自然天地线和地标的飞行环境中，通过仪表来判断飞机的状态、位置、方向和运动变化。在看不见天地线和地标物的条件下飞行，飞行员必须通过专门训练建立的以仪表视觉为主导感觉的空间定向机能系统，代替目标飞行中以天地线视觉为主导感觉的空间定向机能系统进行飞行空间定向。

图 2-20　仪表视觉定向依赖的仪表显示系统

图 2-21　地平仪和平视仪

天地线视觉，本质上仍属于以直接刺激为信息源的视觉。仪表视觉，按巴夫洛夫高级神经活动学说，是属于以直接刺激物的“符号”为信息源的视觉。属于第二信号系统的活动。

按第二信号系统的生理活动原理，“符号”性的空间信息——仪表指示，只有在真实信号——天地线、地面目标物、飞行状态的变化等的基础上，并且只有在它们被经常强化下时能建立和起到空间信息作用。没有或减少这种强化作用，仪表指示反映空间状态的信息作用就会减弱，以至消退。这提示我们，训练飞行员的仪表视觉定向能力，不能只在仪表显示上训练，要结合昼间飞行飞机姿态的变化与仪表状态的变化相对照地进行训练才能有效地形成和巩固仪表视觉定向能力。

仪表视觉空间定向是一种由中心视觉在意识层面上进行的复杂空间信息处理和认知活动，所以仪表视觉空间定向具有区别于天地线视觉空间定向的心理生理特点。

2. 仪表视觉定向的特点

（1）仪表视觉空间定向心理生理特点：①不稳定性。极易受各种因素影响而降低，甚至失去作用。②间断性。在飞行员进行仪表视觉空间定向时，必须由飞行员中心视觉主动观察才能定向，由于仪表信息在获得上的间断性，如中心视觉移开或断开，出现一个不连续的过程，会使按仪表视觉空间信息形成空间定向意识的时间过程较长。③延迟性。由于仪表提供的空间信息比天地线有延迟，所以按仪表飞行操纵修正动作多，时间延迟，可反复引发前庭本体刺激，并可造成累加效应。④复杂性。仪表视觉空间定向是一种高水平的、复杂的视觉空间信息加工脑力活动，可引起高度情绪紧张。⑤消退性。仪表视觉空间定向，特别是具有间断、突然、扫视特性的仪表视觉空间定向能力只能经过专门训练才能获得，而且必要经常进行强化训练才能巩固和提高，否则很快“消退”（图 2-22）。

图 2-22　传统地平仪等定向仪表

（2）仪表视觉定向在飞行空间定向的特点：首先是在注视时间和准确性上是随仪表飞行状态复杂程度增加而延长和降低。我们对 130 名飞行（学）员检测的仪表视觉空间定向水平显示，对基本仪表飞行状态、复杂仪表飞行状态和仪表故障的注视时间平均分别为 2.28 s、2.43 s、3.78 s，准确率分别为 100.0%、70.8%、9.2%。

其次，无论是正飞还是倒飞，平飞状态的注视时间最短和准确率最高，绕滚转轴向的倾斜状态的注视时间和准确率不及绕俯仰轴向的俯仰状态，对两个轴向的仪表飞行状态，如俯仰 + 倾斜的注视时间和准确率比单轴向的仪表飞行状态长和低，倒飞状态与正飞状态相比，识别平飞的时间无差异，识别倾斜和俯仰的时间延长和识别正常率减低。

（3）仪表定向活动引起的情绪特点：在仪表飞行中，尽管飞机的活动量比目视飞行时要少，但与人体紧张度相关的生理参数却比目视飞行时要高。说明仪表视觉空间定向活动人脑活动的紧张度明显高于目视天地线视觉空间定向活动。

瞳孔尺寸的变化是评估工作负荷的敏感指标。柳忠起等（2006）在实验中观察到，当扫视仪表时，瞳孔尺寸明显扩大。如模拟飞行降落时目视扫视时的平均瞳孔大小为

1031 像素，仪表扫视时为 1085 像素，再如模拟飞行上升时目视扫视时的平均瞳孔大小为 958 像素，仪表扫视时为 1012 像素，说明仪表视觉负荷大于目视飞行，如表 2-3 所示。

表 2-3　三种飞行条件下情绪紧张情况比较

指标	目视飞行	暗舱仪表飞行	云中飞行
脉搏比地面增快（%）	31	34	41
呼吸比地面增快（次 /min）	3 ~ 4	4 ~ 5	6
握杆紧度（单位）	20	32	37

3. 仪表视觉空间定向在防止飞行错觉事故中的作用

我们在分析飞行错觉事故中发现存在一个事故链。飞行错觉事故链中有三个关键点，即“发生了错觉不能认识”–“发生了错觉不能克服”–“发生了错觉不能控制其错误操纵行为”。

（1）错觉认识：指飞行员发生了飞行错觉时能否立即清醒认识到，发生了飞行错觉不能认识就是 Benson（1999）提出的认识不到（Ⅰ）型飞行 SD 错觉。据 Lyons（2006）报告，大多数飞行 SD 错觉事故发生在Ⅰ型飞行 SD 错觉中不能认识错觉是发生事故的前提。

（2）错觉克服：指飞行员发生了飞行错觉是否能克服它。不能克服，说明错觉已经在飞行空间定向意识中占据了主导和支配地位，飞行员的空间定向意识已经被错觉“控制”。错觉不能得到克服是发生事故的基础。

（3）错觉错误操纵：指错觉已经控制飞行员的空间定向意识，使飞行员在意识上把错觉空间定向当成“正确”空间定向并按错误定向产生行为反应，实施操纵，造成错误操纵。错觉的错误操纵行为是发生事故的关键。

显然，在无天地线和地标参照物的条件下（云中、夜间、沙尘、乳白、海上等）只有靠仪表视觉定向才能认识和识别错觉，才能把Ⅰ型飞行 SD 错觉转化为Ⅱ型认识到飞行 SD 错觉。错觉发生了但不能克服，说明错觉在飞行空间定向意识中占据了主导作用，也主要或只有依靠仪表视觉定向信息在飞行空间定向意识中占据主导支配地位，才能使错觉在飞行空间定向意识中降为次要，甚至不起作用。错觉错误操纵说明错觉不但在飞行空间定向意识中起到主导作用和占据支配地位，而且扩展到人大脑运动皮层产生意识上以为是正确的错误行为。这时如何制止错觉错误操纵行为和改正错误操纵，也只有靠仪表视觉定向，而且要有强有力的仪表视觉定向，使它在飞行空间定向意识中“夺取”主导和支配作用和地位，重新构建正确的飞行空间定向意识去控制住错觉错误操纵和改正已经发生的错误操纵，从异常飞行状态中改出。

综上所述，仪表视觉空间定向在防止飞行 SD 错觉事故中和在对抗飞行 SD 错觉事故的三个关键链中起关键作用非同小可。在能代替仪表视觉定向和能起到如同天地线视觉定向作用的飞行空间定向系统问世之前，只有靠训练，强化的训练使飞行员养成两类仪表视觉空间定向能力，而且要在不断地训练中使其熟练和巩固，使其在无天地线视觉定向飞行条件下始终在飞行空间定向意识中起主导作用和占据支配地位。虽然世界各国飞行训练都重视仪表飞行训练，但一般都只重视巡视仪表定向，而很少对间断、突然扫视仪表定向进行训练。另一个重要的问题是，现行的仪表飞行训练没有以使仪表视觉定向在飞行空间定向意识中起主导作用和占据支配地位作为训练标准去改进、规范和发展现行的仪表训练模式。这也正是目前飞行 SD 错觉事故持续不降的关键所在，也是至今在预防飞行 SD 错觉事故中没有引起重视的一个关键问题。

（三）空中长机（目标机）视觉空间定向

除了地标定向和仪表定向外，空中长机视觉定向是一种特殊的视觉空间定向方式，如在编队飞行、夜间双机对抗训练、空中加油等，这时通过地标和仪表保持本机姿态已经不是第一时间的空间定向方式，而和长机保持间隔差、距离差和高度差等三要素才是第一要务，因此飞行员在这种飞行任务下常说的一句话是：长机就是天地线，长机就是状态。也就是说完全可以依据长机而不用看仪表就能判断和保持飞行状态。这时本机要通过观察长机形状、大小、投射在风挡上的位置、夜航时航行灯灯距以及双方的运动状态、队形、速度差等多种因素保持状态，因此这是比仪表定向更加复杂和危险的一种飞行定向方式。在这种定向方式中，大概率会出现空间定向障碍。基于空中长机视觉空间定向方式，最重要的是防止空中相撞，需要特别重视。

空中长机视觉空间定向生理心理特点如下。

1. 相对性

当通过地标和仪表保持飞行状态时，飞行员需确保所有飞行参数都是真实的。但在编队飞行中，他们更多地关注相对数据，例如与目标机的高度差，而非绝对高度。

2. 直观性

与仪表的间接性不同，这是一种更直观的定向方法，也就是飞行员可以通过客体投射到视网膜上的物体大小、位置判断两者之间相互关系，仅仅处于知觉阶段，因此具有判断速度快的特点，但是在很大程度上缺乏精确性。

3. 不稳定性

在空中长机视觉定向过程中，本机与长机相对状态会随着飞行阶段不同在随时调整，需要足够重视是这些不断变化的飞行诸元要求飞行员有较高的调整适应和注意力分配能力，控制好相对关系，防止空中相撞。

4. 预见性

预见性在空中长机视觉定向过程中起着很重要作用，因为长机的飞行状态变化是本机动作的依据，而本机是处于相对被动的地位，对长机动作预见不及时，会造成偏差和问题。①飞行阶段的预见性，比如起飞、着陆、不同飞行阶段的飞行状态预见性、速度高度预见性等。②对长机动作的预见性，动作预见性是判断本机与长机之间状态是否协调一致，这样才能保持双方状态的稳定性。这里包括速度、姿态、方向的预见性。③偏差的预见性，在编队飞行过程中，间隔、距离、高度差的偏差会随时出现，这些量的出现使得本机必须判断出偏差的原因，偏差量大小，应该怎么修正，用多大量等。这就成为在偏差当中被动去预见修正方法，必然根据偏差量决定修正量，根据修正量决定提前量。

5. 不可控性

编队过程中，僚机是通过长机保持自身状态，也就是说僚机保持的是与长机相对数据，而不是真实数据，而真实的速度、高度、姿态、位置等都需要通过长机获得，对于僚机飞行员来说，自己的飞行安全是交给了长机，也就是说长机的飞行诸元是否正确，关系着整个编队的飞行安全。比如一次双机编队返航穿云下降过程中，长机飞行员忽视最低安全高度，造成双机撞山，这就需要长机考虑多种因素，比如更多关注空域情况、控制飞行动作、避免进入危险环境（逆光、入云），同时做好队形指挥等。

（四）与飞行相关的一些视觉基本心理生理特点

（1）眼睛沿水平方向扫视比沿垂直方向要快、不易疲劳、幅度也宽，一般先看到水平方向的物体，后看到垂直方向的物体。因此，很多仪表外形都设计成横向长方形，面板上控制键喜欢采用水平方向排列。

（2）视线的变化习惯于从左到右，从上到下和顺时针方向运动。所以，仪表的刻度方向设计一般都遵循这一规律。

（3）人眼对水平方向尺寸和比例的估计比对垂直方向尺寸和比例的估计要准确得多，因而水平式仪表的误读率（28%）比垂直式仪表的误读率（35%）低。

（4）当眼睛偏离视中心时，在偏离距离相等的情况下，人眼对左上象限的观察最优，依次为右上象限、左下象限，而右下象限最差。视区内的仪表布置必须考虑这一特点。

（5）两眼的运动总是协调、同步的，在正常情况不可能一只眼睛转动而另一只眼睛不动；在一般操作中，不可能一只眼睛视物，而另一只眼睛不视物。因而，通常设计仪表板和显示器时都以双眼视野为依据。

（6）人眼对直线轮廓比对曲线轮廓更易于接收。因而面板用的拉丁字采用大写印刷体。

（7）颜色对比与人眼辨色能力有一定关系。当人从远处辨认前方的多种不同颜色时，其易辨认的顺序是红、绿、黄、白，即红色最先被看到。所以，起落架未放下、危险等信号标志都采用红色。当两种颜色相配在一起时，则易辨认的顺序是：黄底黑字，黑底白字、蓝底白字、白底黑字等。因而，公路两旁的交通标志常用黄底黑字（或黑色图形）。

（8）视觉具有大小、形状、颜色的常性，在飞行中由于这些常性可遭“破坏”而发生错觉。

六、影响飞行中视觉的因素

飞行中，飞行员从外界获得的信息中有80%来自视觉。影响飞行中视觉的因素包括飞行环境的缺氧、低压、辐射，气象和光照变化，以及飞机的振动、噪声和各种加速度。

（一）飞行中环境因素对视觉功能的影响

1. 高空缺氧

在人体的各种感觉机能中，视觉对缺氧的敏感性最高。轻度缺氧就会造成夜间视力的下降，延长暗适应时间（Connolly et al.，2006），降低中心凹以外区域敏感性（Connolly et al.，2008）。视杆细胞对缺氧特别敏感，急性轻度缺氧能影响飞行员视觉跟踪辨认能力（时粉周等，2008）。随着缺氧程度加深，出现眼肌调节力变弱、调节不协调、调节范围缩小，出现近点远移、复视、视物模糊等视觉功能下降现象（Connolly et al.，2008）。缺氧加重后还会降低整个视野的敏感性，且周边视野降低程度明显高于中央视野，严重者可出现周边视力丧失、视野缩小等症状（Horng et al.，2008）。缺氧可损害在低照度情况下的色觉敏感性，以黄－蓝为明显（Connolly et al.，2008）。目前歼击机等战斗机具有完善的增压座舱系统，保持座舱在一定高度水平，但都处于轻度缺氧条件，而直升机没有氧气供应系统，在飞行中，特别是高原上空飞行时就可能因为缺氧产生视觉问题而危及飞行安全。

2. 高空近视

高空飞行时，舱外视野缺乏参照对比物，称之为“空虚视野”。其所带来主要的生理问题是高空近视（space myopia），这是由于视野中缺乏具体目标刺激情况下，睫状肌易处于不自主的收缩状态，从而产生约1个屈光度的调节，使眼的远点位于眼前1 m左右，造成视距缩短（张作明，2005）。

3. 高空减压

进行高空飞行的飞机都具有增压座舱。只有增压座舱故障或座舱玻璃因故爆破才会发生高空减压。高空减压主要影响神经系统。可使视力下降、模糊，以及引起视网膜充血、出血、视盘水肿等。

4. 环境与能见度

大气能见度与飞行中飞行员的视觉功能密切相关。复杂气象和夜间是影响能见度的重要因素。光线微弱的夜间飞行，云雾密布的阴霾天气，风沙雨雪的不良环境，都严重影响飞行员空间定向能力，是引发飞行错觉的重要外界环境。夜间主要是由于光线暗弱，使飞行员看不清目标，在搜索中睫状肌调节和弱光下瞳孔扩大而使球面像差明显，易产生 0.50 ~ 1.00 屈光度的暂时性近视，称为“夜间近视”，特别是色觉受到严重影响，这些可严重影响对舱外目标的观察及其距离的判断。

5. 夜间眩光

在夜间，特别是暗夜飞行员有时可能受到照明弹或来自地面探照灯的强光照射而发生暂时性的眩光，直升机飞行员有时因旋翼造成的眩光影响。眩光可分为不适眩光和失能眩光，前者不影响分辨力，但可出现视疲劳等不适，后者则使成像的对比度降低，影响分辨力。眩光不仅实时影响人眼视觉，而且在眩光消失后，视力还要经历一个短暂阶段才能恢复。眩光可明显地破坏暗适应，延长暗适应恢复时间，延长视后像持续时间，一过性视力丧失等。

6. 辐射

飞行中辐射来源主要是非电离辐射，包括微波、红外线、可见光和紫外线等。它们均可被眼组织各部吸收、透射、散射和衍射，但作用部位及生物学效应随发射的波长（频率）或量子能量不同而异。在高空由于臭氧和水汽减少导致非电离辐射作用增强。如波长 300 nm 的光线有可能引起角膜损伤，波长 300 ~ 400 nm 的光线可引起虹膜、晶状体、玻璃体的损伤，红外线附近波长的光线可引起晶状体损伤。由于飞行员在空中停留时间相对比较短，视觉受辐射作用并不明显。

（二）飞行动力学因素对视觉功能的影响

1. 飞行速度

“空中盲距”是指由于视觉和视觉运动反应时间的生理限制，加上飞机对操纵发生反应的时间限制而对迎面物体来不及看清或看清来不及回避的空间距离，其大小与飞行速度有关。飞行速度加快，可使空中盲距增大（张作明，2005）。同时可使眼动潜伏期和反应时间变长，有效视野缩小（Tian et al.，2002）。

2. 飞行加速度

线加速度引起的过载，特别是高过载引起的灰视和黑视是加速度对飞行员视觉影响最突出的实例。线性加速度 +Gz 对视觉的影响主要表现在一过性视力下降［（0.02 ± 0.04）LogMAR *vs.*（0.19 ± 0.07）LogMAR］、一过性角膜增厚［（553.7 ± 21.7）μm *vs.*（591.2 ± 20.6）μm］、前房深度增加［（3.19 ± 0.26）mm *vs.*（4.53 ± 0.34）mm］、瞳孔扩张［（3.54 ± 0.73）mm *vs.*（5.76 ± 0.61）mm］和低中频率（1.5、3、6 周 / 度）的对比敏感度下降，且对比敏感度恢复时间远远超出所预计的时间（Tsai et al.，2009；Chou et al.，2003）。在高 Gz 作用下，色觉也受到影响，以黄色最为显著，暴露在 +7 Gz、+9 Gz 时分别有 11%、16% 的受试者对黄色识别出现改变。在 +9 Gz 时，色觉改变就如同黑视那么普遍（Balldin et al.，2003）。–Gz 时可出现视力模糊、红视、中心视力丧失、复视等（孙喜庆，2005）。+Gx 作用时，惯性力作用引起眼球变形、眼睛流泪、视网膜缺血。

角加减速度，以及多轴向产生的科里奥加速度可产生不同轴向的眼震。眼震使视物模糊，可严重影响观察目标和认读仪表，且可引发各种飞行错觉，如躯体旋转错觉、眼旋转错觉等。因此，目前，各国空军都在地面通过模拟来诱发眼震，让飞行员体验眼震对视觉和空间定向的影响。

3. 振动

各种飞机都可产生一定振动，特别是旋翼飞机振动是一影响飞行员心身状态的重要因素。振动（频率、量级和方向）会严重干扰人眼正常的视觉功能。振动在 2 Hz 以下影响较小，在 2 ~ 12 Hz，身体相对于仪表板上特定点有比较大的移位，从而增加视觉损害。振动频率在 25 ~ 40 Hz 和 60 ~ 90 Hz 的范围，由于头部和眼球分别引起共振，视觉损害最大（钟方虎，2004）。随着振动频率的增大，视力表现出降低的趋势（王林等，2009），人眼与监控目标之间的相对振动量级越大，影响也越严重。z 方向的振动对人眼视觉功能的影响远比 x 方向的影响更大（吴国梁，1997）。振动对视力影响具体表现在视觉反应时间延长、数据判读错误率升高，眼肌调节力减弱（Yen-Hui Lin et al.，2008）、融合频率和视力下降（Hoffman et al.，2008）。

4. 噪声

飞机飞行依赖动力系统，因此噪声的产生是不可避免的。噪声是影响飞行员听力、全身状态的重要因素。对视觉的影响主要体现为：它降低了人眼对光亮度的敏感性；会使视力清晰度的稳定性下降；使色觉、色视野发生异常（孙喜庆，2005）。

七、视觉在飞行中的功能局限性

我们已经详细介绍了视觉系统在飞行中的作用。但在 1 G 的地面二维环境中形成的各种功能，在飞行中会受到不断变化的重力和惯性力的影响。受人 – 机 – 环境作用，特别是有高度的三维空间环境，其中光线、各种气象变化［如乳白天空（whiteout）沙尘天空（brownout）等］的作用呈现出种种功能“缺欠”。

（一）信息传递和处理的“欠缺”

（1）反映信息较其他感觉系统缓慢，听觉系统可在 1 ms 内分辨出声源位置，前庭系统可在 12 ms 内将信息传送到眼动控制中枢，而视觉信息传到视觉皮层需时约 100 ms。

（2）视觉频率响应低，在 0.5 Hz 以下视觉系统采用跟踪观察目标物，但超过 0.5 Hz 则启动扫视眼动系统观察目标，而前庭系统具有可达 10 Hz 的频率响应。

（二）人 – 机 – 环境相互作用中显示的视觉功能“缺欠”

人 – 机 – 环境系统中有大量的环境因素、飞行员和飞机之间的复杂相互作用。环境因素中的气象、昼夜、地理和重力可以直接改变飞行员对舱内外环境的视知觉。在地面条件下形成的有助于认识客观目标物的视觉恒常性，又可称视觉守恒性，俄罗

斯科学家 КовлекоПА.（2007）称之为定型（stereotype）。通常人在地面移动时重力的力值和方向恒定，整个感觉分析器系统调整得符合这种常性恒值。感觉分析器间的联系由此形成相当牢固的单一含义的联系，即为定型。由此在通常条件下空间定向不需要专门、有针对性、有意识地监控，可在非意识水平上实施，呈“自动化”。但是，在一定而又相当多样形态的感觉与各种心理映象水平之间出现不相符不一致时由于定型的功能作用可有规律地产生映象物体内容的歪曲，知觉错觉，假的映象，如飞行中发生的错觉。

视觉心理特性，如视觉恒常性在一定条件下（知觉看到的物体受该物体周围的信息影响，其中形象、背景和知觉对比影响最大）给出错误知觉信息。

视觉恒常性有大小恒常性、形状恒常性、光线亮度恒常性、颜色恒常性等。由于视觉恒常性建立的大小、形状、运动、距离等间的空间条件联系关系都可严重歪曲视觉。

（1）光线明暗（光线强度恒常性）与上下、远近、高低的空间联系，产生距离、高度、倾斜、俯仰错觉、向光性错觉和跑道错觉等。

（2）物像大小、目标物运动角速度（大小常性）与远近的空间联系，产生距离、高度、辨认、倾斜、俯仰、速度等错觉。

（3）周围环境目标物移动与自身姿态变化（相对运动恒常性）的空间联系，可产生相对运动错觉、倾斜等错觉。

第二节　前庭系统与空间定向

人在飞行中的空间定向与在地面上一样，依赖于多感觉系统接收传入的空间信息形成。前庭系统就是其中重要一员。前庭系统对空间定向起着重要作用。前庭系统也是形成空间定向知觉的重要感觉系统，与视觉、听觉、嗅觉等感觉一样，前庭器官受相应的运动和加速度刺激后会形成前庭觉。通过对所受到的各种加速度的感受，前庭器官能准确地测定头部的空间位置及运动状况，在大脑中形成一种我们在三维空间中位置姿态和运动的知觉，即可以感知我们处于什么位置姿态，在做什么运动。

前庭系统为飞机在三个轴向上的旋转（偏航）、俯仰（pitch）和滚转（roll）提供了角运动和角位移的定向信息。为飞机在三维平面（纵向，即前后；横向，即左右；垂直向，即上下）的直线移动提供相应的直线运动方向的空间信息。缺乏或丧失前庭功能的人不能为飞行空间定向提供上述空间信息，所以这类人不能从事飞行活动。

人类的前庭系统结构和功能是在地面 1 G 的二维环境中，经过亿万年的种族和系统发展而形成的。但当人进入三维六自由度重力发生改变的飞行环境，由于其结构和功能生理机制特点，缺欠或不足可产生大量的错误空间信息。如在飞机绕三个轴向运动时只有在进入该轴向运动时产生正确的空间信息，之后，无论是进入恒速，还是减速，还是退出绕该轴向运动产生的空间信息都是错误的。再如，在飞机做加减速度直线运动时，线加减速度产生的惯性力使人的前庭系统不能与重力相区别产生错误的空间信息。由此，前庭系统成为飞行 SD 错觉产生的重要错误信息源。要了解飞行空间定向和了解飞行 SD 错觉就必须详细了解前庭系统的结构和生理机制特点。

前庭神经系统是人体平衡系统的核心部分，拥有独特的感受器，可以接收外部的适当刺激。这些信息通过前庭神经传输到相应的前庭神经核，并直接进入小脑，经过信息加工、与其他感觉形态的信息（如视觉、本体觉）整合处理后，再经 7 条神经通路分别把前庭信息传送到相应的更高层次的中枢，进行高层次的加工处理，或到相关通路的执行运动神经核（如眼动神经核）形成具有特异性的和非特异性的功能反应（图 2-23）。

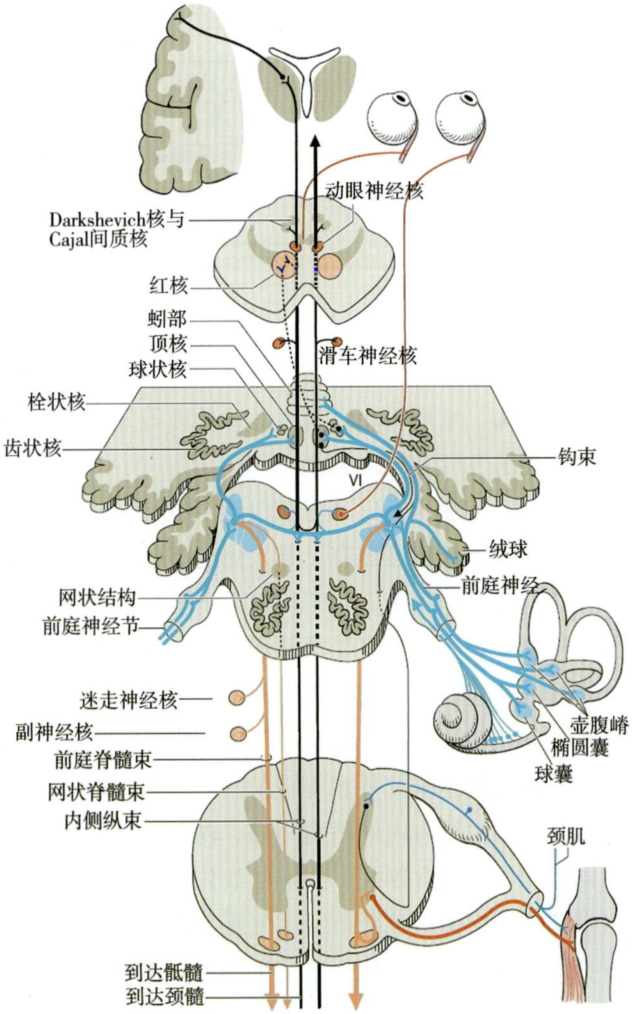

图 2-23　前庭信息的投射及部分中枢联系

（引自吴子明，刘博，韩军良. 临床前庭医学 [M[. 北京：人民卫生出版社，2023.）

前庭系统具有多种功能，最基本的有 5 种：视觉稳定、姿态平衡、动作协调、保护机制和空间定向（图 2-24）（于立身，2013）。其中最重要的生理功能是在静态和动态下，特别是在各种动态主动和被动活动下保持视觉的稳定性，保持人体姿态平衡和空间定向。

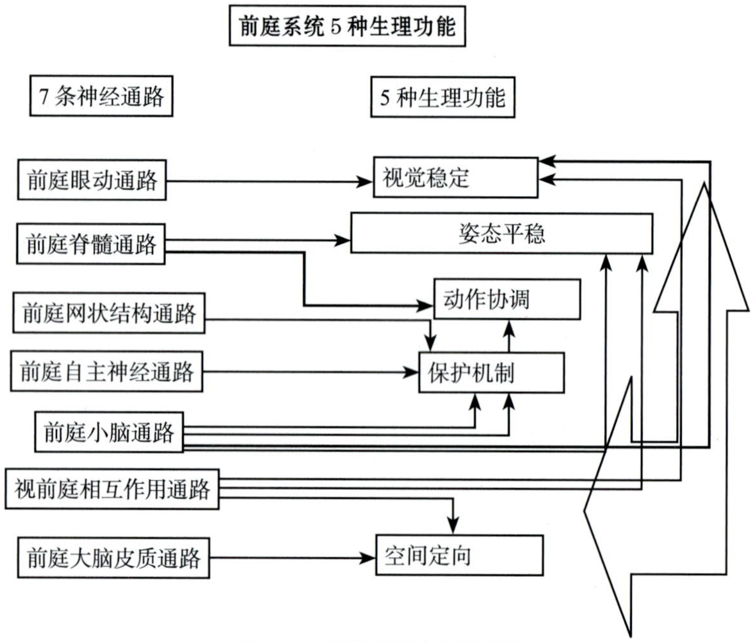

图 2-24　前庭系统的生理功能

本章从前庭系统的结构、生理机制、前庭信息处理等方面做相应的介绍，以有助于对与前庭系统密切相关的飞行 SD 错觉的认识。

前庭感受器，也被称为前庭器官，是前庭神经系统负责接收外部运动信息的器官。它是内耳组成部分，属于对称性器官。与人体的其他外部感觉器官相比，前庭器官被归类为内部感受器。前庭器官由 3 对半规管，水平半规管（又称外半规管）、前垂直半规管（又称上半规管）、后垂直半规管和两对前庭囊（椭圆囊和球状囊）组成（图 2-25）。半规管和前庭囊有骨、膜半规管和前庭囊之分。

膜迷路内充满了内淋巴液（endolymph），而膜迷路与骨迷路之间则充满了外淋巴液（perilymph），外淋巴液经耳蜗导水管与脑脊液相通，内淋巴液由耳蜗螺旋韧带的血管纹分泌，通过前庭导水管与内淋巴囊相通，内、外淋巴液互不相通，但淋巴液成分和比重各不相同。内淋巴液含钾高，外淋巴液含钠高。迷路中的内外淋巴液具有两大功能：一是机械功能，它极大地降低了大气压变化对内耳敏感度的影响，使半规管感受角加速度发生内淋巴液动态变化；二是生物力学作用，使内淋巴液、外淋巴液和细胞内成分之间产生电子化学梯度变化，实施毛细胞换能和神经冲动传递（Rabbit，Damiano，Grant，2004）。内淋巴液的密度和黏滞性对前庭半规管和耳石器的生理反应有很大影响。正常状态下，可反映内淋巴液这些特性的参数，称之为前庭反应时间常数（time constant，τ），它分为短时间常数（τ_2）和长时间常数（τ_1）。半规管的长、短时间常数分别为 13.2 s 和 0.0060 s，耳石器的长、短时间常数分别为 5 ~ 40 μs 和 0.1 ~ 4 μs（Rabbit，Damiano，Grant，2004）。

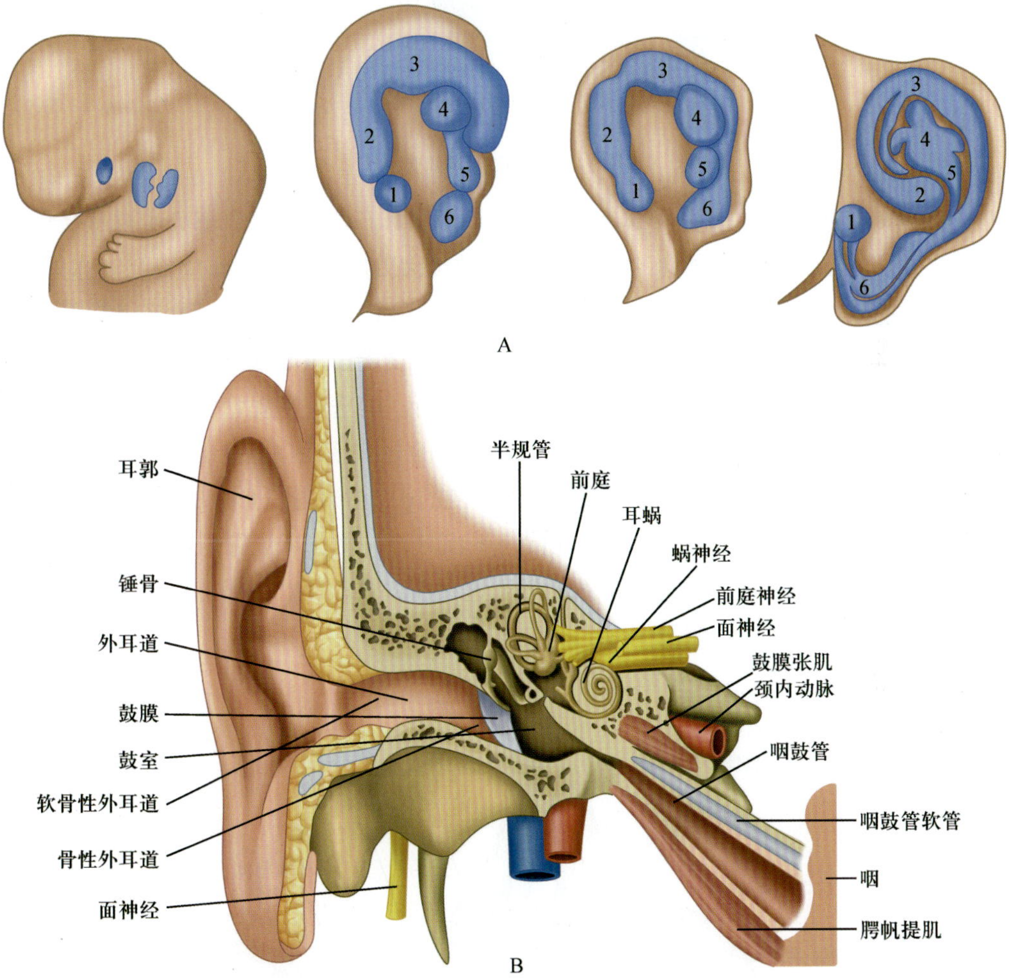

图 2-25　前庭蜗器全貌

一、前庭系统的组成和解剖

前庭系统主要分为两个部分：前庭末梢和前庭中枢，前庭末梢包括前庭外周感受器（由 3 对半规管和一对椭圆囊、球囊组成）和前庭神经；前庭中枢指前庭神经核及其上行投射纤维和大脑皮质前庭中枢（图 2-26）。

图 2-26　前庭器官的大小

前庭外周感受器主要由两部分组成：半规管和耳石器。半规管部分主要感受角加速度，分别位于头的三个轴向的平面内，颅骨矢状线的两侧，在空间位置上对称排列。人体各半规管皆形成直径约 6.5 mm 的 2/3 周的弧形管，其感觉细胞（毛细胞）部分与支持细胞、神经纤维等集中形成壶腹嵴，形成感受器的核心部分。水平半规管位于横轴平面内，头后仰 25° ~ 30° 时其与水平面平行。前垂直半规管位于与矢状线约成 45° 的矢状平面内，后垂直位于与冠状线呈 45° 的冠状平面内。两侧的 6 个（3 对）半规管在空间位置排列上具有如下特点：①每侧的 3 个半规管所形成的平面互相垂直，即其间互成 90°；②两侧的外半规管在同一平面内，一侧前半规管与对侧后半规管互相平行；③半规管平面与眼外肌平面相近（这在前庭眼动反射，保持视觉清晰方面具有重要意义）（图 2-27、图 2-28）。

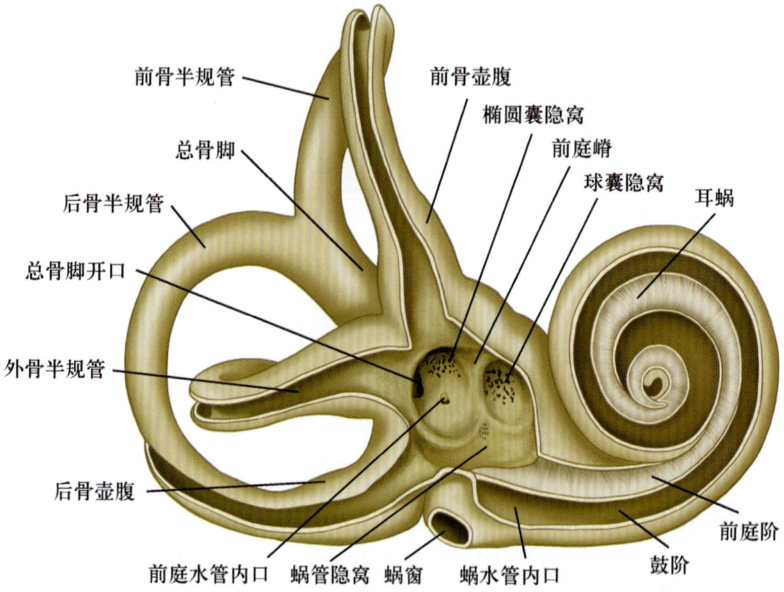

图 2-27　骨迷路

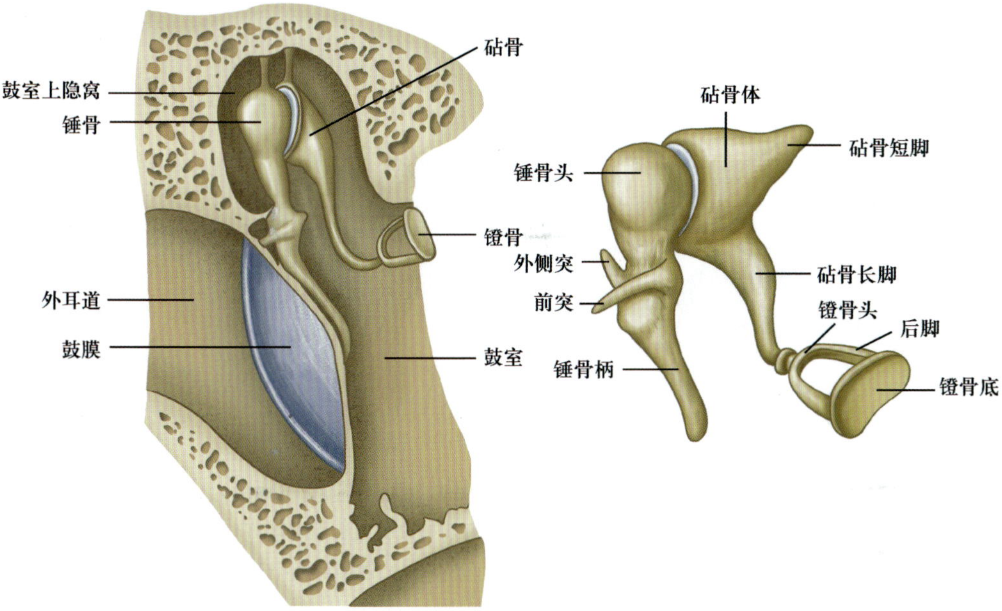

图 2-28　鼓室上隐窝和听小骨

3 对半规管和两对前庭囊都位于头部的 3 个轴向平面，并分布在颅骨矢状线的两侧（图 2-29）。水平半规管位于横轴（肩轴，y 轴向）平面内，头直立位时后仰 24° ~ 30°，即当头前倾 30° 时与地平面平行。Della Santina CC 等（2005）通过对 44 份迷路计算机成像法测量，水平半规管前端位于外耳道口与眼外眦连线（Reid 基线）向上约 20°，前垂直半规管位于与矢状线约呈 45° 的矢状平面内，后垂直半规管位于与冠状线呈 45° 的冠状平面内。一侧的前垂直半规管与对侧的后垂直半规管相平行。两前垂直半规管与颅骨矢状线各呈 45°，呈“V”形排列，两后垂直半规管也与颅骨矢状线各呈 45°，但呈“Λ”形排列（图 2-30）。

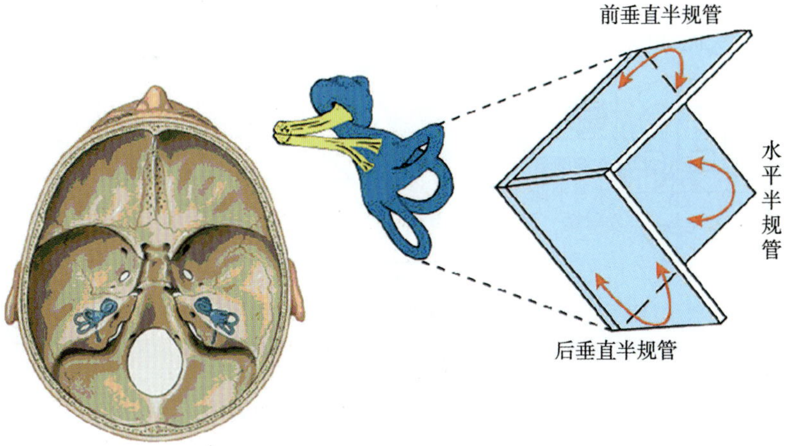

图 2-29　前庭感受器空间位置（一）

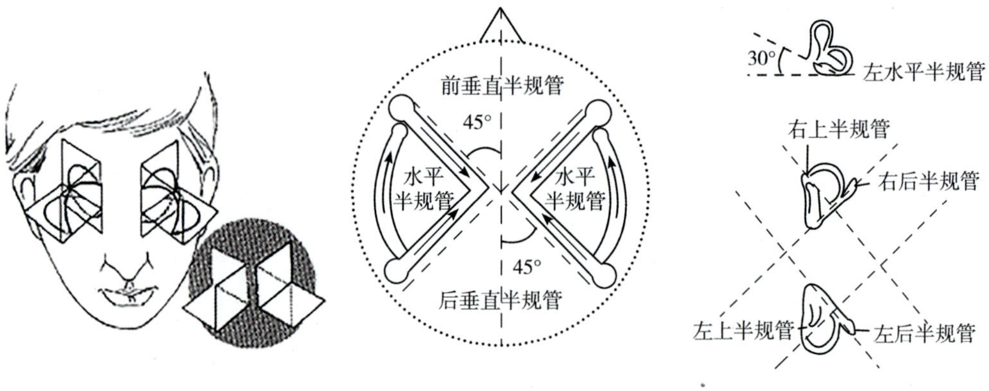

图 2-30　前庭感受器空间位置（二）

（改编自 Savundra & Luxon 等，1997 和 Hain，Ramaswamy，Hillman，2000）

A. 3 只半规管的空间位置呈相互垂直；B. 3 对半规管壶腹位置和引起各半规管兴奋的内淋巴液流动方向（管内的箭头）；C. 水平半规管在头直位时约上仰 30°，一侧前垂直半规管与另侧后垂直半规管相平行的空间关系位置

总体看 3 对半规管互呈 90°。Della Santina CC 等经精细测量得出：前垂直半规管与水平半规管之间的夹角为 90.6° ± 6.2°，前、后垂直半规管之间的夹角为 94.0° ± 4.0°，水平半规管与后垂直半规管之间的夹角为 90.4° ± 4.9°（Della Santina et al., 2005）。就是说，3 对半规管的空间位置不是严格地相互垂直，由此，头在一轴向平面内转动时各半规管都会受到某种程度的刺激，但以在该轴向平面的半规管受刺激为主。

两囊，椭圆囊和球囊的空间位置互呈 90°。椭圆囊位于冠状平面内，与水平半规管相平行，球囊位于矢状平面内（图 2-31）。

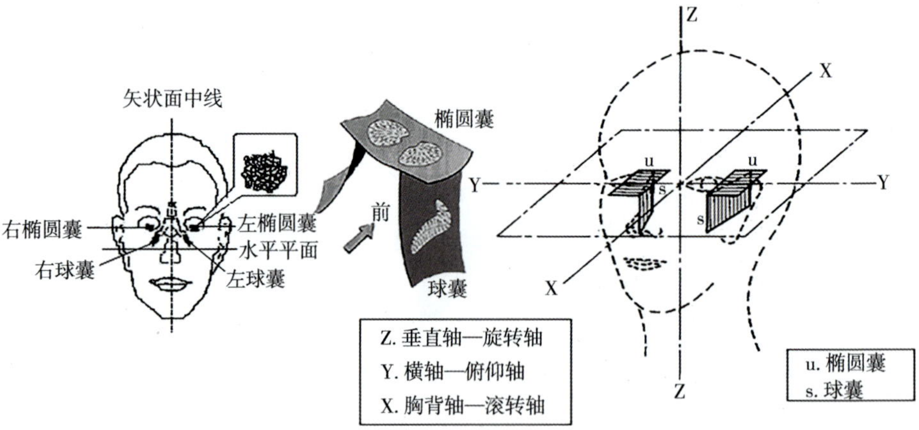

图 2-31　椭圆囊和球囊的空间位置

（改编自 Correia and Guedry，1978）

正因为前庭感受器具有上述的解剖空间位置特点，它们才能够感知三维空间中的6个自由度的角运动和线性运动的刺激。

半规管的形态结构特点：半规管是一半环状管，约为圆周的2/3，由外向内分别为骨半规管和膜半规管。骨半规管内径约为1 mm，膜半规管内径约为0.3 mm，壶腹处比管的内径大一倍。膜半规管壶腹内有一镰状隆起，称壶腹嵴，该嵴约等于壶腹直径的1/3，是感受角加速度的感受器。水平半规管长1.4 ~ 1.6 cm，水平弓向外后方；前垂直半规管长1.8 ~ 2.0 cm，内腔狭窄，弓向上方，壶腹在半规管前下端；后垂直半规管长2.2 cm，内径较阔，弓向后方，壶腹在半规管前上端。3个半规管各有两个脚，一脚膨大，称壶腹脚，感受器壶腹嵴胶顶位于其中，另一脚为单脚，但前、后垂直半规管的单脚并为一脚，称总脚，故3个半规管仅有五个管口，都与椭圆囊相通（图2-32）。水平半规管壶腹在半规管前内端与椭圆囊相通，前、后垂直半规管壶腹分别在该半规管的前下端和前上端与椭圆囊相通。

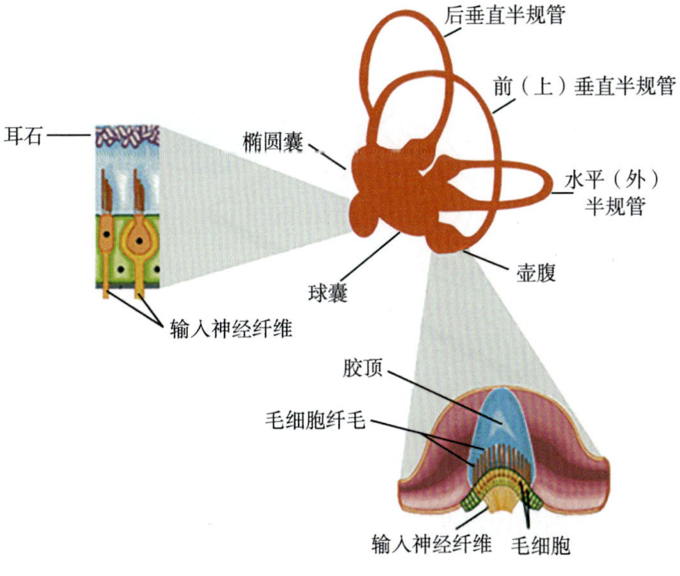

图2-32　前庭感受器形态特点

（改编自Eatock and Hurley, 2003; Eatock et al., 2002; Hurley et al., 2006; Limon et al., 2005; Wooltorton et al., 2007）

耳石器部分主要感受重力加速度和线加速度，包括球囊和椭圆囊，其含有神经感觉上皮的区域，与支持细胞、血管和神经纤维组成囊斑，分别称椭圆囊斑和球囊斑，面积分别为3.5 ~ 4.5 mm^2和2.2 mm^2，是其感受器的核心部分。当人头部处于直立位时，椭圆囊斑前部弧形上翘，该囊斑大部分呈近似水平位，向后下倾斜25° ~ 30°，向外上倾斜约10°。球囊斑几乎与矢状面平行而呈垂直位，它的下部向外下弯曲约18°，两个囊斑之间形成 70° ~ 110° 的夹角。

前庭感受器的形态结构特点：前庭感受器分为两部分，一是半规管系统，二是前庭囊耳石器系统。它们各有形态结构特点，但又有共同特点，都有相类似的毛细胞结构，半规管有毛细胞纤毛伸入的壶腹嵴胶顶，耳石器官有毛细胞纤毛伸入的胶质膜（图 2-33）。

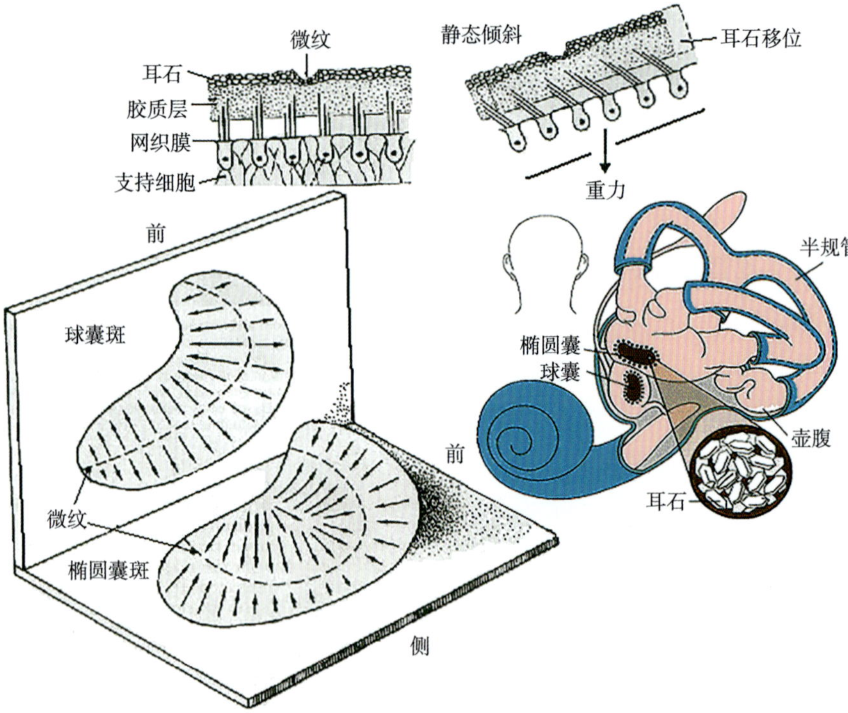

图 2-33 椭圆囊和球囊结构

（改编自 Barber and Stockwell，1976）

前庭囊耳石器的形态结构特点：前庭耳石器由椭圆囊和球囊组成。椭圆囊是一微扁而略长的椭圆形状囊，向后与 3 只半规管相连，向前以椭圆囊管与球囊相连。在其上端底部与前壁有一囊斑，长 3 mm、宽 2.5 mm，呈白斑状，面积为 4.2 ~ 4.9 mm^2，由感觉上皮组成，厚 30 ~ 50 m，主要是感受水平面内的重力和惯性力（线加速度）的感受器（图 2-34）。球囊是一扁平梨状囊，较椭圆囊小，位于椭圆囊的前下方，其下端以连合管与耳蜗管相连，其后方与椭圆囊和内淋巴管相接。在球囊前上壁有一卵圆形增厚区，为球囊斑，面积为 2.08 ~ 2.44 mm^2，由感觉上皮组成，是感受矢状平面内的重力变化和惯性力（线加速度）的感受器（图 2-33）。

可以看出，前庭器官这种特殊的解剖和空间位置关系，可以使其能感受到各方向的角加速度和线加速度（包括重力加速度）的作用（图 2-34）。

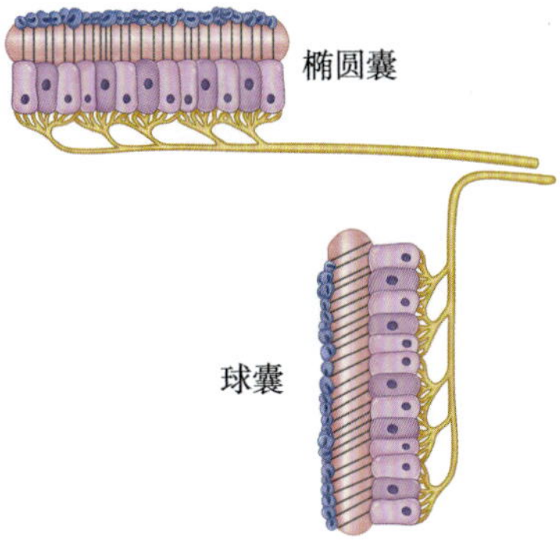

图 2-34 耳石器囊斑空间位置示意图

毛细胞排列极性：壶腹嵴和囊斑毛细胞的动静纤毛排列关系，都呈极性化（图 2-35 和图 2-36）。水平半规管壶腹嵴毛细胞的动纤毛位于椭圆囊侧，而前、后垂直半规管壶腹嵴毛细胞的动纤毛则位于管侧，即静纤毛位于椭圆囊侧。球囊和椭圆囊斑的毛细胞动纤毛位置是按微纹线排列，球囊斑毛细胞动纤毛呈背离微纹线方向排列，椭圆囊斑毛细胞的动纤毛则向微纹线方向排列。

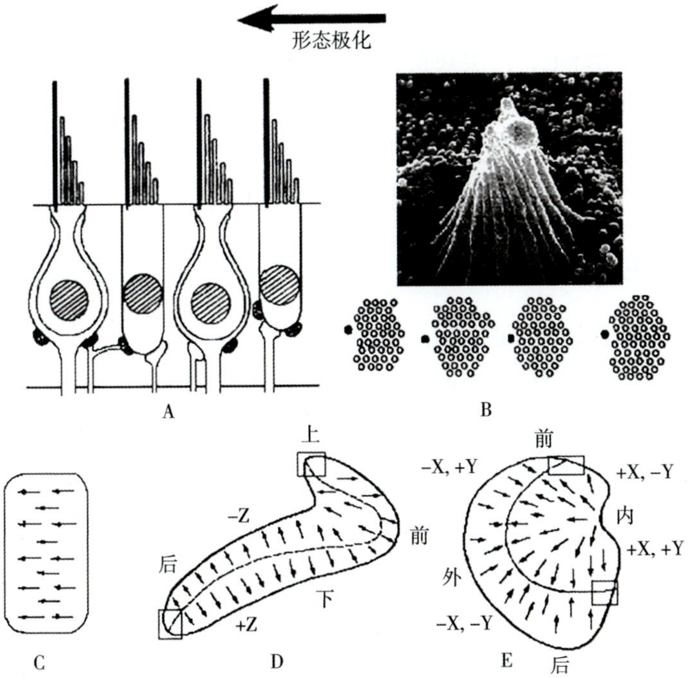

图 2-35 毛细胞的两种纤毛和其极性排列

（改编自 Desai，2003）

A. 两型毛细胞的两种纤毛模式图；B. 动纤毛与静纤毛的排列关系，黑圆点是动纤毛位于一边，为静纤毛所簇拥；C. 半规管壶腹嵴毛细胞纤毛排列（箭示动纤毛的方向，下同）；D. 球囊毛细胞动纤毛呈背离中间的微纹线方向排列；E. 椭圆囊毛细胞动纤毛呈向微纹线排列

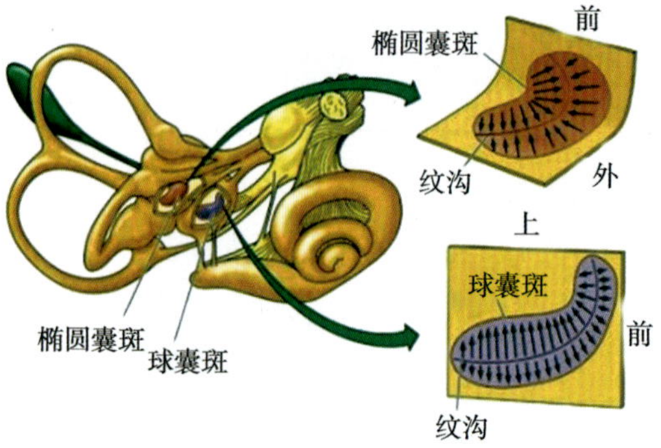

图 2-36　球囊斑和椭圆囊斑的空间位置和纤毛细胞极性排列

（引自吴子明，刘博，韩军良．临床前庭医学 [M[. 北京：人民卫生出版社，2023.）

毛细胞动静纤毛的极性排列有其功能作用，当静纤毛压向动纤毛时，放电频率增加（即去极化，兴奋），而动纤毛压向静纤毛，则放电频率减少（即超极化，抑制）。由于水平半规管壶腹嵴毛细胞的动纤毛位于椭圆囊侧，当内淋巴液向椭圆囊流动时，其静纤毛"压向"动纤毛，产生兴奋作用，放电频率增加，而由于垂直半规管壶腹嵴毛细胞的动纤毛位于管侧，即背离椭圆囊，只有当内淋巴液背离椭圆囊方向流动时，其静纤毛"压向"动纤毛，产生兴奋，即放电频率增加。该规律对了解前庭生理和空间定向方向都具有非常重要作用，如了解不同方向的角运动作用于哪只或哪些半规管，以及模拟前庭性错觉要刺激作用哪只水平半规管或垂直半规管和该采用什么样的角运动，如模拟 Coriolis 加速度错觉时要采用对不同半规管的刺激作用。

二、前庭系统生理功能概述

（一）半规管感受角加速度的作用原理

半规管分为骨半规管和膜半规管，膜半规管处于骨半规管内，两者之间充满外淋巴，膜半规管内充满内淋巴，其在膜壶腹处被壶腹嵴所阻断。前庭毛细胞的纤毛埋于嵴帽内。前庭半规管壶腹嵴、胶顶、内淋巴液系统的适宜刺激是角加速度。角加速度表述和计算如公式 2-1 所示。

$$\varepsilon = \frac{\omega_t - \omega_0}{t} \qquad （公式 2-1）$$

单位：rad/s^2 或 $°/s^2$，式中 ε 为角加速度（rad/s^2 或 $°/s^2$）；ω_0 为初始角速度（rad/s 或 °/s）；ω_t 为经过时间 t 后的角速度（rad/s 或 °/s）；t 为经过的时间（s）。

其感受角加速度的作用原理是：静止情况时，骨半规管处于静止状态下，内淋巴液无相对运动，壶腹嵴胶顶处于直立位；骨半规管向某方向做加速运动时，内淋巴液由于惰性做相反方向流动，胶顶向内淋巴流动的方向偏移；骨半规管做恒速旋转时，内淋巴液经过一定时间后，由于管壁的摩擦作用，才发生与骨半规管恒速旋转一致的方向流动，胶顶恢复直立位；当半规管突然停止或减速旋转时，内淋巴液因惯性继续向骨半规管原恒速旋转方向流动，胶顶也向该方向偏移，内淋巴液经过一定时间过程停止流动，胶顶皆其弹性恢复到原来直立位。壶腹嵴的偏移使埋于其内的毛细胞纤毛倾斜，受到机械力的牵拉刺激，受刺激的毛细胞将这种机械性能通过机械－电转换，释放化学递质作用于与毛细胞连接的神经末梢，前庭传入神经纤维形成神经冲动传入中枢，形成前庭知觉和产生各种反射。可以看出，半规管感受的是角加速度，而不是角速度，也就是说其不一定能准确感受旋转的方向，但能准确感受旋转变化的方向（图 2-37）。

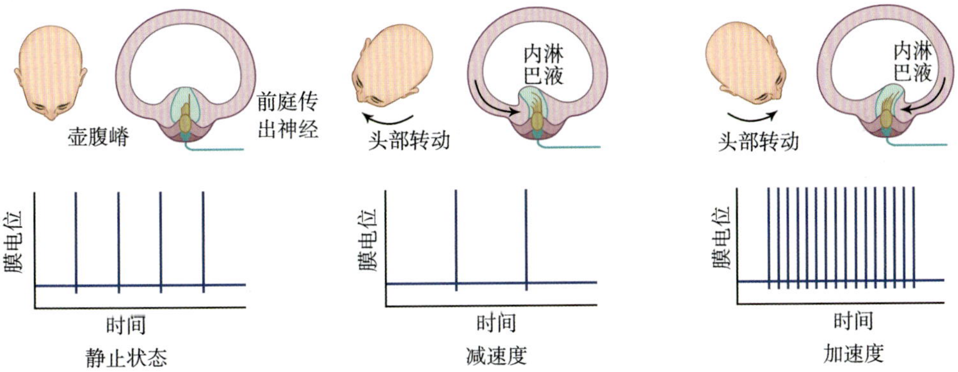

图 2-37 半规管感受角加速度作用的原理

（二）耳石器感受线加速度的作用原理

椭圆囊囊斑和球囊囊斑顶部覆盖着一层胶状膜，称耳石膜，其表面有一层菱形小结晶体——耳石，毛细胞的纤毛伸入耳石膜中。耳石的比重远大于内淋巴液的比重，这是其作用的基础。在线加速度作用下，由于耳石膜中耳石的比重远重于内淋巴液的比重，其惰性引起耳石膜发生逆作用力方向的位移，通过在耳石膜与囊斑毛细胞表皮板之间产生的剪切力而牵拉毛细胞纤毛，受刺激的毛细胞通过与半规管壶腹嵴毛细胞相似的机械－电能转换，最后将冲动传入中枢（图 2-38 和图 2-39）。

三、前庭感受器的功能原理

前庭囊斑和前庭壶腹嵴的功能作用都是，在外界力（方向、量值、作用时间）作用下惯性系统（成对的感受器、纤毛细胞的极性、内淋巴液动的惯性、摩擦阻力，以及壶腹嵴胶顶和耳石膜的弹性和惯性）对所接受的刺激信息做初步分析，把机械能信息转换为具有不同频率和波幅特性的神经冲动。转换模式如图 2-40 所示。

前庭半规管系统与前庭囊斑系统具有类似的工作模式，如图 2-41 所示。

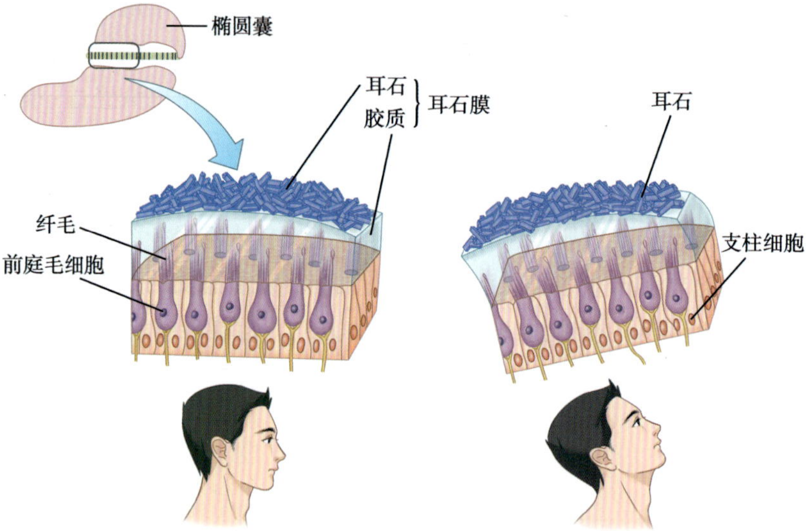

图 2-38　耳石器作用原理——感受头位变化

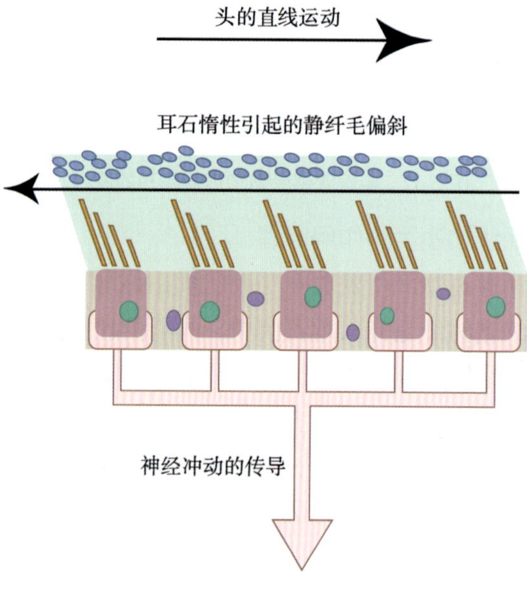

图 2-39　耳石器作用原理——感受加速度

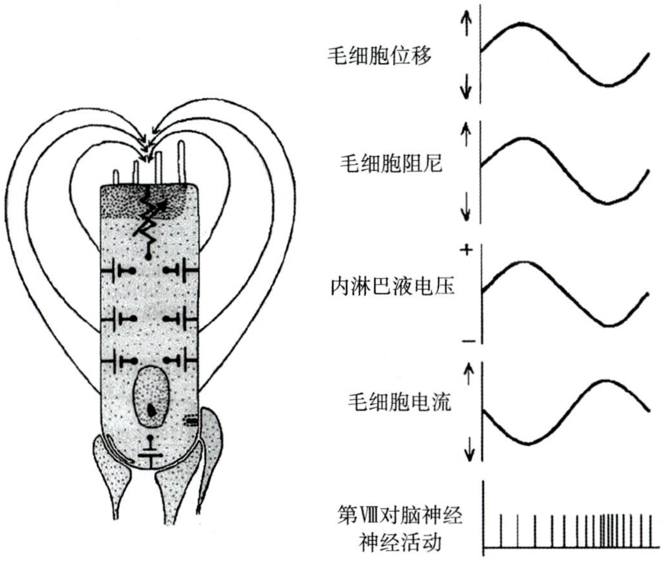

图 2-40 纤毛细胞把机械能转换为电能的模式

（引自 Baloh 和 Honrunbia，2001）

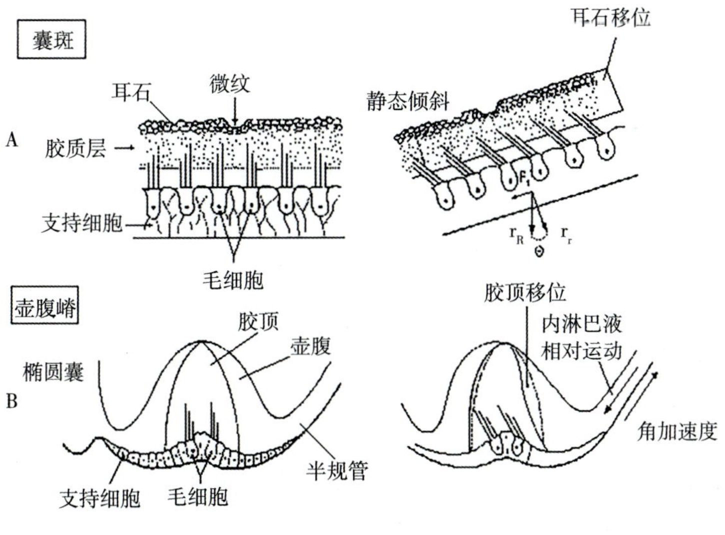

图 2-41 前庭感受器工作模式

（引自 Baloh 和 Honrubia，2001）

（一）半规管壶腹嵴纤毛细胞胶顶内淋巴液系统的功能机制

1. 基本原理模型

半规管系统对圆周运动做初级分析。壶腹嵴胶顶、内淋巴液是半规管系统的惯性部分。做旋转加、减运动时内淋巴液和壶腹嵴胶顶受惯性定律制约发生移动反应。

胶顶偏移使之与其相连的纤毛细胞的纤毛弯曲，由此经过复杂的生化反应产生神经冲动。在这一运动过程中是否能引起神经冲动反应，引起的反应强弱、方向、持续时间等决定以下诸因素。

（1）作用于内淋巴液的量值和方向。

（2）因内淋巴液流动产生的胶顶两侧压降差。

（3）膜半规管壁对内淋巴液的摩擦阻力。

（4）内淋巴液的惯性。

（5）胶顶的弹性和惯性。

作用于内淋巴液的力越大，内淋巴液的惯性力和与半规管壁的磨擦阻力也越大，胶顶两侧产生的压降差越大，引起胶顶偏移角度也越大，从而引发的神经冲动越大。这种变化在一定范围内是线性的，超越该范围则呈非线性变化。内淋巴液惯性运动使胶顶偏移，失去平衡状态，而胶顶借助其自身的弹性缓慢地（按指数特性，约需 20 s）恢复到原位，同时使内淋巴液朝胶顶恢复原位的方向流动。

胶顶两侧的压降差为：$\Delta P=(+P)-(-P)$，而 $P=2\varepsilon\xi s$，其中，P 为压降；ε 为角加速度；ξ 为内淋巴液稠度；s 为半规管切面积。生理状态下这些参量是常值，P 的大小决定于。

壶腹嵴神经的放电频率变化（最大值→0）与胶顶偏移角大小呈正比关系，而时间过程呈指数变化。

人的头动频率在 0.5 ~ 5.0 Hz 范围内和角加速度作用时间在 2 s 内时内淋巴液流动角与胶顶偏移角相等，正确反映头动的速度和角度。

骨半规管处于静止状态下时内淋巴液无相对运动，壶腹嵴胶顶处于直立位；骨半规管向某方向加速运动时内淋巴液因惯性力作用做与骨半规管运动方向相反方向运动，壶腹嵴胶顶向内淋巴液流动方向偏移；骨半规管做恒速转动时，内淋巴液经过一定时间后做与骨半规管转动同方向流动，壶腹嵴胶顶依靠其弹性恢复到直立位；当骨半规管减速或突然停止转动时，内淋巴液受其自身惯性作用向骨半规管原来转动方向继续流动，壶腹嵴胶顶也随之向该方向偏移；内淋巴液经过一定时间过程后停止流动，壶腹嵴胶顶借其自身弹性恢复到原来的直立位。半规管系统的基本功能模式如图 2-42 所示。

2. 半规管系统发生功能效应遵循的基本定律

至今大家仍然公认 Ewald 在 1892 年发现和归纳的定律，后人命名为 Ewald 定律。以下 3 点是 Ewald 定律内容。

（1）“当半规管受到刺激，眼和头总会沿着受刺激的半规管平面以及内淋巴液的流动方向进行运动”，也就是说，半规管处于旋转平面内才产生功能效应。

（2）“当水平半规管内的内淋巴液流向壶腹时，其引发的反应比流离壶腹时的反应更为强烈”，也就是说，因水平半规管壶腹嵴纤毛细胞的静纤毛与动纤毛的排列关系在内淋巴液向壶腹流动时静纤毛压向动纤毛，从而产生兴奋效应。

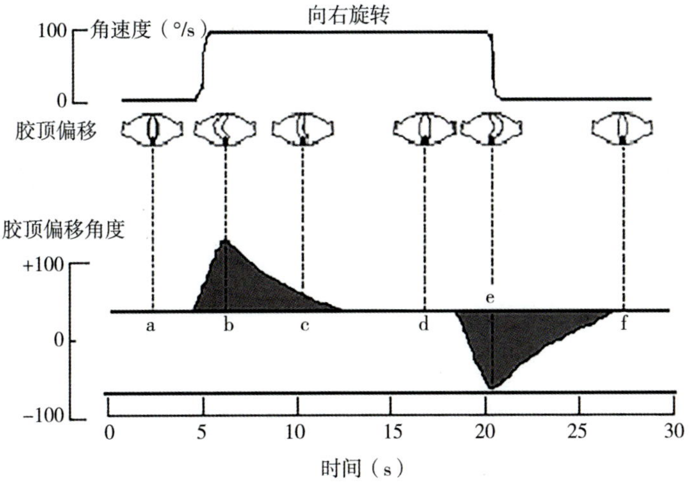

图 2-42　半规管壶腹嵴胶顶内淋巴液系统基本工作模式

（3）“在垂直半规管内，内淋巴液流离壶腹的反应比流向壶腹的反应更为强烈”，也就是说，因垂直半规管壶腹嵴纤毛细胞的静纤毛与动纤毛的排列关系在内淋巴液离壶腹流动时静纤毛压向动纤毛，从而产生兴奋效应。

当 2 对或 3 对半规管同时或依次进入转动平面时，所引发的效应取决于各被刺激的半规管产生的合力及其方向。

3. 不同形态的角加速度刺激下壶腹嵴胶顶位移形态

图 2-43 展示了在 3 种前庭刺激模式下，头部的动速度、加速度与壶腹嵴胶顶位移之间的关系。这 3 种前庭刺激方式是临床上常用的刺激模式。

图 2-43A 所示恒角加速度刺激模式。在恒角加速度作用下壶腹嵴胶顶位移的动态变化规律是：壶腹嵴胶顶唯一轨迹是恒角加速度（α）作用后的时间（t）函数，由公式 2-2 给出。

$$\theta_c(t)=\alpha^{M/K}(1-e^{-t\,k/c})\qquad（公式 2-2）$$

式中 θ_c 为壶腹嵴胶顶内淋巴液系统相对半规管壁的角位移；α 为恒角加速度；M 为惯性力矩；K 为弹性力矩；C 为黏滞（内淋巴液）摩擦力矩。

据此，经过一很长时间后指数趋向零（$e^{-\infty}\rightarrow 0$），壶腹嵴胶顶偏移程度与角加速度 α 值和 M/K 系数成正比。如果考虑指数项，当 $t = K/C$ 时，指数值为 1，指数项的值为 $e^{-1}\rightarrow 0.37$。指数项在上式右侧的括弧内，由此括弧项成为 0.63。测量出整个反应值的 63% 就等于得出 K/C 估计值。这个值前庭生理学上称之为壶腹嵴胶顶长时间常数 T_1，表述壶腹嵴胶顶对高频的敏感性的参数。短时间常数 t_2 可用 M/K. K/C 的乘积估计其值。角加速度终止后同一种力驱使壶腹嵴胶顶回到休止位。如果壶腹嵴胶

顶偏移 θ_c 值，壶腹嵴胶顶则按下式规律恢复到原位（公式 2-3）。

$$\theta_c(t)=\theta_c e^{-t\,k/c} \qquad （公式 2-3）$$

因此，壶腹嵴胶顶恢复到原位的时间常数 $T_1 = K/C$，壶腹嵴胶顶开始受角加速度作用发生偏移的时间常数一样。

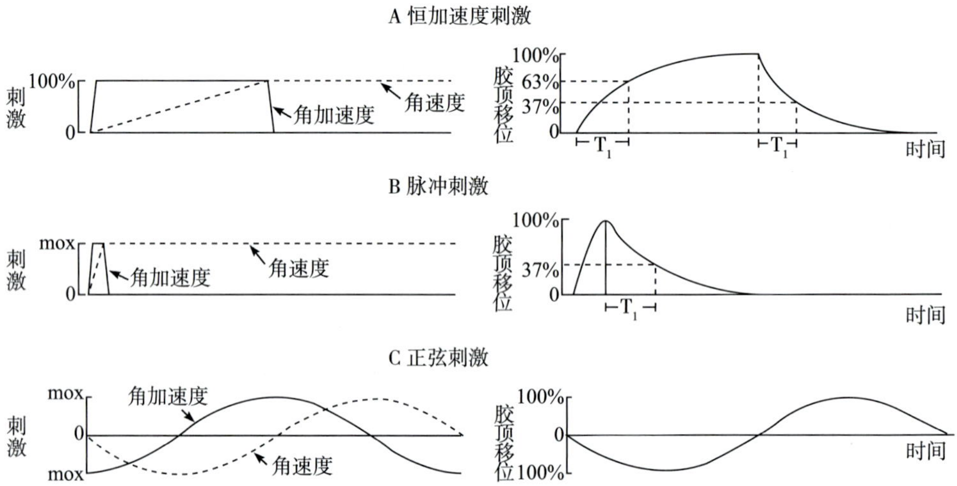

图 2-43　三种头旋转模式下壶腹嵴胶顶移位的关系

（引自 Baloh 和 Honrubia，2001）

图 2-43B 所示脉冲加速度刺激模式。可能以最大加速度改变头动速度（$\Delta\theta_h$）时可产生脉冲式加速度。壶腹嵴胶顶可立即达到最大位移，其位移值与头动速度瞬时变化值 [$\theta_c(t)=\Delta\theta_h$] 成正比。壶腹嵴胶顶恢复原位的时间与恒角加速度刺激模式相同。

图 2-43C 所示正弦刺激模式。这种刺激方式更为接近自然的头部运动。大多数自然头动是由一系列频率和幅度不同的正弦波构成。常用“增益”（gain）和时间“相位”（phase）这样两个参量度量正弦刺激量。增益界定为，输出（壶腹嵴胶顶的位移）与输入（头动角速度或速度）的比值；相位的变化反映输出与输入之间的时间过程。增益、相位与频率之间的关系通常用一对数为坐标的波德图（Bode plot）反映（图 2-44）。

增益、相位、频率波德图中可以看出，在频率很低（< 0.05 Hz）时，增益随着频率增加呈线性增加；中等频率（0.1 ~ 5.0 Hz）时，增益和相位都恒定，即壶腹嵴胶顶的偏移与刺激速度呈正比，这个频率段是人正常活动的频率段；在频率很高（$>$ 10 Hz）时，增益作为频率的函数减低。

4. 半规管系统的功能阈值

半规管系统的功能阈值大致在 0.035° ~ 8.2°/s^2，其中公认的平均值为 0.5°/s^2。

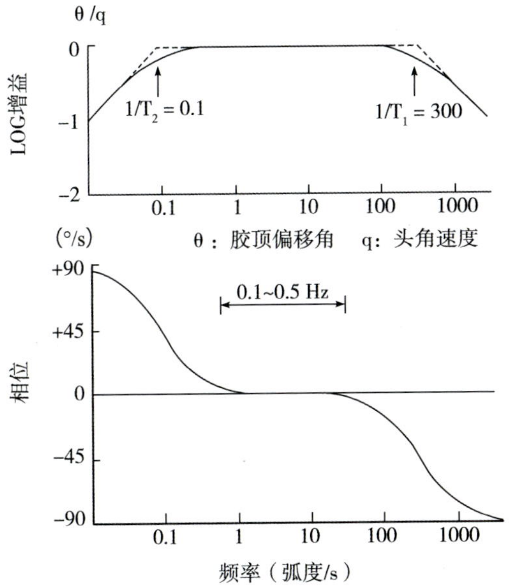

图 2-44　增益、相位与频率波德图

（引自 Jones 和 Milsum，1965）

（二）囊斑、纤毛细胞、耳石膜、内淋巴液系统的功能机制

1. 基本原理模型

耳石器系统对直线加速度、向心加速度和重力加速度等力进行了初步分析。耳石砂、耳石膜、内淋巴液是耳石器系统的惯性部分。当机体做直线加速度运动时，其加速度力的正切分力使耳石和耳石膜移动（图 2-45），从而使纤毛细胞的纤毛弯曲。由此，在纤毛细胞内发生复杂的生化反应，而产生神经冲动。在这一运动过程中是否引起神经冲动反应和引起的反应强弱及方向等取决于以下诸因素。

（1）作用于耳石和耳石膜的重力与惯性力正切分力的合力矢量。

（2）耳石膜的弹性力。

（3）摩擦力系数。

（4）耳石膜自身摆动频率。

（5）耳石砂的密度和质量。

神经冲动的产生和产生的神经冲动量取决于耳石膜相对囊斑感觉细胞的直线距离。表述这一距离如公式 2-4。

$$m_e\ddot{\chi} + C\dot{\chi} + K\chi = mg = m/\rho \lg \quad 或$$

$$\ddot{\chi} = 2\delta\dot{\chi} + W_0^2\chi = (\rho - 1/\rho + 1)g \gg \frac{g}{2} \qquad （公式 2-4）$$

式中 $\ddot{\chi}$ $\dot{\chi}$ χ 为耳石膜相对于囊斑感觉细胞的移动距离（cm）；m_e 为耳石膜移动

时内淋巴液移动质量（g）；C 为摩擦系数（g/s）；m 为耳石膜质量（g）；$m/\rho lg$ 为作用于耳石上的力；$\delta = c/2\,me$ 为衰减系数；$W_0 = \sqrt{K/m}$：耳石膜自身摆动频率（s^{-1}）；δg 为重力加速度（981 cm/s^2）；ρ 为耳石密度（g/cm^2）。在生理状态下 m_e、c、k、ρ、δ、W_0 都是常值，所以耳石膜移动值主要决定于 $m/\rho lg$ 作用力。

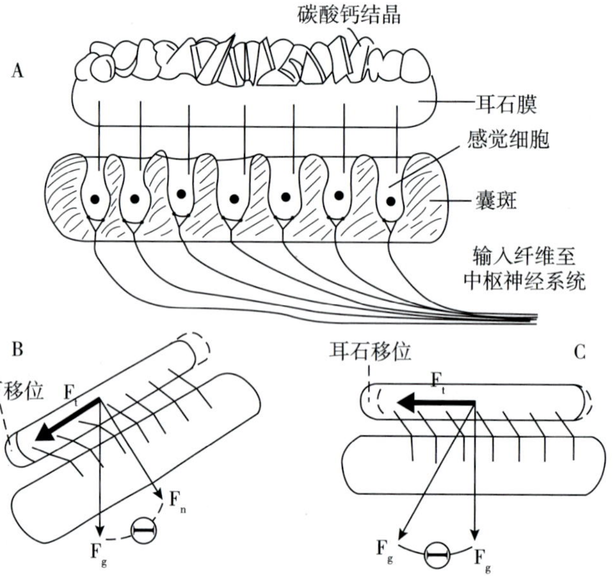

图 2-45　耳石器系统的基本功能模式头倾斜与受线加速度作用时囊斑耳石膜受力的分析

（改编自 Baloh et al.，2001）

A. 囊斑图示；B. 头倾斜时受力分析；C. 囊斑受线加速度作用时受力分析

耳石器系统的基本功能模式在图 2-45 中，A 表示当人体头部直立时，由于受到 1 G 的重力作用且没有水平切力，耳石和耳石膜保持在直立位置，两侧耳石囊斑毛细胞呈自发性放电活动，无神经冲动发出；在当头部在静态状态下向一侧倾斜，如图 2-45B 所示，向左倾斜 15°，耳石和耳石膜受重力的正切分力作用向作用力方向移动（图中 B 惯性力 Ft），两侧耳石囊斑毛细胞产生神经冲动，正确反映头倾斜的方向和值；当人体头部保持直立并受到直线加速度的影响时（如图 2-45C 所示，表示向右的直线加速度），耳石和耳石膜会受到线加速度产生的惯性力作用，并向该惯性力的方向移动，如图中的惯性力 Ft 所示，向左移动，囊斑毛细胞产生与头在静态下向左倾斜一样的神经冲动，但头确是在直位。

2. 耳石器系统发生功能效应的基本定律

（1）只对正切力或正切力的合力产生功能效应。

（2）作用力方向与纤维毛细胞极性一致时产生兴奋效应。

（3）对重力、直线加速度力、向心加速度力之间的性质差别不能识别，只能对其合力产生效应。

3. 耳石器系统的功能阈值

为 0.001 ～ 0.05 g 或 0.2 ～ 0.3 m/s^2。

（三）前庭神经反射及其功能

根据目前了解的资料，前庭神经系统至少有 7 条投射通路，分别是前庭眼动通路、前庭脊髓通路、前庭小脑通路、前庭网状结构通路、前庭自主神经通路、视前庭相互作用通路和前庭皮层通路。它们是前庭系统发挥各种功能的基础。

1. 前庭眼动反射通路

前庭眼动反射通路是前庭神经系统的一条非常重要的神经通路。前庭神经核经过交叉性和非交叉性纤维，经对侧和同侧的内侧纵束投射到外展神经核、滑车神经核和动眼神经核，引起眼动反射。其功能意义在于：当头部运动时，使眼球向与头部运动相反的方向移动，以保持视网膜成像清晰，这样，在一定速度范围内运动时，能使人们看清眼前的视景。另外，该通路形成的眼震是临床上观察前庭功能的一个重要窗口。半规管 – 前庭眼动反射神经核通路（图 2-46）和囊斑前庭眼动神经核通路（图 2-47）。

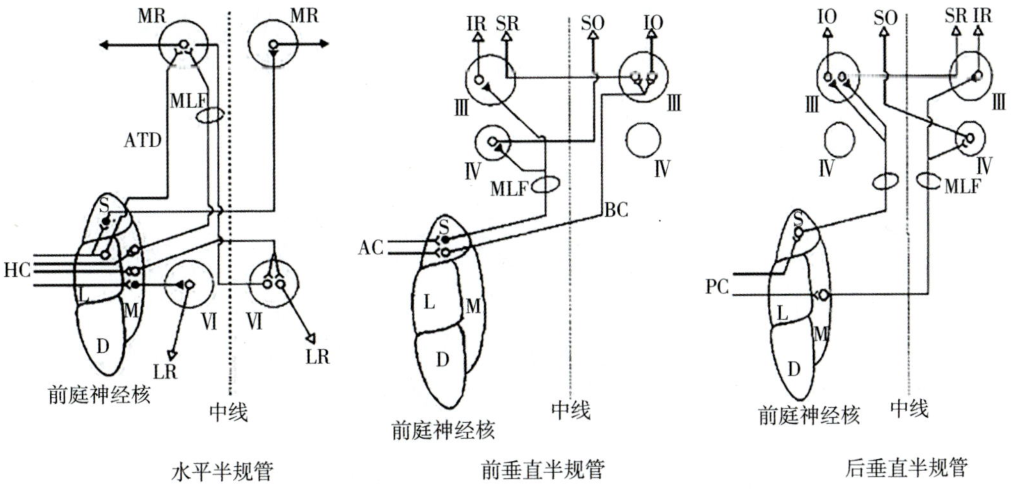

图 2-46　半规管 - 前庭眼动反射神经核通路

（引自 McElligott & Spencer，2000 和 Sharpe & Johnston，1993）

Hc. 水平半规管；Ac. 前垂直半规管；Pc. 后垂直半规管；Ⅲ . 动眼神经核；Ⅳ . 滑车神经核；Ⅵ . 展神经核；MR. 内直肌；LR. 外直肌；IR. 下直肌；SO. 上斜肌；IO. 下斜肌

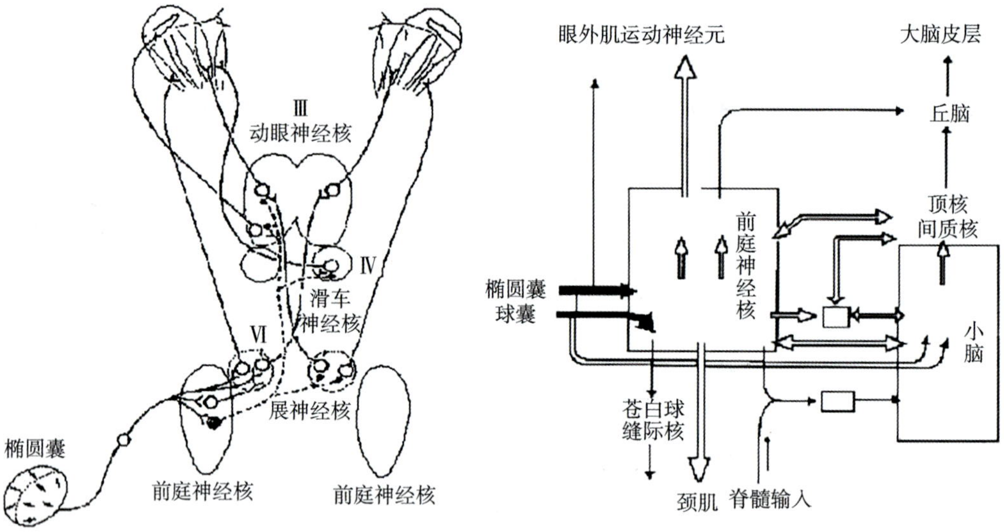

图 2-47　囊斑前庭眼动神经核通路

（改编自 Buttner-Ennever and Gerrits，2004）

前庭网状结构通路与中枢神经系统发生极其广泛和密切的联系。与其发生联系的神经核和神经组织有：眼动神经核、橄榄核、红核、视丘、小脑、脊髓、边缘系统和大脑皮质。前庭网状结构通路（图 2-48）。

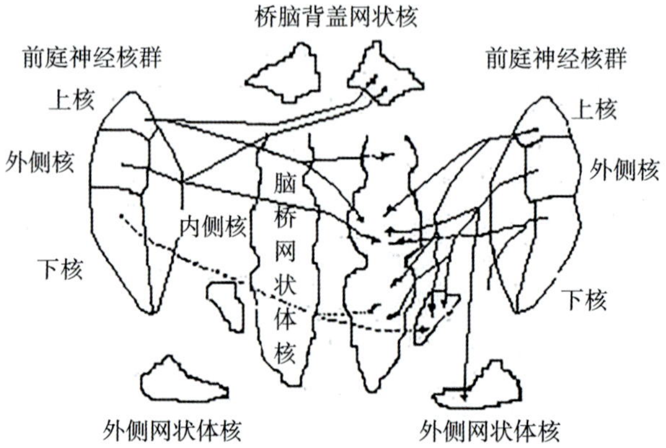

图 2-48　前庭网状结构通路模式图

（改编自 Brodal&Pompeiano，1972）

2. 前庭脊髓反射通路

前庭神经核发出的纤维通过前庭脊髓外侧束、前庭脊髓内侧束、前庭脊髓尾侧束和网状脊髓束与脊髓前角细胞发生联系。其功能意义在于：控制颈肌、躯干和四肢肌肉的运动，从而稳定身体和头部（图 2-49）。

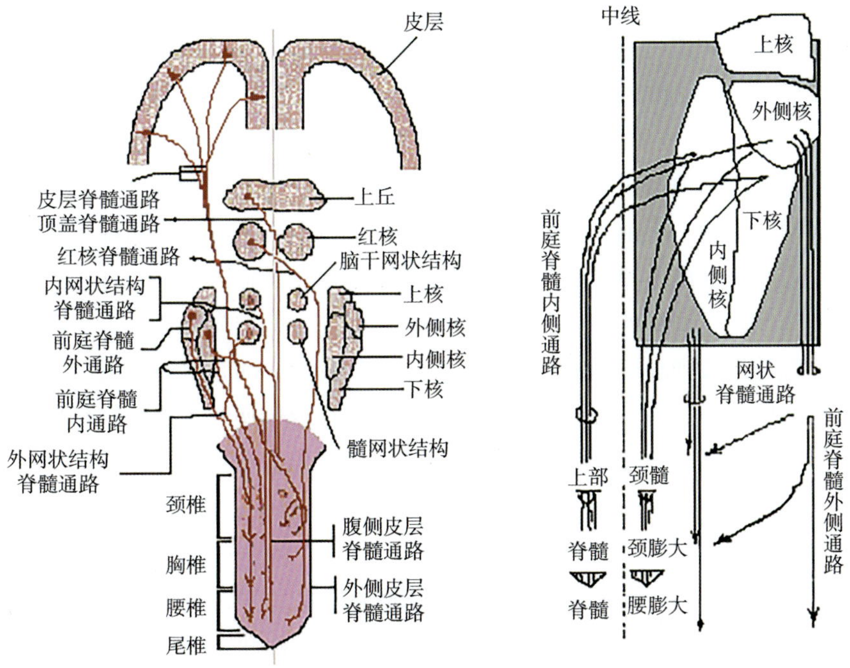

图 2-49　前庭脊髓通路

（改编自 Wilson & Jones，1979）

3. 前庭自主神经反射通路

前庭神经核与延脑中的植物神经核团有紧密的联系，接受来自中脑网状结构和桥脑脑干网状核的纤维联系（图 2-50）。前庭自主神经反应除了是一种保护性反应外，它在人体各种与运动相关的活动的能量保障上起着重要作用。其功能在于：刺激前庭系统可以引起明显的非特异性的自主神经反应，是运动病发生的基础。

4. 其他

除上述通路外，还有前庭皮层通路、前庭小脑通路、前庭脑干网状结构通路等。

（1）前庭小脑通路（图 2-51）：展示了前庭与小脑之间的联系。可从图中看出，小脑既是前庭主要神经通路和功能（前庭眼动通路和各种眼动功能，前庭脊髓通路和姿态控制）的调制者，也是前庭神经信息向更高级中枢（丘脑和大脑皮质）传送者。

（2）视前庭相互作用神经通路（图 2-52）：视前庭相互作用（VVOR）本质上代表了视眼动反射与前庭眼动反射之间的神经通路交互。从神经通路中可以看出，其中心环节是前庭神经核、小脑和旁正中桥脑网状结构（PPRF）。前庭神经核是视觉、前庭信息相互作用的中心，小脑对视觉、前庭信息在前庭神经核中发生相互作用过程中起重要的整合、调节作用。在大脑皮质上前庭皮层中枢（PIVC）兴奋可抑制视觉皮层中枢（VIS），顶枕视觉皮层（PO）兴奋可抑制前庭皮层中枢。同时可以看到，在视前庭相互作用神经通路中三级前庭控制、处理中枢都参与了其中活动，如脑干前庭中枢的前庭神经核、速度储存器和旁正中网状结构，小脑的绒球和小结，皮层的岛脑前庭皮层代表区（PIVC）。

（3）前庭大脑皮质通路：前庭传入的神经冲动通过两条途径与大脑皮质建立联系。一条是经前庭神经核、丘脑特异神经核至大脑皮质前庭代表区；另一条是经前庭神经核至网状结构、小脑、丘脑非特异神经核，以及经下丘脑至边缘系统至前庭皮层代表区。前庭大脑皮质神经通路，除了接受前庭信息的输入，经过加工处理对各种前庭反应实施控制、调制外，另一个重要功能是参与空间定向活动和产生前庭知觉。

从前庭神经核到皮层的通路不仅仅是单一的突触，而是具有多突触特性。另外，在前庭皮层路径中丘脑、海马和小脑对前庭信息往返传递起不可或缺作用。

大量研究证明，前庭、丘脑和海马在前庭信息传递和处理，以及向前庭皮层传送中发生多突触相互作用（Smith，1997；Tascioglu，2005；Gallay，2008；Aggleton et al.，2010）。

（4）海马：海马（hippocampus）与前庭系统的关系，之前不甚了解。海马是人脑主要部分，属于边缘系统（limbic system），呈对称性结构，脑左、右各一个，位于颞内叶皮层之下，有相互连接的两部分，安蒙角（Ammon horn）和齿状回（dentate

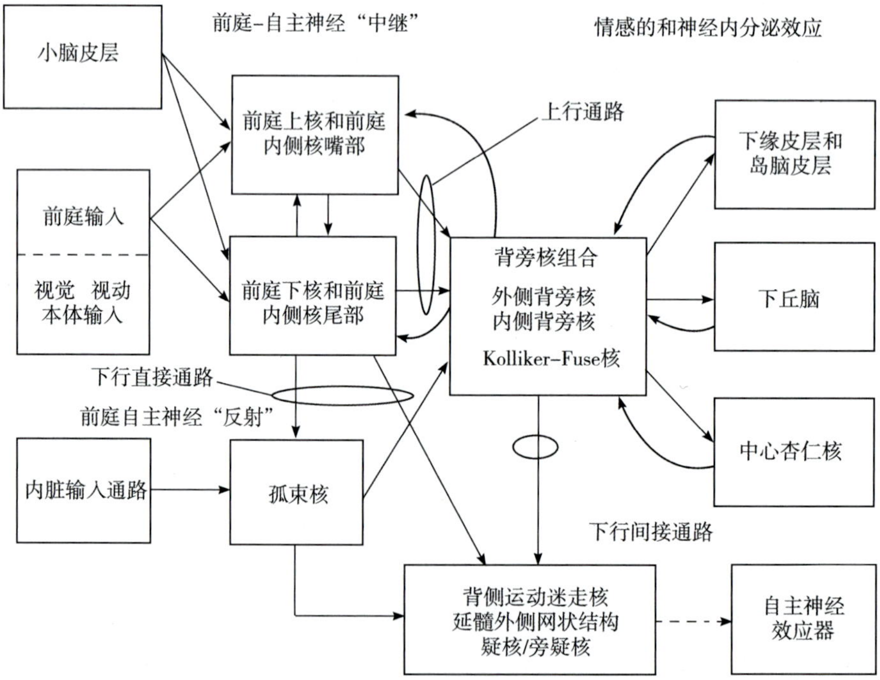

图 2-50　前庭自主神经通路

（引自 Balaban and Yates，2004）

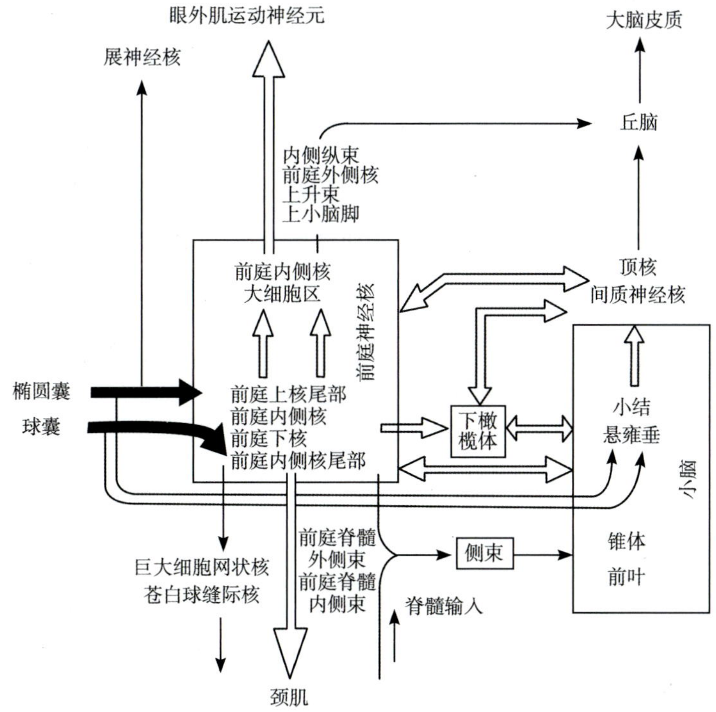

图 2-51　前庭与小脑的联系框图

（引自 Highstein，Fay and Popper，2004）

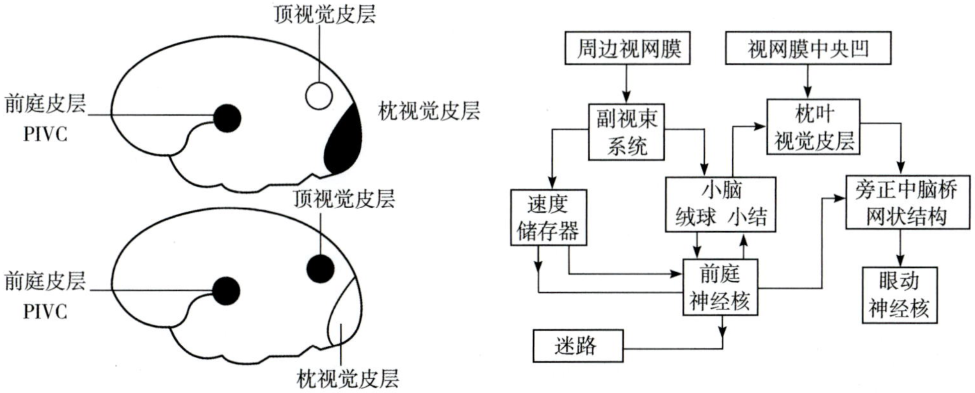

图 2-52　视前庭相互作用神经通路

（改编自于立身，1994；2013）

gyru）。其主要生理功能是参与长期记忆和空间方向导向。

①前庭刺激可引起海马中的位置细胞（place cell）和丘脑前核中的头方向细胞（head direction cell）反应。②前庭与海马之间的信息交换对海马的空间信息处理和

空间记忆的形成等功能起重要作用，前庭信息还参与海马 EEG 的 θ 节律生成；当一侧前庭功能丧失海马的容积减少甚至萎缩、θ 节律减弱和海马位置细胞功能发生长期改变，同时海马中的神经型一氧化氮合酶（neuronal nitric oxide synthase，nNOS）、Ⅰ型和Ⅱ型精氨酸酶基因（arginase Ⅰ and Ⅱ）和 NR1、NR2AN- 甲基 -D- 天门冬氨酸（N-methyl-D-aspartate，NMDA）受体也发生长期改变，而海马在前庭外周和中枢损伤后的前庭功能代偿中起重要作用。③前庭核与海马之间的解剖联系：目前了解有 4 条连接通路（图 2-53）。

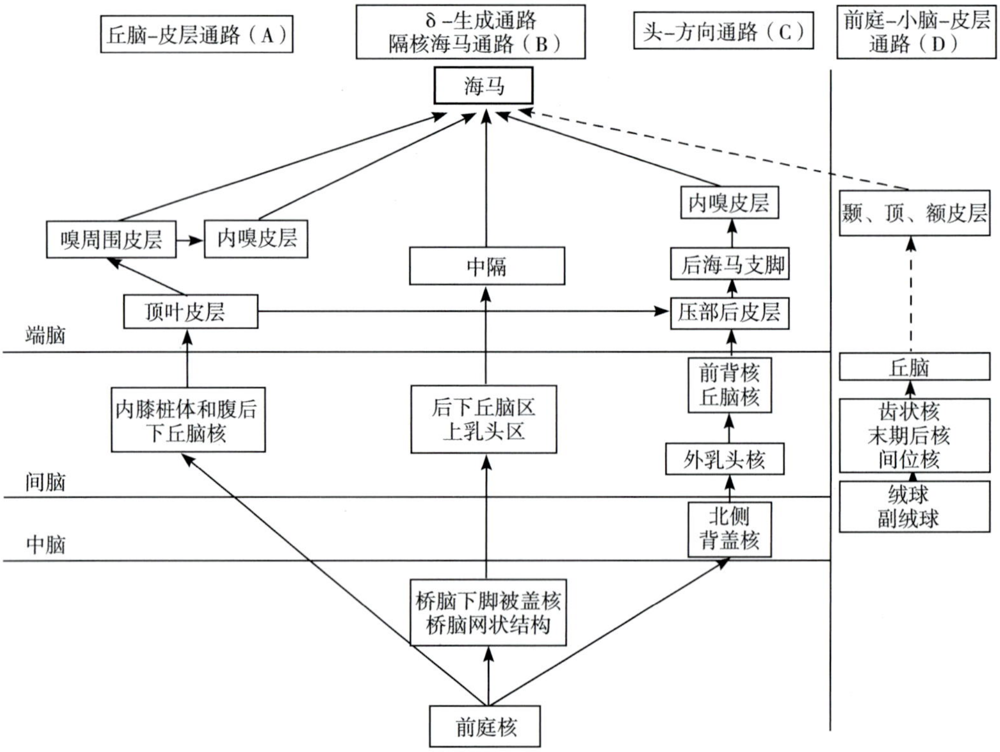

图 2-53　前庭 – 海马 – 丘脑 – 皮层通路

（引自 Aggleton et al.，2010）

经丘脑、顶皮层、内嗅皮质和嗅周皮质到海马的前庭丘脑皮层通路（Vestibulo-thalamo-cortical route），提供自身运动信息，用于更新运动行为、空间表象和区分自身运动与目标运动；由桥脑网状结构经乳头体上核和中隔到海马的 θ 生成通路（theta-generating pathway）；经背盖核、外侧乳头核和前背侧丘脑核到海马的头 – 方向系统（head-direction system）的前庭 – 丘脑乳头 – 盖、海马头方向通路（vestibulo-mammillo-tegmental- hippocampus pathway）：提供前庭输入，生成头方向的认知表象，参与自身运动和头方向信息会聚确定自身定位；前庭 – 小脑 – 皮层通路（vestibulo-cerebello-cortical pathway）：把前庭信息传送到海马。

（5）丘脑：在前庭皮层通路中，无论是经小脑，还是前庭与海马之间的联系都与丘脑发生直接或间接联系。丘脑在前庭皮层通路中起着非常重要的“中继”作用。在研究前庭功能时常常忽略了丘脑在其中的作用。

丘脑是一个对称的脑结构，位于皮层和中脑之间，紧邻第三脑室的两侧和脑干的顶部，它充当了皮层下结构与皮层之间的中继站，丘脑神经核接受各种感觉（除嗅觉外）信息往相应皮层发送，如向大脑皮质传递感觉、空间感觉和运动信号，还参与意识、睡眠和醒觉的调节，同时还接受来自皮层的强大的反馈投射。

丘脑的核群非常复杂，对其分类也有不同。Gallay MN 等（2008）把丘脑的核群大体上分为前核群（anterior nuclear group）、内侧核群（medial nuclear group）和外侧核群（lateral nuclear group）。外侧核群属于丘脑后部，其腹后核（VP）中的腹后外侧核（VPL）、腹后内侧核（VPM）和腹中间核（VI）是接收和向皮层发送前庭信息的主要核群。

Aggleton JP 等（2010）对丘脑与海马之间的联系做了详细描述，并给出如图 2-53 的图示，有助于对丘脑－海马－前庭的关系了解。

（6）视动颈反射：1997 年，Patterson 等（1997）在进行目视飞行研究时发现了一种被称为视动颈反射（OKCR）的反射（Gallimore et al.，1999）。这种反射表现为，目视飞行中飞机在倾斜或俯仰运动时因天地线相对运动引发头自然地向飞机运动相反方向倾斜或俯仰。其特征是如下。

①发生在目视飞行中；②头倾斜方向与飞机坡度方向相反；③头倾斜程度在飞机坡度为 ±30° 时与飞机坡度呈线性关系；④主动、被动飞行都可发生；⑤由目视飞行转入仪表飞行发生“倒向”操纵行为；⑥易引发空间定向障碍；⑦高 G 下易造成颈椎损伤；⑧难以做抗荷动作。

四、前庭三级控制中枢

前庭信息在三个级别的控制中枢中被加工和处理。这三级中枢是：脑干、小脑和大脑。

（一）脑干前庭中枢

在脑干中的前庭中枢有：前庭核组合、旁正中脑网状结构（paramedian pontine reticular formation，PPRF）、内侧纵束头端间质核（rostral interstitial nucleus of MLF，riMLF）、Cajal 间质核（interstitial nucleus of Cajal，iNC）、达克谢维奇核（Darkschewitsch nucleus）、速度储存机制（velocity storage mechanism）和神经整合器（neural integrator）（图 2-54）。

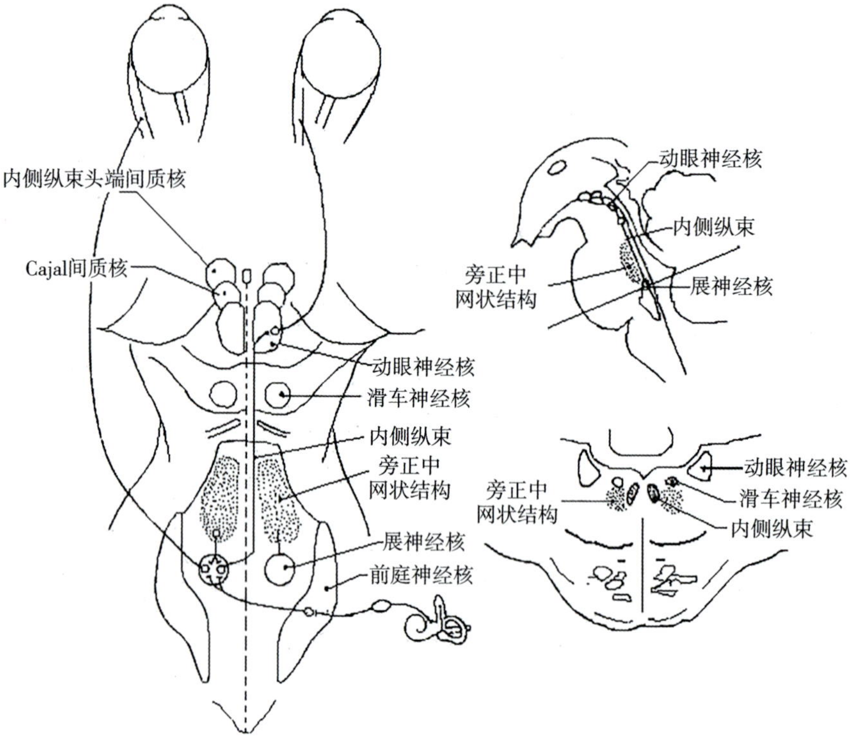

图 2-54　在脑干的前庭中枢

（改编自藤野贞，2001）

1. 前庭神经核

前庭神经核是前庭系统第一级控制和信息处理中枢。

（1）前庭神经核组成：是由 4 对神经核构成的成对组合。上核（superior vestibular nucleus，SVN）、内侧核（medial vestibular nucleus，MVN）、外侧核（lateral vestibular nucleus，LVN）和下核（inferior vestibular nucleus，IVN）（图 2-55）。另外还有一些小细胞群组合，如 X 细胞群，位于 LVN 尾端外侧，一般认为是 IVN 的一部分；Z 细胞群，位于 IVN 尾端、薄核头端与楔核之间，接受脊髓传入；Y 细胞群，在 LVN 与绳状体之间，接受前庭初级传入和小脑绒球叶的投射。投射到眼外肌运动神经核的前庭纤维来自 SVN 和 MVN，投射至脊髓的前庭纤维来自 LVN、MVN 和 IVN。

（2）前庭感受器与前庭神经核的对应关系：前庭感受器的不同部分，如半规管和前庭囊，与前庭神经核存在特定的对应关系，这意味着不同的前庭感受器的神经冲动会输入特定的前庭神经核。

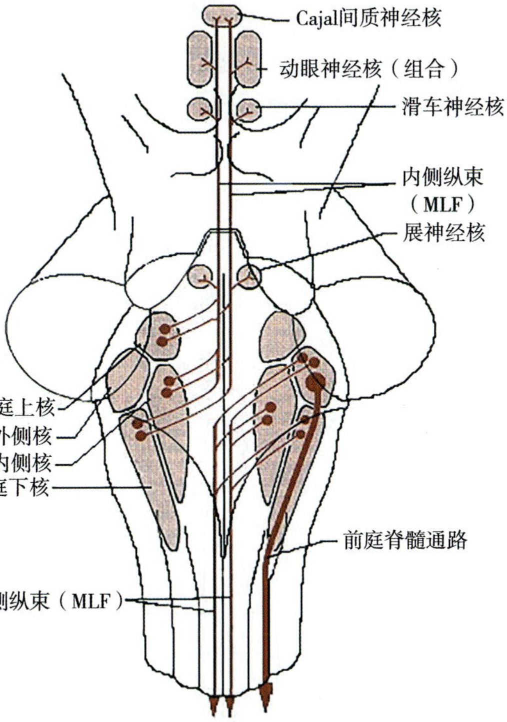

图 2-55　前庭神经核

（改编自 Bast and Anson，1949）

①半规管：起始于半规管的初级神经元纤维先至前庭神经间质神经核换神经元，其轴突分为上下支。上行支来自水平半规管和上（前）半规管，至前庭上核和内侧核；下行支来自后半规管至前庭上核、下核和内侧核。②前庭囊：来自椭圆囊的初级神经纤维的上支来自椭圆囊终止于内侧核、下核和外侧核，下支来自球状囊终止于内侧核、外侧核和下核，以及小细胞核团（Y 核）。

（3）前庭神经核的输入（图 2-56）：所有前庭神经核，包括 Y 核，都接收来自前庭神经纤维的输入（Carleton and Carpenter，1984；Boyle et al.，1992）。支配囊斑器官的前庭输入纤维主要投射到前庭神经外侧核背部和前庭神经下核，来自壶腹嵴的投射到其余的前庭神经核。来自球囊囊斑的投射至 Y 核。大量的前庭中枢神经元只接收来自对侧前庭神经核的二级纤维。前庭系统的双侧性活动为旋转和轴向运动的需要（Shimazu and Precht，1966；Abend，1978），也是一侧迷路丧失后产生适应的基础。一侧迷路丧失产生的适应来自二级输入，特别是来自对侧前庭神经核的二级输入，对来自前庭外周不平衡的输入信号强度起调节和整合作用（Lisberger and Miles，1980）。前庭神经核接收来自小脑绒球和小脑小结的输入，接收来自小脑蚓体通过小脑顶核、副视束核、网状核和脊髓的输入。前庭神经核对这些多数输入源有投射。视觉系统经过几条途径向前庭系统输入信息。视觉系统向前庭系统的输入对视觉与前庭觉发现的运动进行有效整合。视觉通路神经核向前庭神经内侧核直接投射，也投射到前置核和下橄榄体，然后投射到前庭神经内侧核。前庭神经核接收来自脊髓的输入，特别是颈水平的输入，负责颈肌运动和转头（Gdowski and McCrea，2000；Xiong and Matsushita，2001）。前庭神经核接收来自肢体和内脏的输入。有些前庭神经元只当肢体与内脏输入结合产生的兴奋才活动（Jian et al.，2002）。这些输入影响前庭神经核的输出形式，而前庭神经核也影响中枢神经系统的功能和行为。另蓝斑核（locus coeruleus）向前庭神经核也有投射。

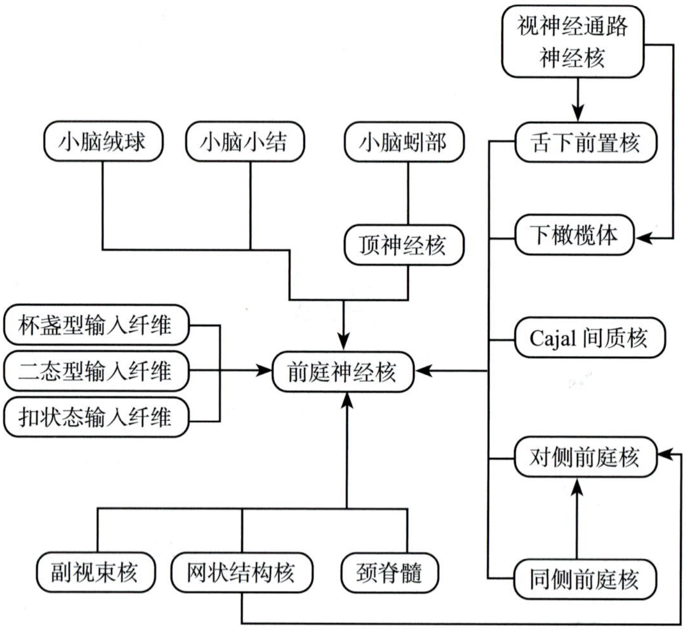

图 2-56　向前庭神经核的输入

（改编自 Desai，2003）

前庭神经核接收来自前庭输入纤维、对侧前庭神经核、小脑、视觉神经核和脊髓

（4）前庭神经核的输出（图 2-57）：前庭神经核的输出与其输入同样复杂，许多方面仍在研究中。已知的部分如图 2-54 所示。前庭神经上核和内侧核喙端发出的投射参与前庭眼动反射。前庭神经外侧核背端构成前庭脊髓外侧通路，腹侧端构成前庭脊髓内侧通路。前庭脊髓外侧核腹侧参与前庭 – 眼动通路和前庭丘脑通路。除前庭神经外侧核背端外，其他前庭神经核向小脑蚓体、绒球小结叶和顶核发出投射。小脑蚓体再投射到前庭神经外侧核背端和顶核，而顶核神经支配前庭神经上核、内侧核喙端和外侧核。前庭神经上核神经元发出投射于动眼神经核，前庭神经内侧核喙端神经元发出投射至滑车神经核和外展神经核，控制对侧眼上直肌和同侧外直肌。绒球直

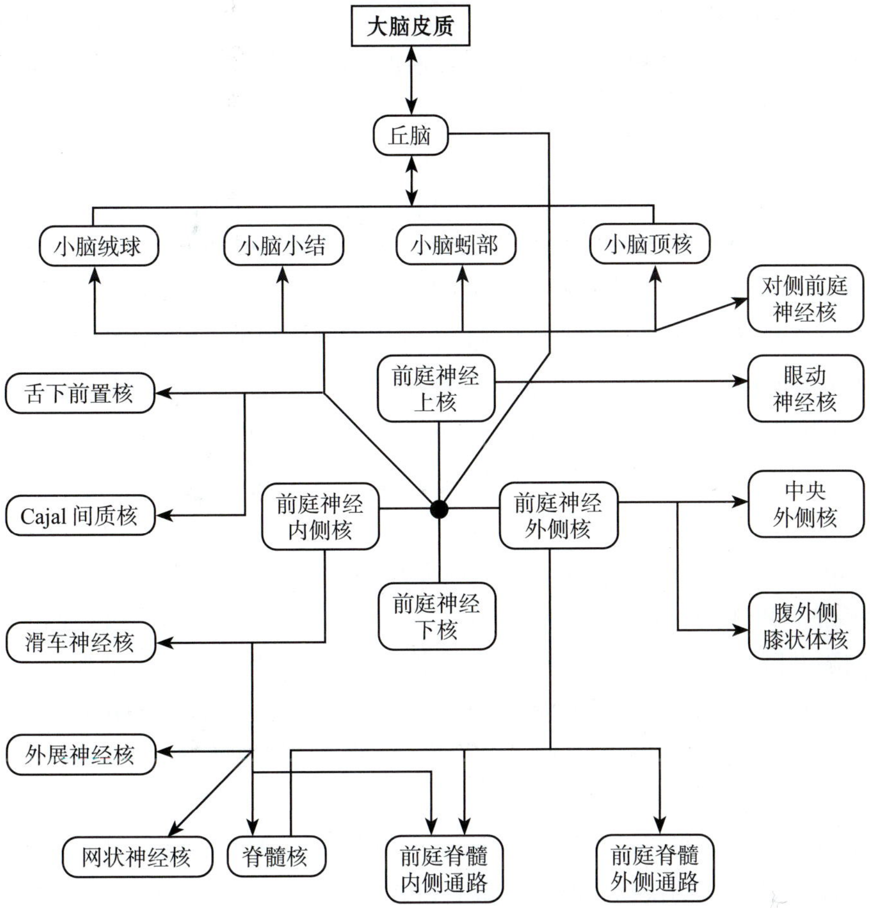

图 2-57　前庭神经核的输出

四个前庭神经核投射到对侧前庭神经核、小脑、视觉系统神经核、脊髓、丘脑和大脑皮质

接接受来自外展神经核和副视束核的神经支配。来自小脑的通路，特别是来自绒球和蚓体形成的通路，由于对前庭神经上核和前庭内侧核喙部施以神经支配，前庭神经核的视觉敏感性增加。头动与视觉目标不匹配，或者错误匹配时使绒球中的浦肯野细胞放电，改变前庭神经元向眼外肌运动神经核的突触性输入。小脑蚓体通过对顶核的作用改变前庭神经核的活动。绒球调制前庭的活动，前庭的活动通过视觉通路又间接调制绒球。前庭的活动是通过下橄榄体调制绒球的。下橄榄体是经爬升纤维（即上升纤维）支配绒球。小脑蚓体和顶核向前庭脊髓外侧通路和网状结构脊髓通路发送输入。前庭神经核投射到动眼神经副交感核（Edinger-Westpha nucleus，埃－韦核）、耳蜗背侧核、孤束核、迷走神经背侧运动核、臂旁核、外侧被盖区和后极区。前庭神经核的这些输出支配负责身体各种自主神经功能的神经核，外侧被盖区和后极区对呕吐发生作用。前庭神经核到眼外肌运动神经元的间接通路是经舌下前置核和 Cajal 间质核

调制。该两核对前庭向眼动神经核的输出进行精确调整。舌下前置核起保持水平凝视作用，Cajal 间质核和 Y 核组神经元起保持垂直凝视作用。

2. 旁正中桥脑网状结构

旁正中桥脑网状结构（paramedian pontine reticular formation，PPRF）是脑桥网状结构的一部分，也被称为桥脑凝视中心（pontine gaze center）。它在桥脑的确切位置尚不明确，但参与眼动协调，尤其是水平凝视和扫视。PPRF 位于内侧纵束（medial longitudinal fasciculus，MLF）的前外侧。接收经顶盖脊髓束来自上丘的输入和经额桥纤维来自额叶的前视觉区输入。PPRF 上端协调垂直扫视，PPRF 下端生成水平扫视。PPRF 有两种爆发神经元：兴奋性爆发神经元（excitatory burst neurons，EBNs）又称短时爆发神经元（short-lead burst neurons）和长时爆发神经元（long-lead burst neurons，LLBNs）。两种爆发神经元都接受来自上丘（superior colliculus，SC）经顶盖脊髓束的直接投射输入和经额桥纤维来自额叶的前视觉区输入，但可为全休止神经元（omnipause neurons，OPNs，凝视时 EBNs 为全休止神经元抑制）抑制和切断其直接投射。PPRF 对扫视的控制是 EBNs 产生“脉动”启动扫视，可以说是由抑制 OPNs 的触发信号（Tr）启动扫视。全休止神经元的细胞抑制支配运动神经元（支配对抗肌）的兴奋爆发神经元 EBNs。活化“门闩”神经元（latch neurons，La）和抑制传送 ENBs 爆发的反相输出的中间神经元，由此生成扫视指令。在生成扫视指令过程中 OPNs 被阻止继续紧张性放电。水平扫视眼动角速度为 100º ~ 700º/s。电生理证明 PPRF 内存在眼动快相控制结构（Igusa et al.，1980；Hikosaka et al.，1980）。所以我们通常认为眼震的快动相产生于脑干 PPRF。在临床上确实观察到，眼震快动相缺失或慢化，同时也可以观察到扫视缺失或慢化。

3. 神经整合器

来自半规管的速度信号和来自耳石器的加速度信号不能直接驱动眼动神经元，需要转换成编码为眼位置的神经信号。这种转换是由位于脑干中的结构 – 神经整合器完成（Cannon and Robinson，1987）。另神经整合器是凝视保持系统（Gaze Holding System）。神经整合器有两种：水平神经整合器（horizontal neural integrator）和垂直神经整合器（vertical and torsional integrator）（Buttner-Ennever，1988）。水平和垂直神经整合器负责把速度编码信号转为位置指令，同时对眼动系统实施短期和长期的调制。神经整合器的结构和位置：舌下前置核和前庭内侧核构成水平眼动系统的神经整合器，Cajal 间质核和前庭内侧核构成垂直眼动系统的神经整合器（Cannon and D. A. Robinson，1987；Chan and Galiana，2005）。小脑绒球参与垂直整合器环路（Chan and Galiana，2005）。

4. 速度储存机制

人们发现所提出的速度储存机制在头持续转动时可改善 aVOR 的特性（Raphan

et al.，1979），这是由于速度储存机制把从迷路来的头动速度信息储存起来并延长了 aVOR 的时间常数（Cohen et al.，1981）。如以阈上角加速度旋转达到 50°/s 的恒角速度时水平旋转角加速度使水平半规管胶顶的机械反应产生的时间常数为 4 ~ 6 s（Cohen et al，1981）。然而，实际上引发的眼震，其时间常数约为 15 s，表明自然的前庭速度信号为速度储存所延长（Raphan et al.，1979）。参与速度储存机制的结构有前庭内侧核、前庭上核、小脑小结和腹侧腭垂（ventral uvula）（Wearne et al., 1998），以及前庭连合（Vestibular commissures）（Wearne et al., 1998）。这些结构受损可使速度储存消失或增强，表现为眼震时间常数缩短或延长。另采用低频的旋转试验可以观察速度储存，如果用高频的角加速度刺激，可以使速度储存机制"失效"，"消除"前庭代偿，这样可以清楚地了解是哪侧前庭感受器有病理过程，所以现在主张采用高频前庭刺激检查前庭功能，用于定侧。

Hain TC（1986）对速度储存机制做了概括描述："在头运动中为保持眼球空间位置不动，眼球的移动速度要严格地与头动速度相反。眼动与头动速度之比称为增益，当眼球移动速度与头动速度大小一样、方向相反时增益为 1.0。要保持正常视力，视网膜映象移动速度必须低于 2°/s。也就是说，在平常头动很容易达到的头速为 100°/s 时 VOR 的增益必须准确到 98%，否则，如果误差较大就会使视觉模糊。只有短暂的头动时 VOR 可以达到这样的高标准，也就是说，VOR 可补偿高频头动，而不能补偿低频头动。头以恒定速度持续运动时半规管的反应是，使前庭神经的放电呈指数衰减的变化。指数时间常数约为 7 s，也就是说，放电率衰减到初始值的 32%，即约为 7 s。理想的是，时间常数应无穷大，无衰减反应。显然，7 s 的前庭输入纤维时间常数不够长，使中枢神经系统不能持续地反应，要把外周的时间常数替换为中枢时间常数 20 s 才行。速度储存机制是用于重新配置来自外运动感受器传送的头动速度信息。在明亮环境中转动时前庭神经核接受视网膜滑动信息。视网膜滑动是眼速与头速之间的差。视网膜滑动可驱动速度储存机制，即使前庭输入信息衰减后仍保持前庭的作用。前庭系统还利用躯体感觉和视觉信息驱动速度储存机制。"前庭眼动反射与视眼动反射的速度储存系统是共同的（Collewijn，Winterson and Steen，1980），所以在临床前庭功能检查中可以发现当急停旋转后眼震时间常数发生改变时，如缩短视动后眼震可以不出现或持续时间缩短。

（1）孤束旁核：脑干中的孤束旁核在早期就已被识别（Furukawa，1982），但对于前庭信息传递和处理是在 20 世纪 90 年代后才逐渐被认识，特别是 Barmack 和 Yakhnitsa（1998，2000）对孤束旁核的生理特性做了详细研究，并从前庭环路与递质关系做了阐述。旁孤束核含有 2300 个 γ- 氨基丁酸能的（GABAergic）神经元，投射到同侧下橄榄体的 β- 神经核和背内侧细胞柱，以及投射到网状巨细胞核（nucleus reticularis gigantocellularis）。这些橄榄体神经元是向小脑输入的前庭调制上升纤维的唯一源。孤束旁核神经元在头向同一侧滚转时或受正弦刺激时进行反应。孤束旁核向下橄榄体输送信号，最终以调制上升纤维放电的形式达到小脑。这种信号提供绕纵轴（称滚转轴，或胸背轴）的空间定向。

（2）前庭第一级控制中枢各核团和结构的相互联系：Desai SS（2003）对前庭第一级控制中枢各核团和结构以图示的形式做了概括，如图 2-58 所示。从图中可看出，是以前庭核团为中心进行各种联系。前庭神经核相互有投射，同时向对侧前庭神经核、脑干其他结构、小脑和脊髓投射。从神经通路上看有前庭眼动通路、前庭脊髓通路和前庭丘脑通路。从二级前庭神经元发出的纤维形成苔鲜纤维到小脑，来自下橄榄体的上升纤维到小脑绒球。通过前庭系统的这种相互联系形成大量的正负反馈。但该图示中没有反映前庭输出核团（e- 核团）、PPRF、速度储存机制和神经整合器等前庭第一级控制中枢的重要结构和核团。虽然已对前庭第一级控制中枢有了深入的了解，但其功能及其间的联系仍有许多尚未明了的地方，有待进一步探索。

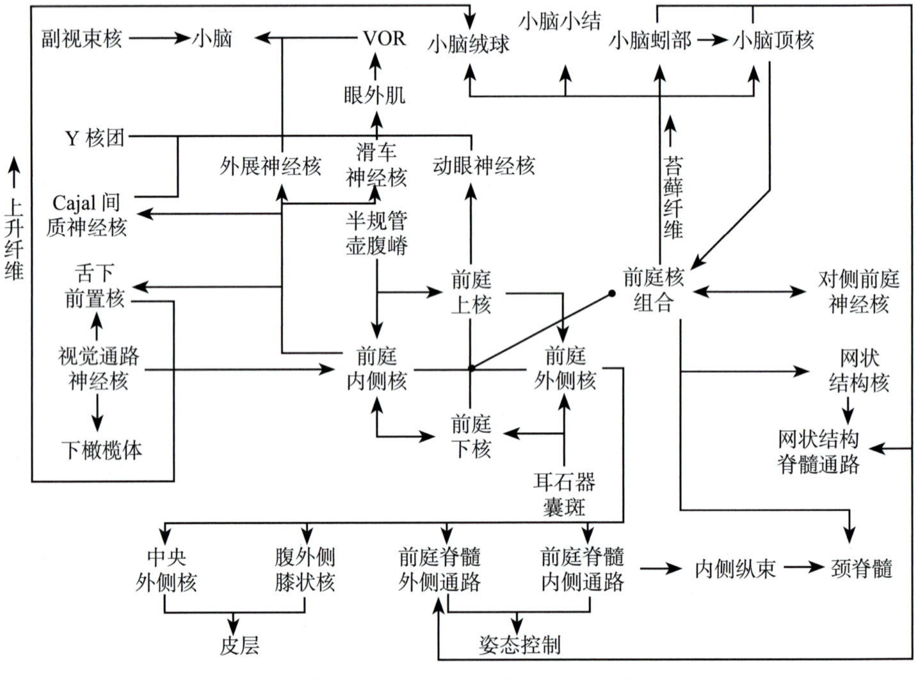

图 2-58　前庭第一级控制中枢各核团和结构的相互联系

VOR. 前庭眼动反射通路

（二）小脑前庭中枢

前庭与小脑之间存在紧密的联系。小脑既是前庭主要神经通路和功能（前庭眼动通路和各种眼动功能，前庭脊髓通路和姿态控制）的调制者，也是前庭神经信息向更高级中枢（丘脑和大脑皮质）传送者，充分反映小脑作为前庭第二级中枢的功能作用。

综上所述，可以概括地将接受前庭初级（前庭输入纤维）和二级输入（来自前庭神经核）的小脑部分归纳为 5 个主要部位：小结和腭垂腹侧、绒球和副绒球腹侧、后叶眼动蚓体、前叶的Ⅰ～Ⅴ小叶和小脑深核团。小脑的这 5 部分对处理前庭感觉信息起重要作用。如前庭神经核团与小脑小结和悬雍垂相互联系，对评估惯性运动起重要作用（Wearne et al.，1998；Angelaki and Hess，1995）；绒球和副绒球参与补偿性眼动（视眼动反射，如平稳跟踪和视动眼震反射，以及前庭眼动反射）的生成和适应性变化；蚓体的第Ⅵ和Ⅶ小叶，称为眼动蚓体，参与视前庭相互作用的信息处理，该区域还接受来自前置核的眼动信号和来自背外侧桥核的跟踪输入（大脑颞中 MT 和颞内上 MST 跟踪皮层区向背外侧桥核有投射）；前叶的Ⅰ～Ⅴ小叶对前庭和本体信息进行编码，控制前庭脊髓反射，以保证躯体的稳定；小脑深核团的顶核接受前庭的初级、二级输入和小脑蚓体的输入，对姿态反射和行为定向起重要作用。

（三）前庭皮层中枢

长久以来，前庭大脑皮质的确切定位尚未确定，但多数学者认为它大致位于颞叶外侧裂附近的雪氏前回（Ectosylvian）和上雪氏回（Sypralsylvian），其前方与躯体感觉 1 区相接，其腹侧与躯体感觉 2 区相邻，其后方为听觉区。1994—1999 年以来明确前庭皮层代表区为以 PIVC 为中心的多区域皮层代表区（图 2-59）。

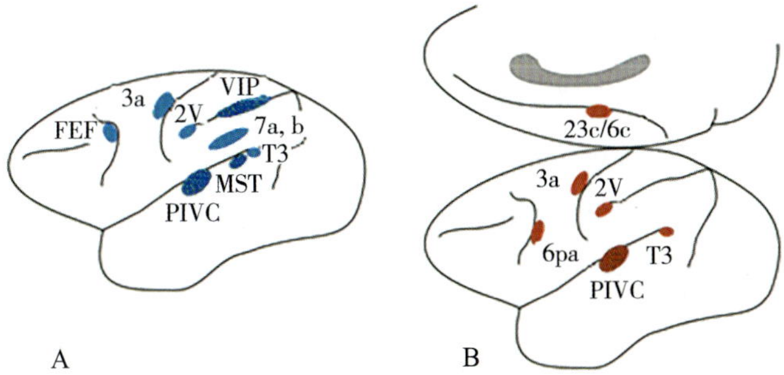

图 2-59 前庭皮层代表区

（引自 Cullen and Sadeghi，2008）

A. 接受来自前庭神经核的输入皮层区；B. 向前庭神经核投射的皮层区

2v. 在顶间沟；VIP. 顶叶腹内侧区；MST. 颞内上区；PIVC. 顶岛前庭皮层；FEF. 额叶视野区

目前已经确定的前庭皮层代表区包括：大脑皮质的 2V 区（位于顶间沟前部）、3a 和 3aV 区（位于中央沟）、腹顶间区（ventral intraparietal area，VIP）、6 区、7 区以及多感觉区，岛后皮层的颞视觉雪氏区（visual temporal sylvian area，VTS）、与颞视觉雪氏区（VTS）相邻的顶岛前庭皮层（parieto-insular vestubular cortex，PIVC）、T3 区、颞上回（superior temporal gyrus，STG）、顶下小叶（inferior parietal lobule，IPL）、前扣带（anterior cingulum）、腹顶内区（ventral-intra parietalarea，VIP）、额叶的弧间皮层（periarcuate cortex in the frontal lobes），以及后外侧丘脑

和海马都属于前庭中枢环路的皮层和皮层下代表区。各前庭皮层的信息都汇聚于PIVC，所以PIVC是主要前庭皮层，也就是形成以PIVC为中心的多前庭皮层。

根据目前的研究，与前庭系统的主要功能（如空间感知觉、眼动、自主神经功能、方向导向和空间记忆）相关的大脑皮质如下。

（1）感知觉功能：是经丘脑腹后外侧核（ventral postero lateral nucleus，VPL）和腹后内侧（ventral postero medial nucleus，VPM）到颞顶皮层，如2v区、3aV区、颞顶前庭皮层（PIVC），以及岛后区、颞上回、下顶叶进行前庭信息编码形成相应的空间知觉。这些区域都是多感觉的，即其神经元对几种刺激（躯体感觉、前庭觉或视动觉）进行反应，并形成多感觉皮层神经网络。前岛（anterior insula）、邻近的额下回（inferior frontal gyrus）、海马、前扣带回（anterior cingulate cortex）、楔前叶（precuneus）等也参与前庭空间知觉的形成。前庭向皮层投射为了空间定向（spatial orientation），同时也涉及前庭眼动控制，如对前庭适应施以皮层影响和预设特殊的运动反应。

（2）自主神经功能：是经由前庭核到蓝斑核、孤束核、最后区、杏仁中央核、臂旁核、边缘下皮层和下丘脑的路径传送。

（3）方向导向（navigation）：是由丘脑的“头方向细胞”和海马的“位置细胞”调制。前庭核经丘脑、背侧被盖核（dorsal tegmental nucleus），即“头方向通路”（head direction pathway）或脑桥被盖网状核（pedunculopontine tegmental nucleus），即“θ通路”（theta pathway）实施方向导向功能。

（4）眼动控制和头眼协调：Cajal间质核、内侧纵束上部间质核、旁正中桥脑网状结构、脑干中的舌下前置核、小脑中的绒球、腭垂、小结、顶核和齿状核，以及前庭皮层都参与眼动控制和头眼协调。

五、前庭信息在各级水平上的处理过程

前庭感受器在接受到外界的机械能刺激后，将其转换为电能。这些电信号通过前庭神经传输到前庭神经核，部分前庭信息则直接传输到小脑，然后分别通过7条前庭神经通路产生相应的反射，或产生有关校正信息保证这些反射执行效应功能。本节对前庭信息如何在不同层次中枢中进行处理，以及所产生的反射如何实施其效应做一些有助于对飞行空间定向形成和对飞行SD错觉产生认识的介绍。

（一）前庭神经活动链

总体来说，前庭神经活动链的流程为：外界刺激→感受器→神经冲动的传递→各级中枢的信息编码处理→形成如空间知觉、眼动反射和姿态控制等功能（图2-60）。应当按照前庭系统的这个神经活动链去了解前庭系统的功能，特别是当前庭功能出问题时应当遵循这条前庭神经活动链去查找问题是出在哪个环节上。

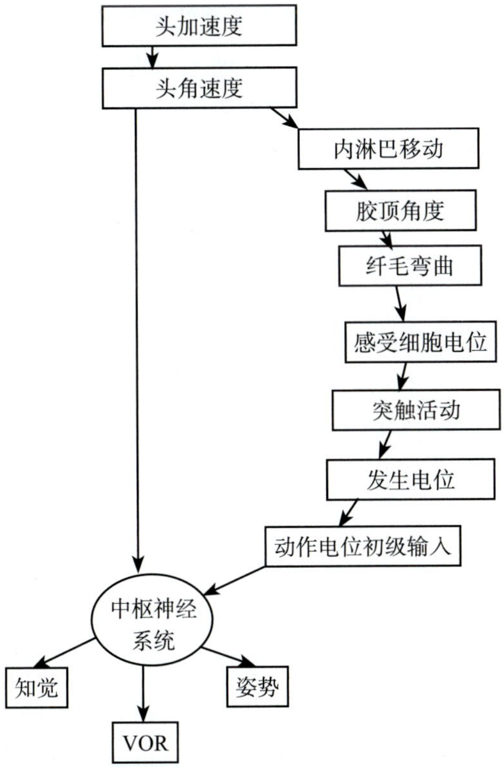

图 2-60　前庭神经活动链

（二）前庭感受器水平上的前庭信息处理

前庭感受器产生的信息经感受器初级分析后经前庭输入纤维传入相应的前庭神经核。根据前庭感受器、半规管和耳石器的功能特性可以确认其初级分。

1. 水平半规管壶腹嵴 – 胶顶 – 内淋巴液系统对前庭信息的初级分析

水平半规管接受头绕竖轴向的角加、减速度作用。无论是顺时针还是逆时针旋转，总是一侧的水平半规管内淋巴液向壶腹流动，壶腹嵴胶顶向椭圆囊偏移，毛细胞的静纤毛向压向动纤毛，产生去极化作用，使毛细胞放电频率增加，即发生兴奋反应，而对侧的水平半规管内淋巴液则呈离壶腹流动，胶顶呈离椭圆囊方向偏移，毛细胞的动纤毛压向静纤毛，产生超极化作用，使毛细胞放电频率减少，即发生抑制反应。这种一侧水平半规管毛细胞发生兴奋作用，另一侧发生抑制作用，称为推拉效应，也是半规管对接受的角加速度作用做出的有关受刺激方向的初级分析。当头绕 *Z-Z* 轴逆时针加速旋转时，左侧水平半规管毛细胞的静纤毛压向静纤毛，放电频率增加（图中间有 × 的圆圈内显示左侧放电频率增加），而右侧水平半规管毛细胞则呈动纤毛压向静纤毛，放电频率减少。这就向中枢传送头是接受逆时针（即向左）旋转运动的信息。另根据放电频率的程度反映接受的刺激强度大小。

2. 垂直半规管壶腹嵴－胶顶－内淋巴液系统对前庭信息的初级分析

首先要明确：垂直半规管，由于其壶腹嵴毛细胞的静纤毛是在椭圆囊侧，动纤毛是在离椭圆囊侧；一侧的前垂直半规管与对侧的后垂直半规管相平行；垂直半规管与矢状线呈 45°。

垂直半规管的功能效应也与水平半规管一样具有推拉效应，只是不是同名垂直半规管之间的推拉效应，而是一侧前垂直半规管与其相平行的对侧后垂直半规管之间的推拉效应。另外，头需要偏离矢状线向一侧转 45°，在矢状平面做前后垂直加、减速度运动，才能引发垂直半规管的功能反应。如头向左转 45° 后右前和左后垂直半规管处于矢状平面内，头向右转 45° 后左前和右后垂直半规管处于矢状平面内。

当头向左转 45°，右前和左后垂直半规管处于矢状平面内时头突然向前加速运动，右前垂直半规管内淋巴液离壶腹流动，使胶顶离壶腹偏移，毛细胞静纤毛压向动纤毛，产生兴奋反应；与之相反，左后垂直半规管内淋巴液向壶腹流动，胶顶向壶腹偏移，毛细胞动纤毛压向静纤毛，产生抑制反应；当头突然向后加速运动，则引起左后垂直半规管兴奋和右前垂直半规管抑制。

当头向右转 45°，左前和右后垂直半规管处于矢状平面内时头突然向前下加速运动，左前垂直半规管内淋巴液离壶腹流动，使胶顶离壶腹偏移，毛细胞静纤毛压向动纤毛，产生兴奋反应；与之相反，右后垂直半规管内淋巴液向壶腹流动，胶顶向壶腹偏移，毛细胞动纤毛压向静纤毛，产生抑制反应；当头突然向后上加速运动，则引起右后垂直半规管兴奋和左前垂直半规管抑制。

当转头速度超过 500°/s 或频率在 2 Hz 以上时，视觉和颈部本体感受器输入对于眼动控制不起作用，维持清晰视觉主要依赖于半规管的反应与调节，并且使一对半规管的推拉效应产生抑制中断，仅显示兴奋半规管的效应，即只对该平面内产生兴奋效应的半规管产生刺激。各个半规管在其相应平面内高加速运动产生的非推拉效应是采用脉冲试验检查每只垂直半规管功能的根本依据。

当头处于直位，向前低头或抬头或向后仰头时，各垂直半规管的功能效应。低头时两前垂直半规管内淋巴液离壶腹流动，产生兴奋效应，两后垂直半规管内淋巴液向壶腹流动，产生抑制效应；抬头或后仰头时，两后垂直半规管内淋巴液离壶腹流动，产生兴奋效应，两前垂直半规管内淋巴液向壶腹流动，产生抑制效应。

3. 前庭囊斑－耳石膜－内淋巴液对前庭信息的初级分析

前文已述及，前庭囊斑的功能特点是只对重力或线加速度惯性力水平切力起反应，而且对重力与惯性力不能区分，只对其合力起反应。前庭囊斑系统之所以有这样的功能特点是由其结构特点所决定的。

前庭囊斑系统与半规管系统一样，也具有推拉效应，只是不像水平半规管是两侧之间的“推拉”关系，也不像垂直半规管是一侧前垂直半规管与对侧后垂直半规管之间的“推拉”关系。前庭囊斑系统，不管是椭圆囊，还是球囊，都是自身以微纹线为界，毛细胞之间发生推拉效应，其作用力使微纹线上方的毛细胞静纤毛压向动纤毛，产生效应，与此同时与该毛细胞在微纹线下方相对应的毛细胞则是动纤毛压向静纤毛，产生抑制效应。

当作用力矢向与动纤毛一致时，即静纤毛压向动纤毛，产生兴奋效应，作用力矢向与一侧的毛细胞动纤毛方向一致，而与微纹对侧的动纤毛相对，即动纤毛压向静纤毛，产生抑制效应。同样，作用力矢向与动纤毛相对，即动纤毛压向静纤毛，产生抑制效应，而微纹对侧的动纤毛与作用力矢向一致，即静纤毛压向动纤毛，产生兴奋。

（三）前庭神经核中的多感觉形态信息处理

前庭神经核是前庭信息中枢处理的第一阶段。尽管我们对其处理前庭信息的方式了解仍然有限，但已知其具有以下特点。

（1）接收来自皮层、小脑、脑干和前庭感受器的输入信息，同时接收来自非前庭系统的信息，视觉的、本体的信息。

（2）前庭系统编码的是多感觉多形态的信息。

（3）为高级中枢形成自身运动知觉、空间定向、头主动和被动运动的识别、姿态和平衡的保持提供相关信息。

（四）小脑前庭信息处理

小脑负责处理来自初级和次级前庭的感觉输入信息，其主要部位如下。

小结和小舌：与前庭神经核有相互联系，负责计算惯性运动（Angelaki and Hess 1995；Wearne et al.，1998）。

绒球和副绒球腹侧：参与补偿性眼动的生成和变化，如视眼跟踪反射（平稳跟踪和视眼动反射）和前庭眼动反射（VOR）（Lisberger et al.，1980，1994，2004）。

后叶眼动蚓体（即蚓体Ⅵ和Ⅶ小叶神经元）：参与视－前庭信息处理，接收来自前置核（preopositus）、皮层跟踪区，MT 和 MST 的投射，眼动信号和来自桥脑背外侧核的跟踪信息。

前叶Ⅰ～Ⅴ小叶：对前庭信息和颈本体信息进行编码和控制前庭脊髓反射，以保持躯体稳定性。

深部小脑核－顶核：接收前庭初级和次级输入和小脑蚓体的输入，在姿势反射和定向行为生成上起重要作用，并向脑干投射，控制前庭神经核和内网状结构的活动，该区的神经元整合前庭和本体输入，从而对躯体中心参考系中的前庭信号进行编码前庭丘脑和皮层前庭信息处理。

已知前庭皮层中枢包括多个皮层区域，例如：2v 位于顶间沟，3a 位于中央沟，VIP 位于顶间腹侧区，MST 位于颞内上区，以及 PIVC 位于顶岛前庭皮层（参考 Grusser et al.，1990a）。其中，3a、T3 和 PIVC 都经由丘脑接收前庭信息。

1. PIVC 是前庭主要皮层

来自其他前庭皮层区的信息都会聚到 PIVC（Guldin and Grusser，1998）。

PIVC 区的大部分神经元能够接收前庭信息。当刺激 PIVC 区时，会产生前庭感觉。PIVC 区受损可损伤主观垂直线感觉（Brandt et al., 1994），与 PIVC 区有关的癫痫患者有前庭征兆症状和在前庭受刺激下 PIVC 的脑血流增加。

2. 从前庭神经核接收直接和间接输入的丘脑和皮层神经元

对眼动很不敏感。其大多数神经元接受前庭觉、视觉和本体觉会聚的输入，反映出前庭信息处理的多形态性本质。

3. 前庭输入皮层处理

（1）生成适宜的运动反应。

（2）产生运动主观感觉和空间定向。

（3）7 区的 VIP 区神经元：对主动和被动头动产生不同的响应活动，对反应强度、时间和方向呈有选择性的变化，前庭信息的这种不同编码有助于对适宜运动反应的修正和主动性运动。

（4）背内上颞皮层（MSTd）参与自身运动感觉的生成和处理视觉信息流，同时该区产生前庭信号源性的方向知觉和自身运动知觉。

（5）离皮层投射：到前庭神经核，参与早阶段的前庭信息处理，但这种反馈在前庭神经核水平上如何影响感觉信息的处理尚待确定。

4. 前庭空间知觉

前庭感受器受到适宜刺激以及非适宜刺激后可产生各种空间知觉反应，这是前庭皮层通路的反应。前庭系统产生的空间知觉是人空间定向的重要组成。人在飞行中可因前庭系统生理特点而发生各种错误知觉，即空间定向障碍错觉，可引起严重飞行事故。

（1）半规管系统引起的空间知觉特点：角速度不引起半规管内淋巴液流动，因而也就不产生任何转动感觉。匀角加速度使内淋巴液做惯性移动产生转动感觉。角加速度的变化使内淋巴液做加速或减速惯性移动，产生加速或减速转动感觉。

绕不同轴向的角加、减速度转动产生不同维度的空间知觉。如绕 Z 轴向（头 – 脚垂直轴）旋转的角加速度产生与旋转方向一致的水平旋转感觉，绕该轴向的角减速度产生与旋转方向相反的水平旋转感觉，或称为反旋转感觉；绕 X 轴向（胸 – 背轴）转动的角加速度产生与滚转方向一致的滚转感觉，绕该轴向的角减速度产生反滚转感觉；绕 Y 轴向（肩 – 肩轴）转动的角加速度产生与翻转方向一致的翻转（俯仰）感觉，绕该轴向的角减速度产生反翻转感觉。

不同形式的角加速度产生的转动感觉也不同，如图 2-61 所示。

图 2-61 中 A 示，角加、减速度值都是阈上值，作用时间在 2 s 内产生在量和方

向上都是正确的旋转感觉；B 示，阈上值角加速度持续作用，只在一定时间内产生正确的旋转感觉；C 示，以阈上值的角加速度旋转，经一定时间达到预定的峰速后转为恒角速度旋转，持续一定时间后以阈上值的角减速度减速直至停止旋转，在这种刺激模式下，在以阈上值角加速度旋转时产生正确的旋转感觉，在匀角速度旋转过程中旋转感觉逐渐减弱至消失，在以阈上值的角减速度减速过程中产生反方向旋转感觉；D 示，以阈下值角加速度旋转，不产生旋转感觉，当以阈上值角减速度停动时产生与原旋转方向相反的旋转感觉。从这里可以得出，在 2 s 内的角加减速度下可以生成正确的感觉，在 2 s 以上时在以阈上值的角加速度进入任何轴向旋转可以生成正确的感觉，而当进入恒角速度，当以角减速度运行时都产生错误的感觉。

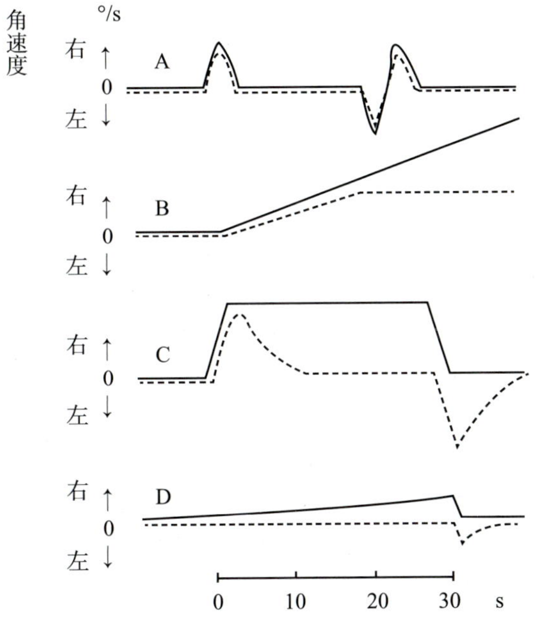

图 2-61　不同形式的角加速度产生的空间感觉

实线是旋转曲线；虚线是感觉曲线（引自于立身，1995）

（2）耳石器管系统引起的空间知觉特点：这个系统产生的空间知觉也是沿三个轴向。重力改变和线性加速度力的切力沿胸 – 背轴向移动产生俯仰移动感觉，切力沿肩 – 肩轴向移动产生倾斜移动的感觉，切力沿头 – 脚轴向移动产生上下移动的感觉。在重力与线加速度力共同作用下感觉方向受两力的合力方向制约（图 2-62）。头直位时（A），重力垂直线与自身垂直线一致产生头直位感觉；头向一侧倾斜时（B），受重力水平切力（T）作用产生向一侧倾斜；头直位，但受线性加速度力作用（C）时，因受重力与线性加速度惯性力合力制约产生倾斜感觉。

综上所述，在静态下人体姿态改变时，耳石器管系统和半规管系统都能向大脑发送正确空间信息，产生正确的姿态空间知觉；但在动态情况下，半规管系统只有在进入转动，即在一定时间的阈上值角加速度作用时向大脑发送正确空间信息，产生正确的空间知觉，除此以外都是发送错误空间信息，生成错误空间知觉；耳石器管系统在有线性加速度、向心加速度的动态作用下向大脑发送的空间信息都是错误的，从而生成的空间知觉也都是错误的。

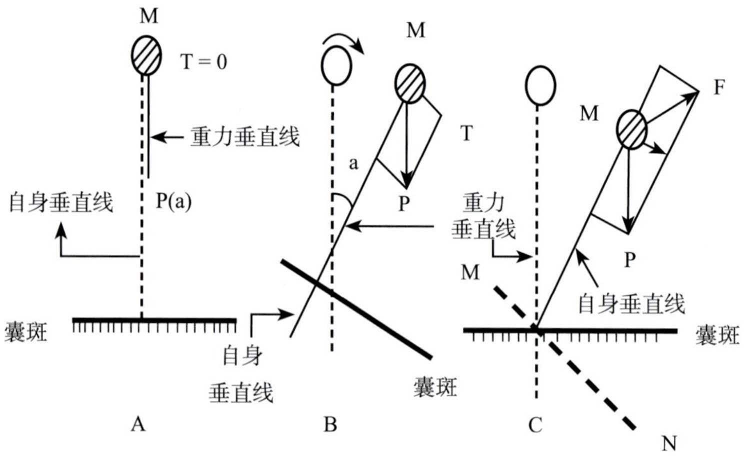

图 2-62　耳石器管产生的空间知觉

A. 头直位状态；B. 头向一侧倾斜状态；C. 有线加速度作用时（引自于立身，1995）

（五）前庭系统生理作用及前庭空间定向知觉特点

前庭系统的主要功能可以概括为以下几点：一是维持人体平衡，主要通过前庭脊髓反射实现；二是在运动时保持物体在我们视网膜上的成像稳定，即保持我们在进行日常活动时有一个清晰的视觉，主要通过前庭眼动反射实现。前庭功能丧失的人在外界视觉条件不好的时候，如闭眼或晚上走路等很难保持平衡，容易摔倒，另外在运动时往往看不清楚物体，头动时会感觉周围的物体一起联动，视物模糊，必须静下来才能看清楚，这种视物模糊（称为振动幻视）与静态视力无关。飞行是一种高速的复杂运动，飞行人员要看清仪表和视景，必须依赖于前庭眼动反射的作用，才能形成清晰的视觉。此外，前庭器官受到相应刺激后还产生一定的知觉反应，即在大脑形成一定的关于我们在三维空间中运动和与周围环境、空间相对位置的主观感觉，以利于进行空间定向。

人体的前庭知觉只是在一定情况下是比较可靠的，由于前庭系统本身的局限性，在某些情况下会引起许多错误的感觉。例如向一个方向旋转一段时间后，人们会感觉不到旋转，突然停止后，会感觉向另外一个方向旋转，其中的原理主要是前庭器官半规管的工作特点所引起的，因为半规管感受的是加速度而不是速度，旋转一段时间达到恒速时，加速度为零，所以感觉不到旋转，突然停止时，相当于有一个与原来旋转方向相反的加速度，所以会感觉向相反方向旋转。具体来说，当开始加速旋转时，半规管内的内淋巴液由于其具有一定黏滞性，所以具有一定惯性，其运动滞后于半规管，一时赶不上半规管的运动速度，这样内淋巴液就向相反方向冲击壶腹嵴，产生神经冲动，信息传入中枢产生旋转的感觉。经过一段时间达到恒速后，内淋巴液赶上了半规管的旋转速度，两者之间位置也达到稳定，内淋巴液不再冲击壶腹嵴，壶腹嵴也慢慢回到其静止状态，旋转感觉消失。当减速或突然停止后，内淋巴液由于惯性，其运动滞后于半规管，在半规管停止后，内淋巴液在一段时间内仍沿旋转方向流动，又向反方向冲击壶腹嵴，产生逆旋转方向旋转的感觉。

总之，前庭器官之所以会产生错误的知觉，主要是因为下面的几个原因：①感受的是加速度，而不是速度，实际上运动方向与速度方向一致，而与加速度方向不一定一致；②不能区分物理性质一样的重力与惯性力，因此常将重力与惯性力的合力当作“垂直重力方向”；③阈下刺激不会引起知觉反应，所以在飞行中如果飞机的姿态变化非常慢，飞行员可能意识不到。

第三节　本体觉与空间定向

本体觉系统（propriceptive system）是躯体感觉系统（somatosensory system）的重要组成部分。包括肌肉和肌腱内本体感受器的感觉，关节囊本体感受器感觉和皮肤内触、压感受器的感觉，因此称之为广义的本体觉。人的本体觉也不能区分物理性质一样的重力与惯性力，因此常将重力与惯性力的合力当作“垂直重力方向”，由此可导致产生有关的本体性错觉。除视觉和前庭系统在空间定向中的主导作用外，本体觉感受系统对定向的影响也不容忽视，因为人类一般习惯用这些感受器所产生的姿态、位置感觉与触、压感觉等信息来支持或验证前庭系统产生的定向感觉。

躯体感觉系统是人体对内外环境刺激反应最为多样且产生感觉信息最为丰富的系统。接受触摸、冷热、尖钝伤刺、振动、颤抖、静动态压力、重力和加速度惯性力等刺激，产生疼痒、冷热、触抚、牵拉、肢体移位、躯体空间位置和移动等感觉信息。躯体感觉系统由感受器、神经通路和皮层代表区组成。感受器有外感受器、本体感受器和内脏感受器。外感受器有皮肤内的机械感受器，接收压力或触摸刺激，具有触觉敏感性；温度感受器接收温度刺激，具有温度敏感性；疼痛感受器接收疼痛刺激，具有疼痛敏感性。本体感受器有肌肉中的肌梭、肌腱中的高尔基肌腱器官和关节感受器的 Ruffini 型末梢和环层小体产生关于肢体在空间的位置和活动的信息，即动觉（kinaesthesis）信息。内感受器接收内脏器官活动的信息。躯体感觉系统中的皮肤触压感觉和本体感觉参与人体空间定向。躯体感觉系统各种感受器类型、轴突和其传导速度和处理的信息，如表 2-4 所示；躯体感觉系统产生的感觉形态和其传导通路如表 2-5 所示。

表 2-4 躯体感觉系统产生的感觉形态

形态	亚形态	亚亚形态	躯体感觉通路（身体）	躯体感觉通路（面部）
疼痛	尖刺痛		新脊髓丘脑通路	脊髓三叉神经通路
	钝烧痛		古脊髓丘脑通路	
	深部痛		副脊髓丘脑通路	
温度	暖 / 热		古脊髓丘脑通路	
	冷 / 凉		新脊髓丘脑通路	
触摸	痒 / 快感和粗触		古脊髓丘脑通路	
	辨别触觉	触摸	内丘通路	主感觉三叉神经通路
		压力		
		颤动		
		振动		
本体觉	位置：静态力	肌肉长度		
		肌肉紧张度		
		关节压力		
		肌肉长度		
	运动：动态力	肌肉紧张度		
		关节压力		
		关节角度		

表 2-5 躯体感觉系统感受器和其外周轴突特性

感受器类型	轴突组合	CAP 峰	传导速度	轴突直径	处理的信息
肌梭：环螺形末梢	Ia	Aα	70 ~ 120 m/s	1 ~ 20 μm	肌肉长度和速度
肌梭：散形末梢	Ⅱ	Aβ	30 ~ 70 m/s	6 ~ 12 μm	肌肉长度
高尔基腱器官	Ib	Aα	70 ~ 120 m/s	12 ~ 20 μm	肌肉紧张度
关节：环层小体	Ⅱ	Aβ	30 ~ 70 m/s	6 ~ 12 μm	关节活动
关节：Buffini 小体	Ⅱ	Aβ	30 ~ 70 m/s	6 ~ 12 μm	关节角度
关节：高尔基腱器官	Ⅱ	Aβ	30 ~ 70 m/s	6 ~ 12 μm	关节扭力
Meissner 小体	Ⅱ	Aβ	30 ~ 70 m/s	6 ~ 12 μm	触摸、颤抖和运动
环层小体	Ⅱ	Aβ	30 ~ 70 m/s	6 ~ 12 μm	振动
Ruffini 小体	Ⅱ	Aβ	30 ~ 70 m/s	6 ~ 12 μm	皮肤拉伸
毛囊	Ⅱ & Ⅲ	Aβ & Aδ	10 ~ 70 m/s	2 ~ 12 μm	触摸活动
Merkei 组合体	Ⅱ	Aβ	30 ~ 70 m/s	6 ~ 12 μm	精细触摸

续表

感受器类型	轴突组合	CAP 峰	传导速度	轴突直径	处理的信息
游离神经末梢	Ⅲ	Aδ	5 ~ 30 m/s	1 ~ 6 μm	锐疼、冷热
游离神经末梢	Ⅳ	C	0.5 ~ 2 m/s	< 1.5 μm	钝痛、触摸、热

从表 2-4 和表 2-5 可以看到躯体感觉系统的功能涵盖有触压觉、疼痛觉、温度觉和本体觉。参与空间定向的感觉主要是躯体感觉系统功能中的触压觉（touch and pressure）和本体觉（proprieption）。

这里只介绍与空间定向相关的产生本体信息的感受器、神经通路、皮层代表区和本体觉信息的处理。

一、产生本体觉信息的三类感受器

皮肤机械感受器（cutaneous mechanoreceptor）主要包括触压觉感受器，关节的中 Ruffini 型末梢、环层小体感受器（joint receptor）和肌肉中的肌梭、高尔基肌腱器官（muscle spindle and Golgi tendon organ），如图 2-63 所示。

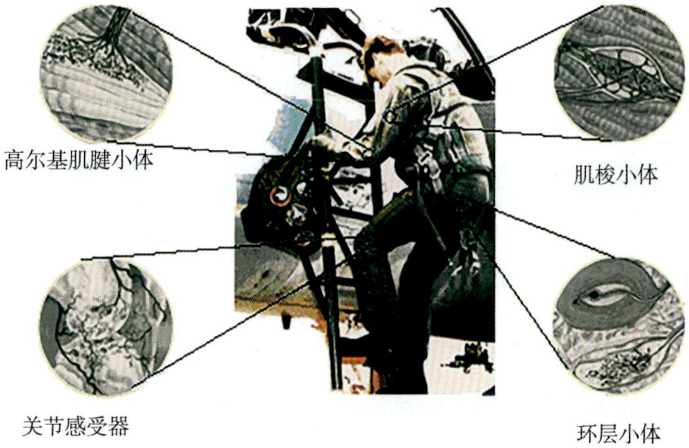

图 2-63　参与空间定向的本体感觉的感受器

（引自 Cheung，2004）

皮肤机械感受器（图 2-64）通过其各种感受小体和末梢传递皮肤拉伸、触摸和受压的信息，提供相应的空间信息，对飞行空间定向关系较大的有手掌、脚底、臀部和背部皮肤。

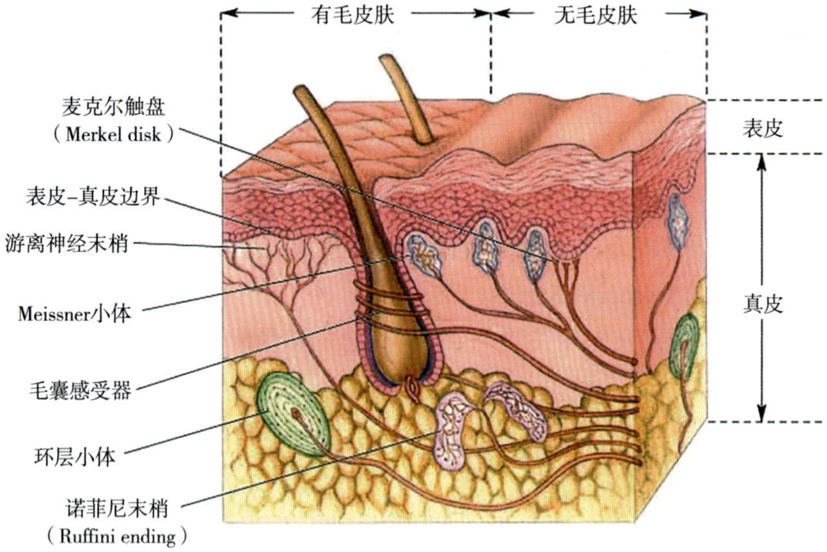

图 2-64　皮肤机械感受器

（引自 Kiper，2013）

根据感受野的大小和适应速度，皮肤感受器可以分为表 2-6 中所示的几类。这种分类有助于对不同感受野产生的空间感觉不同和产生的感觉会持续多长时间的了解。

表 2-6　皮肤感受器分类

	浅表皮感受器（小感受野）	深皮层感受器（大感受野）
快适应（RA）	Meissner 小体（RAI）	环层小体（PC）
慢适应（SA）	Merkel 触盘（SA Ⅰ）	Ruffini 神经末梢（SA Ⅱ）

（引自 Kiper，2013）

本体感受器中的关节感受器（joint receptor）（图 2-65）：关节囊中的 Ruffini 型末梢和环层小体主要负责提供肢体位置的感觉信息。肘、腕、膝、踝关节的空间位置感觉对飞行员的杆舵操纵以及受重力惯性力大小提供重要反馈信息。

肌梭和高尔基肌腱器官（图 2-66）Ⅰ、Ⅱ肌梭（Ⅰa 型和Ⅱ型轴突）都围绕着肌梭内肌纤维对肌拉伸进行反应，轴突给出膝跳反射（knee-jerk reflex）感觉。高尔基肌腱器官（Ⅰb 纤维）对肌腱拉伸进行反应。肌梭和肌腱器官在肌肉和肌腱中的布局和关系，如图 2-66 图中右图。

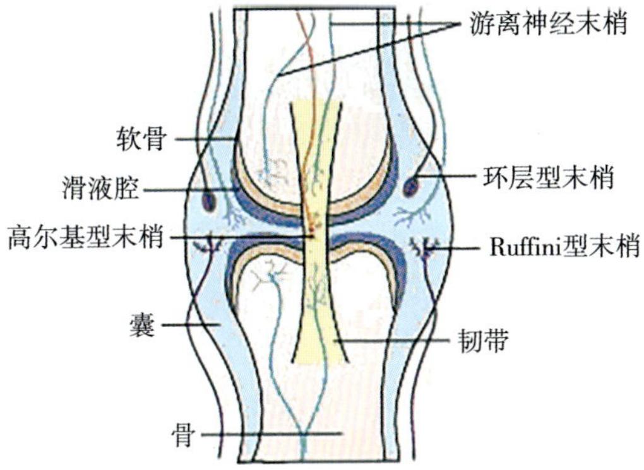

图 2-65　关节感受器

（引自 Dougherty，2013）

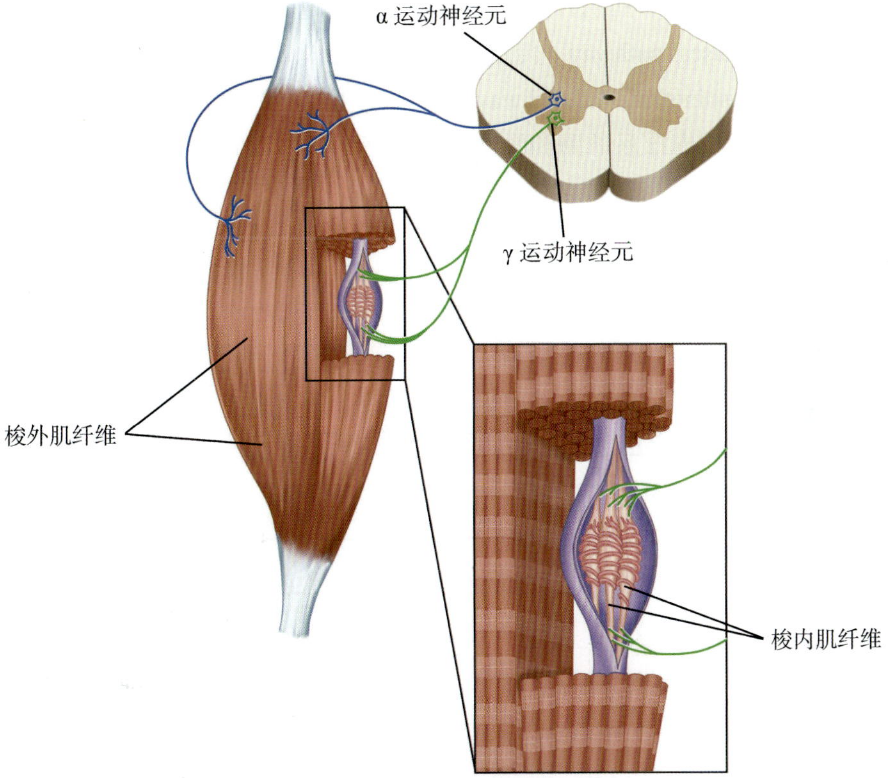

图 2-66　肌梭和高尔基肌腱器官

本体感受器的形态、功能总结于表 2-7。

表 2-7 本体感受器基本特性

感受器	类型	感觉	信号	适应
肌肉：肌梭	包囊环螺形末梢和散形末梢	肌肉拉伸	肌肉长度和速度	起始迅速而短暂和慢持续
肌腱：高尔基、肌腱器官	包囊胶原蛋白	肌肉紧张	肌肉收缩	慢
关节：环层小体	包囊和分层	关节活动	方向和速度	迅速
关节：Ruffini 小体	包囊胶原蛋白	关节压力	压力和角度	慢
关节：高尔基器官	包囊胶原蛋白	关节扭矩	扭力	慢

（引自 Dougherty P.，2013）

二、躯体－本体感觉系统的神经通路

躯体感觉系统通过不同的神经通路处理信息。通过背柱内丘系通路（posterior column-medial lemniscal pathway）传送来自身体的触觉辨别信息和本体觉信息，通过脊髓丘脑通路（the spinothalamic pathway）传送来自身体的粗触觉、疼痛和温度觉信息。躯体感觉系统的背柱内丘系通路和脊髓丘脑通路，如图 2-67。本体觉信息主要是通过背柱内丘系通路传递。

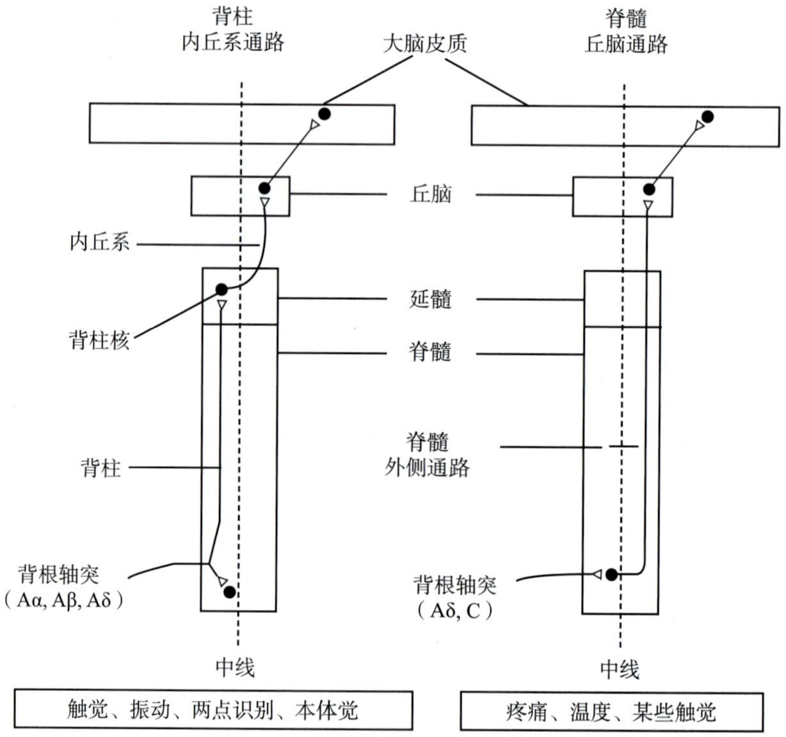

图 2-67 躯体感觉系统的两条神经通路示意图

三、躯体－本体感觉系统的皮层代表区

躯体感觉中枢（图 2-68）位于中央后回和中央旁小叶的后部，即 1、2、3 区，它接受躯体浅、深感觉冲动。其投身特点是：感觉传入该皮质中枢的投射呈交叉状，即躯体一侧的感觉冲动投射到对侧感觉中枢；感觉传入该皮质中枢的投射呈倒置状，即下肢的感觉投射到中央后回上部及中央旁小叶后部，上肢及躯干的感觉投射到中央后回中部，头颈的感觉投射到中央后回下部，但头面部的感觉在投射区域的位置是正立的。躯体各部位的感觉在投射区所占面积大小取决于敏感性，例如手指和唇在感觉中枢的投射范围比较大。

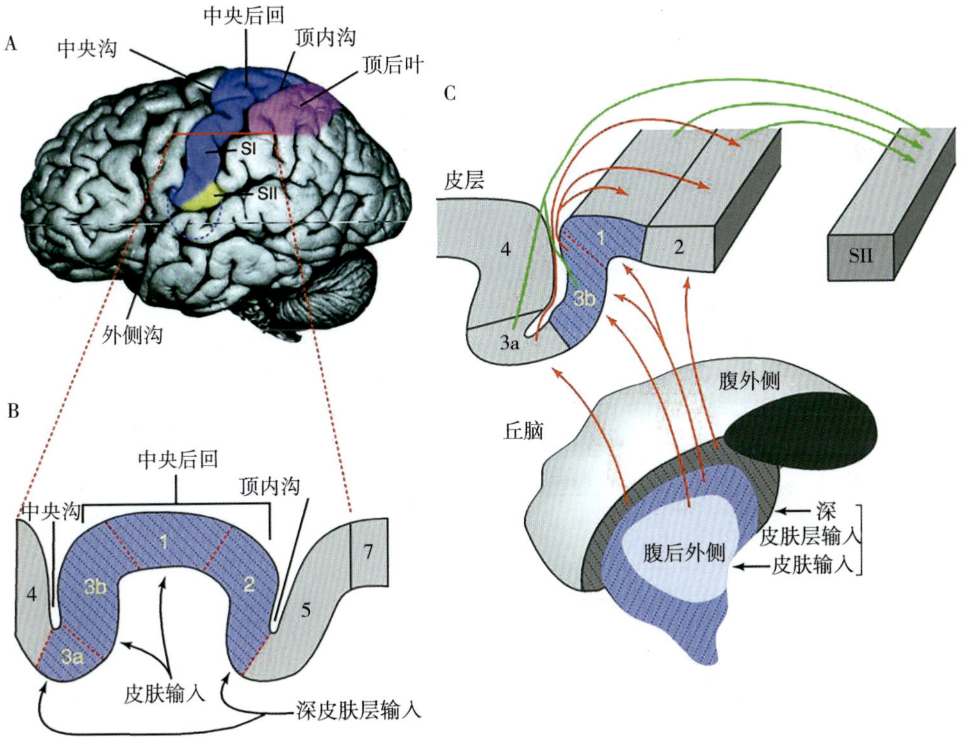

图 2-68　躯体感觉皮层代表区

（引自 Dougherty，2013）

躯体感觉主皮层（SⅠ）由中央后回和后中央旁叶组成。第二躯体感觉皮层（SⅡ）位于顶皮层盖。后（上）顶皮层和部分颞上回含有躯体感觉联合皮层。

位于中央后回的主要躯体感觉区包括 3a、3b、1 和 2 区。功能上定位明确、感觉分析较清，投射特点是左右交叉（除头面部是双侧性外），精细定位，倒置分布（除头面部是直立外），精细正比，皮层投射区的大小与感觉分辨的精细程度呈正比（如

拇指和示指的投射区大）。3a 和 3b 区接受大多数来自丘脑（腹后核）的直接投射，并再投射到 1 和 2 区；3b 和 1 区接受来自皮肤感受器的输入；3a 和 2 区接受来自关节和肌肉感受器的输入。

第二躯体感觉区位于中央前回和岛叶的交界处，功能上定位较差、感觉分析粗糙，可能与痛觉有关，投射特点是双侧性投射，分布正立而不倒置，有较大的重叠区。本体感觉与运动区重叠在一起。

四、躯体感觉信息的传送

躯体感觉信息首先传送至大脑皮质，然后进入运动系统。具体路径可参见图 2-69，其中双箭表示相互连接。从图 2-70 可以进一步了解躯体感觉信息的流向。

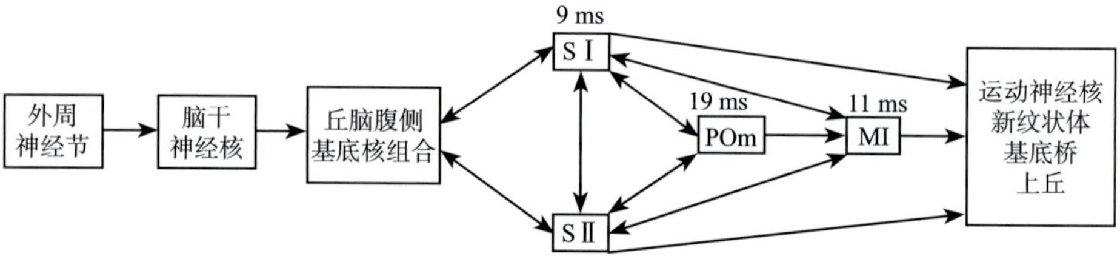

图 2-69　躯体感觉传送到皮层信息，然后到运动系统的路径

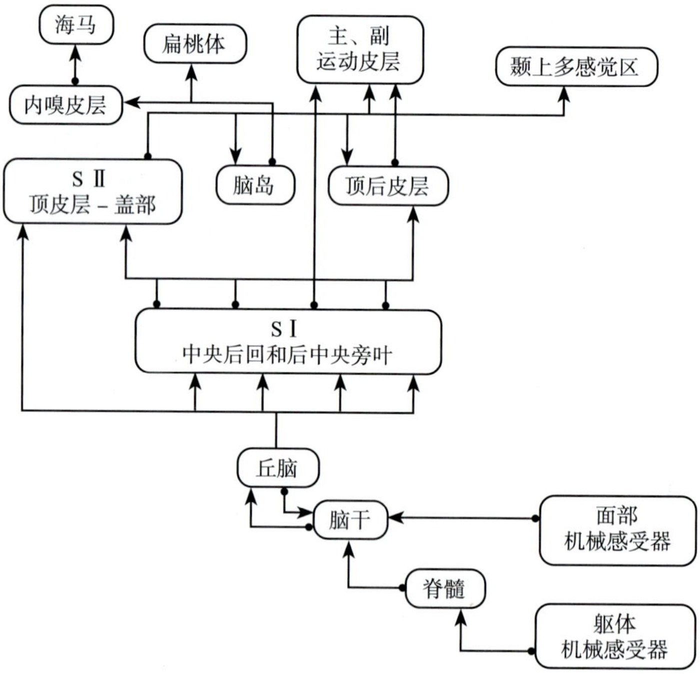

图 2-70　身体和面部机械感受器的躯体感觉传送到各脑皮层的信息流

双向箭示往返双向连接。躯体感觉主皮层（S Ⅰ）、锥体系统（POm）和主运动皮层（MI）处的数字表示皮肤受刺激后在皮层和丘脑代表区内的神经反应潜伏时。

主要的信息流从丘脑传送到主躯体感觉皮层，由这里信息继续被传送到第二躯体感觉皮层、主运动皮层和副运动皮层（在额叶）和顶后皮层。SⅡ皮层不仅向相同的区域传送信息，还与脑岛进行信息交流。

脑岛与学习和记忆躯体感觉有关的区域相连。颞上多感觉区对来自顶后皮层的信息进行整合。顶后皮层有来自其他各种感觉系统的信息。

躯体感觉，尤其是与飞行空间定向密切相关的本体感觉信息，受到了特别的关注。本体感觉信息被传送到主躯体感觉皮层，也传送到第二躯体感觉皮层，而主躯体感觉皮层的信息还向第二躯体感觉皮层传送经它处理的本体信息。第二躯体感觉皮层处理的本体信息被送到颞上多感觉皮层区、脑岛和顶后皮层。在这些皮层区内本体觉信息与传入到这些皮层区的其他形态空间信息，如视觉、前庭觉信息发生相互作用，进行形成空间知觉的整合。

还有一点需要特别注意的是，从各感受器传入的空间信息是在两个水平上进行处理，即意识水平（conscious level）和意识下水平（unconscious level）。中心视觉和听觉信息直接在意识水平上进行处理，周边视觉、本体觉空间信息是在意识下进行处理。意识下水平处理的本体觉信息或直接形成“指令”进入运动系统皮层实施动作反应，或“上升”到意识水平形成最后的空间知觉“指令”实施运动反应。意识水平的本体觉经背柱内丘系通路传送，意识下的本体觉信息经脊髓丘脑通路传送。在意识下水平，本体觉涉及行走、书写、吞咽和眼球运动等活动，经两条通路传送：脊髓小脑后束（dorsal spinocerebellar tract）和楔小脑束（cuneocerebellar tract）。

五、本体觉在空间定向中的作用

在 1 G 的地面环境中，当人体与地面接触时，皮下的压力感受器可以感知其与地面的相对位置。人体处于坐位时臀部受到压力，站立时双脚底受到压力，于卧位时背部受到压力，分别作用于其皮肤压力感受器，传入本体觉信息。本体觉是保证人体在 1 G 地面环境中维持平衡和空间定向的三大重要感觉系统（视觉、前庭觉和本体觉）之一。为保持人体平衡，如在不同支撑面条件下保持姿态平衡，各个感觉系统参与的程度随之发生相应的变化，即在保持姿态平衡中各感觉系统的权重随着支撑面的不同经常在调整。如在稳定的支撑面上本体觉作用占 70%，前庭觉占 20%，而视觉占 10%；当人体在不稳定的支撑面上时各感觉系统的作用重新权重，前庭觉占 60%，视觉占 30%，而本体觉只占 10%（Peterka and P. Loughlin，2003）。本体觉与视觉和前庭觉在人体各种姿态和活动中是同时受到外界刺激作用，在 1 G 地面环境中相互作用、互补，协调一致，而且其功能因相互作用经常变动，使人体姿态适应各种外界环境而保持平衡。

当人进入如飞行、航天和水下这样的异常重力惯性力环境时，各种空间感觉（包括本体觉）对空间定向的相对贡献和可靠性会发生明显的变化。由于重力惯性力矢向方向和值连续变化，以及绕不同轴向长时间连续转动使前庭觉和本体觉信息成为不再可以信赖的空间信息。

本体觉感受器补充了耳石器官的动态功能，与前庭耳石器官一样，它们都以重力或重力惯性力作为主要的刺激源，但不能区分重力和惯性力。本体觉系统在异常重力惯性力环境下可产生和发送大量错误空间信息，引起飞行空间定向障碍，所以本体觉系统不适于三维动态空间的定向，但可以反映人体各部的相对运动和位置的信息，可以对飞行员起到警示和提醒作用（Rupest，2000）。

触压觉能够感知身体的运动、体位以及身体各部分之间的相对位置。Geldar 在 1972 年首先提出用橡胶背心，里面装有与人体接触的触觉输入装置，以此在无视觉信息情况下提供飞机状态的信息（Geldard，1972）。在 1993 年美国海军航空医学实验室 Rupert 等（Rupert，Guedry and Reschke，1993）进一步提出用触觉界面传送位置和运动感觉信息。1995 年根据 Rupert 的设想，美国海军在塞斯纳飞机制造公司（Cessna Aircraft Company）开始研发一种以触觉为刺激源的命名为触觉情景意识系统（tactile situation awareness system，TSAS），并在 1995 年用 T-34C 实验机对 TSAS 做了首次实验（Rupert，1997；Erp and Self，2008）。该系统是一种穿在飞行员身上、能向飞行员提供相关飞机姿态信息的触觉信息背心。美国陆航和空军都先后在直升机和高性能战斗机上做了相关实验，其中包括高重力过载下的应用。另外在水下，以及航天飞行中做了实验观察（Curry et all.，2008 ，Erp and Self，2008，Brown，2009）。荷兰应用科学研究组织（TNO）也采用这项技术推出一种称为触觉显示屏的 TTTD 装置。笔者带领团队也于 2023 年 9 月基于空间定向信息触觉感知的空中试验，完成了通过触觉进行复杂状态改出的试验验证工作（图 2-71）。

图 2-71　笔者自主研制的飞行状态触觉感知背心

以 Erp 和 Self 为主编、由北大西洋公约组织以 TR-HFM-122 文件发表了对 TSAS 的评估（Erp and Self，2008），肯定了该系统的基本功能有助于飞行空间定向，但仍然有许多问题需要做进一步研究。该系统作为正式的飞行空间定向系统至今没有装备到飞机上。

第四节　听觉与空间定向

除上述感觉系统外，人体的听觉在定向中也有一定作用，在自然环境下，听觉系统对视觉系统起到控制的作用，当听觉事件发生在视野范围外时，人们的本能反应就是很快将视线聚焦到声源处，即听觉类似于视觉系统的伺服控制系统。人们对声源定位的误差一般不会超过 10°，相对于视觉，声源可以被更快地发觉，同时人们对于声音随时间的变化更加敏感，可以更加熟练容易地感觉到信息随时间的变化，而这些都是视觉通道信号所无法比拟的。目前新一代飞机利用听觉定向的这些优点，发展以飞行员头部为中心三维声音的听觉显示系统。

第五节　中枢神经系统与空间定向

上述各个感觉系统的定向信息之间存在复杂的相互作用，这些信息最后都要传入大脑中枢神经系统，大脑中枢神经系统对这些信息进行综合的分析加工，才能形成正确的空间定向知觉。在飞行中飞行员由于疲劳、睡眠质量差、情绪紧张，注意力分配不当等原因，可引起对空间定向信息“视而不见，听而不闻”的忽视情况，也可能发生对定向信息的“翻译”或加工认识错误，这些都可能会导致空间定向障碍的发生。

第三章

空间定向的心理机制

空间定向能力是飞行员飞行技能中最核心的因素，同时也是确保飞行质量、维护飞行安全所必须具备的一项重要的心理品质，是飞行活动的基础和前提。其心理成因机制主要跟人的感知觉、注意力分配等方面有关。

第一节　人的感知觉

一、视觉

（一）视觉心理的特点

视觉是飞行中最重要的感觉之一，起主导作用。飞行员要判定飞机在空间的状态和位置、观察地面和空中的目标、准确地辨认各种仪表、顺利地起飞、进行编队或特技飞行、搜索作战以及安全着陆等等，都离不开视觉。

视觉信息处理包括中心视觉和周边视觉两个系统。中心视觉，即中央凹视觉，中央凹是视网膜后面的一个小凹陷，它能够让我们看到高度清晰和详细的图像。中心视觉虽然只覆盖一个很小的区域，但是大脑皮质的视觉中枢却有一半是在处理来自中央视觉的信息。中央视觉用来直视事物观察细节，对于识别具体物体来说，中央视觉是最重要的，但对于进行空间定向、认知整体场景而言，周边视觉更为关键。周边视觉，即视野周边部分的视力，也就是我们经常说的“余光”。周边视觉和中央视觉的一个差别就在于周边视觉放弃了对图像细节的关注，以便获得对图像的整体印象，为了使图像信息处理的速度更快、范围更广，周边视觉给大脑提供了一个更广阔的图像，这个图像有点像一张分辨率相当低的图像，并且越到边缘就越模糊。周边视觉决定着中央视觉观察的位置，这在很大程度上是一种潜意识的过程。周边视觉对运动的目标感觉较敏锐，尤其是在微弱照明情况下，对光线的感受比中心视觉更敏锐。因此，飞行员在夜间执行搜索飞行任务时，应该“慢”而有规律地用眼睛进行扫视运动，充分利用余光。虽然“余光”感觉到的是目标的模糊印象，例如邻近飞机的座舱盖或机翼反射的闪光，这种刺激特别是在与观察者间有相对运动时，可达到意识水平并引起对它的注意，然后通过眼睛或头的转动，在其两眼黄斑部获得该目标的映象。飞行中视野越广，观察的目标数量越多，给正确判断带来的有利条件越多。如果视野范围太小，不仅对观察不利，影响飞行技能的提高，而且在空战时还有可能失掉战机，反遭攻击。在飞行中飞行员利用视觉进行空间定向时，飞行员一般是以自上而下的方式进行地标空间定向，或利用仪表信息在大脑中描绘出自己和飞机所在位置、姿态、速度、高度的空间信息。地面定向时，可作为视觉定向的目标比比皆是，而飞行中，小的定向标已失去意义，只能参照非常大的地物、地貌及天地线进行定向，随着飞行高度的增加，气象条件的变化，唯一能够正确反映飞机空间状态变化的只有飞行仪表。但仪表视觉空间定向有一定的局限性，即所谓的“视觉常性”（条件性联系，经验），例如，远小近大、远慢近快、远密近疏、上明下暗等。充分认识仪表视觉空间定向的局限性，可预防空间定向障碍的发生。

（二）视觉信息的大脑处理

视觉的形成需要有完整的视觉分析器。包括眼球和大脑视觉皮层，以及两者之间的视路传导系统。因光线的特性，人眼对光线的刺激产生相当复杂的反应（图 3-1）。视物时，物体影像经过瞳孔和晶状体落在视网膜上，视网膜上的神经细胞受到光刺激后，将光信号转变成生物电信号，通过神经系统传至大脑。

传递到大脑中的信号形成映象图形，在人的经验和记忆的参与下，经过复杂的处理，最后通过分析、判断和识别在大脑中形成物体的形状、颜色等概念，形成视觉。视觉信息在大脑的处理还有很多尚未完全研究清楚的地方，但大体上是经过如图 3-2 所示的路径。

视觉信号传送到脑的过程中在视网膜被分为两半，鼻侧一半和颞侧一半。鼻侧的轴突在视神经视交叉处与另一只眼的颞侧的轴突结合后，向后经视束、外侧膝状体、视放射至大脑枕叶视皮层。

视网膜有 1.3 亿多感光细胞，而视神经只有约 120 万个轴突，因此大量前处理在视网膜上完成。黄斑的信息最精确。虽然斑点只占整个视觉面的 0.01%，但视神经的 10% 信息由黄斑处轴突传递。斑点的分辨率极限约为 10^4 点。整个视网膜的信息量估计在无颜色时为 5×10^5 bit/s，有颜色时为 6×10^5 bit/min。

我们处于三维空间环境中，而眼视网膜是二维的。把二维视网膜上形成的视觉空间信息转为三维空间信息是一个非常复杂而至今还没有研究清楚的问题。但根据 Pervic（1998）提出的三维空间模型，把三维视觉空间划分为 4 个主要部分或系统（图 3-3）：伸手可及空间（reaching space，又称自身周围系统）、目标可识别空间（object recognition，又称中心自身外系统）、地形空间（topographical space，又称行动－自身外空间）和地坐标空间（an earth-fixed space，又称周边－自身外空间）。

四个系统相应于三维空间的特定区域，有其自身最优空间部位、最优感觉和神经通路，具有自己的坐标系统和在大脑有各自的信息处理区（图 3-4）。

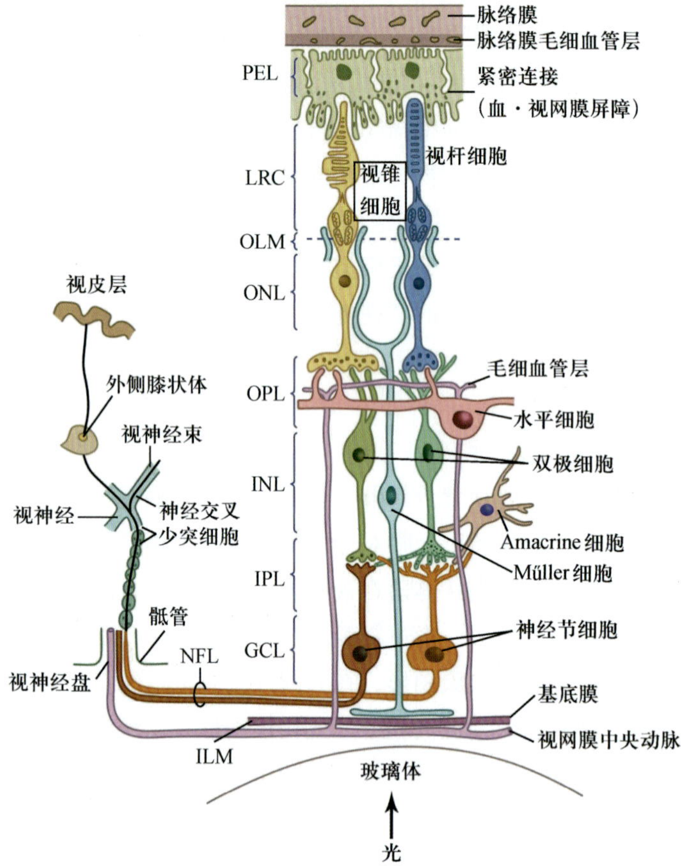

图 3-1　光线进入视网膜达到光感受器经视网膜各层

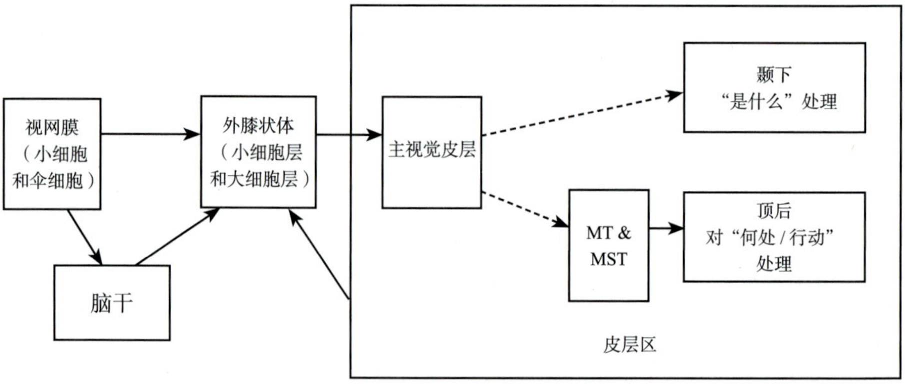

图 3-2　视觉系统信息处理主要通路

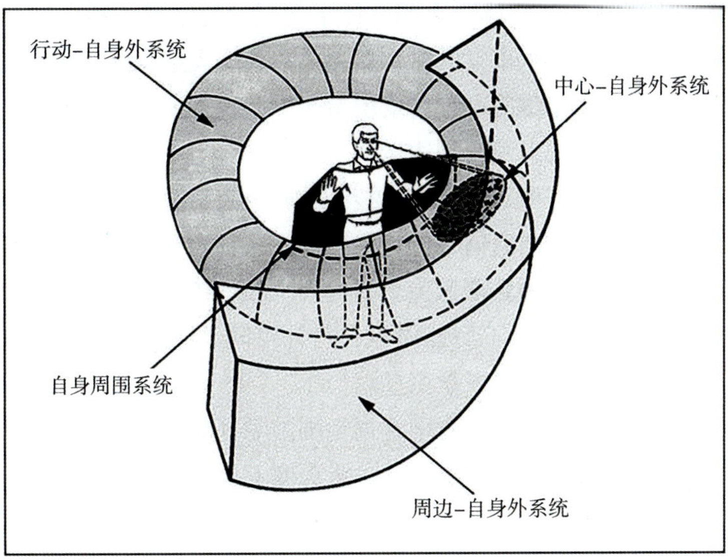

图 3-3　三维视觉空间

（引自 Previc，1998）

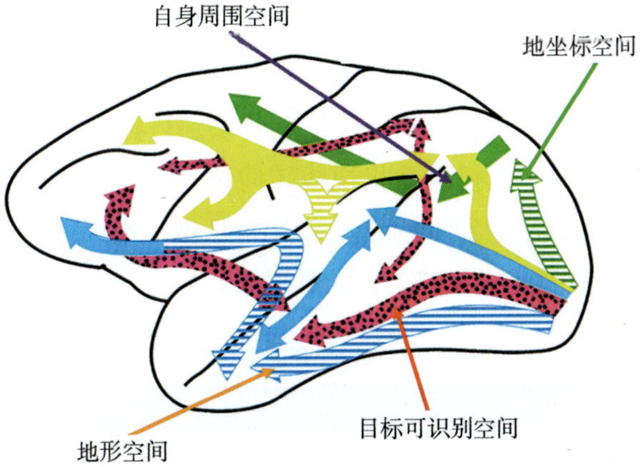

图 3-4　四个三维空间系统皮层信息处理路径

（引自 Previc，1998）

伸手可及空间多依赖中心视觉；目标可识别空间与眼位相联系，眼动时可在三个平面内运动，多依赖中心视觉，地形空间和地坐标空间可反映视界最远处，或是屋内，或室外远处水平线。

人类的外周视觉功能需要大量的脑功能区域执行。视网膜中央凹占优势的锥细胞系统，主要功能明视觉、色彩觉、视敏度。和这个系统相对应的是杆状细胞系统，在低亮度的环境中起作用，有能力进行时间和空间的叠加。因此，观察微光时阈值更低。

视觉通路终止于外侧膝状体－上四叠体下两层的为小细胞和大细胞层。小细胞层细胞呈现出持续性反应，从事空间分辨和色彩辨别。大细胞层呈突发性反应，主要参与运动的处理。因此，小细胞系统在皮层参与中心视觉中的目标可识别空间过程，而大细胞系统参与外周视觉有关的周边运动过程。

视觉定向的基本皮层下中心包括前庭核、前庭小脑、腹后外侧核。所有这些区域都接受大视场的视动信号和前庭信号。其他皮层下区域如上丘和尾核也能整合视觉和前庭信号，但和外周视觉处理系统无关。基底节（和尾状核）主要整合目标可识别空间优势的视觉和非视觉运动而不是外周－自身外空间。同时皮层下外周视觉中枢可能接收来自皮层视觉中枢的大量视觉信息。

人类的外周视觉功能，特别是对垂直视觉的主观判断，都是高度依靠大脑皮质的整合。甚至是和视觉有关的姿势反射，在一定程度上也要求视皮层的参与。在皮层顶叶和顶－颞叶许多的区域参与视觉－前庭整合功能。

Previc 提出的三维四种空间系统在相应的大脑皮质区完成其信息分析和处理，如图 3-4 所示。

伸手可及空间信息在背外侧皮层处理；目标可识别空间信息在腹外侧皮层处理；地形空间信息由经腹内侧皮层到海马旁回和其附近区域处理；地坐标空间信息由经背内侧皮层到主视觉皮层，以及颞顶皮层处理。

视觉信息从视网膜通过外膝状体传递到相关的视觉皮层，我们才能看到客体，这是一个时间过程。总体上，从感受到目标信息到识别目标所需的时间为 1.43 s，视觉监测需要 2.3 ~ 4.1 s，其中包括眼动将视线转向仪表板监测仪表所需的 1 s。视线转向仪表板和再转向天地线需要 2.31 s。做机动飞行从做决定到机动开始的时间为 3.5 s。以上数据引自 КовлекоПА 等（2007），详见表 3-1。

表 3-1 飞行中视觉功能时间

视觉活动	时间（s）
感受视觉信息	0.10
引起眼动反应	0.18
眼动固视	0.10
物体反映到视网膜	0.05
认识	1.00
感受和认识总时间	1.43
眼动把视线转向仪表监测	1.00
看仪表时瞳孔调节时间	0.6 ~ 1.5
视觉监测总时间	2.2 ~ 4.1

续表

视觉活动	时间（s）
由感知到监测仪表的总时间	3.72 ~ 5.53
转动头把视线转向仪表	0.22
视轴对向仪表	0.07
调节焦距	0.50
认读仪表指示	0.80
转动头把视线转向天地线	0.22
调节焦距对向天地线	0.50
总时间	2.31

（引自 Ковлеко ПА. 等，2007）

二、感觉

感觉是脑对直接作用于感觉器官的客观事物的个别属性的反映，是一种最简单的心理现象。它能提供各种原始材料形成更为复杂的认识过程：知觉、记忆、思维过程等。失去感觉，就不能分辨客观事物的属性和自身状态。例如，通过前庭器官可感觉到飞行速度和方向突然变化。感觉是感知运动，尤其是在视觉受限的情况下尤为重要。

感觉分为感觉适应和感觉对比。当刺激持续地作用于人的感官时，人对刺激的感觉能力会发生变化，这种现象叫感觉适应。例如夜间飞行时，飞行员突然受到强光的照射几乎睁不开眼，过了一会儿对强光的感受性降低，就不那么目眩了，这是对强光的适应。相反，当照射的强光突然消失时，最初什么也看不清，弱光持续刺激眼睛，逐渐提高感受性，飞行员就比较容易看清东西了，这就是对弱光的适应。

感觉对比是指当同一感官受到不同刺激的作用时，其感觉会发生变化，这种现象叫感觉对比。例如，强烈的无线电噪声可以降低飞行员视觉的感受性。相反，在稳定的简单气象平直飞行中，微弱的声音可以提高视觉的感受性。

三、感知觉

感知觉是人脑对当前作用于感觉器官的客观事物的反映。在飞行中，各种刺激不断作用于人的感觉器官，也就是说，在同一时间内有着许多刺激需要飞行员去感知。例如，在着陆拉平阶段，飞行员要在很短的时间内感知飞机的高度、速度、下沉快慢、飞机状态和方向的变化等。在空战中飞行员不仅要感知敌机的动态，还要注意知觉自己飞机的状态和飞行轨迹的变化，以便及时操纵飞机精确瞄准、准确射击。飞行员只有拥有高超的情景意识，才能正确适时地采取相应的操纵动作。否则，就会出现偏差，甚至发生空间定向障碍。

四、知觉

主要指对自己和飞机的姿态、地点、空间、时间以及运动的知觉。知觉主要有以下几个特性。

（一）知觉的整体性

知觉具有在过去经验的基础上，把物体的各个部分、各种属性结合起来，认为是一个整体的特性。也就是说，人在知觉时，如果过去已经掌握了事物的各个部分各种特性，并掌握了它们之间的相互关系，那么，即使事物出现一小部分或少量特性，我们也能对其引起整体的印象。因为没有出现的部分或特性，会在我们脑中补充。

（二）知觉的选择性

把一部分物体当作知觉的对象，而把其他对象当作背景，有选择地进行知觉。如果没有选择性，知觉就不能把对象从背景中分离出来，就不能迅速获得清晰的映象。复杂气象飞行中，许多仪表需要飞行员经常地去认读，但在一定时间内，飞行员只能有重点地感知某一个或几个仪表，这样才能不断地看清仪表的指示，从而获得飞行状态变化的清晰映象，不遗漏重要的定向信息。

（三）知觉的理解性

在知觉外界物体时，总要用过去的经验对其加以解释，并用概念来标识特性。“只有理解了的东西才能更深刻地感觉它。”如果凭借过去的经验对知觉对象进行理解，常常要依靠语言的帮助。例如，飞行员借助所学的航空理论和飞行经验，就很容易正确判断某种飞行现象，因而能恰当地作出反应。在复杂气象或执行作战任务时，飞行员必须不断关注以飞机姿态为主的各种空间定向信息，并将其通过大脑的信息处理系统转化为实际的飞机状态。如果对这些定向信息解读错误，就可能导致空间定向障碍。

（四）知觉的恒常性

在一定范围内，保持对客观事物稳定的认识，不随知觉条件或感觉映象变化影响的特性。人们反映事物的知觉映象，既按照物理规律来进行，又按照心理规律来进行。例如云中直线进入着陆飞行，飞行员只要操纵飞机准确保持着陆航向，并且使全罗盘指针指“零”，就会知觉到自己已经对正了跑道。夜间利用跑道标志灯着陆，虽然看不见跑道，但跑道两侧的标志灯刺激，加上飞行员的经验和知识，就能准确地降落在规定的跑道位置。当线索的定向方式发生变化时，如随着高度的增加，知觉的恒常性可能不再起作用。

在感觉器官正常的情况下，如果信息输入和信息加工出现问题，会引起空间知觉错误。

1. 信息输入错误

由于正确的空间信息量不足，将片面的空间信息与大脑中已有的、牢固的神经发生了错误的联系而导致飞行错觉，如在云中飞行时，飞行学员的仪表飞行技术不够熟练的情况下，在飞机产生坡度自行转弯的时候没有及时检查仪表指示，仅凭身体感觉的单一、片面的信息判断飞机状态，就可能出现误差。

当错误的外部视觉目标信息被输入大脑时，可能会导致飞行错觉，如在飞行中能见度较差的情况下把不真实的天地线或海天线当作正确的信息输入大脑，按假天地线保持飞行状态，就可能导致倾斜错觉。

由于视觉受外界条件的影响，导致空间知觉失误。如飞机从陆地向海上飞行时，同样的飞行速度，由于参考目标由多变少，就会感到飞机速度减小，出现速度低估错觉。

2. 信息加工错误

大脑中枢加工、处理空间信息时，整合功能一时受限或发生障碍，会对输入大脑的正确信息进行错误处理。如飞机做大半径小坡度水平转弯时，因转弯的径向加速度很小，飞行学员感觉不到飞机转弯，认为飞机没有坡度；如果检查地平仪，按地平仪改平飞时，反而感到飞机向另一侧带有坡度。这就是大脑把正确的信息加工、处理错误导致的。

大脑没有纠正输入的错误信息，而是将其当作正确的信息进行整合。如飞机做平飞转弯时，如果角速度在水平半规管的感觉阈值以下，而转弯时径向加速度所产生的惯性力却可以被椭圆囊和本体感觉器官所感觉，则飞行学员所感到的只是身躯被压向座椅，有似飞机带上升的感觉，从而产生上升的错觉。反之，当飞机从平飞转弯迅速改出时，身躯被压向座椅的感觉突然消失，又似飞机下滑的感觉，于是，大脑把改出转弯的信息，加工成转入下滑的飞行错觉。

由于过度疲劳和紧张等原因，大脑的功能可能会下降，影响大脑加工、处理空间信息的准确性，导致发生飞行错觉。

3. 视觉的恒常性与错觉

视觉系统在空间定向中存在一系列容易诱发错觉的因素，这与所谓的“视觉恒常性”有关。我们在认知外界时一个前提条件就是认为物体是固定不变的，也就是外界物体不会自动地改变它们的大小和形状，而是表现为恒常性。如果我们从经验中认为一个物体是与一定的特有大小和形状联系在一起的，那么其在视网膜上的透射大小和形状就会与我们观察点的视角和距离有关。比如，我们一般认为物体小、运动快、间隔密度小、亮度大等，就认为距离远，反之距离近，以及上面亮度大、下面亮度小等。这些在日常生活中养成的定式认识在某些情况下会受到破坏和影响，如亮度在空中受到空气透视性的影响，可能距离很近，但是由于空气透视性差，导致亮度看起来很低，夜间飞行时，两架飞机可能实际距离很近，但是两架飞机成一定角度，这会使一架飞机飞行员看到的另外一架飞机的翼尖灯和尾灯的间距很小，产生距离远的感觉，从而导致距离判断错误。此外，在海上飞行时，由于大小恒常性的原理，导致海浪大时感觉高度低，海浪小时感觉高度高的错觉。此外，新跑道的宽度差异也可能导致飞行员在判断着陆距离时出错，由于云层等对光线的影响，可能会出现下面亮上面暗的情况，容易产生倒飞的错觉。

其实视觉导致的错觉生活中也非常常见，如图 3-5 中对线条长度和平行度的判断。

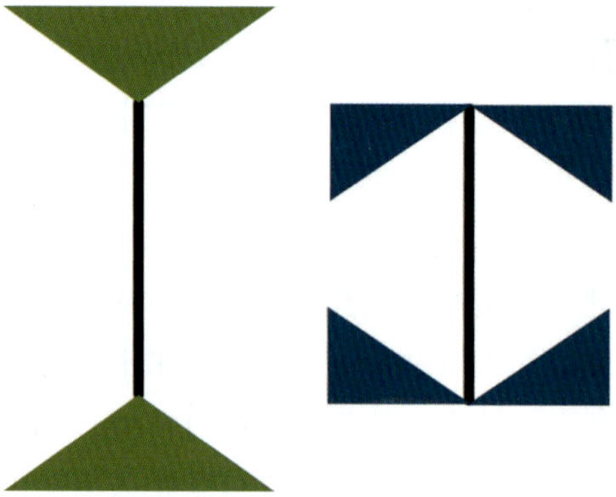

图 3-5　一条对线条长度判断的错觉

如果视觉线索容易导致错觉，那么在飞行中，什么是可靠的视觉定向线索呢？飞行人员一般依靠天地线和仪表进行定向，但是唯一正确的定向是仪表视觉定向。

第二节　注意力分配

注意是心理活动对一定对象的指向和集中，是伴随着感知觉、记忆、思维、想象等心理过程的一种共同的心理特征。而注意力分配指人在同一时间内把注意指向两种或两种以上的活动或对象的能力。

人在选择和利用信息时，呈现“最小努力”趋向，有意避开复杂和不熟悉的信息获取途径，回避相对费力的信息源，而寻找最为方便的信息源。人们并不选择最好的信息源，而以最容易获取作为主要判断和选择标准。同时还要考虑是否值得采取相应的信息行为。

其实现主要取决于是否具有熟练的技能技巧，即同时进行两种或两种以上的对象或活动时，至少必须对其中的一种对象或活动已掌握得很熟练，只需对此稍加注意，而大部分注意集中在不够熟练的对象或活动上，才可能正确地分配注意力。

正确分配注意力，就是飞行员在同一时间内能按正确操纵飞机所需要的主次关系，把心理活动准确地指向和集中到几个与当时飞行有密切联系的对象或活动上。如同时听塔台指挥、观察飞行目标、判断飞机位置、检查飞机状态、进行操纵活动等，都要求飞行员具有良好的注意分配能力，能合理地分配自己的注意力。在进行操纵活动时也是如此，如起飞抬前轮时，除了注意机头仰起快慢外，飞行员还必须同时注意动作量的大小、飞机姿势的大小、检查和修正方向、听发动机声音等。初学的飞行学员飞行中注意力分配往往顾此失彼，就是由于对飞行中需要注意的各种对象和活动都很生疏，既抓不住重点，也不能全面顾及。经验较多的飞行员判读仪表所用的时间仅为新飞行员的 1/2 ~ 2/3。经验较少的飞行员驾驶飞机，其视线始终"盯"在所需的仪表上。

在实际飞行中要依据当时情况分清主次，不能把注意做平均分配。在不同情况下，注意的重点是不同的。如起飞三点滑跑阶段保持方向是注意的重点；两点滑跑阶段保持两点姿势和方向是注意的重点；飞机离陆后注意的重点则是保持上升状态和判断收起落架的时机。

注意力分配的水平，依赖于同时进行的几种活动的性质复杂程度和个体熟练程度。通常同时进行的几种活动之间存在着内在联系，处于邻近空间内，复杂程度低，个体熟练程度高时利于注意力分配，反之不利于注意力分配。

飞行中，正确分配注意力是大脑处理定向信息的重要条件。因为飞行员的任何操纵动作和意图都是大脑支配手脚完成的。而大脑支配的依据，是客观事物发生变化后，通过人的各种感应器官引起神经兴奋传入大脑的。因此，飞行员只有通过有目的、有规律、有重点地观察客观事物变化的时机、程度和趋势，才能采取正确的操纵动作。如飞机在平飞时机头上仰，此时飞行员注意分配不当，没有注意到状态的变化，就不会及时、准确地修正这个偏差，当然也就保持不好平飞状态。注意力分配不当，可能会获得一些并不完全正确的定向信息，严重的可能会危及飞行安全。

第三节 观察力

观察，是有目的、有计划的知觉活动，是知觉的一种高级形式，包含着积极的思维活动。它是以视觉为主，融合其他感觉为一体的综合感知。观察力即观察能力，是指能够迅速准确地看出对象和现象典型的、但并不很显著的特征和重要细节的能力。它是个人通过长期观察活动所形成的，是获得各种飞行信息的主要手段。任何飞行动作都必须建立在良好的观察基础上，不论是判断和保持飞机状态、识别飞机位置，还是发现或避开空中或地面的其他飞机和障碍物、搜索发现敌机等，都离不开观察。

飞行员驾驶飞机时，实际上是依赖大脑根据视神经传递的信息，构成对飞机状态的判断，指挥效能器官对飞机进行相应操纵的过程。飞行员从周围环境所获得的大量信息中，大约有 75% 是靠眼睛看到的。飞行员主要依据视觉信息，另加其他感官信息的辅助来判断飞机的运动，并作为正确操纵飞机的依据。

从飞行员驾驶飞机的动作过程看，总是观察在先，操纵在后。飞行动作是由一种飞行状态向另一种飞行状态的转变。每个飞行动作都是由一系列的飞行状态串联而成，飞行员要完成任何一个飞行动作，都要从观察前一个状态开始，再逐次观察后面的状态，直到最后一个状态结束。如果观察不正确，操纵就失去了正确的依据，知觉就会陷入盲目的状态，就会延误操纵时机，以致采取错误的操纵动作。只有在不间断的观察中及时发现各种情况的变化，向大脑输送准确的信息，才能构成正确的判断，并采取相应的操纵动作。

在飞行中，飞机的状态、速度、高度、方向和载荷，都在不断地变化着，人体受到各种加速度的作用。由于感知觉器官的生理特点，某些感官感觉的敏捷性降低，有的甚至失去正常的功能，发生有偏差的、歪曲的，甚至完全颠倒的错误感觉，向大脑输入错误的信息。如果盲目地凭借身体的感觉操纵飞机，就会在错误信息的影响下，采取错误的操纵动作。这时，只有凭眼睛观察仪表的指示或飞机风挡与天地线的关系位置，才能准确判断飞机状态，矫正失去正常功能的感官所产生和输入的错误信息，采取正确的操纵动作。因此，在飞行中历来都十分强调要随时观察飞机风挡与天地线关系位置和地平仪指示，以便始终向大脑提供正确的定向信息。观察能力的好坏，不仅直接影响飞行技术掌握的快慢和飞行安全，而且决定着未来空战的胜负。

第四节　飞行映象（意象）与飞行空间定向

俄罗斯现代心理学家，尤其是航空心理学家，都对心理映象（或称为意象）进行了创新性的研究，特别发展到对飞行映象的研究，并在飞行员培养、飞行训练，特别是在飞行空间定向障碍错觉克服和事故的控制上都得到实实在在的应用，在航空工效学上也得到广泛应用。其中 КовленкоПА 等（2007）依据心理映象的三个水平（感知觉水平、表象水平和语言 – 逻辑水平）提出飞行映象的概念，并在此基础上阐述了飞行空间定向，并详细论述了映象，特别是飞行映象对飞行员的操纵动作的控制作用。笔者认为他们提出的飞行映象对了解飞行空间定向，以及认识飞行空间定向障碍错觉和其造成的事故具有理论和实际意义，所以在此做一介绍。

一、有关心理映象

在我国心理学界，心理映象通常被称为“心理意象”（image），是有其实际含义的，可以理解为人脑对外界客体在意识范畴内的反映。心理映象是客观实际的反映，同时又是调节人动作系统的重要环节，它既具有主观性，也具有客体性。映象的形成是一个主动的过程，在整合所有感觉形态的信息基础上形成，在形成过程中最全面最深刻地从人活动的周围提取信息。映象的内容经常得到丰富、充实和修正。心理映象有三个水平：感知觉水平、表象水平和语言－逻辑水平（Завалова and и другие，1986）。

感知觉水平是映象系统的基础。形成于个体心理发育最初阶段，在整个人生过程中不失去其意义。感知觉映象的基本特性是产生于物体直接作用于感觉器官，反映感觉映象的直接性。各感觉器官功能联系最重要的是保障空间定向系统的功能。空间知觉的基础是人相对于与重力一致的垂直线。通常人在地面移动时重力的力值和方向是恒定的，整个分析器系统调整得符合这种常性恒值。分析器间的联系由此形成相当牢固的单一含义的联系，称为定型。由此在通常条件下空间定向不需要专门、有针对性、有意识的监控，可在非意识水平上实施，呈“自动化”。但是，在一定而又相当多样形态的感觉与各种心理映象水平之间出现不相符不一致时，由于定型的功能作用可有规律地产生映象物体内容的歪曲，知觉错觉，假的映象，如飞行中发生的错觉。克服这种歪曲映象的首要和最重要的条件是意识到各映象水平之间的不一致，需要专门的有针对性的活动，有意识的监督，产生新的映象，经过专门训练可养成新的定型，同时新旧定型共存。

映象的第二水平是表象水平，它反映了感知觉映象。如果说某物体的感知觉映象及其性质只是在物体直接作用于感觉器官产生的，而表象的产生没有这种直接作用。表象水平具有广泛的心理过程。其中最为重要的是映象记忆和想象。映象记忆是知觉时产生的映象固定和再现，想象是创造过程。通过对保存在记忆中的映象转换和综合产生新的映象，即表象。按内容，表象映象与感知觉映象一样也是物体性的。表象映象与感知觉映象的区别在于前者是对多次感知同一类物体形成的映象的概括和抽象。表象映象的形成是认知过程发展的新阶段，具有更多的信息量。由感知觉映象发展到表象映象时一些特征被强化，一些非特征信息被弱化，甚至消除。表象映象本质性特点具有全景象性。

映象第三水平的认知过程是基于语言－逻辑的思维过程。与前两个水平的区别在于这一水平是理解性映象。主体在这一水平上完成任何任务是运用认识和逻辑方式。人在理解性思维过程中是对符号和符号系统形成的抽象和概括。发展最全面和丰富的符号系统是语言。所以确定心理映象第三级水平为语言－逻辑水平。在不同水平上都有预想（期望），但各有差异。在感知觉水平上只限于具体的正在发生的作用框架内，在表象水平上在潜在行动中出现预想（期望）的可能，在语言－逻辑水平上思维预想（期望）得到最为充分的表现，其目标实际上是无限的。这一水平上的预想完整地保证活动的计划实现。在一定条件下映象的言语－逻辑水平对建立和稳定映象起组织和调节作用。

飞行映象的概念和对飞行操纵动作的作用。

在航空心理学中，飞行映象描述了飞行员对飞行动作的调节活动。可以理解为是一种概念模型。飞行映象是不只是在飞行训练中的仪表信息基础上形成，而是在大量感知觉信息基础上形成，在飞行训练和飞行实践中形成和完善。

飞行映象涵盖了飞行员所承担的任务和目标，以及其对飞机性能和操作规则的了解。飞行员有意识地监察的不仅仅是自己行动的目的和任务，而且要监察在地面上通常意识不到的映象感觉成分。只有在这种条件下飞行员才能对抗由于输入改变引起的映象歪曲，克服映象结构中的矛盾。调节飞行员动作的映象内容、结构和功能极其复杂。完整的飞行映象在调节操纵动作上起主要作用。飞行映象的结构主要包括三个元素：空间状态映象、仪表映象和飞机感觉。在飞行员进行某种具体操纵动作时依任务、目标、条件的不同必定有三种主要元素中的一种呈现，并参与对操纵动作的调节。

二、飞行映象的结构、内容和功能

图 3-6 示出飞行映象的结构和内容。飞行映象的主要结构成分是空间状态映象、仪表映象和飞机感觉。其都接受来自仪表和非仪表的信息，相互间发生作用，都可形成感知觉映象、仪表映象和言语－逻辑映象。

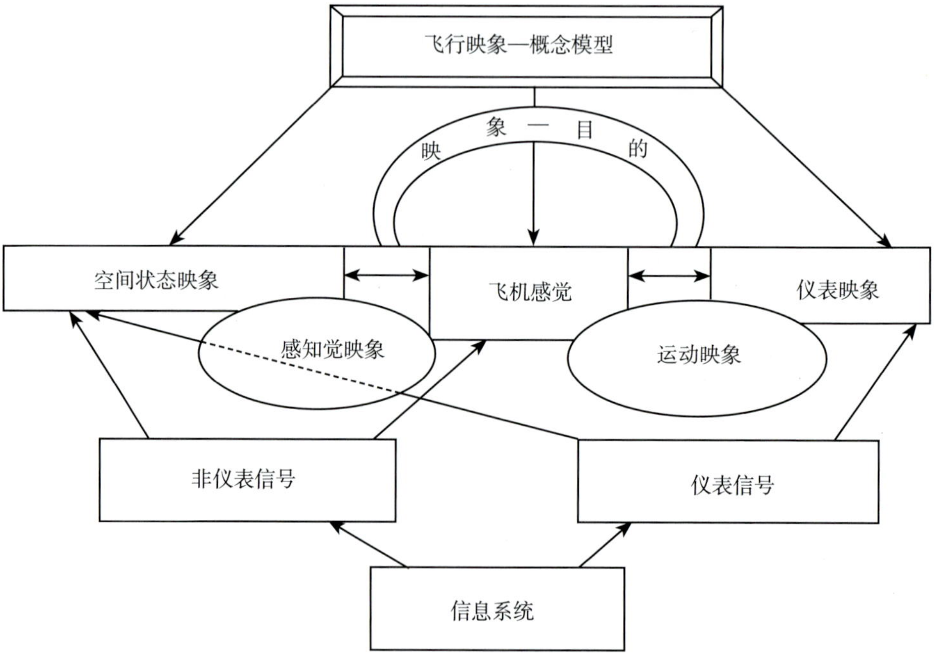

图 3-6　飞行映象的结构和内容

（一）空间状态映象

空间状态映象是飞行员对飞机相对于地面的空间状态意识反映。空间定向是由一系列分析器（视觉、前庭觉、本体觉、内感受器等）构成的功能系统。飞行空间定向通常认为是判断自己相对于重力矢向和各种地面目标物的位置和状态。空间定向中视觉、前庭觉和本体觉起主要作用。实验证明，脱离开地面的空间定向中视觉起主导作用。地心引力的方向是建立完整的空间映象所依据的基础坐标。健康人也可以有规律地发生非仪表信号输入综合障碍，在这基础上形成错误的空间状态知觉和表象（错觉）。其原因是飞行中重力惯性力矢向成为“地面上的重力垂直线”，改变了坐标系。如人在飞行中可以把由头到脚的重力惯性力合力当作支撑点。经典例子，如盘旋。在通常情况下视觉告诉人体倾斜，同时会伴有来自机械感受器的相一致的信号，但在做盘旋飞行时视觉信号示人体的空间状态改变，而没有来自机械感受器的信号肯定。是因为重力惯性力合力的方向是由头到骨盆，形成垂直姿态的感觉。这时飞行员明显地感觉到被压向椅盆，而不是向侧方。实践证明，要有效可靠地操纵没有对空间状态的认识是不可能的。飞机相对于三个轴向和相对地面做空间状态变化，对其概念不做抽象认识飞行员是不能实施操纵飞机的。同时，飞行员不仅要靠有思维地评估仪表指示知道空间状态，而且必须直观地认识到空间状态，这样使其表象与实际飞机状态相一致。但飞行条件下感觉和知觉常常可相互矛盾，由此难以建立空间状态表象映象。这时需要很大的意志力和调节动作有意识地克服非意志性的操纵。飞行中产生的加速度作用于人感觉器官是重力惯性力。加速度方向经常在变化，其重力惯性力值和矢向也在变化，与地面上大不一样。重力惯性力破坏了在地面上的自然定向模式，即定向定型。在目视信号与前庭本体觉感受信号之间，在知觉与肌肉感觉之间，在感觉与思维判断的飞行员身体（飞机）空间状态之间常常在实际飞行条件下发生矛盾。如果飞行员意识到了这种矛盾，就会尽力压制假的感觉。这时应当由语言 - 逻辑（语言思维）过程调节动作。

飞行员进行空间定向应当有针对性地选择信息，积极利用以前目视飞行的经验，有意识地形成空间状态映象。这是飞行中的知觉最有特征性的特点，说明飞行员在解决对自己来说是复杂的操纵任务同时，要进行有针对性的空间定向。在地面上空间定向可自动进行，而在飞行中没有有意识地形成飞行映象基本成分的直观映象不可能进行空间定向。这种成分实施认知功能，保障基本飞行参数、飞行阶段、接近目的程度等的总表象。当仪表信息与直接的人体状态感觉相矛盾时通过克服传给飞行员的信号矛盾保持映象这种成分的客体内容的一致性。飞行映象第一个基础成分——空间状态映象，应当不断地保持，随着飞机的运动变化，如果非仪表信号的信息与仪表信息矛盾时要对抗非仪表信号的破坏作用。在保障飞行员总定向，包括飞行总目的意识上飞行映象第一种成分，空间状态映象在直接调节操纵动作上总体讲起辅助作用，由飞行映象的第二种成分——仪表模型映象执行调节动作的功能。

（二）仪表映象

在本章第一节对仪表视觉定向做了详细介绍。在夜间、云中、雾霭、降雨、降雪、沙尘等气象条件下飞行，目视飞行所依据的天地线和地标等自然定向参照物被掩盖而不见，使人难以凭其自身的感觉系统进行正确的空间定向。在这种条件下，飞行空间定向唯一可靠的定向信息来自仪表视觉，所以具有牢固的仪表映象对保证无目视定向目标条件下安全飞行极为重要。Ковалеко ПА 等（1986，2007）在论述仪表表象时没有提及，是一遗憾。但他们着重提及两点值得注意：一是，仪表映象由感知觉映象升级到表象映象对飞行操纵动作有关键调节作用；二是，因为仪表映象简单明了，有时单一的仪表映象可形成自动化实施一相应动作的可能。这会造成错误动作，甚至危及安全的动作。提醒在训练飞行员掌握仪表视觉定向映象时不要依靠单个仪表信息，而要对各仪表信息进行综合、概括，以形成仪表的表象映象。

（三）飞机感觉

飞机感觉的形成与非仪表信号有关。非仪表信号有加速度、振动、操纵系统的阻力、噪声等。这些信号起着复杂而矛盾的作用：一是，这些信号属于飞行负性因素，引起不适，有时对机体起着有害的物理作用；二是，这些信号可使飞行员发生错误认识，成为错误决定的原因。但这些信号在使飞行员感觉是与飞机一体化上非常重要。这种人机一体性可以警示飞行员知道其飞机状态发生了改变，可保障采用实施动作的经济方法。可为飞行员营造一个总体的正面情绪背景。飞机感觉首先与肌肉感觉有联系。肌肉感觉可以确定操纵动态目标的能力。运动分析器的功能大部分是意识不到的。飞机感觉是人与飞机的特殊结合，使人从物理上感觉到飞机的活动，正确和敏捷的知觉和意识下的选择操纵飞机最重要的感觉刺激物和能成功地对操纵系统作出反应。飞机状态改变时产生的肌肉感觉、压力感觉能使飞行员在起飞、着陆时直接评估和了解飞机的俯仰状态，飞行员可以在综合飞机感觉的基础上感受到飞机起飞、着陆。皮肤的触压觉在飞机感觉形成和发挥功能中也起作用。如飞机倾斜，肌肉受的压力移动，感受的比刺激耳石器官——重力感受器快而精确。压力知觉和肌肉感觉可能用于判断转弯时倾斜角是否正确。主动动作时与操纵系统联系的触觉感觉以压力感觉和肌肉感觉为基础。但要注意肌肉感觉或触压觉因重力惯性力的作用可产生大量错误空间信息引起错觉。飞机感觉的一般特征是与飞行员动作的联系。各种操纵动作改变飞机状态，同时产生仪表的和非仪表的信号。飞行员判断这些大量的信号，不仅是了解被操纵的飞机如何变化的，还了解自己的动作结果如何，准确地说，动作的结果使飞机如何变化的。飞机感觉的内容极易变换，形成它需要自身的理解经验和对发生的模糊感觉的判断。这种模糊感觉需要在活动过程中不断地转换为较为明确的感觉，以便更完善地完成飞行员动作的调节功能。同时映象的这种成分能保障预先完成仪表还没有反映出来的动作，可把危险情况消除在情况发展到不可逆转性质和在信息模型上反映出之前。飞机感觉不能给出飞行参数变化准确值的表象，也不能是执行动作的唯一调节者，但飞机感觉能引起意识去控制飞行当务之急需要的参数。

总之，飞行映象是一活动的、动态的、变化的结构。映象的成分之间关系复杂，有时呈矛盾的相互作用。感知觉映象是比空间状态和飞机感觉映象更重要的映象。动作调节是在飞机感觉和仪表映象基础上实现的。飞机感觉的动作调节效果与是否意识到参与该映象成分的感觉信号意义有关。仪表映象作为运动动作调节者呈优势能促使动作自动化。所以，映象功能变异固化可以降低“飞行员 – 飞机”系统的可靠性。飞行能意识到空间状态映象的具体意义和价值是任何驾驶情况下保持动作可靠性必须条件。КовалекоПА. 和 ЧулаевскийАО（2011）在 2011 年著文强调飞行员的思维意识在飞行映象的作用。飞行映象的主要要素没有思维意识的参与都可能成功地实施。

第四章

航空工效学与空间定向

第一节　航空工效学概述

航空工效学(aerospace ergonomics)是人类工效学的一个关键分支，与航空生理学、航空心理学、航空医学和飞机设计等领域紧密相连。它以高空环境生理学、工程心理学、人体测量学、生物力学等学科为基础，研究航空航天条件下人的生理学、心理学及生物力学等多方面特性，研究航空人－机－环境系统中各组成部分的相互作用以及对系统效能的影响，寻求人－机－环境之间的最优化设计或最佳匹配，使飞行人员能够在安全、健康、舒适、高效状态下，保持情景意识，减少空间定向障碍的发生，将飞机的技术性能最大程度地发挥出来。

航空工效学主要研究航空活动中的人的特性、飞行器的工效学设计要求、飞行环境的影响以及个体的防护措施。

航空工效学在航空工程中研究的领域相当广阔，主要内容包括：①在航空条件下人的能力、特点及环境对人的影响；②人（飞行员）－机（飞机及自动控制系统）之间的功能分配；③人－机界面问题；④座舱环境与布局；⑤飞行员工作负荷；⑥作业程序和方法。

第二节　人在航空活动中的能力与特点

一、人的能力

人具有很多能力，特别是具有巨大的潜能，在特定条件下，都可以起到关键作用。概括起来人有信息接收、信息存储与输出、决策与执行决策能力。正确认识和充分发挥利用人的能力，可以人人简化设备、节省经费、提高系统的安全可靠性。

（一）信息的接收

人类活动的第一步就是接收周围环境的有关信息。各种信息以不同形式（光、声、热、味道、气味、压力等）刺激作用于特殊的感受器。感受器、传导冲动的神经通路，大脑半球中相应的投射区以及反馈机制，构成特定信息的感受器系统。在本质上，感受器的运行过程就是一种信息接收与处理过程。

根据引起感觉的刺激类型不同，人的感受器可分为视觉、听觉、本体觉、运动觉、温度觉等数种。所以人在接收各种信息时，是一个多通路输入的接收系统。在飞行员接收信息、作出决策、执行决策时，起重要作用的是视觉、听觉、前庭和运动觉感受器。

感受器的基本特性有：一是敏感性，用敏感阈值表示；二是分辨力，用分辨能力表示。敏感阈和分辨力又可分为绝对敏感阈和分辨力及差别敏感阈和分辨力。前者指感受器可以感受到刺激的强度、时间长短、空间距离的最小绝对值；后者是感受器可以区分开来的两个刺激强度、时间长短、空间距离的最少差别值。这些值都是在一定条件下测得的，随个人的情况和条件有一定变化。

1. 视觉感受器

视觉是人了解周围环境、接收外界信息的重要通道。据估计人有 80% 以上的信息来自视觉。在飞行条件下，视觉感受器在飞行员自身的空间定向方面所起的作用更为突出。视觉感知人的空间位置、方位，感知运动速度。实际飞行中各种光照条件变化，要考虑眼的适应性、防眩光，注意照明条件、显示的亮度、对比度水平等因素。

2. 听觉感受器

有关人周围空间的相当一部分信息来自听觉通道。声音信号靠介质传导，声音特性以强度和频率表示。我们听到的声音可以分为物理作用发出的声音、计算机合成声音和语言（语音）。声音是飞行员了解飞行中有关系统的运行状态、判定故障的重要信息。听觉感受器与视觉感受器互相辅助，可以减轻一个通道的负荷，提高判断准确。

3. 前庭感受器

在重力场中，前庭可以感知人的体位和运动加速度（包括线加速度和角加速度）；在飞行过程中，前庭是感知速度变化，即加速度的重要感受器，这也是感知飞机状态变化及不正常运动状态的重要信息来源。

4. 本体觉感受器

飞行员可以通过触觉通道获取飞机状态信息，包括肌肉和肌腱内本体感受器的感觉、关节囊本体感受器感觉和皮肤内触、压感受器的感觉，因此称之为广义的本体觉。一方面飞行员习惯用这些感受器所产生的姿态、位置感觉与触、压感觉等信息来支持或验证前庭系统产生的定向感觉，另一方面飞机的触觉定向设备能辅助飞行员进行状态感知。

5. 运动觉感受器

关于人体在空间的位置和各肢体运动的信息不仅通过前庭和视觉，还通过肌肉关节（本体）感受器进入中枢神经系统。靠运动觉分析可以感知骨骼肌肉的运动、用力状态及身体各部位运动的协调情况，完成操作控制作业。

上述各种感受器的作用不是独立的，要受到中枢神经系统的调节和控制；也不是孤立的，要互相协调制约。其结果是确保人能从多种通道快速获得尽可能多的信息，中枢系统对这些信息进行分析、整合，最后作出正确决策。

（二）信息的储存

中枢神经系统对各种信息根据重要性、有用程度进行分析、综合、联想，作出决策。有的信息要由短时记忆转入长时记忆中，形成经验，这些信息是将来进行分析、综合的基础。飞行员可以通过指令输出器官，如肌肉骨骼的运动、言语，甚至眼动，把决策信息输出，传给被控对象。信息的接收、处理和传输的主要特性是速度和失真。因此对人能在单位时间里接收、处理、传输的信息量必须做定量评价。目前，用平均信息量作为信息多少的基本定量尺度。平均信息量是所有可能状态发生概率的总和。

人机系统的平均信息量与人－机界面的设计有关，因此要对界面提出工效学要求；飞行员的选拔、训练和知识总体水平影响平均信息量。这两方面是提高信息处理速度的重要环节。

（三）信息的输出

人作出决策后，靠不同通道把决策信息输出。操作的决策要靠肌肉或肌肉－骨骼的运动来实现，主要器官有手、脚、嘴（语言）、眼（眼动）和脑（脑控），这些器官的活动是一个十分复杂的过程。执行决策需要有速度、准确度、力量；通过肌肉－骨骼系统的协调性来保证；肌肉－骨骼系统的活动可分为粗调和精调；运动肌的协调又可分为简单动作和复杂动作；骨骼肌肉的活动特点有活动范围、活动路径、运动速度、力的大小、活动准确性及能量消耗等。

二、人的特点

各种感受器是构成人体特性的基础，特别是人的中枢神经系统更是任何机器无法比拟的。人可以储存（记忆）和调出（回忆）大量信息，并对各种信息进行评价，挑出哪些是有用的、哪些是无关的。利用极强的推理能力，可以对新情况进行评价，并作出适当的决策。必要时，人还可以征求更多的信息、估计事件的发生概率，加上经验，对行为加以必要的修正。人对模糊、不确定的事件有很强的耐受能力，甚至在外界干扰、强噪声刺激和信息流不完整、有欠缺的情况下，还可对接收的信息作出精确的解释（反应）。概括起来，人的优点可以归结如下。

（一）机动灵活性

可以处理各种原来预想不到的事件，作出正确复杂的反应，完成各种复杂的动作，能从大量无关信息中提取出有用信息。

（二）预见性

在飞行系统中，用人作为组成部件的最大优点之一是人具有预见性。可在相当复杂的条件下根据当时情境进行分析判断，预知将会发生什么事件或状态发展趋势，做好应对准备和对策。

（三）适应性

人能力虽有一定限度，但有比较广的适应范围，在这一范围内，条件的变化对人的能力不会构成很大威胁。

尽管如此，人的能力仍然存在一些固有的局限性：①力量有限；②易疲劳，影响可靠性，易发生差误；③易受外因干扰，影响功能状态。

这些人的特点构成了人－机任务分配的基本考量之一。

三、人－机功能分配

在航空人机系统的设计中，决定哪些任务由飞行员承担，哪些由自动控制系统（机器）执行，或者哪些任务由两者共同完成，这就是人－机功能分配的核心问题。人－机功能分配必须遵从一定的原则，才能确保分配的合理性，使整个飞机安全高效。这些原则是：①充分利用和发挥人的优点、长处，尽可能避开人的缺点、短处，使人的作用得以可靠地发挥；②根据自动控制系统的技术水平、可靠性、研制周期、经费等进行分配；③根据任务的性质，把适合人工做的工作分给人，减轻设备的复杂性、重量，把适合机器完成的任务分给自动控制系统，减轻飞行员的工作负荷，提高工作效率。

第三节　飞机座舱布局

工作场所的设计取决于作业的特性、工作姿势、人体的身高、活动范围，以及其他个体因素。飞行员的工作场所在座舱，工作姿势通常为坐姿。座舱是一个含座椅、各种显示／控制设备及生命保障系统的特定环境。出于空气动力学特征和制造成本方面的考虑，飞机座舱空间一般比较狭小。为了确保飞行活动的安全、可靠与高效，座舱及其配置设计要符合飞行员的人体测量学特征和认知操作特性。

“安全性、效率和舒适性”构成了飞机座舱布局设计的核心原则。“安全”是指操作者遭受伤害或危险的可能性最小，“高效”是指操作者无须额外努力便可以迅速完成正确的操纵动作，而“舒适”则是指符合操作习惯，不导致心理或生理上的不适感。

一般地讲，飞机座舱设计应满足下列工效学要求。

一、座舱几何尺寸

座舱几何尺寸的选择应考虑到与飞行安全、遂行任务、应急离机有关的显示 / 控制设计及布局的所有方面。座舱尺寸和布局应保证 50% 飞行员处于最适合位置设计，保证 1% ~ 99% 飞行员均能有效操纵和安全离机；座舱尺寸和部件可调部位，满足 5% ~ 95% 飞行员便于操纵飞机；各项尺寸的选定，应结合具体情况予以必要的功能修正和心理修正。

二、座舱视野

座舱设计应满足遂行任务对外部视野和内部视野的客观要求。

外部视野指飞机处于平飞状态，飞行员取巡航眼位所能观察到座舱外的视野范围，在起飞、着陆、目视搜索等飞行过程中具有十分重要的作用。为了保证飞行员有良好的外部视野，美军标准 MIL-STD-850B 规定了不同观察方位上、下视界的低限值（图 4-1）。

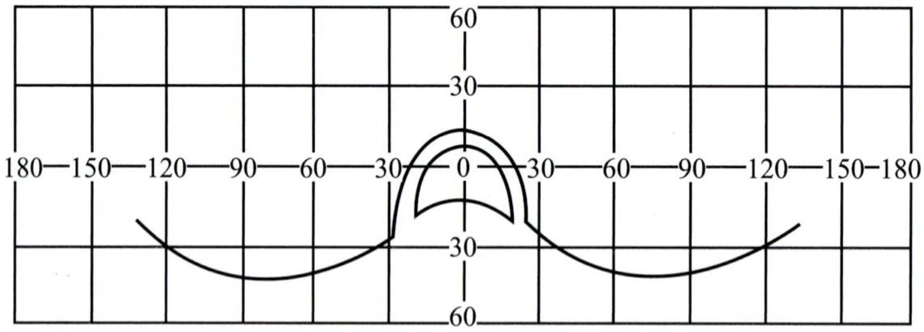

图 4-1　单座和纵列驾驶战斗机外部视野要求

内部视野指飞机处于平飞状态，飞行员取巡航眼位，不转动头部所能观察到座舱内的视野范围。一般来讲，眼球的最佳转动角度为上、下、左、右各 15°，头的转动范围为上、下各 30°，左右各 45°。飞行员在正常驾驶姿势下的内部视野在水平视线下方 15° ~ 45° 形成直径 30° 大小的立体锥（图 4-2）。

三、显示布局

设计眼位（design eye position）是飞行员处于正常驾驶姿势时的眼睛位置，是座舱布局设计的基准点。飞机气动外形和外部视野明确之后，座舱设计眼位通常也就确定了。在大型飞机上，飞行员眼位到主仪表板的距离受观察距离的影响，通常为 71 ~ 78 cm。由于人类视野左、右边缘距视中心线约 94°，上、下边缘距视中心线约 50° 和 70°，这样的视野就限定了显示器的安装面积。实际上，仪表认读研究表明，

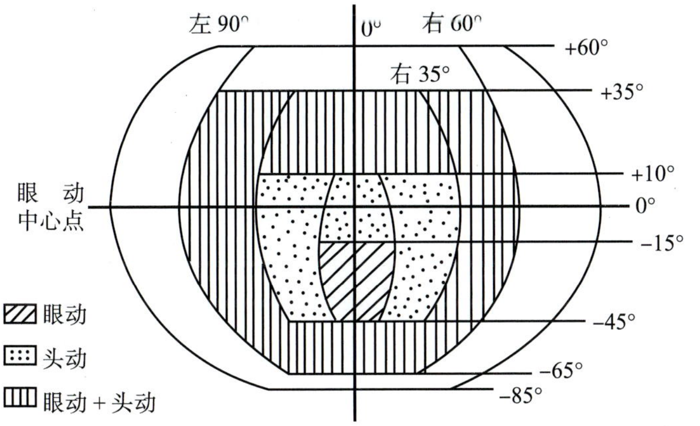

图 4-2　飞机驾驶员视觉区域（前面观）

在 80 cm 的观察距离上，座舱仪表板的最大尺寸长约 216 cm，宽约 196 cm。

眼睛在观看不同距离的物体时，需要调整焦点，目视舱内、舱外目标时，经常需要转移视线。因此，显示布局设计必须考虑观察距离和视角要求。从实用的角度讲，主仪表板应置于飞行员正前方，距离设计眼位约 71 cm，表面与（和水平视线成下 15° ~ 35°）正常视线垂直或夹角不小于 45°（参见 GJB307）。

在实际座舱环境中，辅助仪表可能安装在各种不同位置和距离上。若置于座舱顶板上，距离设计眼位可能只有 20 cm；若置于侧后方系统板上，观察距离可能远达 200 cm。设计者应结合飞行要求，确保显示器安装在飞行员的有效视野范围内，以减少视觉聚焦和视线转移带来的生理和心理负担，从而降低疲劳。

根据视觉扫描模式的研究，现代飞机的显示布局仍主要采用“T”型主仪表板布局（图 4-3）。这种布局完全满足飞行员快速、准确扫视速度、姿态、高度、航向四种主要显示仪表并优先考虑飞机姿态的操作要求。不过，在普遍采用综合电 / 光显示器的飞机座舱内，信息综合代替了单一仪表，这种“T”型显示布局可能会以刻度带组合的方式得到体现。

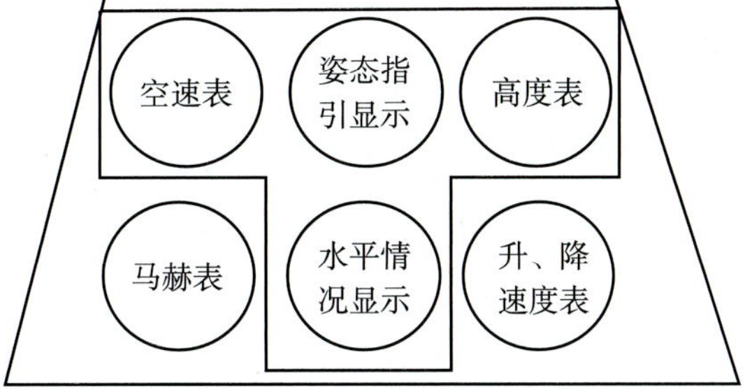

图 4-3　“T”型主仪表板布局

四、操纵装置

座椅参考点的坐标由设计眼位决定。座椅参考点是飞行员座椅椅背与坐面的交点，标志着座椅位置。座舱主仪表板和其他控制盘的安装布局主要取决于座椅的位置。

座舱操纵装置的安装布局应充分考虑人体静态测量尺寸及功能范围，保证操纵可达并有效、符合动作习惯并连贯、接触 / 脱离方便、操作姿态舒适。应从以下几个方面综合考虑飞行员的肢体操作限度和最佳操作范围：①肢体活动范围与可达面；②肢体有效运动方向；③肢体定位、操纵的速度和准确性；④躯体各部位所能达到的运动频率；⑤肢体用力特点。

语音控制（voice control）是通过人的语音触发操纵控制机构的一项新技术，正在新型飞机座舱中得到应用。此类操纵装置具有不同于肢体操作的新特点。

第四节　显示 – 控制系统设计

座舱显示 – 控制系统是飞行人 – 机 – 环境系统中的重要组成部分，是航空工效学家持续关注的关键领域。飞机座舱显示 – 控制系统的更新换代既是飞行安全和经济成本双重压力下的积极成果，也反映了一个世纪以来的技术进步。

一、显示器

显示器是以编码形式间接传递信息的装置。显示器设计的工效学目的是以符合人类感知觉特点的方式快捷、明了地呈现信息，提高人 – 机之间的信息交换效率。显示器的分类多种多样，而且各具特点。根据信息接收通道的不同，显示器可分为视觉显示器、听觉显示器和触觉显示器。显示器设计应当根据信息的性质和任务要求采用适当的显示形式，切实做到及时、准确、简明、易懂、可靠、不同信息的显示便于区分和综合。

（一）视觉显示器

视觉显示是飞机向飞行员传递信息的主要形式。视觉显示器按其结构特点分为机电仪表显示器、电光显示器等。必须满足 3 个基本要求：①易见，即显示的对象易于觉察；②易辨，即显示的目标不易混淆；③易懂，即显示的内容含义明确，容易迅速理解。

1. 机电仪表显示器

仪表是信息显示器中应用极为广泛的一种视觉显示器。根据工效学研究的成果，仪表显示设计中应考虑如下原则。

（1）显示信息数量不超出人类视觉通道的容量，同类参数尽量以相同方式显示。

（2）显示维度符合视觉特性，显示精度与人类视觉辨认能力相适应。

（3）尽量采用形象直观的、与人的认知特点相匹配的显示格式。

（4）显示目标与背景之间应保持适当对比关系，使目标清晰可辨。

机电仪表的显示面有圆式、开窗式、垂直式、水平式等多种式样（图 4-4）。仪表刻度盘形状的选择主要根据仪表显示功能和人的视觉特性，优先选用开窗式；其次选用圆式、半圆式；最后选用水平式、垂直式。

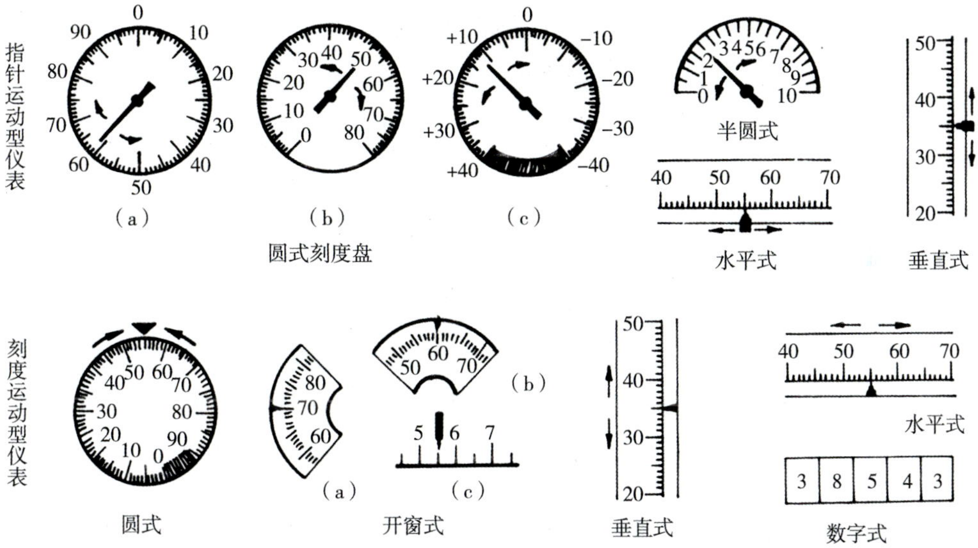

图 4-4　量化信息显示仪表的几种常见形式

2. 综合电 / 光显示器

这里所说的电 / 光显示器主要是指采用阴极射线管（CRT）、液晶显示（LCD）、发光二极管显示（LED）技术的视觉显示器。它们既可以起到各种机电仪表的作用，同时还具备信息容量大、灵活性强、适用广的特点。大量采用 LCD 显示器目前已成为现代飞机座舱的流行趋势。

虽然仪表显示设计的工效学原则同样适用于电 / 光显示器，但是，航空工效学研究仍然表明，电 / 光显示器设计还必须满足如下要求。

（1）显示屏面：显示屏面的大小，在视距范围为 50 ~ 70 cm 时，以在水平、垂直方向对人眼形成不小于 30° 的视角为宜。采用坐姿观察屏面时，屏面处于人眼、屏面中心连线与水平视线呈下 15° ~ 20° 的位置比较适宜。

屏面亮度与目标亮度之间的对比只有高于视觉阈限时，目标才可能被觉察。就人的亮度对比感受性而言，68 cd/m^2 为屏面（背景）亮度的最优值。

（2）分辨率：典型字符高 8 ~ 10 线。一般数字字母采用 7×8 点阵，多数汉字采用 16×16 点阵。

（3）闪烁与余辉：字符显示脉冲速率大于 30 ~ 40 Hz，减少闪烁。显示呈现结束后的余辉存续时间不应长于识别目标所需要的必要时间。

（4）显示目标：目标大小应与分辨率要求呈正比。数字字符的大小一般不小于 12′，宋体，黑体汉字不小于 24′。汉字笔画宽度为字高的 1/16 ~ 1/8。符号间隔为字符大小的 25% 或一笔画宽，行间距至少为字高的 50%。目标显示时间不少于 0.1 s，建议呈现 2 ~ 3 s。常以绿色、白色等明快颜色作为目标色，以深色或黑色作为背景色。原则上，彩色显示所使用的颜色数量不超过 4 种。

（5）显示格式：最好采用单页面显示，显示符号及页面格式设计符合人的认知特性。一条汉字用语的字数一般不多于 6 个，分组上下对齐排列。组内字数以 3 个或 4 个字为宜，连贯意群的字数可适当增多。

（二）听觉显示器

1. 设计原则

听觉显示器通过人的听觉通道向飞行员传递信息，主要分为声音和言语两大类。为了保证信息传递效率，听觉显示器的设计应遵循以下原则。

（1）听觉信号的指代含义应和人的习惯理解或自然联系相一致。

（2）使用声音强度、频率、持续时间等维度代码时应避免极端值，代码数目不超过人的听觉绝对辨别能力。

（3）信号强度依背景噪声水平而定，保持足够的信噪比，避免或减少听觉适应。

（4）不同听觉信号应明显区分，分时呈现的时间间隔不少于 1 s；必须同时呈现的听觉信号其空间位置应明显分离，或赋予不同的显示优先权。

（5）复杂信息显示应采用两级信号：第一级信号唤起注意，第二级信号精确说明。

（6）听觉信号应标准、一致，同样的代码表示相同的含义。

2. 作用

听觉显示器不要求照明条件，不占据仪表板空间，显示信息具有全方位特性；飞行员接收听觉信息时无须转头，感知速度快，受缺氧和高过载的影响相对较小。因此，听觉显示器常常用来呈现座舱告警信息。

（1）声响告警：最常用的听觉告警显示器有汽笛、雾笛、蜂鸣器、哨子等，主要利用声音的强度、频率、时间等维度特性表达不同的告警含义。座舱听觉告警信号的强度应高于噪声掩蔽阈限值 30 dB，频率范围以 150 ~ 1000 Hz 为宜，脉冲信号的高平相至少应持续 100 ms。

听觉告警信号最好由 4 个以上主频成分组成，并尽量使用谐音成分。信号主频成分中至少有 4/10 的谐音成分落在 1000 ~ 4000 Hz 的频率范围内。

使用强度编码时信号数目应不多于 5 个，使用频率编码时信号数目应不多于 7 个，使用时间编码时信号数目应不多于 3 个，使用强度、频率二维特性编码时信号数目不应多于 9 个；当编码维度超过 6 个时，每个维度的等级数以不超过 3 个为佳。

（2）话音告警：声响告警产生效果的前提条件是飞行员能够联想到声响所指代的含义，告警具有间接性。话音告警是以言语话音为告警信号，将告警含义直接传递给飞行员。由于减少了记忆及联想的心理负荷，告警含义更为直接和明了，座舱话音告警的实际效果更为明显。

话音告警信息通常由主告警信号和告警话音短语组成。一般情况下，主告警信号采用频率 1000 ~ 2000 Hz、持续时间 0.75 s 的蜂鸣音。话音短语或告警用语应以能清楚地说明发生的问题或动作要领为准则，通常包括主题（或系统名称）、分系统或部位、告警内容等部分，尽可能采用飞行专业术语或飞行员习惯用语，而且简短、明确、易懂、不产生混淆或歧义、话音清晰、语速适宜。

（三）触觉显示器

1. 设计原则

触觉显示器通过人的触觉通道向飞行员传递飞机状态和告警信息，可以分为声音和言语两大类。为了保证信息传递效率，触觉显示器的设计应遵循以下原则。

（1）触觉信号的指代含义应和人的习惯理解或自然联系相一致。

（2）使用触觉强度、位置、频率、数量、持续时间等显示时应与人的正常状态辨别能力一致。

（3）应避免飞行员装备对触觉显示的干扰。

（4）触觉信号器应避免对飞行员工作的干扰。

（5）同时显示的不同飞机状态信息的触觉信号应明显区分，呈现的空间位置和频率区分，或赋予不同的显示优先权。

2. 作用

触觉显示器不要求照明条件，不占据仪表板空间，能较大程度减少飞行员脑力负荷。触觉显示信息具有意识外特点，飞行员接收触觉信息时有意识主动关注，可被动获得飞机状态信息，感知速度快，特别是视觉负荷过载或受限时，作用尤其明显。显示的信息包括飞机姿态、速度、高度、航向、告警等。

（1）姿态信息：姿态信息包括俯仰和坡度信息，可分为正常姿态信息表达和关注姿态信息表达。正常姿态信息表达当前飞机俯仰和坡度的角度信息，关注姿态信息表达一些需要关注的飞机姿态信息和偏离度，如平飞、倒飞、着陆时的仰角及偏离度的提示等。

（2）速度信息：速度信息显示飞机的空速信息，可分为正常速度信息表达和关注速度信息表达。正常速度信息表达当前飞机空速信息，关注速度信息表达一些需要关注的飞机空速信息和偏离度，如巡航速度、着陆时的速度及偏离度的提示等。

（3）高度信息：高度信息显示飞机的海拔高度和真高度信息，可分为正常高度信息表达和关注高度信息表达。正常高度信息表达当前飞机海拔高度和真高度信息，关注高度信息表达一些需要关注的飞机高度信息和偏离度，如低空飞行时的真高度、着陆时需要关注的高度及偏离度的提示等。

（4）航向信息：航向信息显示可分为正常航向信息表达和关注航向信息表达。正常航向信息表达当前飞机航向信息，关注航向信息表达一些需要关注的飞机航向信息和偏离度，如目标航向、着陆时的航向及偏离度的提示等。

（5）告警信息：告警信息可分为提示级告警、警告级告警和威胁级告警信息提示。

（四）显示兼容性

1. 视觉编码与显示兼容

信息编码及显示方式多年来一直都是航空工效学家热切关心的问题之一。视觉显示可以单一视觉属性（数字、字母、汉字、颜色、形状、大小、长度等）进行单维编码，也可以综合多种视觉属性进行多维编码。一般地说，多维编码信息余度较大，传信效果比单维编码要好。但是，若不同维度编码之间兼容性差，也可能产生相互干扰。

人们总是根据自己的习得经验或知识将某些刺激特点固定地与特定的含义联系起来，因此，视觉显示编码应该与人们已有的思想观念保持一致。在座舱环境中，飞行员习惯于将红色与险情联系在一起，因此红灯闪烁能迅速将飞行员的注意力吸引到空中险情核查方面来。显示编码与人的经验概念相一致，有助于显示信息的理解或解读。

视觉显示编排应当符合人的知觉规律。在感知视觉刺激的过程中，人倾向于将特征上相似、空间或时间上接近、具有连续性或共同运动方向的对象知觉为一个整体，还能够从不同对象的组合中知觉到单个对象并不具有的新含义。应当利用刺激属性相似、具有连续性或相同运动方向的视觉编码表示座舱关联信息或飞机总体状态的不同方面，在时间上或空间上接近显示，避免对无关信息进行此类编排。

飞行员有时需要基于多种显示信息（例如速度、高度、爬升速度、飞行时间）来全面评估飞机的状态，而有时他们只需要快速了解某一信息（如航向），座舱视觉显示设计需要同时满足信息综合与信息抽取的使用要求。不同座舱信息视觉显示的综合程度越高，越有利于综合信息的获取和对总体状态的判断，越不利于飞行员对其中单个信息的分析和抽取。此外，对相同信息的定性显示和定量显示应尽可能统一与一致。

2. 视－听显示一体化

随着座舱听觉显示技术的进步和扩大应用，三维虚拟听觉显示正在成为现实。三维虚拟听觉显示器不仅可以通过合成话音明确告知空中威胁的性质和程度，还可以同时显示威胁的来源、方位及接近速度。以往通过视觉显示器传递的信息可被听觉化，或结合听觉显示进一步提高综合显示的实际效果。

视－听显示方式的结合或视觉－听觉显示器的一体化，不仅要求视觉、听觉显示的内在兼容或一致，而且应该避免不同显示方式之间的冲突和矛盾，减少飞行员视觉通道和听觉通道信息感知、加工过程中的互相干扰和不适感。

二、控制器

控制器是将人类输入的信息转化为机器可识别的输入，从而实现人对机器的控制的设备。根据人体的动作部位分类，控制器可以分为手动、脚动和语音控制器。

（一）控制器设计的一般原则

（1）控制器的设计应当基于人体的尺寸测量，并与人体的运动特性及相关部位的生物力学特点相符。操纵力、操纵速度、安装位置、排列布置等应按总体操作者中第 5 百分位数设计。

控制器的操作部分的形状应与人手的解剖结构相匹配，以确保最高的工作效率。选择控制器位置时，应当考虑操作者的功能可达范围。所有控制器都必须在兼顾操纵方向、用力特征的同时，布置在功能可达范围内的适当位置上。

（2）当许多控制器不可能都安装在最佳操作区时，应根据控制器的重要性、使用频率（或时间长度）来确定其排列优先权。

为了减少位置记忆负荷及搜索时间，控制器位置可按功能组合或使用顺序排列。在可能条件下，应尽量设计和选用多功能控制器，减少肢体运动和操作复杂性。

（3）控制器的运动方向应与机器的运动方向保持一致，并与操作者的预期习惯相符。如向右旋转意味着增加，向下移动意味着降低等。

（4）所有控制设备都应为操作者提供最大量的控制输入反馈，表明操纵选择、控制方式、运动方向、操纵幅度等是否合适，预期系统响应是否出现等。控制反馈既可以通过控制器编码、设计、运动、阻力等特点反映出来，也可以通过显示器提供给操作者。

（5）尽量利用控制器结构特点或操作者身体的重力完成施力控制，减少疲劳。

（二）控制器编码

为了避免众多不同控制器之间的相互混淆，提高操作效率并防止误操作，应当对控制器进行编码。控制器的编码通常有 7 种方法：形状、表纹或质地、大小、位置、颜色、标记和操作方式。编码方式的选择取决于：①使用控制器时的任务要求；②辨认控制器的速度和准确性要求；③同类编码在其他控制器上的使用程度；④需要编码的控制器数目；⑤照明条件要求；⑥控制板空间大小等，也可以进行组合编码。

1. 形状编码

这是一种适合于视觉特别是触觉辨认的编码方式。采用形状编码时，控制器形状应尽可能地反映控制器的功能，使人容易由控制器形状联想到它的用途；应使操作者仅凭触觉也能分辨不同形状的控制器，因此编码形状应当简单、容易区分，且数量不宜过多；此外，还应保证操作者在戴手套情况下的触觉辨认。

2. 表纹或质地编码

控制器的表面质地不同，触摸时的感觉可能不同，因此可以用不同表纹或质地对控制器进行编码。有人研究发现，人能很好地分辨光滑的、齿边的、滚花纹的表面质地。这三类表纹可用于控制器编码。

3. 大小编码

控制器大小之间的尺寸差别必须达到触觉的差别辨别阈限。大小编码可用来指示控制器的相对重要性或增益大小，但可用的代码数目不宜超过 3 个。

4. 位置编码

这是充裕工作空间时经常采用的编码方式。控制器既可以按重要性排列，也可以按功能组合使用顺序排列。不同位置标志着不同的控制器，在这种编码条件下，需要在不同位置的控制器之间保持适当的间距。

5. 颜色编码

使用颜色编码时，控制器必须安装在操作者有效视野内，照明条件良好。做代码的颜色应与环境照明色相匹配，尽可能具备标准含义。编码的数目不宜过多，一般只使用红、橙、黄、蓝、绿 5 种颜色，而且最好与其他编码结合使用。

6. 标记编码

在控制器上方或侧旁标注不同的文字或符号，以此区分不同的控制器，这就是标记编码。采用的文字、符号应当简明、标准、符合操作者理解习惯，照明良好。

7. 操作方式编码

每个控制器都设计了不同的操纵、驱动方式，如拉、推、旋转、按压等。每个控制器必须按要求的方式驱动时，才会产生控制效应。这种编码一般可作为备用方法，证实控制器的选择、操纵等是否正确。

（三）控制器设计中应注意的问题

1. 控制器阻力

任何控制器都应有一定的操作阻力，操作阻力的作用在于向操作者提供控制反馈信息，降低控制器对振动和过载力的敏感性，防止无意碰撞可能引起的偶发启动。

控制器的操作阻力主要有弹性阻力、静态及滑动摩擦力、黏滞阻力和惯性阻力 4 种，会不同程度地影响控制操作的速度和准确性、控制运动的平滑性、对无意操作的敏感性以及操作者的控制感。因此，控制器阻力的大小不宜过大或过小。一般操作阻力的最大值可按第 5 百分位操作者的能力来设计，以保证绝大多数操作者不感到困难；在频繁或连续使用控制器的情况下，控制器阻力不能超过人最大用力的 15%。

2. 控制器的偶发启动

为了防止控制器的偶发启动，应保持足够的操作阻力。此外，在控制器设计过程中，还可以考虑采取如下防范措施：①将控制器嵌入控制板凹槽内；②在控制器上加保护罩；③将控制器安装在不易受碰的位置上；④将最不可能发生意外用力的方向设计为控制器的运动方向；⑤设计两种不同方向上的连续运动启动控制器；⑥使一组控制器彼此之间具有相互锁定作用。

三、显示－控制兼容

出于实际操作和控制反馈两方面的需要，显示器和控制器通常在一起使用。显示和控制的有效结合是确保座舱显示－控制系统最大效率的关键。一般来讲，显示器与控制器的联合配置，应做到空间布局兼容、运动概念兼容和控制－显示比合理。

（一）空间布局兼容性

空间布局兼容性是指显示器与控制器的空间布局关系与人们对这种关系的预想相一致的程度。联合配置显示器和控制器的常用方法有两种：功能组合与序列组合。在功能组合形式下，通常将功能上相互关联、共同使用或同与系统特定部分密切相关的显示器和控制器组配在一起；在序列组合形式下，显示器和控制器按照使用顺序对应排列。

一般而言，控制器安装位置以不妨碍显示器观测为原则。当控制器及相关仪表比较多时，控制器应置于相应仪表的正下方，或将所有仪表排列在上方、将所有控制器按对应顺序排列在下方（图 4-5）。按照固定次序使用的仪表和控制器应从左到右、自上而下或按左右顺序上下分行排列。几个控制器和仪表控制或指示一组相似部件的运行时，控制器和显示器的位置排列应体现部件的排列；以同心圆盘控制器控制一组仪表时，最上方的小控制盘应对应最左面的仪表，最下方的大控制盘应对应最右面的仪表。

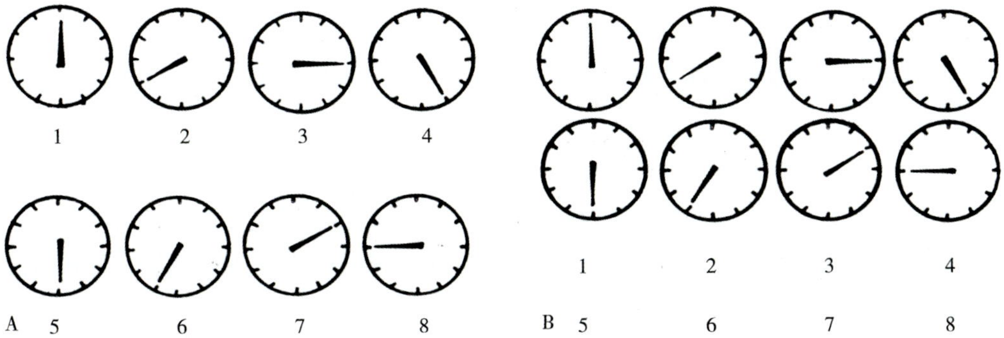

图 4-5　显示器和控制器联合配置的两种形式

控制器和相应的显示器在空间布局上应尽可能相邻和接近。

（二）运动兼容性

无论是操纵运动还是显示运动，其方向都应与人所期望的或习惯方向一致。当显示器和控制器的运动方式相同时，两者运动方向最好一致。当控制器与显示器处于同一平面但运动方式不同时，指针直线移动的带式仪表与旋钮控制器的运动关系应设计成使旋钮上最靠近指针的点与指针同向移动。

（三）控制－显示比

控制－显示比指的是控制器操纵运动与显示器运动元素（如指针、光标等）之间的动程比，是影响操作者绩效的一个关键因素。控制－显示比高，表示大控制运动只引起小的显示运动，显示器灵敏度低；控制－显示比低，则显示器灵敏度高。通常情况下，粗调控制器控制－显示比应低，细调控制器显示比应高。

不同的控制－显示比会影响控制运动的时间和精确度。旋钮的最佳控制－显示比一般为 0.2 ～ 0.8，手柄的最佳控制－显示比一般为 2.5 ～ 4.0。最佳控制－显示比受多方面因素的影响，应根据具体情况来确定。

第五节　航空工效学中的环境因素

现代飞机需要在昼夜及复杂的气象条件下飞行。飞行员虽然身处座舱，仍然会经常遭遇各种环境变化，如受到照明变化、温度改变、持续噪声、各类振动及加速度等环境作用的影响。了解不同环境条件对飞行员操作绩效的影响，切实增进个体防护装备的效能，是提高航空人－机－环境系统整体工效的重要内容。

一、座舱照明

飞机座舱照明面临许多复杂的挑战。例如，舱内观察与舱外观察的矛盾，观察舱内不同部位及显示器不同照明要求之间的矛盾，不同视觉功能（明视、暗视）状态下照明要求之间的矛盾等。综合考虑上述问题，选择、设计合适的座舱照明系统，保证飞行员在弱光、强光条件下都能清楚分辨显示器和控制器，是座舱照明设计的根本任务。

（一）照明水平对视觉作业绩效的影响

照明对人类的视觉功能起着关键作用。照明条件不良可使视觉辨别的时间延长，空间位置估计的误差增大，视觉操作绩效降低，诱发疲劳、烦躁和不适感，导致事故或眼部疾患。

许多研究表明，视标大小和对比度一定时，照明水平的提高和人的视觉作业水平改善量之间呈负加速增长关系，即照明水平不断提高对改善操作绩效的贡献逐渐减少，这就是照明收效递减律。由于过高的照明水平对操作绩效改善并无多大帮助，为视觉作业选择一个合理的照明水平是非常重要的。

照明水平与照明光源直接相关。选择照明光源时应遵循以下原则。

（1）尽可能采用自然光。

（2）照度应保证眼睛的卫生学要求，防止强光集中于小面积视野，避免闪光和眩光。

（3）适当采用局部照明或移动式光源。

（4）用较高照度的光源对低反射率观察对象进行照明，用漫射光源照明有光泽表面的物体，用集射型光源对凹凸表面进行照明。

（二）座舱照明的演变

座舱照明的挑战在很大程度上与夜间飞行有关。人眼视网膜中存在两种感光细胞：视锥细胞和视杆细胞。前者能够分辨细节和颜色，是昼视和色觉器官；后者对弱光敏感，但不能分辨颜色，是夜视器官。在第二次世界大战结束之前，飞机座舱多采用单一白光照明，很难适应夜航要求。1943 年，Miles 发现戴红色眼镜可以缩短弱光条件下的暗适应时间，红光照明开始受到注意。后来的研究表明，夜间飞行时红光照明有利于飞行员保持良好的外视力（表 4-1），但舱内亮度不够，不利于彩色显示分辨，容易疲劳。此外，现代飞机已普遍采用综合电子显示系统，重要飞行参数直接显示在飞行员前方视野内，大大减少了舱外、舱内观察的交替转换次数，暗适应不再是座舱照明的首要问题。因此，后来人们主张采用弱的白色光（月白光）作为暗光条件下的仪表照明。

表 4-1 红光照明与白光照明的优缺点

	红光照明	白光照明
暗适应（夜视力）	√	×
低照度下的视明度	√	×
座舱内部景深感觉	×	√
亮度对比	√	×
亮度均匀性	√	×
告警灯觉察	×	√
彩色符号（包括导航图）使用	×	√
反光与眩光控制	√	×
内部边缘显示器觉察	×	√
疲劳与舒适感	×	√

√. 表示良好；×. 表示不良

对飞机座舱白光照明的技术要求，各国都做了具体规定。中国科学工作者对此也做了大量的工作，并针对军用、民用飞机座舱白光照明的亮度、均匀度等提出了不同要求。

随着光电技术的飞速发展，航空夜视仪逐渐成为夜间飞行的必备装具。为了不降低夜视仪的使用性能，飞机座舱需要采用短波长照明实现与夜视仪的兼容。在短波长范围的可见光谱中，绿光的光效率最大，人眼的敏感性最高，视疲劳相对较小，与夜视仪荧光屏的单一绿色成像色调一致。因此，采用夜视兼容绿光照明正逐渐成为新的发展趋势。

二、座舱温度

飞行员在不同季节、高度和地区飞行时，可能会遭遇各种温度变化。一般来说，座舱的热源来自飞行员、飞机和气候 3 个方面。飞行员着装散热性能差，高操作强度时代谢产热量增加，高速、低空飞行时飞机蒙皮与空气摩擦产生高温，炎热季节的辐射热，都可能使飞行员处于高温环境中。歼击机低空飞行时，座舱温度随着飞行时间的延长而逐渐升高，飞行员头部温度水平最高，腰部次之，脚部最低。强击机炎热季节低空飞行时，从关闭舱盖至起飞阶段座舱温度最高，飞行员皮肤温度由高到低依次为额部、胸部、大腿和小腿。飞行员在寒区、接近大气同温层的高度、座舱失密或跳伞落入低温环境时，可能面临寒冷威胁。

模拟器实验和飞行观察均证明，由于热负荷，飞行能力会受损。这主要表现为追踪操作错误率的增加、目标观察的准确性降低以及操纵和飞行绩效的下滑，尤其在复杂飞行任务中。Larrsson 等观察到，当被试者平均皮肤温度升高到 37.5°C 时，其综合飞行速度和高度的错误总数比 36.8°C 时增加 25%。Lampietro 等也发现，舱温 43°C 和 60°C 时被试的飞行成绩比 25°C 时都低，而且 60°C 时成绩下降更为明显。战斗机事故发生率高峰在夏季，也间接说明高温对飞行操作的不利影响。

在实际飞行过程中，主要通过座舱空调系统和个体冷却设备（通风服、水冷服）向飞行员提供热防护。

低温对动作操作的影响与两个因素有关：肢体部位温度的下降幅度和下降速度。通常认为，当操作手皮肤温度在 8°C 左右时手部触觉能力下降，在 12 ~ 16°C 时手工操作绩效下降；在同样的手部皮肤温度下，慢速冷却比快速冷却对操作绩效的不利影响更大；作业越精细，操作绩效开始下降的皮肤温度临界值越高。

当全身机体温度下降时，动作操作绩效也会受到影响。在航空环境中，通常依靠防寒装备（防寒服、飞行头盔或防寒头罩、防寒手套、防寒鞋袜）和辅助加热装备（电热装备、通风供暖装备、水调温装备）提供个体冷防护。

三、环境噪声

噪声是由不同频率和振动成分组成的不规则嘈杂声。航空环境中的噪声来源主要有 3 个：飞机动力噪声、空气冲击飞机表面所产生的空气动力或附面层噪声及其他附属噪声。它们对人的影响程度取决于人对噪声强弱的主观评价和生理、心理效应。通常情况下，强噪声听起来使人烦躁和厌恶，自我感觉恶化，工作能力降低，健康受到影响，甚至引起精神失常或者躯体机能障碍。

低强度噪声对简单、日常作业操作影响不大，有时反而有促进作用。高强度噪声对工作的危害：一是影响听力或干扰听觉信号辨别；二是通过其生理、心理效应影响人的知觉加工或信息传递，降低操作绩效。

四、振动与加速度

（一）振动

振动是一个质点或物体相对于基准位置（平衡点）所作的往复运动。飞机振动的来源主要有两个：内部振动源（发动机及其附件）和外部振动源（空中紊流、跑道不平等）。振动作用于人体主要有 3 条途径：一是通过直接接触的人 – 机界面，如飞行员与座椅、脚蹬、操纵杆的接触面等；二是通过人体周围流体介质的能量传递；三是振动的间接干扰。

人体对外界振动响应存在 3 个主要共振峰，即 4 ~ 6、11 ~ 14、17 ~ 25 Hz。振动频率低于 4 ~ 6 Hz 时，人体做整体振动。4 ~ 6 Hz 时，胸部和肩部会“剧烈”起伏振动，发生人体最大共振。17 ~ 15 Hz 的共振则几乎完全是由于头部相对于躯干的振动造成的。振动主要使人对四肢、头部或眼球的控制能力减弱，因此，振动对作业绩效的影响主要表现在视觉辨认和动作操作两方面。

（二）加速度

加速度的大小（G 值）、增长率（G/s）、作用时间和方向决定着人体所承受的加速度效应。飞机转弯、盘旋或做特技飞行时，飞行员头部朝向飞行曲线的圆心，受到沿人体脊柱从头部指向足部的惯性离心力的作用，产生从头向足方向的正加速度（+Gz）。+Gz 在飞行中最为常见。发生 +Gz 加速度时，飞行员眼球下移，心脏向足部方向位移，体重增加，血液向下肢汇集。这些生理变化对视觉和身体运动产生影响。

1. +Gz 作用下人的视觉功能变化

人体对持续性 +Gz 加速度作用的最敏感效应就是发生视觉功能障碍。从 +Gz 开始作用到出现视力障碍存在一个时间过程，G 值大小不同，视觉障碍的发展程度也不同。视觉障碍的发展程度一般可分为 3 级：①视力模糊；②周边视力丧失；③中心视力丧失。

2. +Gz 作用下飞行员操作能力的变化

在加速度作用条件下，由于视知觉传入过程被破坏，中枢神经功能受到影响，人的操作记忆能力降低，计算任务困难，动作追踪能力下降。同时，由于惯性力的作用，肢体重量增加，肌肉群的工作能力减弱，导致手、足、头等部位的协调运动发生障碍，整个躯体活动受到限制。+2 Gz 时飞行操纵技能开始变差，动作细微调节受限、操纵动作粗笨，错误数量明显增多。+3 Gz 时预防性动作数量倍减，出现虚假性的外推动作。+4 ~ 5 Gz 时，身体受压感加重，四肢运动困难，动作失去准确性、灵活性和协调性。+5 ~ 6 G 时应答反应迟缓，无支持的肢体运动更加困难。+7 ~ 8 Gz 时上肢已不可能做向上运动。高负荷机动飞行时，飞行员的操作能力快速降低，并容易造成极度疲劳。

第六节　显示装备带来的空间定向障碍问题

与传统的简单机械、电气仪表和机电伺服仪表等相比，代表现代座舱信息显示的平显（HUD）、头盔显示器（HMD）和夜视装备大大减轻了飞行员的工作负担，使飞行更为轻松。HUD 和 HMD 都采用了透明的显示形式，将各种信息叠加在外景上进行显示。其优点是，飞行员可以在看外景的同时观察各种显示信息，在飞行中无须频繁地在座舱仪表和外界视景之间转换视线，提高了飞行员的情景意识，减轻了飞行员的视觉和认知负荷。但是也必须认识到，它们在某些方面也存在一定的局限性，有些甚至对飞行安全带来较大的威胁。有统计数字表明，空间定向障碍的事故发生率多年来一直居高不下，其中这些新的信息显示形式和新装备的使用是其重要原因之一。

一、平显

从光学特点方面讲，HUD 主要分为两种类型：传统的 HUD（也称为折射 HUD）和反射 HUD。1960 年，第一个军用 HUD 在美国产生，该 HUD 是通过一个组合玻璃反射产生一个虚像，将 HUD 叠加在外界视景上，这些早期的 HUD，产生平行光线是通过折射原理在最后的平行透镜中产生，所以又称为折射 HUD。第二种是反射 HUD，应用的是曲组合镜（combiner），通过组合镜的弯曲特性产生平行光线。

相对于传统的姿态显示形式，这些显示带来了空间定向方面的一些问题。在美国学者 Barnette 对美空军使用 HUD 的调查中，发现有 30% 的飞行员表示使用 HUD 后更容易出现飞行错觉。Newman 的研究也得出了相似的结论。HUD 导致的飞行错觉主要发生在下列情况下：最常见的是进云和出云，其他还包括一些极限性剧烈的动作，如夜间从目标拉起、空中格斗动作及从异常姿态恢复的动作等。当然这些研究是在 HUD 开始使用后不久进行的，必须注意的是当时 HUD 主要是为了武器瞄准而设计，并未作为飞行仪表而设计，也未进行过这方面的验证，其包括的飞行参数很少。后来 Newman 和 Foxworth 又进行了调查，发现 F-18 飞行员报告的飞行错觉明显减少，他们将其归于座舱和 HUD 设计上的改进以及飞行员进行了这方面的训练。总的来讲，HUD 存在下列一系列不利于空间定向的特点。

（一）眼睛焦距调节问题

HUD 通常采用准直平行投射（collimation）来显示信息符号，这意味着其成像位置在无限远处。之所以采用这种方式，是因为在飞行中，许多外界的视景是非常远的（接近于无限远），如果 HUD 显示的信息不呈现在无限远，则飞行员注意力和视线在外界视景及 HUD 显示信息之间切换时眼焦距需要重新调节，这样显然会带来极大的不便。即便这样，不少研究表明，在 HUD 使用时，仍然存在眼睛焦距的调节问题。

某些研究在模拟飞行条件下指出，使用 HUD 时，飞行员的眼睛可能会过度调节。尽管 HUD 的成像定位在无限远处，但飞行员的眼睛调节点可能并不位于那里。通常，飞行员的眼睛调节距离略超过其静止调节点，即在暗处略大于 1 m，在云中约为 2 m。在白天飞行时，飞行员通过 HUD 看外界视景时必须重新将其调节点向内调节，这种转化在通过单眼 HMD 时更大。其原因一是围绕在 HUD 显示器周边的框架处于眼前近距离处所引起，另外一个原因与飞行员心理上感觉其总在座舱内引起的注意力转移有关。由于眼睛焦距调节的变化会引起深径觉改变，眼睛焦点调节内移引起物体缩小（调节视物显小，accommodative micropsia）和对地面距离过估的错觉，从而飞行员会产生其飞行高度比实际高的错觉。但也有学者认为这种焦距变化引起的视物缩小一般只有 1% ~ 2%，不足以引起明显的视觉改变，并且认为其原因除与 HUD 本身特点相关外，也与飞行员精神紧张和脑力负荷等诸多因素有关。总之，HUD 和 HMD 是否会引起焦点调节内移，从而使视物大小发生明显变化尚存在争议，但大家普遍认为，在使用这些设备时发现小目标比较困难，并认为飞行员的眼睛在 HUD 符号和实际外界景物之间转换时发生的调节转化会导致飞行错觉。

（二）区别平飞和倒飞

传统的姿态显示器使用地平仪上的黑色（或褐色）和蓝色（或灰色）半球来代表地面和天空。这些半球可以帮助飞行员比较容易地区分平飞和倒飞。有些姿态显示还分别在两个半球上采用地面地形特征或云彩。但是，HUD、HMD 上的姿态显示却由于其色彩单一，以及为了避免挡住视线而不能使用地形特征等符号，使飞行员分辨平飞和倒飞不太方便。目前认为，不考虑技术上的限制，在 HUD、HMD 上分别应用黑色和蓝色表示地面和天空是不可行的，因为蓝色在天空为背景时不易分辨，同样黑色在地面为背景时也不易分辨。虽然现在正在考虑开发研制彩色 HUD 和 HMD，但目前还不可能实现。不过一系列形状、大小以及方向符号等正被应用于其中，以帮助飞行员快速识别异常姿态。

（三）俯仰角显示

俯仰刻度的显示在不同显示形式中压缩的程度不同。所谓压缩指的是两条相邻俯仰线之间的距离，它直接反映的是在显示仪表上所能看到的俯仰角度范围，压缩的范围可以从没有压缩，即完全与外界视景一致，如 HUD、HMD 上所采用的，到一个视面上显示 180° 范围。现在大多数下显（head-down display，HDD）上一个视面显示范围一般是 ±40° 或 ±20° 范围。当然一屏显示范围还与仪表大小有关，仪表的小型化必然带来显示俯仰角度范围的减小。通常设计人员试图在保持有效球面视觉效果的同时来追求最大的显示精度。传统的仪表姿态显示应用压缩的图像符号、颜色等表示俯仰，从而在动态的动作时对飞机姿态判别比较容易，相反用 HUD、HMD 无俯和仰的颜色区分，特别某些机型在做大机动时，俯仰梯和矢量符的浮动使得确定飞机的姿态异常困难。

（四）框架结构

另外一个问题是合成仪结构（combiner structure）或有些 HUD 自身符号引起的垂直感觉。在一次 F-15 事故中，飞机处于 90° 的倾斜坡度，飞行员还以为是平飞。通过观察回放录像发现 90° 时的高度和速度条带会引起垂直的感觉，俯仰梯的边缘排列成平行线，也会增加明显的平飞的感觉。而许多传统的姿态显示仪表是圆形的，就避免了这个问题。

（五）注意力捕获

实验室和模拟器研究均证实，应用 HUD 不能很好地发现地面和空中物体，并认为其与数起事故有关。原因很多，包括 HUD 信息过分突出、杂乱，理解 HUD 符号困难，以及飞行员舱内外注意力的不断转换。还有飞行员总是试图将眼球扫视集中在 HUD 显示上，而不是其他的座舱内信息和周边视野。解决此问题的方法包括使 HUD 符号更形象化、直观化，使符号显示的空间更大（选择大而简洁的 HUD）。

（六）双眼像差别

如果进入的光线是平行的，则眼睛必须像符号在无限远处一样进行调节。实际上，多数 HUD 达不到完全的平行。一般其双眼像差的最大值是 2.5 mrad，相当于飞行员前方 25 m 的成像。光线不平行带来的主要问题是符号在两眼的定位会不一致，这种两眼的差别会导致两眼辐辏或外展，从而引起轻微的眼部不适，特别是在长时间飞行时。

（七）眼参考点

每种 HUD 设计时都有一个使设计最优化的眼参考点，相关的光学特性在该点是最优的，当眼球从此点离开时，这些光学特性会降低（如扭曲、符号定位的精确性降低等）。因为在飞行中飞行员的头部不停地在活动，并不是固定在该“最优参考点”，所以说理想的设计应当是要求在一定范围的每一个位置而不是单个的眼参考点达到这些最优化的光学性能要求，但目前这一目标尚未实现。当飞行员的头部超出特定范围时，符号可能会从视野中消失。在传统或折射式的 HUD 是逐渐发生的，而在反射式的 HUD 则会突然发生。特别是在空对空交战时，飞行员可能会发生眼范围外的动头动作去观察对手，显然这时飞行员会产生空间定向困难。

（八）其他

例如，早期的 F-16 HUD 由于采用了 2½° 的俯仰刻度显示，导致画面显得过于复杂，后来这一设计被简化。许多参数采用数字显示，其不如图像显示直观和容易判断等。

二、头盔显示器

HMD 可以视为一个能随飞行员头部移动的 HUD，其瞄准系统能够追踪飞行员的头部位置，并让其他目标传感器和武器位标器跟踪头盔瞄准线，然后把相关飞行信息显示在头盔护目镜上，这不但可以克服 HUD 视界固定、视线受限的缺点，而且能确实做到减轻飞行员负担。现阶段，由于 HMD 显示的信息容量有限，还难以完全取代 HUD。但是随着 HMD 技术的成熟和性能的提高，其最终将取代 HUD。HMD 除与 HUD 具有上述相似的特性外，所具有的一些特点会使飞行员在空间定向方面面临一些挑战。

（一）参考框架的冲突

Haworth、Seery 和 Newman 等都报告了飞行员在使用阿帕奇直升机上的 HMD 时遇到的定向问题，研究发现由于 HMD 符号理解比较困难，飞行员的注意力主要集中在判读符号的动态变化之中，而不是外景方面。此外，在模拟飞行条件下从异常姿态恢复时，如果外景与 HMD 符号表示的姿态冲突，则飞行员偏差会明显增大。简言之，由于 HMD 和外界视景两套参考坐标结合在一起，使飞行员的空间定向比较困难。

（二）头部跟踪的缺点

HMD 不是固定在飞机上，而是固定在飞行员的头部，这就要求其跟踪飞行员的头动来进行显示，头部跟踪系统的关键和难点是精确性（accuracy）、重复性（repeatability）和测量的延迟时间（latency of the measurement）。有报告指出，飞行员在使用 HMD 时曾经遭遇不必要的显示符号的相对运动，即飞行员的头部跟踪系统必须跟上飞行员的头动而无多余的延迟。虽然目前尚无具体标准，但应当是越快越好，这样可减少显示图像的延迟。

（三）双眼对抗

考虑到经济和重量因素，有些 HMD 只在一只眼睛上提供信息显示。这样一只眼既有显示符号也有外界视景，而另外一只眼则直接看到的是外界实际的景象。这就带来一系列的问题，不仅是作业效率下降，还会造成眼球疲劳、复视和调节不当、会聚不能、视力降低等。

（四）视野限制

HMD 视野的限制比 HUD 明显，因为 HMD 不像 HUD 那样固定在座舱上。飞行员由于佩带 HMD 在观察座舱内的信息和外景时不再具有直接没有阻挡的视野，对飞行和观察外界视景都有一定影响。

（五）视差

通常呈现在 HMD 上的图像是从离开飞行员的眼位的传感器产生的，如前视红外成像系统上 HMD 的图像。这个传感器一般在飞行员眼前半米或更远的地方。传感器位置的偏离（称为视差）会引起飞行员对飞机位置速度等判断困难，飞行员必须从“视点”去不断判断分析呈现在他眼前的景象，以此确定他的物理位置状态。

三、夜视设备

目前飞机的夜视设备主要有前视红外成像系统和夜视镜（night vision goggles，NVG）两种。虽然它们的使用对夜间飞行的可靠性有了很大提高，但其导致的飞行错觉事故对飞行安全带来的威胁也不容忽视。约 3% 的美国空军飞行员发生过由于使用 NVG 导致的事故或事件。

Braithwaite 的报告显示，直升机飞行员在使用 NVG 时的事故率为 9.0/10 万 h，而在白天和夜间不使用任何装备时的事故率分别为 1.66/10 万 h 和 3.87/10 万 h。

这些夜视装备对于视觉方面存在下列不利因素使其容易诱发飞行错觉：①相对较小的视野（20° ~ 40°），这明显地限制了对于空间定向非常重要的周边视野，飞行员必须进行大范围的动头才能获取足够的视觉信息；②视景内不同物体的对比度降低，比如容易产生天地一色的感觉；③视力下降，主要由夜视设备的分辨率低引起；④色觉消失，所有物体只呈现一种颜色；⑤判定近距离出现困难，即深径觉改变，主要是因为 FLIR 的摄像机所处位置的视野和 NVG 无限远的焦点成像引起。

（一）夜视镜

具体讲，NVG 穿透波长为 600 ~ 900 nm，其引起的常见的飞行错觉是：①由于在湿度较大环境下和雨中对 NVG 光线穿透无明显影响，所以飞行员在进入云中或雾中时往往不能及时发现。②由于 NVG 对红光和近红外光的反应，其对另外飞机上红光选择性的图像增强效应往往会使飞行员感觉其间距离比实际的要近，而其他短波光线增强较弱，产生较远的感觉。③ NVG 只在有一定光线的情况下发挥作用，在光线极暗情况下则不能很好地发挥作用（如初月时）。④可以发生空间图像不均和增益的突然变化。如在野外的一个亮光点可以呈现大的光晕，使其面积增大，同时影响对其他光点的观察。此外，大的发光物体如地平线上的满月可以使 NVG 增益降低，使其他物体不容易被观察到。相反，突然进入暗处会使其增益突然增大，影响观察物体的质量。⑤使用 NVG 可能导致距离判断困难，最近的调查显示，29% 的美国空军飞行员曾经遇到这个问题。这是一个相对复杂的问题，很明显，仪器虽然将物像呈现在无限远处，但飞行员仍试图将其眼睛调焦于一个较近距离，观察到的影像比实际的位置近，由此造成距离判别误差，NVG 焦点无限远会使距离至少出现 8 m 的差距，实验室也证明NVG立体视觉明显降低。另外，亮度和对比度线索缺乏或下降也是主要原因。

（二）前视红外成像系统

FLIR 热成像的透射波长为 3 ~ 5 μm 或 8 ~ 12 μm（红外），其视野虽小（20° ~ 40°），但镜头的自由旋转可以使飞行员获取全方位视景。其带来的飞行错觉问题主要是不能与飞行员的视线配准、呈现在 HMD 上图像的延迟效应以及由于红外传输引起的图像失真等。因为其测量的是热传输，所以它们在低照度条件下比 NVG 要好，但是却非常容易受到湿度等（如雨、雪、雾等）的影响。此外红外图像也容易受到昼夜时差的影响，如太阳升起和降落所造成的物体升温或降温的影响，以及云的影响等。许多物体的温度是由太阳光照决定的，在黄昏由于逐渐变凉而与背景的温度一致，这会使其间对比度降低，不易被发现。其他由于温度造成的像差影响还包括交通工具的影响等，如交通工具排出的热的尾气及热风等会形成大的阴影。但是相对于NVG而言，FLIR 成像具有不受空气中灰尘离子影响的优点。

四、座舱设计进一步合理化，减少可能产生空间定向障碍的条件

（1）仪表板适当倾斜，使飞行员俯视方便。

（2）少数按钮设备在操纵时需要飞行员扭动身体较大者（如氧气紧急开关，冷气开关等）应适当改进其位置。

（3）座舱内部应保证光线明暗合适，左右均衡，避免个别灯管耀眼（如起落架信号灯，夜间耀眼），温度不过热、过冷，供氧量好。

（4）仪表的安排合适，特别是地平仪安置在便于观察位置。

（5）地平仪的设计可以考虑形象化，以增强视觉信号强度。

（6）避免各个仪表的荧光亮度不等。

（7）衣服，肩宽，座椅舒适。避免身体姿势倾斜和肩宽过松紧及左右压力不均衡。

总之，上述信息显示方式相对于传统的信息显示方式而言，具有许多优越性和特点，飞行人员只有了解这些特点，才能准确使用这些装备，避免出现负效果。

第五章

飞行空间定向人体感知模型

第一节　人体的运动感官

人体的运动感知主要依赖于视觉系统、前庭系统和本体感觉系统，这些感官信息相互作用，在中枢神经系统进行感觉整合，共同参与人体空间定向和保持动态平衡。飞行员在飞行过程中及时准确地感知飞机姿态和运动，是作出正确的操纵决策、确保飞行安全的重要前提，而对运动感知觉信息的错误认知和感知觉信息冲突会导致空间定向障碍或运动病。

视觉系统的感受器是眼睛，人眼可通过感受视觉场景的光流，即场景物象在视网膜上的连续运动来感知人体运动。人眼还可通过感受场景目标的极性信息或框架结构信息感知人体运动。如人可以通过树木、天地线有明确上下区分的场景目标极性信息感知与重力垂直方向的相对运动；通过如建筑物的窗户、柱子等有明显水平和垂直线的框架结构信息感知到自身的相对运动。

前庭系统的感受器是位于内耳的一对半规管与耳石器组成的前庭器官。前庭器官具有特殊的解剖空间结构和生理机制，能够感受三维空间六个自由度的角运动和线运动刺激。其中，半规管检测角加速度，耳石器检测线加速度与重力。当头部运动时，前庭器官通过前庭眼动反射为眼部肌肉提供反向的运动补偿信号来适应头部的运动，确保视景不会随头部运动而模糊。

本体感觉是人体肌肉、肌腱、关节囊等本体感受器感知的运动觉，以及体表皮肤内本体感受器的触、压感觉。由于本体感受器所产生的姿态、位置感觉与接触、压迫感觉信息主要用于支持或验证前庭信息处理过程中产生的定向感觉，运动感知不起主导作用，且实际中较难测量，在多感觉系统的运动感知研究中，常将本体感觉归入前庭系统。

第二节　人体运动感官在飞行活动中局限

飞行活动涉及飞行员驾驶飞机在三维空间的六个自由度内移动，而人类由于长期适应地面二维平面活动，人体视觉和前庭等运动感官对三维空间运动感知具有一定的生理局限。

人的前庭系统存在功能阈值。半规管阈值为0.5 °/s^2，耳石器阈值为0.001 ~ 0.05 g，因而，人体感觉不到小于上述阈值的缓慢旋转或较小的线加速度刺激。飞行中，飞行员仅靠前庭系统，感觉不到飞机小于感觉功能阈值的加减速或旋转运动。

人体的前庭系统是把机械能信号转换为神经脉冲信号的惯性系统，会受惯性力作用，且不能区分实际运动加速度惯性力和重力，只能对其合力产生效应，因而，不能准确反映实际的运动加速度。飞行中，当没有或外界视觉定向信息较弱的条件下，飞行员往往把重力和加 / 减速飞行带来的线加速度的合力方向误认为重力方向，把滚转、翻转或螺旋飞行改出时感受到的反向惯性转动误认为是真实的转动。

前庭系统动态定向的适宜刺激是线加速度和角加速度，对匀速运动感知差，难以准确感知飞机的运动速度、位移等的大小和方向，特别是在空中机动等复杂运动状态下，中枢神经系统对运动速度、位移、位置和姿态角的大小和方向的估算极易发生错误。

飞行中，人体的视觉空间定向感知经验与地面活动也不一致，在地面日常生活中形成的上明下暗、远小近大、天地线水平等主观视觉对垂直方向感知方法，在飞行中一定的特殊气象和环境条件下，可能会引起对垂直方向的错误知觉和判断。

飞行中，在云、雾、雨和雪等复杂气象，夜间、海上和沙漠等特殊飞行环境，机动飞行带来的线加速度和角加速度刺激等外部因素作用下，人体空间定向感知功能的局限性极易引发空间定向障碍。

第三节　人体运动感知模型

几十年来，航空医学科研人员在前庭系统生理学研究基础上，在视觉、前庭及其交互作用在人体运动感知机制形成方面开展了大量的试验研究。基于控制论和数学建模方法，构建了人体运动感知模型，用于航空医学训练、飞行事故预防、飞行错觉模拟器开发等应用研究工作。

人体运动感知模型是把人体的运动感知系统等效为一个传递函数，输入是视觉、前庭和本体感受器接收到的运动信息，输出是人体对自身姿态、位置和运动的感知。

人体运动感知模型包括基本的半规管模型、耳石器模型、视觉模型等单一感觉通道模型，也包括前庭模型、视觉－前庭模型等多感觉通道模型。几种单通道感觉模型如下。

一、耳石器模型

耳石器包括互相垂直的椭圆囊、球囊两部分，分别负责感受水平面和矢状面内的线加速运动和重力。当机体做直线加速度运动时，耳石器囊斑内的纤毛细胞可以检测到耳石膜的移动，把线性运动的机械能信号转换为神经冲动信号，并传送给各级中枢神经系统。

耳石器的适宜刺激是直线加速度和重力。如果把耳石器看作一个控制系统，其响应特性可用以下传递函数表示：

$$H(s)_{oto} = \frac{K_{oto}(1+T_1S)}{(1+T_2S)(1+T_3S)}$$

该传递函数的输入为人体直线加速度和重力的合力，通常称为比力；输出为耳石器感知到的比力。K_{oto}=0.4 为模型系数，T_1=10、T_2=5、T_3=0.016 分别为时间常数，一般通过试验获得。耳石器传递函数增益、相位与频率的 Bode 图如图 5-1 所示。可以看到，耳石器传递函数为一个二阶低通滤波器，在中等频率段以及更宽的频率范围内，增益和相位都相对恒定。

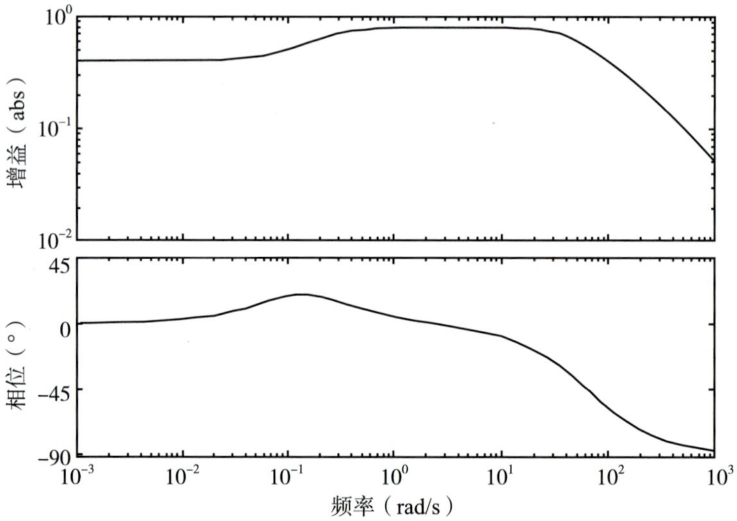

图 5-1 耳石器传递函数 Bode 图

二、半规管模型

半规管由 3 个在相互垂直的平面上正交排列的环状管道组成，分别是前、后、水平半规管，管中充满了内淋巴液。每个半规管中都有一段略微膨大的部分称为壶腹，壶腹中的镰状突起称为壶腹嵴。人体做旋转运动时，头部在任一方向的角加速度会导致与之相交平面半规管内淋巴液流动，并推动壶腹嵴发生轻微偏转。壶腹嵴的纤毛细胞把旋转运动的机械能信号转换为代表角加速度的神经冲动信号，并传送给各级中枢神经系统。

半规管主要响应的刺激是角加速度，但由于半规管在人正常活动的中等频率（0.1 ~ 10 Hz）范围，其传递函数主要起积分器的作用。因此，实际建模中，从简化模型角度，通常采用角速度作为半规管传递函数的输入和输出。其传递函数可表示为：

$$H(s)_{oto}=\frac{K_{scc}s^2}{(1+T_1S)(1+T_2S)}$$

该传递函数中，K_{scc}=1 为模型的系数，T_1=80、T_2=5.73 分别为长、短时间常数。半规管传递函数增益、相位与频率的 Bode 图如图 5-2 所示。可以看到，半规管传递函数是一个二阶高通滤波器，在低频段，增益基本随频率下降而线性减小，在中等频率段，增益和相位都恒定，这一动态特性与半规管功能近似。

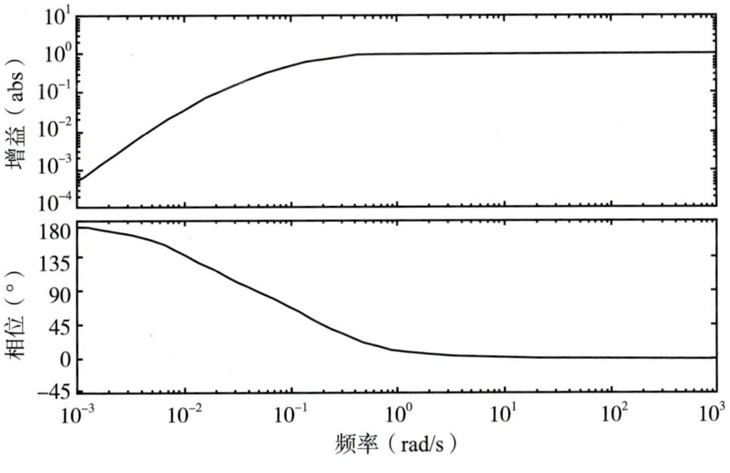

图 5-2　半规管传递函数 Bode 图

三、视觉模型

视觉模型形式上是一个低通滤波器，传递函数为：

$$H_{vis}(s)=\frac{1}{(1+T_1s)}$$

模型输入人体运动的角速度，输出为人体感知到的角加速度。T_1=1.23 为模型时间常数。

第四节　前庭感知模型

半规管检测到的角加速度信息、耳石器检测到的线加速度信息，在中枢神经系统内进行前庭感觉信息整合。飞行中，在外部视觉信息清晰的条件下，低频视觉信号（1 ~ 2 Hz）可为飞行员提供可靠的空间定向信息；在外部视觉信息不足或机动飞行的高频率运动条件下，前庭感觉信息将在空间定向中发挥主导作用。

地球重力场的一个基本特性是重力的垂直性，是前庭感觉信息整合过程中的一个重要影响因素。与半规管检测到机体坐标系下头部的角加速度不同，其仅参与动态定向，耳石器检测到的是线加速度和重力的合力，同时参与动态定向和对重力垂直方向的静态定向。人在地球坐标系下进行空间定向时，对旋转运动轴和直线运动方向的定向都需要基于耳石器对重力垂直方向的估计和判断。根据耳石器和半规管在重力参与下的中枢交互作用机制理论，一种前庭感知模型原理如图 5-3 所示。相对于单一通道模型，该前庭模型能够更完整地模拟人体前庭运动感知功能，更准确地预测与前庭相关的飞行空间定向与飞行错觉。

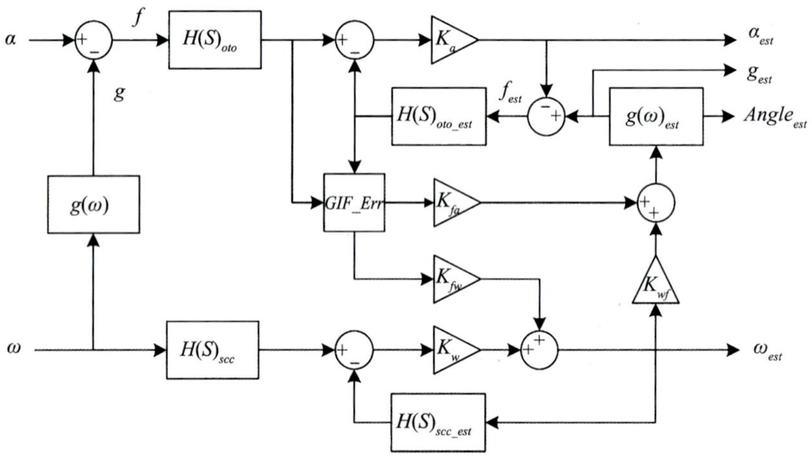

图 5-3　前庭感知模型原理图

该前庭感知模型的输入为线加速度 a 和角速度 ω，输出为人感觉到的线加速度 a_{est}、角速度 ω_{est}、重力 g_{est} 和姿态角 $Angle_{est}$。模型的输入和输出变量均为机体坐标系下的三维矢量，下标 *est* 代表中枢神经系统内部模型对运动感觉的估计值。f 为比力，$f=a-g$。K_a、K_{fa}、K_w、K_{fw} 和 K_{wf} 分别为内部模型各反馈环路的参数。

第五节　飞行错觉仿真分析

一、墓地螺旋错觉仿真分析

墓地螺旋错觉，又称为反旋转错觉，是飞行员在进入螺旋和盘旋后改出时发生的一种躯体旋转性错觉。例如，当飞行员开始向左螺旋或盘旋时，其最初会有一个正确的向左旋转的感觉，随着继续左转，这种感觉逐渐减弱或消失，此时如果飞行员改出螺旋，就会产生向相反方向（右）旋转的感觉，如果飞行员相信这种错觉，其反应是用左舵去消除这种右旋感，然而，使用左舵，只会使飞行员重新进入最初的左螺旋，如果检查飞行仪表，飞行员会发现仪表显示此时飞机是左旋，而自己感觉却是右旋，这样就造成了飞行员自身感觉和飞行仪表所见的感觉冲突，如果飞行员相信自身感觉而不相信仪表，这种左旋就会继续下去，如果在识别这种错觉并采取纠正措施之前，飞机已经丧失了足够的高度，那么将不可避免地出现事故。

对墓地螺旋错觉发生过程的仿真分析如图 5-4 所示，上图为飞机飞行时的 3 个轴向角速度曲线，可作为前庭模型输入。具体过程为：飞机在起始水平上飞行状态下，以 0.5 rad/s^2 的角加速度，进入角速度为 1 rad/s 的左坡度盘旋，保持 60 s，然后以 –0.5 rad/s^2 的角加速度减速停止盘旋，改为平飞，保持 60 s。

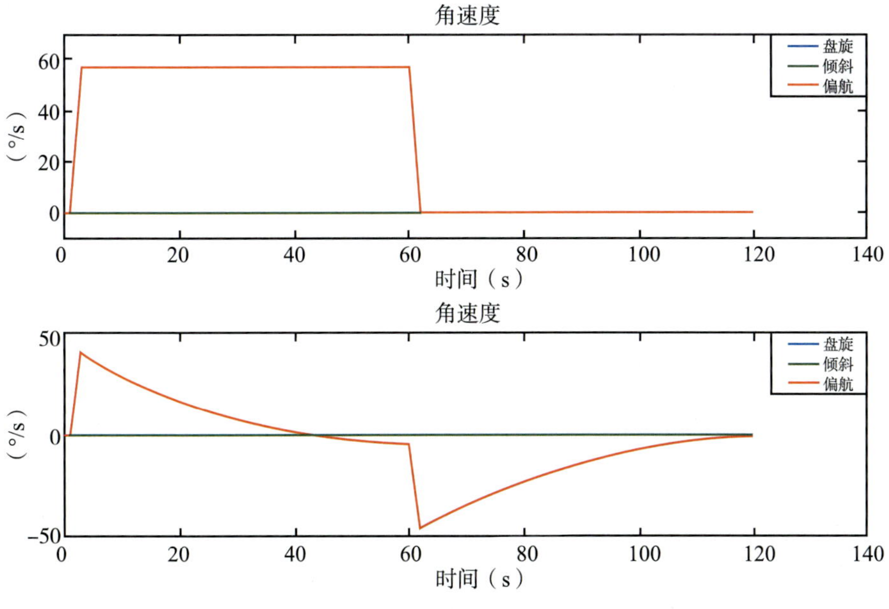

图 5-4　墓地螺旋错觉仿真结果

图 5-4 下图为模型输出的三轴角速度曲线，即飞行员感觉到的角速度。在该运动

模式下，以阈上值的角加速度绕偏航方向加速旋转时，人体产生正确的旋转感觉；在匀角速度旋转过程中，旋转感觉逐渐减弱，约 50 s 后消失；在以阈上值的角减速度减速旋转时，人体产生了反方向旋转的感觉，并在停止旋转约 50 s 后才消失，该反方向旋转的错误感觉就是墓地螺旋错觉。

二、躯体重力错觉仿真分析

躯体重力错觉发生在飞机进行直线加速、减速或径向加速时，产生的惯性力作用于前庭耳石器和本体感受器引起的错误知觉。主要在外部视觉参照信息缺乏或不可靠的情况下发生，可以表现为俯仰错觉、倾斜错觉等形式。例如，当飞机在直线飞行中突然加速或减速时，由于惯性力与重力的合力作用于飞行员的前庭本体感受器，同时把飞行员紧压在座椅上，飞行员将合力的作用方向误认为重力作用方向因而产生错觉，在平飞突然加速时产生上仰错觉，减速时产生下俯错觉。在云中或其他复杂的气象条件下，当飞机进行曲线运动时（如转弯、盘旋），产生径向加速度，惯性力与重力的合力作用于人体，飞行员将合力的作用方向误认为重力作用方向，感觉不到转弯，而以为是在平飞。

对躯体重力错觉发生过程的仿真分析如图 5-5 所示，上图为飞机飞行时 3 个轴向的惯性加速度曲线，与实际运动线加速度大小相等，方向相反。可作为前庭模型输入。具体过程为：飞机以 0.5 G/s 的线加速度增长率沿矢状轴（设由背侧指向胸腹方向为正）加速至 1 G 的线加速度，恒加速度 20 s 后，以 –0.5 G/s 的线加速度增长率减速直至停止。15 s 后，再以 1.5 G/s 的线加速度增长率沿矢状轴加速至 3 G 的线速度，恒加速度 20 s 后，以 –1.5 G/s 的线加速度增长率减速直至停止。

实际飞行中，人体在沿矢状轴线加速运动过程中，耳石器感觉到的是比力，即惯性力和重力的合力。在没有视觉等其他感觉通道垂直方向信息参与的条件下，人会习惯性地把比力的方向作为重力垂直方向。在线加速度变化引起比力方向变化的过程中，人们认为重力方向发生了改变，进而错误地感觉到倾斜角度为 θ 的俯仰运动。

$$\theta = \arctan\left(\frac{\alpha_x}{g}\right)$$

图 5-5 下图为模型输出的三轴线加速度曲线，即飞行员感觉到的线加速度。在沿矢状轴线加速度增长、保持和减小至停止过程中，人的前庭系统感觉了到由于“俯仰运动”而产生的“重力”在矢状轴和垂直轴分量的变化，即“重力”方向的变化。图 5-6 为模型输出的相对垂直轴重力方向的倾斜角度变化曲线，即飞行员感觉到的倾斜角度。在线加速度分别为 1 G 和 3 G 的两个恒加速度段，模型输出的相对垂直轴重力方向的倾斜角度分别约为 45° 和 72°，这两个错误的倾斜感觉正是飞行中常见的躯

体重力错觉。

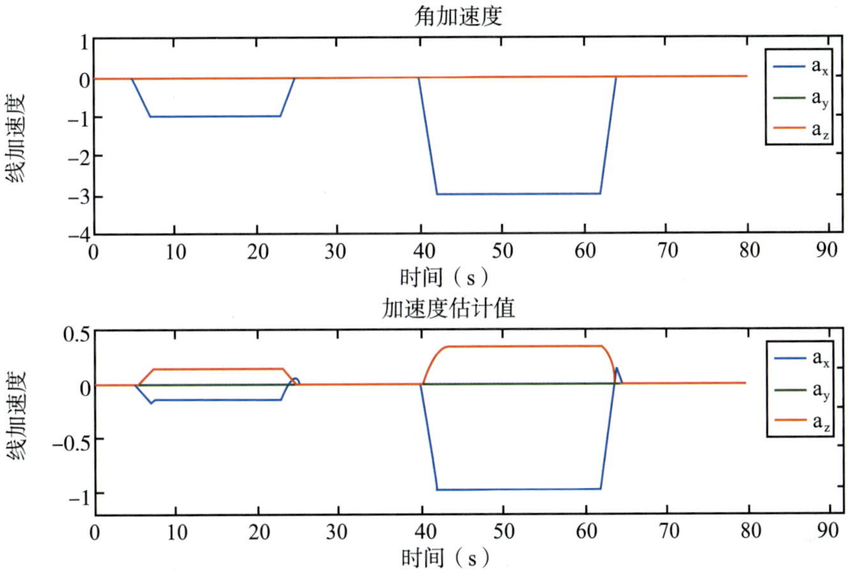

图 5-5　躯体重力错觉仿真结果

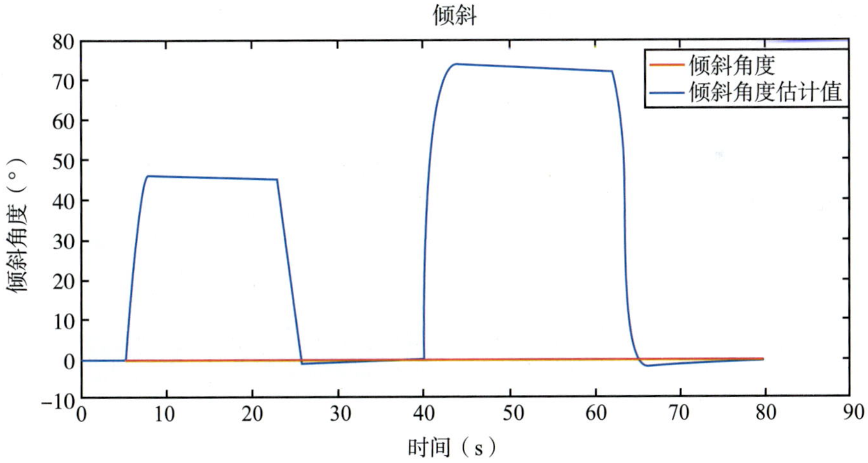

图 5-6　躯体重力错觉倾斜角度感觉仿真结果

第六章

空间定向障碍成因机制

第一节　信息的缺失与矛盾

人类感觉器官获得的信息永远无法完全揭示事物的全貌和本质。这个过程可以概括为：外界信息刺激生物感受器，然后大脑对这些信息进行重构。人类生存需要，在进化过程获得了对有限信息情况下进行处理和重新构建的能力，其过程就包含了直觉思维构建和逻辑思维的构建（图 6-1）。

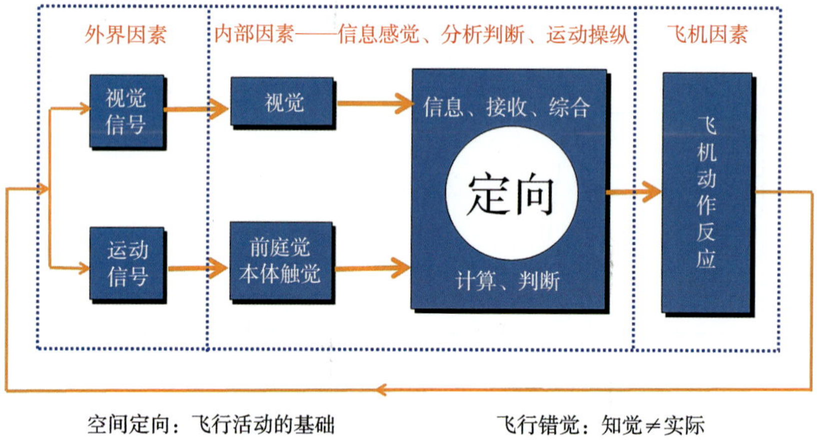

图 6-1　飞行员进行空间定向的信息处理过程

正因为人的感觉器官无法获取全面的信息，才需要发明各种工具例如飞行仪表、平显仪、夜视镜等来更有效地获取外部信息。

一、大脑的直觉思维错误构建

当外界信息缺失时，大脑往往会通过直觉思维快速进行信息补充，而补充内容和长期生活的经验习惯以及知识积累密不可分，它省去了一步一步的中间分析推理环节，通过丰富想象作出敏锐而迅速的判断。比如坐在即将出发的火车上，如果中心视觉看见旁边火车运动，而周边视觉没有其他诸如电线杆、站台等视觉信息补充时会出现本车或旁边火车运动的感觉，这是一种直觉思维。直觉思维具有如下一般特征。①直接性：主体不通过一步步地分析过程而直接获得对事物的感性认识。②快速性：其结果产生非常迅速，以致主体对过程无法作出逻辑解释。③跳跃性：这种感觉一旦出现往往摆脱分析思维按部就班的束缚，是认识过程的急速飞跃和渐进性的中断。④个体性：这种感觉与主体知识经验和思维品质相关，表现出一定个性特征，比如坐在静止火车上等待出发时，发现旁边火车运行了，有些人会感觉本车在运动，有些人会感觉旁边火车在运行等。⑤坚信感：这种以直觉方式得出的结论，在没有分析思维介入情况下，主体会具有本能的信任感，因此飞行员由于直觉思维产生的错觉时往往不会轻易被发现，这是Ⅰ型空间定向障碍。有时就算通过分析思维发现后也很难调整并克服，这是Ⅱ型空间定向障碍。⑥或然性：直觉思维是非逻辑思维而非必然的，因此有可能是正确也有可能是错误的。

在飞行过程中，常常会遇到各种错觉，如假天地线错觉、视性倒飞错觉、相对运动错觉、黑洞进场错觉等，这些都是由直觉思维产生的。

二、逻辑思维错误判断和认知障碍

在信息缺失情况下，比如出现矛盾和多重解释时，如果主体能切断直觉思维，这时大脑会依据外界有限信息进行逻辑推理和思维判断。其主要特点是：①获得的信息不太可靠或非常有限；②飞行员需要更多的时间去思考；③通常具有两种以上的可能性或可选方案；④每一种方案的风险系数很难确定；⑤最后的决策更容易受非飞行因素（如应激、疲劳、经济压力、个人功利心等）的影响。

（一）有限空间定向信息错误知觉

飞行员会对有限空间定向信息进行分析判断，其正确与否与飞行员知识经验积累、应变处置能力、技术与仪表熟练程度等有关，但此时如果逻辑思维混乱、不能发挥仪表定向的主导作用，往往会产生错觉。比如一次夜间飞行，飞行员返场加入航线时，隐约听到有报告放起落架声音，向前观察发现正前方有一架“飞机”看到了尾灯，就跟在后面，但飞了一会儿也没见这架飞机转弯，再仔细看仍确认是架飞机，可回头看跑道时，已经看不见了，这时才知道自己看错了，急忙转弯对正全罗盘，事后分析隐约听到有报告放起落架声音起到了暗示作用，错把星光当成了飞机，这就是由逻辑思维导致的飞行错觉（图 6-2）。

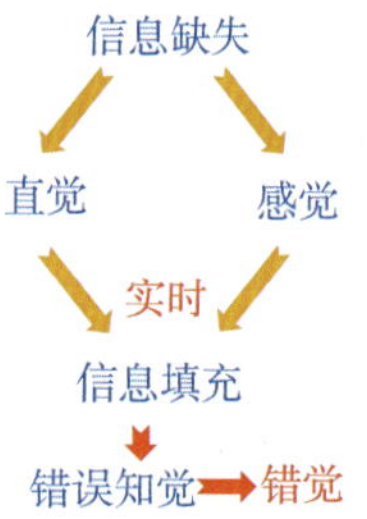

图 6-2　有限空间定向信息造成的错误知觉

（二）矛盾信息下的认知障碍

飞行员处于空间定向失能状态，比如在云中，在气流扰动情况下，飞机以感觉阈值以下速度发生倾斜，如果看地平仪会发现飞机带坡度，这时没有更多有用的参考信息帮助判别，这种尖锐对立的信息会导致飞行员出现认知障碍：一方面相信飞机平飞的逻辑延续（没有动杆）→（推导）仪表故障；另一方面相信仪表→（推导）承认自己产生错觉。这种矛盾心理会导致飞行员无所适从，进入Ⅱ型空间定向障碍（图 6-3）。

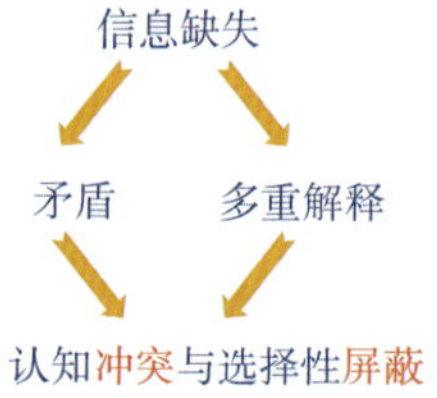

图 6-3　矛盾信息下的认知障碍

第二节　地面定向与空中定向的差异

陈力华等认为人类在地面和空中的定向习惯存在显著差异，这是因为人类长期生活和工作在受一维重力加速度影响的环境中，只要脚踏在坚实的大地上，就可以轻易地利用周围的参照物来保持定向。从生物的角度看，人类并没有真正地“飞”起来，而是坐在或驾驶一架会飞的机器在空中运动；当飞行员进入三维飞行空间的时候，基于感觉器官的自然定向机制所产生的定向信息，与飞机的实际飞行姿态受飞行环境和人自身局限的影响，其间存在与地面感觉不匹配。

一、参照物系统发生变化

人在地面定向时，大到高山、湖泊、公路，小到房屋、树木都可作为视觉定向参照物，而且周围物体基本是水平或垂直的，因此人很容易保持姿态。在飞行中，小的定向标已经失去意义，只能参照非常大的地物、地貌以及天地线进行定向。环境对空间定向影响的主要因素如下。

（一）虚假天地线

飞行中，人们习惯把上亮下暗的明暗交界线作为天地线。如果这一定向习惯在复杂气象条件和夜间飞行中继续沿用，就可能产生错觉。如斜坡状的云层、海岸灯光线、高速路灯光线等都有可能被当作天地线。当斜坡状的云层线比自然天地线更突出时，飞行人员容易将倾斜的云层当作天地线，产生倾斜错觉；把城市或海岸排成一排的灯光误认为是天地线，夜间飞行把高速路灯线误作为天地线，容易产生倾斜或俯仰错觉。

（二）云

在云中、云顶、云底及夹层中飞行时，受云的线条或透光性影响，当缺乏其他视觉定向线索时，飞行人员容易产生错误的空间定向暗示，出现俯仰、倾斜、倒飞等错觉。

人们普遍认为，云层通常都是平坦的，但云层也是有坡度的，按照云层“平”的观念去判断飞机状态，把带倾斜坡度的云层边际线当成天地线，产生倾斜、俯仰错觉。在大面积斜坡状云顶飞行时，由于与云层相对位置不同，可能发生倾斜错觉或俯仰错觉。

当飞机向大面积斜坡状云层云顶上方飞行时，会感觉飞机带俯角飞行，反之带仰角飞行，产生俯仰错觉。

当飞机一侧有斜坡状云、一侧无云时，容易产生向云层方向倾斜的错觉。

在云层之间飞行时，若上面云层较厚且黑，下面云层较薄且明时，易使飞行人员产生倒飞错觉。

光线从机头透射进来，容易产生机头上仰的错觉；光线从飞机尾部方向透射过来，容易产生飞机在下滑的错觉。

长时间云中飞行，由于没有视觉信号引起眼睛的注意，眼睛会自觉不自觉地以 0.5 ~ 2.0 的屈光度进行调节，这就使眼睛的焦点位于眼前 1 ~ 2 m 处的空间，容易呈现高空近视，对视野中出现的物体容易“看不见”。

（三）雨

降雨会使周围物体或灯光系统变得模糊不清，灯光或物体的颜色变淡，从而产生距离远的感觉。座舱玻璃上的雨水还会增大玻璃的折射误差，使看到的外部世界更向下错位，从而产生高度高的感觉。

（四）雪

雪可以将人的纵深视觉降低 90%，是制造目视错觉的典型障碍。飞雪会使目视信号模糊，这与下雨对目标的影响有些相似，但被大雪覆盖的大地和跑道则会大大减少环境对比影响。被清除积雪的跑道道面，感觉比实际窄，在着陆拉平时也会出现纵深视觉误差。

（五）雾

雾不仅会限制能见度，还会使跑道灯变得昏暗，使人感到高度高、距离远，产生高度、距离错觉。

飞入逐渐变浓的雾，还会使人产生一种爬高的感觉。雾霾天着陆，由于雾气反射飞机着陆灯灯光，飞机下方突然变亮，容易产生倒飞错觉。

在雾边，会看不清或看不见跑道灯和跑道周围环境；薄雾会使人感到方向难以辨别；在接近决断高度前，浓雾会遮去任何目视信号，导致判断失误。

冻雾一般发生在冬季的 15 ~ 17 时，个别时候也可能全天都发生。冻雾发展很快，可使能见度迅速降低，直至为 0。从空中看机场，白茫茫一片，无法识别地物地貌。遭遇冻雾，一般应终止进近；低于决断高度时，应及时复飞，避免进入更加复杂状态。

霾会使空气变得混浊，视野模糊，且不受阳光影响，往往导致能见度大面积恶化，导致飞行人员视线模糊，不能有效辨别地面参照物，难以找到天地线，难以辨别方向和方位，也会让飞行人员误认为飞机离跑道的距离较远、本机高度较低，造成飞行人员的进近高度偏高、接地偏晚。

（六）夜间

夜间最大的问题是失去了天地线这一最重要的参照物。夜航最大的特点是视觉线索太少，由于自然光线暗淡，视觉有效距离受到限制，视界范围减小，对高度和距离的判断比较困难。夜暗会大大限制目视信号，失去颜色视觉，视觉纵深受到限制；由于舱外缺乏有效参照物等视景刺激，没有视觉信号引起眼睛注意，眼睛会不自觉地以 0.5 ~ 2.0 的屈光度进行调节，这就使眼睛的焦点位于眼前 0.5 ~ 2 m 处的空间，飞行人员容易呈现出夜间近视。长时间夜间飞行，不能准确通过灯光判断距离；暗夜飞行时，缺少参照物，对速度、高度、距离、时间判断误差大，同时对飞机姿态容易产生错觉。

（七）灯光

当人们看到灯光时，他们通常会根据灯光的亮度强弱来判断距离的远近。在能见度低的情况下，人们往往强烈地希望将这些灯光作为着陆的瞄准点。当天气太晴朗，能见度非常好的时候，被光线照射的物体，看起来比实际距离要近很多，这就是夜间编队时很多飞行人员总试图与星星或天空的发光点进行编队，甚至迷航得很厉害也未察觉的原因。由于人具有向光性，当外界灯光造成座舱左右、前后亮度不一致时，容易产生错觉。

（八）座舱环境

不适合的座舱环境会导致或加重飞行人员出现空间定向障碍，某些型号飞机夜间飞行，如果仪表灯光调亮，座舱盖上会产生光屏；调暗，又看不到屏幕；平显某种工作模式会在飞机机动或侧风情况下，导致俯仰梯飘移出平显而无法空间定向。某些仪表布局较低，机动飞行时低头看仪表会诱发前庭错觉。飞行中座舱灯光两侧不一致、背带松紧不一致等会产生倾斜错觉。

（九）地形

在下坡地形上进场着陆，会产生高度低的错觉，在上坡地形上进场着陆，会产生高度高的错觉。山谷、超低空飞行，视觉冲击强烈，容易产生速度大的感觉。

（十）高大的参照物（高山、海洋、水面宽广的湖泊、沙漠、荒漠）

在飞行过程中，飞行员通常通过识别一些地标的高度和大小来判断距离、速度和高度。然而，当参照物发生变化时，如果飞行员仍然按照以前的习惯进行判断，就容易出现错误。当选择高大的地标作为参照物时，容易误高为低、误远为近、误快为慢，产生高度、速度、距离错觉。

（十一）海洋

海面缺乏显著的参照物，容易造成对高度、速度、航向、姿态判断不准确。飞行人员凭经验来判断飞行高度，容易产生高度和距离错觉，特别是对海面目标攻击时，容易拉起晚。

存在“锅底”飞行和低空机翼触及水面的独特感觉。海上低空、超低空飞行时，容易感觉海平面高于飞机，在“锅底”飞行，产生强烈的飞机即将入水的感觉；飞行人员转弯顺机翼看海面的时候，感到“坡度大”，甚至有“机翼插水”的感觉；顺机头看海面，会感觉俯角增大，有“机头入水”的感觉。当视线转入座舱看仪表时，错觉则立即消失，再看海面，错觉又可出现。

沿海岸线飞行容易产生倾斜错觉。昼间，沿海岸线飞行目视陆地和海面时，因为海面没有参照物作为相对运动的衬托，感觉海面一边的相对速度慢，容易误认为飞机向海里倾斜或转弯，不自觉地向陆地一边带坡度。夜航近海飞行，海岸一侧形成灯光带，而海面一侧较暗，当沿海岸飞行，会发现两侧视野明暗程度不同，出现向光性倾斜错觉。

夜间的星光和海上的灯光可能导致飞机出现倒飞和俯仰的错觉。有时会把海上灯光误认为星光，诱发倒飞错觉。海上灯光和星光融为一体时容易产生俯仰、倾斜错觉。

低空飞行时海陆转换容易产生速度错觉。由海向陆飞行时，感到飞机速度加快；由陆向海飞行时感到飞机速度减慢。

由于海雾或霾的影响，海与天的分界线变得不明显，从而容易引发俯仰和倾斜的错觉。

在远海长途飞行中，尤其是在高空，由于海上的视觉参考物较少，飞行员容易感觉飞机静止或飞行速度缓慢、高度过高，产生时间仿佛放慢或停滞的错觉。

在海岛机场着陆时，由于视觉参考物缺乏，进近着陆时，如果能见度较好，容易将远处误判为近处；反之，如果能见度较差，容易将近处误判为远处。着陆前，由于跑道和海面太近，着陆时容易以海面作为基准，产生“误低为高”的错觉，造成拉开时过晚、接地重。

（十二）荒漠

荒漠飞行特点是大尺度平面缺少地标和人文建筑，导航设备故障时无明显地标参照，容易发生迷航。

昼间飞行缺少线状、点状地标和视觉变化，飞行员易疲劳。

夜间飞行，尤其是暗夜，缺少地面灯光、星光、月光参考，是发生空间定向障碍的重要环境诱因。地面灯光是飞行员感知速度、高度以及大地平面的重要依据，特别是天上有云或暗夜，无星光、月光时，会感觉如同在黑洞中飞行。一旦缺少这些空间定向信息，飞行员对飞机的姿态、速度、高度、距离甚至时间判断困难，特别是飞行员在做大机动时，很容易出现俯仰、倾斜错觉。

低空超低空飞行时，不易察觉的视觉变化存在潜在的危险因素。低空飞过沙漠时，容易把逐渐升高的地形看成平地，一些缓慢上升地势，例如，每100 m升高4 m的坡度，飞机在30 m高度以900 km/h的速度保持平飞，就相当于每秒下降10 m，3 s后飞机就将触地。

二、作用力环境发生变化

人在地面定向时，一般只受重力的作用，在交通工具上也基本以水平运动为主，当身体与重力方向稍有偏离，非视觉感受器会很快获得信息，并通过反射运动使身体得到调整。人可以判断、保持身体的各种位置、姿态及运动。然而，在三维空间飞行时，飞行员不但要受重力的作用，而且还要受大小、方向不断变化的飞机加速度力的作用。人类的前庭本体器官只能感知各种力的合力，不能精确地感知合力的分力，只能感知加速运动，而不能感知匀速运动。这些局限的存在，会使飞行员在视觉受限或仪表飞行技术不过硬的情况下，产生飞行空间定向障碍或飞行错觉。

三、定向方式发生改变

地面视觉定向的习惯方式主要是横向定向，依靠自身周围的物体，即以反映“上、下”“左、右”“远、近”的视觉坐标系来形成视性空间知觉。在飞行空间定向中，完全改变了人的这种感知习惯，一般是以由上向下的方式进行地标定向。在巡航飞行及复杂气象条件下，则必须利用仪表信息在头脑中描绘出自己和飞机所处的位置、姿态、速度、高度等空间形象。由于生活在地面，人已经习惯于看地面及周围物体水平地离开自身而不是垂直地离开，飞行的特点则是水平与垂直同时或是交错发生。这种感觉习惯的改变需要一定时间，这正是年轻飞行学员们初上飞机时感到无所适从、难以定向的缘由之一。

四、对定向线索的感知发生改变

在地面，人们借以定向的各种物体的大小、形状、颜色等非常接近于物体本身的物理特性，凭借其中任何一种物体都可以进行准确的定向。而在空中，随着飞行高度的增加、速度的加快、气象条件的变化，人所感知到的地面定向物在大小、形状、颜色都相应地发生明显改变，使人体与它们之间的空间关系不能正确地得到反映。知觉心理学的研究表明：人的知觉常性有一定的条件和限度，它与观察者的观察方式、所处位置和距离有关。一般而言，保持恒常知觉的距离不超过 30 m，超过时，人便完全凭借视网膜上的视像大小来判断，因而就不能把握物体的大小。如果观察方式发生了改变，排除周围环境的参照作用时，恒常性就会消失。观察角度改变，物体形状也会发生变化。在地面定向时，由于恒常性的存在，不会产生错觉，但在飞行条件下，远距离和高速度则常常使物体的形状发生扭曲，增加了定向难度。因此，如果在飞行中依照在地面上惯用的知觉恒常性线索进行空间定向时，就容易发生飞行错觉。

飞行员的空间定向能力主要取决于其对视觉、前庭以及本体感受器获得信息的正确解释。

在所有主要参与空间定向的感觉器官中，视觉起着决定性的作用。当在能见度良好的条件下飞行时，飞行员用舱外视觉信息定向，解释从眼传到大脑的信息。在能见度不好的条件下或高空飞行时，飞行员则主要通过识读和解释仪表信息进行定向。来自非视觉器官的信息（如前庭信息）对视觉信号起着辅助和支持作用。但是，由于飞行中的运动刺激常常超出或达不到前庭和本体感受器的感知范围，所以其经常提供错误信息，有时与视觉信息发生冲突。在这种情况下，如果飞行员忽视视觉信息而选择身体感受，则定向障碍便会发生。

综上所述，飞行空间定向是飞行员为适应飞行环境而形成的一种能力。飞行员处在与地面截然不同的视觉环境和力环境中，这样的环境特点决定了飞行空间定向较地面定向复杂。一些专家认为，飞行主要涉及两大任务；一是定向，二是操纵。显然，定向是基础，是保障正确驾驶的必要条件。

第三节　人类知觉特性和思维习惯的缺陷

人们的生活经验会塑造出某些固定的知觉特性，这进一步影响了其对外部世界的理解和判断。人们的许多直觉和思维习惯来源于其经验，而这些经验往往具有一定的偶然性，根据经验推导的结论有可能是正确的也有可能是错误的，但个体对外部世界按照自己理解方式进行构建时，如果获得的是错误结论，就会出现错觉。

一、整体性

知觉具有在过去经验的基础上，把物体的各个部分、各种属性结合起来，认为是一个整体的特性，如图 6-4 所示。如某机场与周边灯光显示的村庄存在高度差，但由于夜间地面的环境落差信息缺乏，飞行员夜航着陆时会下意识感觉机场与周围村庄是一个水平面整体关系，造成高度判断错觉，如图 6-5 所示。

二、选择性

把一部分物体当作知觉的对象，而把其他对象当作背景，有选择地进行知觉。比如在静止火车车厢内看见旁边火车开动，可认为是本车动也可认为是旁边车动，这是选择性知觉造成的错觉。

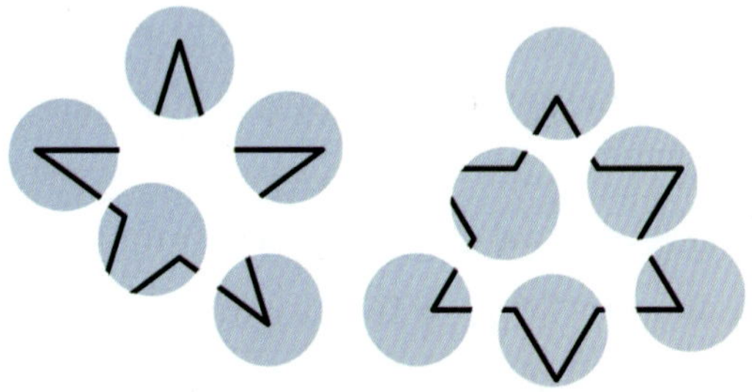

图 6-4　知觉整体性形成的错觉

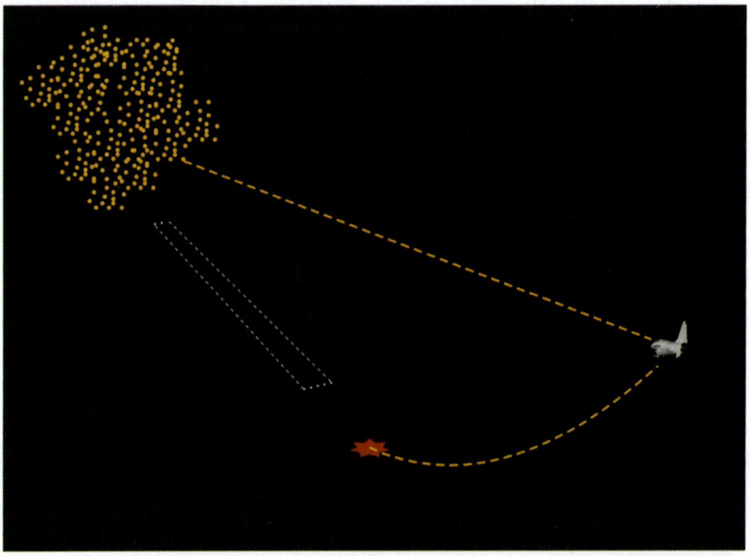

图 6-5　夜航着陆机场与城市高度整体性产生对机场高度判断错觉

三、理解性

在知觉外界物体时，总要用过去的经验对其加以解释，并用概念来标识其特性，如图 6-6 所示。

–2, –1, O, 1, 2

m, n, O, p, q

图 6-6　知觉理解性产生的错觉

选择性和理解性区别在于，选择性通常是一种直觉思维，理解性是一种分析思维。相对运动错觉是典型的认知的选择性造成的，会直接感觉对方运动或本身运动，黑洞进场错觉是跑道标志灯着陆，看不见其他地貌参照物，一些飞行员感觉跑道立起来，以及驾驶飞机动杆时感觉跑道在前方运动，这是一种相对运动产生的选择性错觉。海天一线时，飞行员有时会出现倒飞错觉，如果通过下意识直觉飞机向上或向下，是一种选择性错觉；如果根据星光或船灯光分析后产生的向上或向下判断，就是理解性错觉。

四、恒常性

在一定范围内，保持对客观事物稳定的认识，不随知觉条件或感觉映象变化的影响的特性。这种恒常性种类很多，造成的错觉也比较多。

（一）形状恒常性

形状恒常性是指个体在观察熟悉物体时，当其观察角度发生变化而导致在视网膜的影像发生改变时，其原本的形状知觉保持相对不变的知觉特征。比如在着陆时，飞行员经常根据通过跑道宽窄判断飞机与跑道距离，但如果跑道外形发生变化或光线影响与平时感觉不一致时，就往往出现错觉。比如有的机场跑道较窄，着陆时容易出现飞机与跑道距离过大的错觉。

黑洞进场和白洞进场的特点如下：在黑洞进场中，飞行员在沙漠机场、海岛机场或航母上，在完全黑暗的条件下仅依靠跑道标志灯进行着陆。白洞进场是跑道周围被白雪覆盖或在雾天目视跑道标志灯着陆。黑洞进场和白洞进场的共同特点是飞行员主观感觉进场偏高的错觉现象，从而产生下滑线偏低的结果。据统计，黑洞进场过程中，有 69% 的飞行员感觉进场偏高；在白洞进场过程中，有飞行员反映感觉跑道有角度上翘的错觉。可以分析，在黑洞进场和白洞进场情况下接近跑道时，虽然跑道在视网膜成像大小没有变化，但由于只有中心视觉，周边视觉为纯色，飞行员大脑对于跑道在地面的平面感消失，从而在直觉思维基础上进行跑道形状的三维重塑，将水平的跑道与某种上仰或垂直的形状联系起来，使飞行员产生跑道上仰或立起来的错觉，并导致向前推杆，降低下滑线着陆。

（二）方向（姿态）恒常性

指个体固定形状或某些物理特征不会受视像方向改变而感知物体实际方位改变的知觉特征。

1. 线条的方向恒常性

人们经常会根据一些固定不变的线条作为方向（姿态）判断依据，比如根据房间四个边角线判断水平或垂直方向，根据天地线判断飞机姿态等，如果这些线条发生错位或误认，由于受方向恒常性影响会造成错觉。比如飞行员把云层分界线或夜航时高速路灯线误作为天地线判断飞机姿态，就产生假天地线错觉；相似的情况还有，树木的主干通常是垂直的，但是受盛行风或局部地形的影响，它在生长时可能偏离真正的垂直线，当直升机在低空飞行时这种树干的干扰可能成为错误的定向参考物。

2. 物体的方向（姿态）恒常性

人们经常会根据一些常见物体空间位置恒常性判断其重力坐标系中的位置，比如跑道是平铺在地面的、高楼高塔是垂直立于地面的，但当某一物体外形与一些常见物体相似时就会出现由于物体的方向（姿态）恒常性导致的错觉，比如黑洞进场时，如果飞行员大角度对准跑道下滑，会感觉跑道几何外形与高楼高塔外形相似，这时会出现跑道立起来的错觉，这是黑洞进场错觉现象之一。

3. 明度的方向恒常性（向光性错觉）

通常人们习惯于上明下暗的经验判断自然界的上和下，这样容易产生亮度或偏光方向错觉。比如夜航近海飞行时海岸一带形成灯光带，而海面一侧较暗，当沿海岸飞行，会发现两侧视野明暗程度不同，出现偏光性倾斜错觉；某机场左面有一个加油站，晚上灯火通明，夜航起飞由于上明下暗这种明度的方向恒常性影响，飞行员总会感觉飞机带右坡度，从而下意识往左压杆。另外一个例子，一次一名飞行员夜航雾霾天着陆，打开前起落架灯，由于雾气反射飞机下方突然变亮，立即感觉飞机倒飞，这就是由于明度的方向恒常性带来的错觉。

云中飞行时，若光线从机头方向透射过来，可产生上仰错觉；若光线从飞机尾部方向透射过来，则易产生下滑错觉。原因是飞行员将明亮处视为天，阴暗处视为地。在云层之间飞行时，若上面云层较厚且黑，下面云层较薄且明时，易使飞行员产生倒飞错觉。

人类长期生活在地面上所形成的定向方式是上明下暗，即明亮的是天空，黑暗的是大地，当气象条件不良或夜间飞行时，飞行员按此定向就会出现错觉。比较常见的借景有：①夜间飞行时，飞行员一侧有斜坡状云、一侧没有云，飞行员就可能把斜坡状云层当成大地，从而出现视性倾斜错觉；②云中飞行时，光线从机头透射进来会产生机头上仰的错觉，反之，会产生机头下滑的错觉；③云中飞行时，如果一层上部黑且厚，下部明立薄，飞行员就会产生头下脚上的倒飞错觉；④在大面积斜坡状云层上部飞行时，根据与云层相对位置不同，可能发生倾斜错觉或俯仰错觉。

4. 自身的方向恒常性

人类习惯于通过“大视野”的周边视觉信息进行空间定向，当视觉信息缺乏或不占优势时，如果前庭觉和本体觉没有阈上的感觉刺激，主体会维持原有方向恒常性不变。比如在黑洞进场中，跑道作为“小物体”处于中心视觉中，本来是可以作为空间定向线索的，但由于周边“大视野”的地平参照视觉线索缺乏，飞行员在左右压杆调整过程中，会感觉跑道作为“小物体”在眼前晃动，往往倾向认定机身是处于水平状态。

（三）速度知觉恒常性

速度知觉恒常性是指个体根据物体周边视景及物体之间相对运动关系变化判断速度大小和相对关系，并且判断方式相对固化。

1. 相对运动的恒常性

当主体运动时，人们经常根据周围静止物体的离开速度判断自身运动速度，如在海上飞行时由于周边视觉线索处于静止状态，飞行员会出现静止的错觉，从海上到陆地时，周边视觉的运动物体增多会出现加速错觉。

2. 物体运动远慢近快的恒常性

相同速度运动的物体，在远处时视网膜上的成像运动速度会慢于近处成像的运动速度，这种恒常性往往也会导致一些错觉产生，比如海面低空平飞时沿机头俯视海面感觉到下滑，这是因为海面上的浪花从远处缓慢逼近，而在近处则加速，从机头下方消失，产生海面迎面扑来感觉；同样，在转弯时，沿着机翼俯视海面会感觉到坡度加大，甚至似乎机翼要扎向海面也是这样。

3. 大物体运动诱发静止小物体运动的恒常性

在缺乏更多参照信息时，人们习惯认为大物体不动则小物体运动，因此较大的物体运动时会诱导出周围较小静止物体在运动的现象，例如夜晚月亮在云彩中的运动，典型例子是在“黑洞进场”的情况下，通常在白天能看到是大地静止而飞机在运动，当晚上看不见地貌时，如果飞行员操纵飞机运动，跑道标志灯在视网膜成像相对于大环境黑色的背景就是小物体，因此感觉跑道标志灯在运动（图 6-7），从而无法形成地面平面感进而判断自己姿态，这也是为什么有的飞行员会出现跑道立起来的感觉。这是因为两者关系颠倒了，本来应该是飞机带角度下滑，现在变成飞机不动跑道立了起来，产生飞机姿态错觉。另一个例子是夜间，无论是固定翼飞机在航母上着陆，还是直升机在战舰上着陆，都存在由于只有点灯光或线性灯光，不像地面机场存在面灯光，从而产生黑洞进场错觉，即目视情况下无法判断本机姿态，直升机飞行员常常需要一名助手通过观察仪表告知姿态。

图 6-7　下明上暗易产生倒飞错觉

4. 相对运动的诱导

大范围的运动视觉刺激能在 3 s 内引发身体的自身运动感觉，比如一侧大量小物体单向运动会出现反方向旋转感觉。这有一个例子，双机编队下降穿云，云为小碎云，僚机在长机右边，僚机视线与航线方向几乎成 90°，长机周围小碎云单一方向流动，引发僚机全身出现强烈向右旋转感觉，视线返回座舱仪表后不能纠正，进而做出错误改平动作，造成高度丢失过大，最后弹射离机。直升机飞行员常见的还有 4 种错觉：雪尘错觉、沙尘错觉、水面错觉和草地错觉，都是因为相对运动引发出来的。比如，当飞行员在低空保持准确的悬停时，由于旋翼旋转的地面效应引起平静水面或草面以水波或高草起伏的运动状态，就会产生直升机在向后移动的感觉。与此类似，当雨滴或雪花卷入旋翼下统流时，其急速下落的形象可引起飞行员做垂直上升的运动，另外飞行员在沙漠或雪地上保持准确的悬停时，旋翼下统流吹袭沙地或雪地时，又会使沙尘或雪尘在直升机周围向上飘浮扩散，可引起飞行员有垂直向下的运动感觉。

（四）深度知觉恒常性（又称距离知觉恒常性）

指个体根据遮挡、几何形状和透视、明暗阴影、运动视察等单眼线索和双眼视差、双眼辐合等双眼线索判断物体距离以及不同物体之间距离，并且不随一些条件变化发生影响。

1. 遮挡及位置关系

比如高空飞行，飞行员有时会发现月亮和星星在机翼延长线之下，于是认为飞机带坡度或倒飞；夜间编队或空中加油时通过飞机大小和灯光距离判断飞机之间距离关系。

改变飞机状态。在编队飞行中，如果长机突然改变飞机状态，使其在僚机飞行员的视网膜上影像突然变大，僚机飞行员便会有突然接近长机的感觉；反之当视网膜上影像突然变小，则有与长机距离突然增大的感觉。

2. 几何形状和透视

比如飞行员会根据跑道透视形状判断下滑线和飞机与跑道高距比等，如果跑道宽窄或与地面角度发生变化就会产生跑道高距比错觉；又如跑道向上带坡度或偏窄会使飞行员产生进场偏高的错觉，如果飞行员按这一错觉操纵飞机，降低高度，会使飞机离着陆点过近，反之跑道向下带坡度或偏宽会使飞行员产生进场偏低的错觉。

产生黑洞进场感觉是典型的由于几何形状和透视产生深度知觉的恒常性导致对高度和距离错误判断。

3. 明暗阴影

白天飞行员可以通过物体的明暗阴影判断距离，并产生立体感，但在夜航和戴夜视镜条件下，这些线索消失，飞行员对距离的判断会非常困难。另外有时偏低的太阳照在稀疏的矮树丛中产生拉长的阴影，也很容易诱使飞行员误判高度，从而不知不觉地降低高度。

大气雾霾可能会让飞行员产生错觉，认为飞机离跑道的距离较远、高度较高。因此飞行员的进近高度会偏低。相反，在天空非常晴朗的情况下（高原机场、视线相当清楚的状况下）也会让飞行员产生错觉，认为距离机场的距离比实际的要近很多，因此以较高的高度进近，可能会冲出跑道或复飞。风挡上的水微粒造成的光射也会严重影响飞行员对高度的判断，着陆时通常用来判断高度的灯光以及当地的地形特征，对飞行员来说会变得不大可靠。

在雾中飞行可能会让飞行员产生错觉认为机头处于上仰姿态，在飞行员没有认识到这种错觉的情况下通常会造成进近的下降率突然增大。

线形的灯光例如道路上或者移动火车上的灯光，可能会让飞行员误认为是跑道灯或进近灯光。明亮的跑道以及进近灯光系统，尤其是在周围地形参考灯光较少的情况下，可能会让飞行员产生距离跑道过近的错觉。没有认识到这种错觉的飞行员通常会增加进近高度，造成进近高度偏高。

4. 亮度和颜色对比错觉

在深色的背景上放置一个明亮的物体，我们往往会觉得它显得更大。在黑洞进场和白洞进场情况下接近跑道时，周边视觉颜色单一，由于相对于正常情况下的强烈对比，会使飞行员感觉跑道更宽更长，从而造成离跑道较正常更近的错觉。物体的亮度是距离知觉的另一种要素，依据空气透视原理，物体距离越远，它所反射的光线被空气吸收得越多，因而远处的物体看起来就会感到暗淡模糊，近处的物体则会看起来明亮清楚，由此形成一种“亮与近”“暗与远”的关系。如在海上能见度好、太阳西下或雪地上空飞行时，由于环境亮度发生变化，而飞行员又以亮度作为判断距离的依据时，就容易发生“误高为低”“误远为近”的错觉。

5. 运动视察

我们习惯于物体远慢近快，当低空超低空飞行时，飞行员常常根据地面物体速度变化判断距离和高度，但当在沙漠和海面上，由于单眼线索较少，飞行员就不容易判断飞机高度。滑行时，由于飞行员的视线高度与地面的距离，可能导致其误判滑行速度。训练由小飞机向大飞机改装的飞行教员常常报告说，这些改装机型的学员都有速度过快的现象。其原因在于大飞机座舱比小飞机座舱要高一些，这些飞行员由于坐得较高，因而选择的视觉参照物离飞机远一些，造成滑行速度相对较慢的错觉。譬如，波音 747 的眼基准位置设计是离地 8.66 m，而 DC9 却只有 3.48 m。

6. 参照物对比变化

这也是一种常见的错觉，大家不妨做这样一个试验，在视线的远处放一物体，将自己的拳头置于眼前，平齐视线中该物体的下方，将拳头渐渐往外平移，会发现物体渐渐变大，这就是一种对比错觉。大物体旁边放一个小物体，会觉得大物体更大，小物体更小；物体在视网膜上成像大小是飞行员判断距离的一种要素。当注视的物体大小相同而距离不等时，距离近的物体在视网膜上影像就大，反之在视网膜上影像就小。由此形成一种“距离近、物体大”“距离远、物体小”的条件联系。在海上飞行时，定向目标主要是起伏的海浪，而海浪的大小是随风力大小而变化的，如 1 级风（软风），浪高仅 0.1 m，而在 10 级风（狂风）时，浪高可达 10 m。而海浪在视网膜上成像的大小成为距离知觉的主要线索时，海浪的大小就通过“物体大、距离近”“物体小、距离远”的条件联系成为判断距离的依据。在同一高度上可因海浪的大小而发生高度判断错误，海浪大误认为飞行高度低，海浪小误认为飞行高度高，当海浪很小而飞行高度较高时，由高度变化而引起视自大小变化不明显，则产生高度不变的错误知觉。在着陆过程中，飞行员通常习惯于通过一些地标比如树木、房子、高塔等来判断高度，如果转场，这些地标高度会发生变化，如果按照以前习惯，会误判高度。

第四节　生理因素

许多由于知觉特性、个体习惯、心理因素造成的错觉，因每个个体不同存在差异性，在一定程序可以通过心理调节克服，但有一些错觉则是由于人体生理结构必然性产生的。

一、适应性

当感觉器官受到持续的刺激时，如果刺激强度保持不变，感觉会逐渐衰减甚至消失，这种现象被称为感觉适应。

包括痛觉在内，几乎所有感觉都存在适应现象，但适应的表征和持续时间会有所不同。比如飞机在做俯仰倾斜操作或进入旋转后，经过一段时间人的本体感觉以及前庭感受器会逐渐适应这种变化，并感觉身体处于水平状态，从而出现倾斜俯仰状态错觉或旋转状态错觉。

二、适宜刺激及刺激阈

外部环境中有许多物质的能量形式，一般情况下，人体的不同感觉器官只对某一种能量形式最敏感。这种能够引起感觉器官有效反应的刺激称为该感觉器官的适宜刺激。如眼的适宜刺激是可见光，而耳的适宜刺激则为一定频率范围的声波。

人体通过感觉器官接收外界信号刺激，这一刺激可能被人感觉到，也可能没有被人感觉到。当这个刺激的强度较小时，尽管在物理上可以测到感觉器官对刺激的某种反应，然而人却并没有感觉到。当刺激强度逐渐增加达到某一界限值时，人便通过感觉器官获得了感觉。这种刚刚能引起感觉的最小刺激量被称为绝对感觉阈值，或者刺激阈。刺激阈是产生感觉的刺激下限，但是，当刺激强度超过人体承受限度时，刺激不但无效，还可能引起相应感觉器官的损伤。这种刺激强度的上限称为刺激极限，也称痛阈。比如飞机在一切感觉阈下产生的俯仰、倾斜、旋转等都容易被飞行员忽略而产生相应错觉，同时飞行员在大载荷运动时，诸如视觉、本体觉、前庭觉等都会出现强外界信号刺激后的失效或感觉扭曲的现象，比如黑视，从而也造成空间定向障碍。需要指出的是，本体及前庭感觉阈下产生的错觉我们知道得比较多，一些视性的感觉阈下变化也容易产生错觉，比如超低空飞行时，地面微小的上升眼睛是感觉不到的，但是在超低空飞行时，这样小角度的上升坡度会使飞机与地面真实高度下降很快。

三、相互作用

在一定条件下，各种感觉器官对其适宜刺激的感受能力会受到其他刺激的干扰影响而降低，这种使感受性发生变化的现象称为感觉的相互作用。例如，人在同时输入多个视觉信息时，往往只倾向于注意其中一个而忽视其他信息；如果同时输入两个相等强度的听觉信息，对其中一个信息的辨别能力将降低 50%；当视觉信息与听觉信息同时输入时，听觉信息对视觉信息的干扰较大，而视觉信息对听觉信息的干扰则较小。此外，味觉、嗅觉、平衡觉等都会受其他感觉刺激的影响而发生不同程度的变化。

例如，双机在做完滚转动作后，长机飞行员发现僚机在自己右下方位置，担心与僚机发生碰撞，准备向左压坡度并拉杆脱离，其实真实状态是长机处于左坡度 90°，僚机位于长机上方，长机由于一系列滚转动作后，前庭及本体错觉干扰了飞行员对视觉信息判断，将上方靠后的僚机“看”成自己机翼右下方位置，当向左压坡度拉杆后造成飞机倒飞并加速俯冲，幸运的是飞行员发现及时做出改出动作，但最后拉起底边高度 700 m，最大载荷 12.5 G。

比如眼重力错觉与躯体重力错觉的矛盾表现，当躯体重力错觉产生机头上仰的感觉时，视觉却产生正前方物体向上移动的错觉。可见，躯体重力错觉与眼重力错觉引起的主观感觉在方向上是相互矛盾的。这种矛盾往往会加重飞行员的心理冲突，使其难以处置。最经典的科里奥利错觉，在飞行中，飞机绕一旋转轴转动时（如盘旋、横滚和螺旋等），舱内飞行员的头部也同时做位移或转动运动，飞行员（头部）就会获得一种特殊的加速度，称科里奥利加速度。科里奥利错觉的机制是由于 2 对以上半规管系统受到异常刺激所导致的前庭性错觉。

另外大脑会把输入的错误信息当作正确地进行整合，如飞机作平飞转弯时，如果角速度在水平半规管的感觉阈值以下，而转弯时径向加速度所产生的惯性力却可以被椭圆囊和本体感觉器官所感觉，则飞行员所感到的只是身躯被压向座椅，有似飞机向上升的感觉，从而产生上升的错觉。反之，当飞机从平飞转弯迅速改出时，身躯被压向座椅的感觉突然消失，有似飞机下滑的感觉，于是把改出转弯的信息加工成飞机转入下滑的错觉。

四、对比

同一感觉器官受到两种完全不同但属同一类的刺激物作用，从而使感受性发生变化的现象称为对比。感觉的对比可分为同时对比和继时对比两类。几种刺激物同时作用于同一感受器时产生的对比称为同时对比，例如，同一个灰色图形，在白色背景上看起来会显得颜色较深，而在黑色背景上则显得颜色较浅，这称为无色彩对比；灰色图形放在红色背景上呈墨色，而放在绿色背景上则呈红色，这种把图形放在彩色背景上而产生的向背景补色方向变化的现象称为色彩对比。

几个刺激物先后作用于同一感受器时，将产生继时对比现象。例如，吃了糖以后接着吃带有酸味的食品，会觉得更酸。又如，将左手放在冷水中，右手放在热水中，过一会儿以后，再同时将两手放在常温水里，左手会感觉热，而右手则会感觉冷。在飞行中这种对比也会造成错觉或空间定向障碍，比如反坡度错觉，飞机长时间保持左坡度飞行，突然将飞机改平后，飞行员会感觉飞机带右坡度，就是由于前一个刺激引起感受性对比，造成反向感觉产生的错觉现象。

五、余觉

当刺激取消以后，感觉仍可以存在一段极短时间，这种现象称为余觉。例如，当观看亮着的白炽灯一会儿后闭上眼睛就会发现灯丝在空中游动，这就是由发光灯丝留下的余觉。夜视飞行佩戴夜视镜时，景物的影像投射在夜视镜屏上，其运动速度较投射到视网膜上的速度高，会使飞行员产生运动错觉，即转动头部观察目标时，会产生静止的目标与头动方向相反方向运动的错误知觉。

第五节　心理因素

大脑处理信息能力是随醒觉程度不同而有所不同。在低醒觉状态时，大脑机能是低下的，在中醒觉状态时，大脑的机能最高；当醒觉程度很高时，大脑机能又趋于降低。如高空远程飞行时，视觉定向信息稀少或缺乏变化，飞行动作简单，任务单调。由于感觉刺激形成和强度缺乏连续性变化，大脑便不能保持与飞行任务相适应的醒觉水平，使飞行员从正常的醒觉状态转入低醒状态。这时皮层活动减弱，注意力涣散，空间定向机能也随着降低，甚至出现定向机能障碍。如果飞行员情绪过度紧张，在这种心理状态下，大脑处理息的能力可显著下降，甚至可失去空间定向能力。此外，睡眠不足、疲劳、饮酒、缺氧、间断飞行，甚至伞带两侧松紧不一、座舱两侧照明的轻微不均，在仪表飞行中都有可能引起定向机能的一过性障碍。

飞行中，虽然由于一定的外部因素和自身内部因素会使飞行员产生各种空间定向障碍，但如果依靠可靠、正确的定向信息源——仪表、平显，可以有效克服和避免飞行事故。相对于天地线、地标等视觉定向信息，仪表、平显视觉空间定向具有间接性、不稳定性等特点。如果仪表飞行经验不足，仪表视觉空间定向难以发挥有效作用，则不能及时发现、控制和克服错觉，容易导致飞行事故。因此，丢失仪表是发生空间定向障碍事故的重要原因。通常有以下四种情况：一是不能果断坚决依靠仪表，失去机会；二是低唤醒状态忘记关注状态信息；三是由于特情等导致管状注意力，忽视状态信息；四是空战对抗等高脑力负荷情况下，无暇顾及状态信息。

一、不能果断坚决依靠仪表，失去机会

（一）不相信仪表

在夜间、云中、雾、霾、降雨、降雪及高空等条件下飞行时，目视飞行所依据的天地线和地标等自然定向标丢失，飞行员无法仅凭自身的感觉来判断飞机的速度、航向、高度，以及飞机状态等重要飞行参数，不能进行准确的空间定向。此时，飞行员

必须使用仪表进行空间定向。与目视地标定向相比，其具有接收的定向信息间接、间断且定向不稳定的特点，是第二信号系统，如果在仪表和感觉冲突的情况下，人的本能更容易相信自身感觉。例如，某歼-7E飞行员在免责报告中描述，与长机进行密集队形编队转场时，“最初我误以为长机正在俯冲，认为长机可能出现了错觉，看了自己的姿态仪表后，才知道自己出现了严重错觉。我通过适当改变高度差进行克服，但始终没有完全克服，出云后就自动克服了，错觉时间持续了大约 5 min”。又如，免责报告某歼-10飞行员自述，转场过程中观察到长机云中带小坡度，由于云中光线明暗不一，产生倾斜错觉，“知道自己错觉，坚信仪表显示，但是很难克服，出云后立即克服”。

（二）不熟悉仪表和装备使用

仪表飞行时间少、经验不足的飞行员特别容易发生空间定向问题。要对飞机的新系统能够“感到”轻松自如，养成不断而有效地观察仪表的习惯，需要一定的时间和经验。若一个飞行员在座舱内还需要去寻找电门、按钮和操纵手柄，那么集中在飞行仪表上的时间就会减少，在仪表飞行的关键阶段就要分散注意力。座舱内的工作量与飞机的复杂性有关，对刚毕业的飞行员或者对不熟悉这些系统的飞行员来说，这个问题特别值得注意。飞机上有时没有其他成员负责转换电台、调整导航设备以及分担座舱内的工作，因此必须从一开始就要树立并养成在所有飞行阶段都观察仪表的习惯，座舱内的其他工作，如转换电台、操纵雷达等不应分散飞行员按照基本仪表飞行的注意力。

与传统仪表相比，代表现代座舱信息显示的平显、头盔显示器和夜视装备等，极大地减轻了飞行员的飞行负担，使飞行员能把主要精力用于作战。但是也必须看到，飞行员看传统的模拟仪表从来不是对每个仪表准确读数来进行检查，往往只是通过扫视一下这些仪表读数的相互位置，或者指针的大约位置来判定飞机的状态，而现代的数字仪表需要飞行员进行大致准确读数，通过有意识的思维来判断飞机的状态，容易因反应迟钝、理解错误给飞行安全带来威胁。

1. 平显

相对于传统的姿态显示形式，这些显示带来了空间定向方面的一些问题。最常见的是进云和出云，其他还包括一些极限性剧烈动作，如夜间做攻击脱离、机动摆脱、空中格斗以及从异常状态恢复等。必须注意的是，当时平显主要是为了有利空战和武器瞄准而设计的，并不是作为飞行仪表而设计，用于保持状态没有仪表直观，对于眼睛焦距调节、区别正飞和倒飞、全刻度俯仰角、框架结构、注意力捕获等问题，也未进行过验证。

2. 头盔显示器

头盔显示器可以视为一个随头部移动的平显。由于其显示的信息容量有限，它不能完全替代平显。但是随着头盔显示器技术的成熟和性能提高，最终将取代平显。头盔显示器除与平显具有上述相似的特性外，还存在参考框架的冲突、头部跟踪的缺点、双眼对抗、视野限制、视差的一些特点，使飞行员在空间定向方面面临一些挑战。

3. 夜视设备

目前，飞机使用的夜视设备主要分为前视红外成像系统和微光成像系统两大类。虽然可以使夜间飞行的可靠性大大提高，但对飞行安全带来的威胁也不容忽视，包括相对较小的视野、视景内不同物体的对比度降低，由于夜视设备的分辨率低引起的视力下降、色觉消失、判定近距离出现困难等。

二、低唤醒状态

主要发生情况包括：①由环境诱发的低唤醒状态，例如在海上、沙漠、雪地和高空等地，由于周边视野单调，容易产生错觉；②生理性低唤醒状态，如生物节律紊乱、疲劳、缺氧、药物酒精影响及疾病等，会出现认知能力低下、注意力下降、反应时间过长等情况；③飞行任务诱发的低唤醒状态，如长航时飞行、长时间云中或夜航编队情况。例如某飞行双机撞山一等事故，双机编队云中飞行中，当事长机飞行员长时间在一种单调无变化的任务和环境中，造成大脑处于低唤醒状态，从而造成对飞行状态的忽视，指挥员没有给予必要的指挥，导致双机撞山。

三、管状注意力

由于过度集中的注意力导致的忽视状态，例如仪表故障或突发状况，飞行员可能会过度关注当前任务或应对特殊情况，从而忽视飞行状态，导致飞机进入危险状态而不自知，或者发现得太晚，错失应对机会。比如一个飞行案例，飞行员返场加入起落航线，在处置罗盘故障的两次通场没有着陆成功，第三次寻找跑道过程忽视状态，飞机大坡度低高度失速，造成一等事故。

四、估计 / 期望错误

飞行员对当前情形准确知觉依赖于过去经验的支持，如果当前情境与之前的经验不符合，就可能产生知觉错误。许多视性错觉的发生与此有关，例如误将因反光而明亮的水面当作天空，误将昏暗的云层当作地面等。

五、工作 / 情绪状态

总飞行时间多并不能确保有经验的飞行员不发生空间定向障碍。更重要的是当前的技术熟练状况及最近 30 天以来的飞行时间或架次，由空间定向障碍所致飞行事故一般发生在最近 30 天内飞行有限的飞行员身上。3 ~ 4 周没进座舱，飞行技术状况将开始急剧变差。在中断飞行相当长时间后的最初几次飞行中，抗空间定向障碍的能力非常差。

情绪状态对空间定向障碍有一定影响，两者往往互为因果。对所操纵飞机的脱离感是负面情绪对空间定向产生影响的特例。这种现象是飞行员感到自身离开了所操纵的飞机，产生脱离感或孤独感，同时常伴有对飞机状态的过敏，似乎是在刀刃上保持飞机的平衡，一不小心就可能从空中坠落。这种脱离感或孤独感是高空飞行或单调环境飞行时飞行员产生的错误知觉。在发生脱离现象时，有些飞行员会伴有恐惧不安、动作笨拙等表现，另一些则感到轻松快慰、飘然自如。发生脱离现象的同时常引发空间定向障碍，例如，飞行员可将平直飞行误认为是在转弯。可见，情绪和空间定向障碍密切相关。

六、高脑力负荷

高认知负荷、高工作强度情况下，飞行员大脑中一定区域的兴奋性过高，容易忽视对飞机状态的判断，特别是在空间定向信息缺失的飞行环境中，由于高认知负荷，这种时候留给飞行员反应时间非常短暂，飞行员如果注意力分配不合适，逻辑思维受到抑制，直觉思维会对缺失信息进行信息填充，人类的知觉特性及前庭本体的感觉就开始占主导地位。发生环境包括编队、超低空飞行、仪表故障、复杂环境着陆、任务操作等，当飞机姿态阈下变化时，飞行员也往往不容易察觉。

高认知负荷引起的“脑功能退化”，当人处于超过能承受的体力和脑力负荷状态下，人的行为会退到一种更加牢固确立的、原始的状态。在飞行中可表现为比较复杂的和新近获得的技能明显降低，其中仪表飞行技能的降低最具有代表性。新获得技能的丧失与“脑功能减退”有关。学习仪表飞行时，通过不间断的仪表认读能力训练，要求飞行员抛开前庭和本体的感觉。然而，当飞行员高度醒觉的时候，就可能注意本身的前庭信息，甚至把训练要求置于脑后而按照这种不正确的信息操纵飞行器。

在高度醒觉状态下，人的知觉整合、决策、认识和控制能力皆减弱。在仪表飞行时上述脑功能的减退表现得更为明显。突然发生了严重定向障碍而引起高度醒觉的飞行员虽然能看清仪表，但往往不能认识仪表指示，这时Ⅱ型Ⅲ型错觉都容易发生。

飞行员在高认知负荷情况下，如空战、对抗演习、高负荷任务、突发危险状况等，此时作出决策和反应时间非常短暂，如果注意力分配不当，会导致无暇留意状态信息。如对抗空战过程中状态不清或进入螺旋等，都是对抗空战高脑力负荷情况下丢失状态所致。

第六节 仪表空间定向的局限性

仪表空间定向是指在飞行中，飞行员根据导航系统显示的信息，经过分析与综合及表象转换而进行的空间定向。在夜间、云中、雾、路、降雨、降雪及高空等条件下飞行时，目视飞行所依据的天地线和地标等自然定向标丢失，飞行员无法仅凭自身的感觉来判断飞机的速度、航向、高度及飞机状态等重要飞行参数，不能进行准确的空间定向。此时，飞行员必须使用仪表进行空间定向。与目视地标定向相比，其具有接收的定向信息间接、间断且定向不稳定的特点。

在夜间、云中、雾霾、降雨和降雪等气象条件下，目视飞行依靠的天地线和地标等自然定向目标看不到，在这样的条件下能否飞行？有人做了实验研究，其方法是：在暗舱条件下，把仪表板遮盖起来，让飞行员做保持平直飞行，先后共进行 63 架次的实验。实验结果证明：在所有参加实验的飞行员中，没有一人能够圆满完成保持平直飞行的任务，有的飞行员飞行 7 ~ 8 s，飞机状态就进入了危险临界值。在实验过程中，飞机状态虽然发生了各种各样的改变，但是，飞行员们却一直认为自己是在保持着平直飞行。从上述实验可以看出，在看不到天地线和地标等自然定向目标物的条件下，是不能进行飞行的。人们为了冲破气象条件的限制，创造了人工视觉定向物，即航行仪表，从而实现了全天候飞行。

一、信息的间接性

仪表空间定向与地标空间定向的基本区别在于，将以自然定向物为信息源的目视定向转变为通过导航系统提供数字、符号、模拟信号等进行间接的空间定向。目前航空仪表信号显示主要有两种类型，即符号性信号与模像性信号。符号性信号是利用指针、数码、刻画等信号向飞行员发送定向线索。采用符号性信号的仪表有高度表、速度表及升降速度表等。模像性信号是在信号状态中模拟和复现一体的状态，这种信号的特点是模像与客体之间保持直接联系，认识这种联系不需要改造信号，辨认信号与辨认客体似乎融合在一起。由于利用模像性信号认识客体只需要比较简单的类似联想，因而可以提高接收信号的速度和准确性。但是，从定量的精确性来看，模像性信号则不如符号性信号。由于仪表飞行时飞行员需要将多个仪表信息加以综合分析，形成飞机在空中运动的表象，才能进行准确的空间定向，因而它的信息具有间接性的性质，其过程是一种复杂的智力活动。

二、信息的间断性

在仪表飞行中，飞行员同时具有两项相互关联的任务，一是操纵飞机；二是进行空间定向，即手眼协调活动。当这两种活动发生冲突和矛盾时，仪表信息便具有间断性的特点。例如，初次进行仪表飞行的学员，经常出现只顾操纵飞机、忘看仪表，或只看个别航行仪表的现象；飞机故障时，飞行员只顾识别和排除故障而脱离飞行仪表；一些航空仪表所具有的固有惰性等，都使仪表飞行中的信息具有间断性的特点。一些研究结果表明，在仪表飞行中，飞行员不能长时间不观察仪表，视线离开航行仪表的时间不能超过 5 s；否则，在间断定向期间就容易发生空间定向障碍。仪表信息这种间断性特点是造成飞行错觉一个重要因素，因为出现飞行错觉时，往往仪表信息和人体感觉信息已经出现矛盾，但此时是无法阻断人体自身感觉器官源源不断给大脑提供错误信息的。

三、定向的不稳定性

人类在地面上的定向机能是在长期的种系发生和个体生长发育过程中建立发展起来的。目视飞行的空间定向能力也是经过许多小时的飞行后才得以建立，而且其信息源是直接的客观自然定向物，因而具有相对的稳定性。但仪表定向则是在空间定向的基础上建立起来的，与目视地表定向相比具有不稳定性。其主要原因在于：仪表定向的信息具有间接性，其过程是一种复杂的智力活动，易受到如疲劳、睡眠不足、饮酒、飞行中断及情绪紧张等因素的影响。因此，在仪表飞行中，要建立正确的飞行形象，就必须用巨大的意志力努力克服按直接感知自然定向物来操纵飞机的不自主意向，有目的地选择信息，按导航系统所提供的信息建立空间定向。

仪表信息的间接性、间断性和不稳定性是导致飞行错觉的关键原因。因为飞行员在空中出现飞行错觉时，往往仪表信息和人体感觉信息已经出现矛盾，就算当时飞行员已经意识到情况的反常，但此时是无法阻断人体自身感觉器官源源不断给大脑提供错误信息的。

第七节　飞行阶段因素

一、起飞和着陆

所有飞行阶段都出现过定向障碍事故征候。起飞和着陆阶段处于一种动态的、对人要求非常严格的环境。飞机的加速度、速度、配平要求、升降速度及转弯角速度都在不断变化。飞机可能反复进入和退出目视飞行气象条件和仪表飞行气象条件，在夜间地面灯光可能增加视觉混淆。在接近地面的关键飞行阶段可能会收到变换电台频道或敌我识别器的指示，突然更改允许爬高或进近的命令会增加工作量而中断有效的仪表观察。在夜间或仪表飞行气象条件下意外要求要飞或绕场进场着陆对飞行员的要求特别高，在跑道灯光差的陌生机场着陆难度会进一步增加。

二、夜间 / 低能见度

发生空间定向障碍可能性大的另一个关键飞行阶段是在夜间或能见度降低时做对地攻击投弹的机动动作和进行空战机动期间。同样在这些情况下，有关飞机姿态的可靠信息是由飞行仪表提供给飞行员的。由于任务的性质，飞行员将注意力放在舱外，引起注意力分散的可能性很大。飞行员从舱外看到的信息可能产生错觉，或者在投射武器的关键阶段没能扫视重要的仪表参考，诸如姿态、速度、高度或升降速度等，这些因素易导致空间定向障碍或姿态意识的消失，因而飞行员会无意识地将飞机置于无法改出的境地。注意力分散、姿态意识丧失和空间定向障碍各不相同，但密切相关，其根源相同，均属没保持有效的仪表观察。其中一个问题的出现可导致发生另一个问题，而三者之中任何一个都可造成严重飞行事故。

三、编队飞行

对飞行员要求苛刻，并且发生空间定向障碍可能性大的条件是夜间或复杂气象编队飞行。编队飞行给飞行员保持空间定向带来特殊的问题。僚机飞行员无法保持天地线定向的主导作用，也没时间或来不及扫视仪表。在这些情况下很难抑制不可靠的信息源如长机姿态变化所提供的定向信息，出现各种错觉几乎是不可避免的。飞行员保持编队队形的注意力可能因对飞机所处姿态的“感觉”而分散，僚机对长机缺乏信心会使心情紧张和焦虑不安，而长机缺乏经验、动作粗猛又肯定会加剧这种形势的恶化。空中通信不畅及缺少预定程序（预先准备不足）来帮助已产生定向障碍的僚机恢复正常，都将增加发生飞行事故的可能性。

四、机动飞行

机动飞行时过载使脑部和眼部的血压下降和供血减少。在没有采取对抗措施的情况下，长时间的大过载（如 3 G 以上的过载持续超过 5 s）可能导致缺氧或氧张力不足，导致灰视、黑视等视力问题和飞行人员认知能力下降、响应（刺激反应）时间延长、情绪改变、意识紊乱等脑力问题；高过载对前庭的强烈刺激可使定向能力下降，连续进行大过载机动或连续空战，容易使人松弛、困倦、疲劳、注意力降低、恶心、昏睡甚至因过载引起知觉丧失。因此机动飞行时的急剧改变飞行状态是空间定向障碍问题的多发时机。

第八节　产生错觉的病理因素

为便于鉴定，飞行错觉按照是否由病理性因素引起可以分为病理性飞行错觉和生理心理反应性飞行错觉。在组成空间知觉的某种感觉系统有潜在性障碍，在飞行条件下可显露出来，曾有报道，有两侧前庭壶腹嵴感受器机能不对称的人，平时是潜在的，但是飞行条件下，甚至飞机在平直飞行的时候，可以引起旋转成倾斜的错误知觉。常见的病理性飞行错觉的原因有：一侧或双侧前庭功能丧失、双侧前庭功能不对称、脑胶质瘤、听神经瘤、脑外伤、隐性癫痫病、严重自主神经功能障碍、基底节钙化、颈椎病、高血压脑病、各种心理异常、引起视觉功能下降的各种眼科疾病等。医生可以根据病史调查内容和临床检查结果对飞行错觉进行病理性飞行错觉和生理心理反应性飞行错觉的诊断。

第九节　飞行错觉的深层次机制

不正确的、错误的知觉就叫错觉。那么什么又叫知觉呢？认识可以分为感性认识和理性认识两个阶段。所谓知觉就是认识的感性阶段，也就是感觉和印象的阶段。例如，当飞机在平直飞行时，高度表、空速表、地平仪等分别指示一定的数字和位置，当看到这些指示时，还只是一种知觉过程。要在思想上构成飞机平直飞行的概念，就必须根据实践的经验，即以往保持平直飞行的经验（包括别人与自己的经验），与这些指示相互联系起来，才能在脑子里形成一个飞机是处于平直飞行状态的完整概念。

在正常情况下，我们凭借知觉时能够对周围事物做出正确反应，但有时因种种原因的影响，使知觉发生错误，因而获得了错误的印象，结果就产生了错觉，导致形成了错误的概念。

飞行错觉就是飞行员在飞行中不能正确地反映当时飞行状态的结果。

飞行员在飞行中产生错觉是常见的。执行夜航任务和在复杂气象条件下飞行的飞行员大多都经历过各种性质和程度的错觉。这并不是生理疾病，出现错觉也并不奇怪。但是在产生错觉以后，由于不能正确判断飞机状态，造成精神紧张、操纵别扭、吃力，而不能正确地保持飞行数据，会给操纵带来困难。如果再加上技术不够熟练、飞行经验少、对错觉了解不足，在产生比较大的错觉时，就往往不能克服错觉，无法按仪表操纵飞机，甚至不相信仪表，造成迷航和事故，危及飞行安全。

因此，为了提高我军的飞行训练效果并确保飞行安全，我们迫切需要深入了解飞行错觉，明确其成因和相关条件，并探索预防及应对策略。

一、产生飞行错觉的原因

错觉是错误的知觉，知觉是根据各种感觉，经过大脑比较综合，形成对事物的初步认识。在飞行中反映飞行状态，当然以视觉最为重要，但是由前庭分析器和运动分析器所反映的身体位置变化，也是不容忽视的。飞机突然向一侧带了坡度，不仅眼睛能看到天地线或地平仪指示发生了倾斜，并且通过前庭分析器和运动分析器，也会察觉到身体位置的变化。视觉和位置感觉如果相互一致，这时要正确地知觉飞机状态是很简单的。如果在飞行中视觉只能反映当时环境的一小部分，或由于其他原因使之不够明显，在形成知觉中不能起主导作用，遇到视觉反映和位置感觉的反映不一致的情形时，要形成飞机状态的正确知觉，就会发生困难了。例如飞机转弯时，由于有一种离心力，使人体较重地压在座椅上，很多飞行员是感觉不到身体倾斜的，而这时视觉所反映的天地线或地平仪指示却明显地表示出了飞行是倾斜。这时知觉飞机状态，就根据飞行员当时哪一种感觉较为肯定和明显来决定。在明舱目测飞行时，飞行员能望见真实的天地线发生了倾斜，所以视觉印象无疑要比位置感觉肯定和明显。仪表飞行技术较熟练的飞行员，从地平仪指示上获得的倾斜印象，也比位置感觉肯定，因而都能依靠视觉印象来形成飞机在转弯的正确知觉。如果是在云中或暗舱飞行，飞行员一时没有注意地平仪，或阅读仪表欠熟练，这时表示飞机状态变化的仪表视觉就不如位置感觉那样肯定和明显，因而形成知觉就要以位置感觉为主导了，这时飞机虽事实上发生了倾斜，但因以位置感觉为主导来形成知觉，所以会错误地认为飞机并没有倾斜。总之，对于飞机状态的知觉，就是根据视分析器、前庭分析器、运动分析器等所产生的感觉，在大脑中经过比较、综合的结果。因此，知觉的形成是和大脑的正常功能分不开的。从这种基本看法出发，我们就可以将错觉的原因，分为下述三类。

（一）发生联系错误

由于需要反映的事物在大脑发生的感觉太少，特别是由于缺乏可靠的视觉依据，因而无法进行较全面的对照，发生联系错误，结果形成了错觉。

例如仪表飞行不够熟练的飞行员，在云中或夜间飞行时，由于看不见天地线，如果仅凭光亮的感觉来判断飞机状态，就可能把明亮的方向和平时的天空联系起来，而把较暗的方向和朝向地面联系起来，因而就容易发生倾斜、俯仰甚至翻转错觉。同样，夜间在云中飞行时，因飞机两侧航灯分别为红绿二色，红绿灯光在云中的反射的亮度不同，也可以引起倾斜错觉。甚至座舱内照明灯，如果未调均匀，呈一侧较明，另一侧较暗，也可以引起倾斜错觉。

此外，在飞行中前庭和运动分析器也产生许多感觉。但这类感觉都远不如视觉精确，并容易受飞行中力的变化所干扰，往往很易发生错觉。在正常情况下，这些感觉在判断飞机状态时，都不断地受视觉的控制和纠正。所以在仪表飞行的时候，如果飞行员的仪表视觉不能代替目测飞行定向，前庭和运动分析器的感觉就会异常突出而产生错觉。例如在云中做大坡度盘旋改平之后，由于前庭半规管内淋巴液流动尚未停止，缺乏视觉的控制和纠正，就会觉得飞机在作反方向旋转。

再如，在飞行中有时因气流突然颠簸使飞机向一侧倾斜，这种刺激较强可以感觉到，但当飞出了这一段气流，飞机由于本身的安定性而逐渐自动恢复水平，就可能因前庭感受器的感觉较不精确而不能感觉到，缺乏天地线视觉的对照，因而始终觉得飞机带着坡度，与地平仪指示不符，因而形成了倾斜错觉。

（二）飞行环境中出现难以鉴别或判断的视觉目标

视觉在各种感觉中虽然是最精确的，但在一定的条件下，一般人仍可能把对象认错，例如在能见度良好的空中飞行，就会觉得远处的目标较近，反之，能见度不良时，近的目标看起来也觉得较远了。又如同样速度，在低空时会觉得速度较大，在高空会觉得速度较小。这些现象严格说起来，都可算是错觉，但是由于一般人都能清楚地了解这些现象，经过大脑判断而克服了，所以不妨碍飞行。在飞行中所发生的其他属于这一类的错觉，其实也和上述这些现象一样，只要我们能够明白它形成的道理，也完全能够克服和避免。例如夜间在海上飞行时，有人会把海里的星光映影与天上的星星混为一团，因而觉得飞机上方下方都是星星，导致发生翻转错觉。这些错觉都是由于目标不易鉴别而发生的。

又如夜间飞机沿着一层呈斜坡状的云飞行时，往往可以产生向云侧倾斜的错觉。这是由于在这种环境中飞行，在头顶一侧（如右侧）可以看到星星，而另一侧（左侧）被倾斜状的云层所遮，因而使判断飞机状态发生困难，会觉得布满星星的右上方似乎应该是在头顶上，没有星星的左侧应该是下方，而实际当时的飞机左翼对着看不见星星的左侧，所以就发生了飞机向左（云侧）倾斜的错觉。

如果在上述的环境中，飞机是向着斜坡状的云层飞行时，同样理由，就可能产生向下俯冲的错觉。

（三）大脑短暂功能障碍

大脑在空间定向中起着精确地接受各感受器传来的多种有关感觉，进行综合飞行，而完成正确的飞机状态知觉的重要作用，大脑皮质一过性功能障碍在飞行中主要由于大脑产生睡眠性抑制而起的，所以在疲劳和夜间飞行时都是比较容易发生错觉的。

在大脑产生了睡眠性抑制之后，注意就不集中。注意分配就不全面，注意转移也不灵活，因而飞行中的一些情况和飞机状态的变化往往被疏忽而感觉不到，这样就造成了主观的飞机状态认识和仪表指示不符合，即发生了飞行错觉。这时也最容易遗忘，忘记了已发生的飞机状态变化，误认为飞机仍是原来的状态，也就发生了错觉。例如转了几个弯以后忘记了，还主观地认为朝原来的方向飞行，就会“调向”，即发生了“方向错觉”。

此外，大脑还有调整左右两侧感觉的作用，因为有些人左右两侧的感觉器官，甚至左右两侧大脑皮质下神经核的功能并不是完全对称的，故发生的感觉强度也不会完全相等。但是在大脑功能正常时，一般是不会由于两侧感觉强度不等而发生认识错误的，例如一耳重听的患者，听正前方有人说话时，也不会由于一侧声音较响之故而将声音的来源听成是从一侧发出来的。这是因为在听话的时候，不仅耳朵听到了讲话者的声音，并且眼睛也望着讲话者，所以能判断声音来源的方向。在飞行中也有类似的情形，例如在飞机的震动同时作用于左右两侧感觉位置变化的前庭分析器，虽然由于两侧的兴奋性不完全相等，可能产生向一侧倾斜的错觉，但通过大脑的调整作用，一般是不会发生这种错觉的。只是当大脑在抑制状态之下，一时发生功能障碍，不能依据其他感觉来综合分析，因而失去调整能力的时候，这一类的错觉就很容易出现了。

因两侧前庭兴奋性不相等而发生的错觉是不少见的，这可以部分说明有些飞行员为什么经常在复杂气象飞行中发生同一性质的错觉。

二、产生飞行错觉的有关条件

产生过飞行错觉的飞行员不在少数，但也常能遇见一些从未产生错觉的人。当然，不能认为上述三类原因在未产生错觉的飞行员身上都不起任何作用，而是应该认为：仅仅具备了这些原因，尚不足以必然引起错觉，必须同时具有某些有关条件，飞行错觉才能出现。所以分析有关条件究竟是哪些，就显得十分重要，因为控制或避免了这些有关条件，就有可能避免或减轻飞行错觉。这些有关条件，主要有下述四方面的情况。

（一）仪表飞行技术熟练程度

仪表飞行的熟练程度对是否容易产生飞行错觉有很大的关系。

昼间一般气象飞行是很少发生错觉的，因为这时能够清楚地看见天地线，是由真实的目标形成知觉，所以判断飞机状态很容易。在复杂气象中飞行看不见天地线，必须看地平仪及其他仪表来判断飞机状态，是由间接的信号形成知觉，所以判断飞机状态就比较复杂。看见天地线所形成的知觉是直接的，说服力很强，因而飞行中所产生的一些其他感觉都容易被控制和纠正。而由看仪表所形成的知觉是间接的，如果认读仪表不够熟练，就不足以控制和纠正其他感觉，因而就容易发生错觉。反之，如果认读仪表很熟练，并坚信仪表指示，在飞行中就能像看见天地线那样，控制和纠正其他感觉，因而就可能不发生错觉。

仪表基础知识差也容易引起错觉，因为人对机器的信任，有一个重要点就是机器工作对人的透明性。飞行员如果对各航行仪表的一般工作原理、构造、特点、在各种情况下的正确使用方法、仪表的相互作用等缺乏足够的理解，就会在自己感觉与仪表指示相矛盾时，对仪表发生怀疑，不能坚信仪表，往往凭感觉操纵飞机，这样就容易受飞行中各种其他因素的作用而产生错觉。

飞行经验与技术熟练程度也是促使错觉产生的因素之一。经验证明，开始进入夜航或复杂气象飞行的飞行员，是比较容易产生错觉的。这是因为飞行员对新课目的飞行特点尚未完全掌握，技术不熟练，动作粗猛，掌握不好仪表，保持不住飞行数据，或过多地改变飞机状态，都会使大脑的反应跟不上飞机状态的变化，因而就容易产生错觉。

此外，夜航或复杂气象飞行主要是仪表飞行，而仪表飞行是一种较精细的飞行课目，如果较长一段时期没有练习，操作的熟练程度就会逐渐消退，变成生疏，飞行时就会觉得注意力照顾不过来，也容易产生错觉。

（二）地面准备情况

地面准备对于保证完成飞行任务和安全是十分重要的。从预防飞行错觉的角度来看，也完全是这样。

首先，飞行员如对要进行飞行课目做了充分的地面准备，就能在飞行中随时判定飞机状态，从容不迫地正常操纵，因而就不致动作匆忙粗猛，以致过度刺激平衡器官。

其次，对于当天气象条件、飞行的航向变换、日光或月光的照射方向以及飞行空域的熟悉等，如果都有充分的准备，则在飞行中就不至于因这些条件的附加而产生错觉。

最后，我们认为也是十分重要的，就是飞行员对于错觉是否有足够的认识和充分的理解，如果认识和理解都比较清楚，则一些情况出现时，能够保持清醒的头脑，善于分辨当时的情况，因而就可能不发生或少发生错觉。

（三）身体条件

凡是健康情况较差及身体不舒服、情绪不佳、睡眠不足的飞行员，一般来说，错觉总是比较多的，尤其带有一些神经官能症状的飞行员，更易发生错觉。因为这些飞行员在飞行中容易疲劳，使大脑皮质发生一过性功能障碍，提供了产生错觉的适宜条件，所以平日应该加强对飞行员的卫生保障工作，特别是充足的睡眠和持之以恒的体育锻炼，在预防和克服飞行错觉中都是十分重要的。

（四）心理方面的因素

飞行错觉是复杂气象飞行训练中每个飞行员可能遇见的难点，预防和克服飞行错觉就像在工作中对待其他难点一样，怎样去看这些难点，有没有信心去克服这些难点，都直接影响最后结果。

有的飞行员由于对错觉缺乏正确的认识，将其看成神秘莫测的东西，生怕产生错觉。对错觉怀着畏惧的心理，或者因某次错觉造成了深刻不良印象，对错觉特别敏感，一遇复杂情况，反应就十分强烈，造成精神紧张，大脑不能冷静分析当时情况，因而就特别容易产生错觉。所以对已进入复杂气象或夜航的飞行员来说，对错觉有正确的认识是具有重要意义的。

飞行中精力不集中，较长时间在单调的云中或夜航飞行，注意力分散去考虑其他问题，因而对飞机状态不能及时发觉，显然是容易产生错觉的。有的人则是意志缺乏锻炼，注意力易被外界出现的刺激吸引，例如在飞行中外界出现光亮或云影的变化，使注意力脱离仪表，结果也易产生错觉。

注意力过于紧张和不灵活，也容易产生错觉。因为飞行活动是需要照顾到多方面的情况变化，这就要求飞行员具有灵活而全面的注意能力。有的人习惯于集中注意一项事物，对周围情况很少兼顾，在飞行中往往就会顾此失彼。例如有的飞行员在云中飞行时，生怕掉落高度，注意集中在高度表上，疏忽了对其他航行仪表的观察，因而就不能全面地发觉飞行状态的变化，也常常容易产生错觉。

认识问题片面主观的人容易产生错觉。因为飞行中发生错觉，虽然都有其主客观原因，但是这些原因在当时并不都是很明显的，如果这时“自信心”太强，就会偏重依据自己的感觉去判断飞机状态，甚至怀疑仪表的准确性，造成无法克服的错觉。

第七章

常见的飞行错觉

错觉的划分是非常复杂的，按飞行员所感到的错误性质，最常见的有下述七种。

倾斜错觉——仪表指示飞机并没有倾斜，但飞行员主观上却感觉是带着坡度飞行。这是飞行错觉中最多见的一种。

俯仰错觉——仪表指示飞机处于平飞状态，但飞行员感觉飞机是在爬高或下滑。

方向错觉——飞行员主观上认为的方向与仪表指示的方向不符。

翻转错觉——尽管仪表指示飞机在平飞，飞行员却感觉自己在倒飞。往往有些翻转错觉是由倾斜错觉的坡度逐渐增大，超过 90° 而成。

反旋转错觉——当做大坡度盘旋或长时间转弯，改正以后，尽管仪表指示飞机已经恢复直线飞行，飞行员却感觉飞机向相反方向盘旋。

辨认错觉——在飞行中误认地面、水上或空中的物体的现象，就称为辨认错觉。例如夜间飞行时将星星误认为目标飞机。

距离错觉——在飞行中判断距离发生错觉。

上述错觉是飞行员按照主观形态划分的，如果按照感受器划分，还包括前庭本性错觉、视性错觉、中枢性错觉等，在特定的飞行条件下，还可能出现其他类型的错觉。此外，有时候错觉并不仅仅是单一的，而可能是复合的，例如在平飞时同时觉得飞机带坡度和爬高，这就是倾斜错觉合并上仰错觉。

第一节　按主观形态分类的错觉

一、倾斜错觉

（一）现象

飞行人员对飞机坡度的感觉与实际不一致。主要表现为：飞机有坡度时感觉在平飞；飞机平飞、上升、下滑时感到有坡度；飞机带坡度飞行时，感觉的坡度大于或小于实际坡度；感觉坡度方向与实际的相反等。倾斜错觉是飞行错觉中发生最常见的一种。

（二）发生时机

云、雾霾等低能见度飞行、夜间飞行、机动飞行、编队飞行。

（三）诱发因素

1. 视觉因素

①由于人们总是习惯将光线较亮的方向认为是向上的方向，所以飞行中凡是能够造成座舱两侧光线明暗不一的情况都有可能诱发倾斜错觉。如云中飞行时，云层透光度不均，飞行人员往往会感觉到向暗的一侧倾斜。暗舱仪表飞行暗舱罩未遮严，月夜飞行月亮角度较低，夜间飞行飞机一侧地面灯光较亮，座舱灯光亮度调节不一致等，均有可能造成座舱两侧明暗不一，诱发向暗的一侧倾斜的错觉。②飞行中如果使用了错误的参照来判断姿态，也有可能诱发倾斜错觉。如云上飞行时，云面倾斜，飞行人员可能会将倾斜的云面当作水平面，出现倾斜错觉。沿着云团斜的云缘飞行，通过月亮位置判断姿态，雾气、夜间地面灯光线构成的“假天地线”等均有可能诱发倾斜错觉。编队飞行时，高度差变化，也有可能诱发倾斜错觉。

2. 前庭本体因素

①飞行中飞行人员身体感受到的作用力有可能诱发倾斜错觉。如云中、夜间等视觉受限情况下长时间盘旋或转弯，飞行人员可能将重力与惯性力的合力方向当作铅垂线方向，而产生平飞的感觉。改出时，产生的作用力有可能诱发飞行人员产生相反方向倾斜感。座椅不平、肩带左右松紧不一时，身体左右两侧受到的力不平衡，在特定条件下飞行人员会产生倾斜错觉。②飞行中身体感受阈值以下作用力刺激也有可能诱发倾斜错觉。如飞机受气流影响以非常慢的速度或加速度偏离平飞状态（如左坡度），这种偏离在飞行人员的前庭本体感觉阈值以下，飞行人员不易觉察到这种变化，会产生倾斜错觉。如果此时按仪表修正为平飞状态，但是由于修正时的加速度在感觉阈值以上，这时其前庭感觉系统会向中枢传递这种刺激信号，出现向反方向（向右）带坡度的感觉。

二、俯仰错觉

（一）现象

俯仰错觉是飞行人员对飞机俯仰状态的错误判断。表现为飞机实际在平飞而感到在上升或下滑，飞机在上升或下滑而感到在平飞，对俯仰角度高估或低估等（图 7-1）。

（二）发生时机

向阳、向海、江、湖面飞行；向浓、暗云团飞行；云中飞机前后亮度不一；顺机头俯视海面；僚机编队飞行；平飞中突然加、减速；平飞加、减速中抬头、低头；夜间或能见度低时加速起飞离陆；转弯中突然增大或减小坡度等。

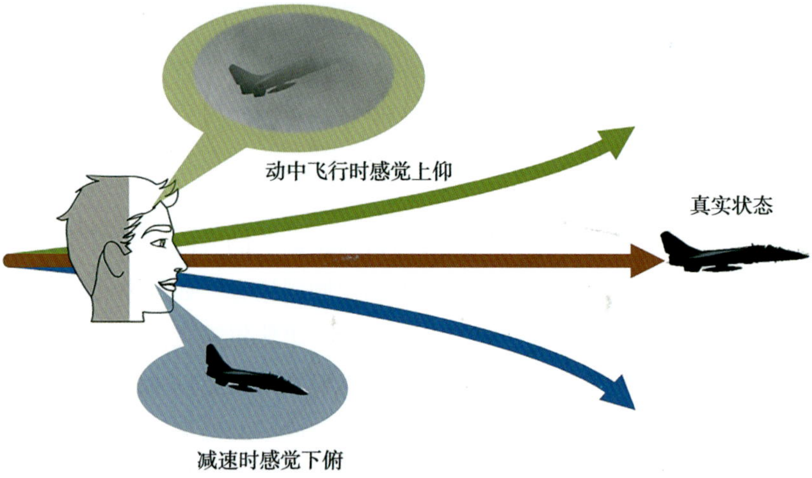

图 7-1 显示加速时产生上仰错觉，减速时产生下俯错觉

（三）诱发因素

1. 视觉因素

视性俯仰错觉是由于视性原因造成的飞机俯仰变化的错觉：①云中飞行时，若光线从机头方向透射过来，可产生上仰错觉；若光线从飞机尾部方向透射过来，则易产生下滑错觉，这也是“上明下暗”的习惯所致。②大面积云层呈斜坡状，飞机向云顶上坡方向平飞时，飞行人员会感到飞机带有俯角，飞机在下降；反之，当向云顶下坡方向平飞时，则会感到飞机带着仰角上升。沿着云的坡面飞行时，感觉自己在平飞。高空飞行时，由于目视天地线在机翼下方，也易产生俯仰错觉。海上飞行时，飞行人员顺机头前方俯视海面，也会产生“机头低”的下滑错觉。雾霾天或水面灯光星光融为一体时，没有明显的天地线，也会产生俯仰错觉。

2. 前庭本体因素

飞机在直线飞行中突然加速或减速时，由于惯性力与重力的合力作用于飞行人员的前庭本体感受器，飞行人员将合力的作用方向误认为重力作用方向因而产生错觉，在平飞突然加速时产生上仰错觉，减速时产生下俯错觉。一般情况下飞行人员收加油门、收放起落架、襟翼、减速板等动作时都容易产生此类错觉。

三、翻转错觉

（一）现象

飞机在平飞或做不同状态的曲线飞行时，瞬间会感到飞机突然或缓慢地在翻转。

（二）发生时机

在江、湖、海面上空飞行、云中飞行；暗夜地面有散落灯光点的上空飞行；陡峭的爬坡飞行或俯冲飞行后突然改平时；在高重力加速度过载下动头时。

（三）诱发因素

1. 视觉因素

当双机爬升出云时，僚机在观察长机时，会感觉仰角瞬间增大。

2. 前庭因素

高性能战斗机，陡峭的爬坡飞行后突然改平时，飞行人员产生负载荷，随着平飞继续，负载荷逐渐消失，人所受重力与惯性力的合力方向在逐渐向下，飞行人员会瞬间产生向下翻转的感觉。陡峭的俯冲飞行后突然改平则产生相反的感觉。转弯中在矢状面或额状面突然动头，平飞或转弯中重力加速度较高的条件下突然仰头或倾动头等，也会诱发翻转错觉。

四、旋转反旋转错觉

（一）现象

飞机没有或已停止转动时，飞行人员仍然感到飞机在转动或反方向转动。转动可表现为绕垂直轴（立轴）旋转或反旋转，绕横轴向上或向下翻转，以及绕胸背轴（纵轴）向左或向右滚转。

（二）发生时机

转弯（盘旋）、螺旋、横滚中或改出时，盘旋中突然低头、抬头，在快速横向移动的云团中飞行，沿海岸线飞行等。

（三）诱发因素

1. 视觉因素

在视野中出现急速水平运动的物体会产生这种错觉，如云中飞行时，周围运动的云团，沿海岸线飞行陆地一侧运动的光点等。这种错觉是由于相对运动诱发的。参照视野内运动的物体，会产生自身转动的感觉。

2. 前庭因素

主要在外部视觉参照信息缺乏或不可靠的情况下发生，由角加 / 减速度刺激半规管引起，它是一种对实际角旋转运动的强度和（或）方向错误的旋转感知觉。例如飞行人员在飞机向左旋转之初会产生向同向的正确感觉，然而持续左转时，飞行人员的这种旋转感觉会逐渐降低；当飞机停止旋转时，飞行人员会产生向相反方向旋转的感觉。

五、距离和高度错觉

（一）现象

距离和高度错觉是海上和夜间飞行时常见错觉。表现为误远为近，误高为低，误大为小。

（二）发生时机

海上、夜间、空旷地、沙漠和青藏高原上空飞行。

（三）诱发因素

距离和高度错觉的诱发主要与视觉定向线索或参考目标的改变有关。

六、速度错觉

（一）现象

速度错觉表现为从陆地入海飞行时感到飞机速度减慢，海上进入陆地时时感到飞机速度加快，深海上空飞行感到飞机不动，飞机加减速时不能正确感觉速度变化，低空飞行时感觉速度快，高空飞行时感觉速度慢，夜晚飞行时感觉速度慢，甚至会发生时间凝固的感觉。

（二）发生时机

由海上进入陆地或陆地进入海上、夜间、空旷地、深海、沙漠和青藏高原上空飞行及做加减速飞行或长时间平飞等。

（三）诱发因素

1. 视觉因素

视野中参照物的变化时，如从参照物稀少环境进入丰富环境或相反情况、参照物与自身有相对运动时都容易产生速度错觉。

2. 前庭和本体因素

①前庭和本体能感觉加速度方向，但不能感觉速度方向，但有时容易产生混淆，如果加速时会感觉速度在增加，而减速时感觉自己在倒退。②阈下的加减速时，会感觉不到速度发生变化。③云中、夜航环境长时间无加减速飞行，会产生静止错觉。

七、相对运动错觉

本质上是一种速度错觉，但有其特殊性。

（一）现象

对物体运动的状态、速度、方向等判断错误，如在运动的云团中飞行感到飞机速度加快、减慢或横向移动。

（二）发生时机

编队飞行、海上飞行、淡积云或不系统云中飞行、海陆转换过程中、直升机双机悬停时等。

（三）诱发因素

人们对自身运动状态的判断，往往基于与周边视野中的其他物体相对关系。如在不系统云中飞行时，飞机一会儿进云，一会儿出云，飞机向云块接近时，觉得云块迎面飞来；在深海飞行、大面积云中或暗夜飞行时，可产生飞机好似停在空中不动的感觉；直升机悬停时，旁边飞机或物体的运动往往会产生本机反向运动感觉。

八、方向错觉

（一）现象

表现为飞行人员对方向产生错误认识。

（二）发生时机

海上、云中、夜间、空旷地、沙漠等缺乏视觉参照物的时机或环境。

（三）诱发因素

人类由于没有基于方向识别的器官，往往需要利用视觉线索判明方向，方向错觉源于对参照物的想象错误。影响方向判断的因素主要有：①受周围背景的影响，在客观环境（参照物）的物理刺激下，凭经验的印象去判断方向；②方向记忆过程中的信息流会影响或干扰对现有方向的判断，对方向的估计或期望也会潜意识影响对方向的确定；③在方向不断变化的场景中，大脑空间旋转能力会影响对自己处于空间位置的确定。

九、倒飞错觉

（一）现象

飞行人员误认天空、地面的视觉参照物而感到飞机在倒飞的错觉。

（二）发生时机

缺乏定位参照物的复杂天气、夜间、水上、荒漠飞行。

（三）诱发因素

1. 光点的影响

把光点误认为星光，诱发倒飞错觉。海上飞行：把渔船灯光误认为星光；陆地荒漠飞行：把分散的灯光误认为星光。

2. 上暗下明的影响

当处于上暗下明的环境，有可能诱发倒飞错觉。如夜间层积云下飞行，把分散的灯光误认为星光。

3. 前庭和本体影响

飞机在做一些复杂机动时，重力和惯性力的合力会造成身体产生翻转和倒飞的感觉。

十、复合型错觉

（一）现象

两种或两种以上错觉同时出现的一种错觉现象。

（二）发生时机

夜航、复杂气象以及同时伴有机动飞行时等。

（三）诱发因素

一些视觉因素和前庭本体因素综合作用会产生一些复合型错觉。如飞机在云中做大机动盘旋时，突然改平会同时产生反坡度错觉和反旋转错觉。

第二节　按感受器分类的错觉

一、前庭本体性飞行错觉

发生在受各种加速度（直线加速度、向心加速度、科里奥利加速度等）作用之中或其后。由于前庭本体分析器自身的生理特点，或者有功能障碍或病理变化，在视觉功能受限制，或由于仪表视觉空间定向系统建立得不牢固或仪表视觉信息减弱等条件下，错误反映空间变化的前庭本体信息一时转化为主导、支配知觉而发生的飞行错觉，为前庭本体性飞行错觉。前庭系统在三维运动环境中存在一系列容易导致定向错误的生理心理特点：半规管系统只对角加速度起反应，而且会将角加速度作用方向“翻译”为运动方向，这样，其就只在角加速度作用时才向空间定向功能系统发送正确空间信息，即只在进入角运动时才发生正确空间运动信息，对匀角速度、角减速度、复合轴向的角加减速度的作用均发生错误的空间信息反应；耳石器系统只对重力与加速度惯性力的合力进行反应，会将合力作用方向“翻译”为向下方向而产生错误的空间信息反应。①前庭耳石器性的错觉：包括躯体和眼重力错觉，翻转错觉，升降机错觉，超G错觉；②前庭半规管性的错觉：包括倾斜错觉，躯体旋转性或眼旋转性错觉，科里奥利错觉，变压性眩晕，Gillingham 错觉。

（一）“矫正性”倾斜错觉

特点是，向倾斜错觉反方向倾斜头和躯体以“矫正”知觉上的错误。

存在以下 3 种发生机制。

（1）飞机先以阈下值角加速度（$0.5°/s^2$ ~ $5°/s^2$）向一侧倾斜，由于半规管系统传送的信息量上升不到知觉，飞行员知觉不到，而“感到仍是平飞”，当发现飞机已倾斜以阈上值角加速度改平，半规管系统传送向倾斜反方向的信息，飞机实际上改为平飞，而飞行员感知为“飞机倾斜”，并继之出现头、躯体向“倾斜感觉”相反的方向“矫正”。

（2）飞机突然以阈上值角加速度向一侧滚转，而又缓慢地以阈下值角加速度恢复到平飞。前者半规管系统发送滚转的信息，后者不发送，于是飞机实际上已平飞，飞行员却仍感到飞机在倾斜，并呈现头、躯体的“矫正”反应。

（3）协调、匀速转弯，由于向心加速度力与重力的合力矢向是由头至脚，大脑错误地整合为是“重力垂直线”，使飞行员感知不到倾斜，认为是“平飞”，看仪表知道飞机在倾斜状态，以阈上值角加速度改平，产生反方向的倾斜错觉。

（二）躯体重力错觉

躯体重力错觉是指飞机在做直线加减速度或径向加速度运动时，产生的惯性力作用于前庭耳石器和本体感受器引起的错误知觉。躯体重力错觉是一类与前庭耳石器（椭圆囊和球囊）系统有关的错觉，主要在外部视觉参照信息缺乏或不可靠的情况下发生，可以表现为倒飞错觉、后仰错觉、前倾错觉、倾斜错觉、超G错觉和倒翻错觉等形式。存在两种情况：①水平转弯时杆舵不协调，产生侧滑力与重力合力，大脑错误整合为重力垂直线产生的倾斜错觉；②直线加速、减速，其惯性力与重力合力矢向似飞机上升、下滑的加速度力方向而产生俯仰错觉。加速起飞可产生上仰角估计过大，常因此推杆而造成事故，着陆中突然减速发生下滑角估计过大，因此猛拉杆会造成失速。

1. 躯体重力俯仰错觉

（1）前庭本体俯仰错觉：飞机在直线飞行中突然加速或减速时，由于惯性力与重力的合力作用于飞行员的前庭本体感受器，同时把飞行员紧压在座椅后背上，飞行员将合力的作用方向误认为重力作用方向因而产生错觉，在平飞突然加速时产生上仰错觉，减速时产生下俯错觉（图7-2）。一般情况下飞行员加减油门、收放襟翼、减速板、起落架等动作时都容易产生此类错觉。

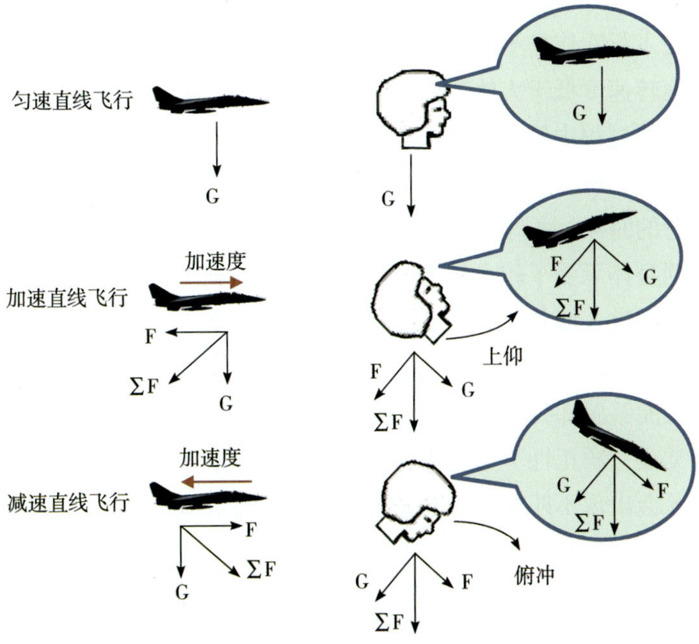

图7-2　前庭本体俯仰错觉

G＝重力，F＝加速度反作用力，∑F＝两者合力

（2）倒翻错觉：倒翻错觉是危害较大的一种躯体重力错觉。高性能战斗机，进行陡峭的爬坡飞行（向前的线加速度）后突然改平，在飞行员改平时，飞机的速度相当高，产生的离心加速度和重力加速度的合力（重力惯性力）与实际的重力方向相背离，因为飞行员往往将所受到的重力惯性力误认为是真正的重力，飞行员就感到飞机倒飞了，对此，飞行员的反应是翻转飞机（图 7-3），从而可能产生致命的飞行事故。

图 7-3　倒翻错觉示意图

2. 躯体重力倾斜错觉

（1）前庭本体倾斜错觉：由于前庭器官的局限性，飞行员将平飞认为是带坡度飞行或将带坡度飞行看作是平飞（图 7-4）。产生的主要情景如下。

①飞机的滚转速度低于人体的感觉阈限时。如果飞机是缓慢地进入倾斜状态，并且进入倾斜状态的过程中低于前庭器官的感觉日限时，人体是无法认知的。此时，尽管飞机带坡度飞行，机上人员将误认为飞机是平飞。

②协调转弯的时候，协调转弯时人体前庭器官的感觉纤毛将保持直立状态，这时，人体只能感受到身体承受了较大的重力，而不能感受到飞机的倾斜状态。

③由阈下刺激进入倾斜状态，又由阈上刺激恢复平飞。当飞机由阈下刺激进入倾斜状态时，飞行员对此不会产生感觉，反而认为飞机是平飞。当飞机从阈上刺激恢复平飞时，飞行员能够感知到飞机状态的变化，认为飞机发生了倾斜，也称为反坡度错觉、反倾斜错觉或“矫正性”倾斜错觉。在出现前庭本体性的倾斜错觉时，身体的感觉与仪表的指示会出现不匹配，许多飞行员会因此强迫地矫正自己的身体，让身体直立起来。但是这种矫正并不是按照飞机的垂直轴去矫正，而是按照身体的感觉去矫正，这就是“矫正性”倾斜错觉的由来。

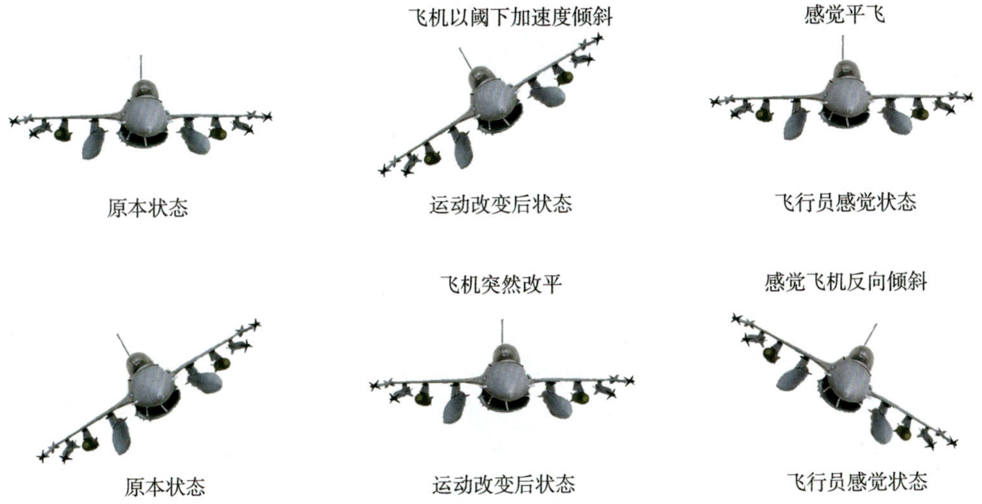

图 7-4　前庭本体倾斜错觉

（2）超 G 错觉：在高 G 值盘旋等情况下，飞行员由于动头造成的对飞机倾斜角的高估或低估为超 G 错觉（图 7-5）。1991 年 Guedry 等又进一步将其分为两种情况，一种如上所述，称为瞬态（transient）超 G 错觉；另一种为在高 G 时飞行员虽然没有动头，但也可造成对飞机倾斜角的错误估计，称为稳态（steady state）超 G 错觉。究其本质，都是属于躯体重力错觉的一种，它们具有共同的特征：①都发生在高 G 状态下；②错觉的方向总在动头的平面内。不过，目前各国学者在提及此错觉时，一般指第一种。在军用飞机上，尤其是在以 F-16 为代表的高性能战斗机，经常会遭遇高 G 情况（可达到 9 G，增长率可达 1 ~ 3 G/s），而且飞行员由于各种任务的需要，需经常动头观察仪表及周围情况等，所以发生这种错觉的概率较高。据报告，超 G 错觉一般都是 I 型（即认识不到型）空间定向障碍，所以危害较大。有关资料表明，虽然这种情况不到飞行总时间的 1%，但所致的飞行事故却占全部 A 级事故的 6%。对于此错觉的发生机制，目前都趋向于从高 G 值时耳石器作用的角度去分析。其基本观点是：耳石器于正常 1 G 时感受人在空间的位置状态，主要由耳石器囊斑所受切线力作用后耳石膜发生的位移所决定。在高 G 环境中，头部处于与 1 G 环境下同样的位置，也就是耳石器处于同样的位置，受到的切线力却不同，耳石膜位移也不同，依此位移发出的状态信息去判定自身的体位状态就产生了错误的知觉。如 1 G 时头前倾 90° 与 2 G 时头前倾 30° 相比，椭圆囊囊斑所受切线力都为 1 G（$1 \times \sin 90° = 2 \times \sin 30° = 1$ G，假设椭圆囊囊斑处于水平面内），所以在 2 G、头前倾 30° 时，耳石膜的位移与 1 G、头前倾 90° 时的相等，这样，人的感觉是前倾了 90°，这就产生了对身体倾斜程度的错误判断，即发生了超 G 错觉（图 7-6）。

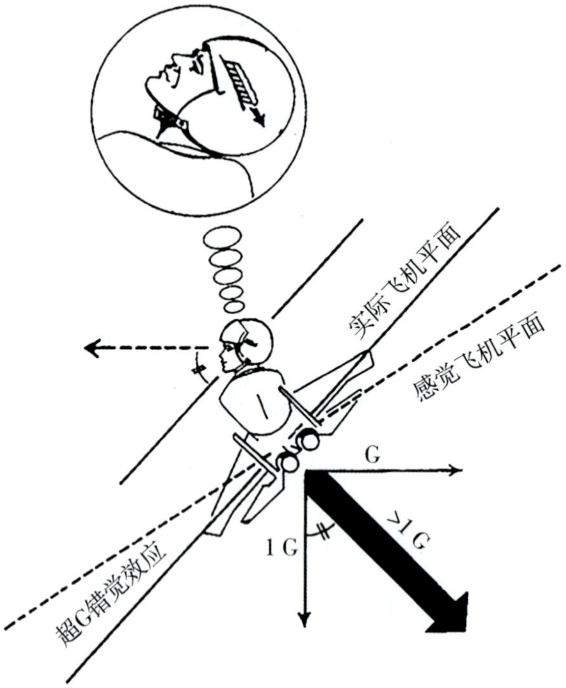

图 7-5　超 G 错觉示意：飞行员在高过载盘旋时产生对坡度的错误估计

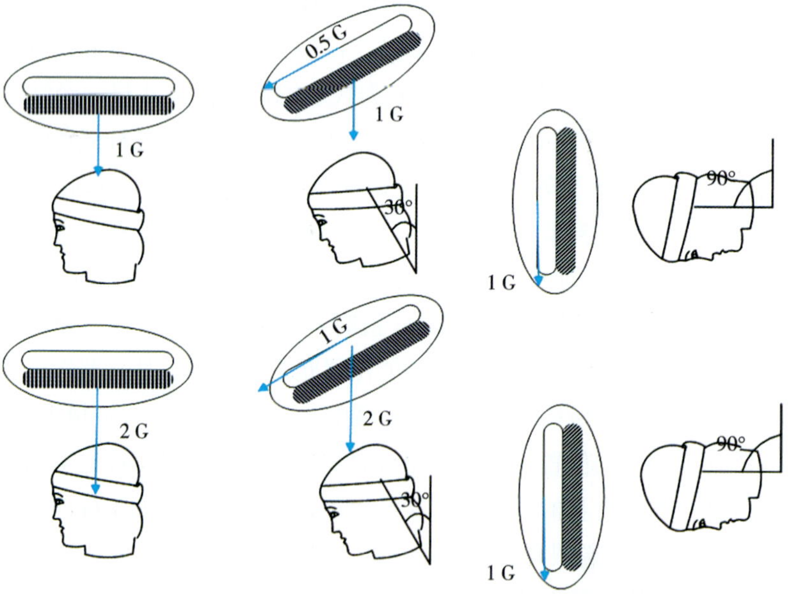

图 7-6　超 G 错觉发生机理：1 G 时头前倾 90° 与 2 G 时头前倾 30° 比较，椭圆囊囊斑所受切线力都为 1 G

（三）眼重力错觉

这种错觉是躯体重力错觉的伴随现象，表现为一种视觉错觉，或可认为是躯体重力错觉的视觉表现。表现为在感到躯体重力错觉的同时，感到视景或所注视的物体向相同方向运动（图 7-7）。例如在飞机突然加速时，在引起上仰错觉的同时，可感到仪表板、前方灯光等向上运动。

图 7-7 眼重力错觉

1. 升降机错觉

这种错觉发生在向上加速运动期间。因为遇到惯性，当身体试图适应惯性时飞行员的眼球将向下注视，尽管输入来自内耳的补充信息，保持视觉固定在外界环境或者仪表面板上，但随着眼球的向下运动，飞行员将感受到机头在上升，这种错觉在驾驶飞机的飞行员遭遇上升气流时是非常普通的。

2. 失重错觉

这种错觉与升降机错觉相反，发生于飞机向下运动时。因为遇到惯性，飞行员的眼球将向上注视，则飞行员的感觉通常显示飞机处于下俯姿态。当直升机进入自转时，飞行员经常会遇到这种错觉。他们的直觉反应通常是增加尾桨转速，这可能导致空速降低至低于预期的水平。

（四）躯体旋转性错觉

躯体旋转性错觉与前庭半规管系统密切相关，主要在外部视觉参照信息缺乏或不可靠的情况下发生，由角加 / 减速度刺激半规管引起，它是一种对实际角旋转运动的强度和（或）方向错误感知的旋转知觉。包括倾斜错觉（leans）、Gillingham 错觉、坟墓螺旋（graveyard spin）和坟墓盘旋（graveyard spiral）以及科里奥利错觉（coriolis illusion）等。

发生在转弯、盘旋、横滚、螺旋改出的时候。转弯、盘旋改出产生的反旋转、反盘旋错觉，螺旋改出产生的反螺旋错觉都属这种错觉。这是因为停止转弯、螺旋时半规管淋巴因惯性力作用继续流动使壶腹嵴胶顶偏移所致。

1. 坟墓螺旋

坟墓螺旋是一种具有较大危害的躯体旋转性错觉，它是有意或无意进入螺旋状态的飞行员可能发生的一种错觉，例如飞行员在飞机向左旋转之初会产生同向的正确感觉，然而继续左转后飞行员会感觉这种旋转逐渐降低，此时如果飞行员用右方向舵去停止左旋，就会产生向相反方向（右）旋转的感觉（图 7-8）。如果飞行员相信这种错觉，其反应应该用左方向舵去抵消这种右旋感，但使用左方向舵，只会使飞行员不知不觉地重新进入最初的左旋状态。如果检查飞行仪表，飞行员会发现仪表显示此时飞机是左旋，而自己感觉却是右旋，这就造成了飞行员自身感觉和飞行仪表所见的感觉冲突。如果飞行员相信自身感觉而不相信仪表，这种左旋就会继续下去，如果在识别这种错觉并采取纠正措施之前飞机已经丧失了足够的高度，那么事故将是不可避免的。

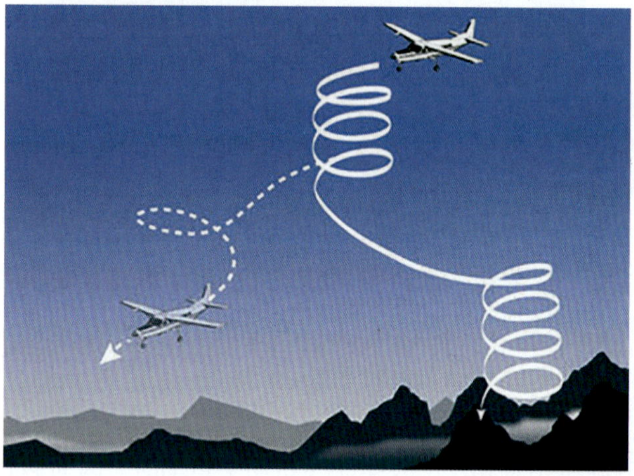

图 7-8　坟墓螺旋示意图

2. 坟墓盘旋（反旋转错觉）

坟墓盘旋是一种具有较大危害的躯体旋转性错觉，其发生机理与有意或无意地持续盘旋后再改为平飞有关，与坟墓螺旋的机理相似。例如飞行员在进入左盘旋之初会有向左盘旋的正确感觉，如果左盘旋继续（20 s 以上），飞行员就会产生飞机不再向左盘旋的感觉。此时如果飞行员试图改平飞机，这个操作就会使飞行员产生飞机向相反方向（右）盘旋的错觉（图 7-9），这种错觉经常与反坡度错觉伴随发生，产生复合型错觉，从而使飞行员怀疑仪表。如果飞行员相信右盘旋的错觉（这种感觉很强烈），就会重新进入左盘旋状态以抵消这种右盘旋感觉。但是此时飞机继续向左盘旋，并不断丧失高度。如果飞行员不能识别这种错觉，并使飞机改平，飞机就会持续左转和丧失高度，最终坠地。

图 7-9 坟墓盘旋示意图

3. Gillingham 错觉

Gillingham 错觉是为了纪念美国学者 Kent.K.Gillingham 在空间定向研究方面的贡献而以其名字命名的，此错觉是发生在沿飞机长轴方向滚转后的一种反滚转错觉。常表现为，飞行员在持续的滚转动作停止后，往往会无意地增加沿原来滚转方向的坡度。比如，飞行员由平飞状态快速地向右压杆以建立所要的右坡度，在达到预期的坡度后突然停止，并保持在此坡度，此后飞行员会无意识地向右继续压杆，因为他们觉得停止后飞机似乎又向左滚转了一下或向右的坡度减小了。其机理与旋转反旋转的错觉机理类似，即向一个方向旋转停止后，会感觉向相反方向的反旋转。

4. 科里奥力错觉

科里奥力错觉是比较特殊的一种躯体旋转性错觉，通常是在飞机盘旋时飞行员突然动头，导致 3 对半规管中的 2 对半规管同时受刺激而产生的异常错觉。在飞机盘旋时，飞行员低头（看进场图或在护膝上做笔记）或抬头（看头上的仪表）或左右倾头，就会产生这种难以抑制的飞机滚转、盘旋、俯仰的错觉，使飞行员很快就处于失定向状态，从而丧失对飞机的控制能力（图 7-10）。

人体头部绕一个轴向旋转时，如果头部同时绕第二个轴向动头，则会产生绕第三个方向旋转的错觉。当身体在一个平面处于长时间的旋转时，处于这个平面的前庭半规管的内淋巴受到旋转开始时的刺激，最后达到与半规管的平衡。如果这时头倾向另外一个平面，内淋巴的角动量使其重新产生相对于半规管的相对运动，最后的结果是产生第三个平面的旋转感觉（图 7-11）。如果飞行员试图纠正这种错觉，则可能将飞机操纵到危险的姿态。在实际飞行中，当飞机做横滚、翻滚、螺旋或盘旋时，飞行员做猛烈的动头或身体活动，最易诱发该错觉。不过近年来认为盘旋中科里奥利错觉没有以前人们想象中的严重，因为盘旋的半径一般较大，角速度较小，这样产生科里奥利错觉的概率较小。

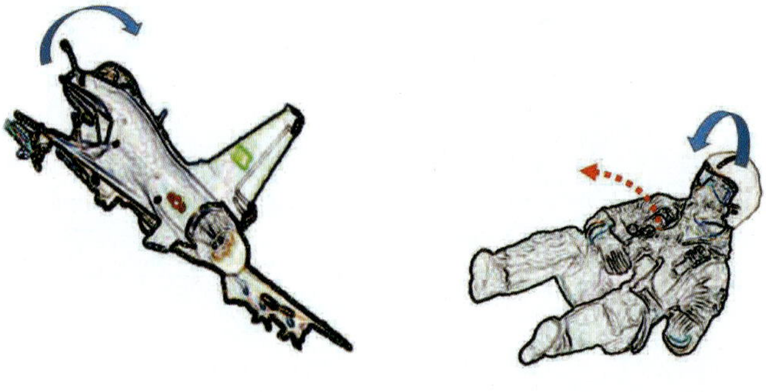

图 7-10　飞行员在飞机盘旋时动头会发生科里奥利错觉

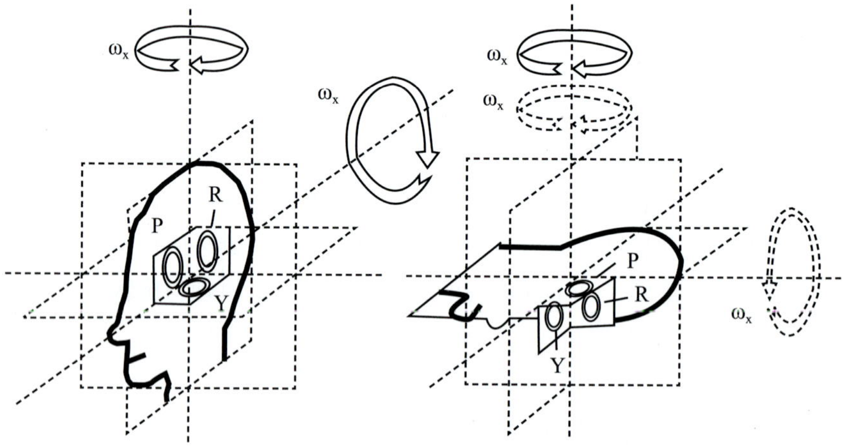

图 7-11　3 对半规管的交叉力偶刺激与旋转感觉

—— 半规管平面的角速度；------ 半规管平面的旋转感觉；
Y—水平半规管；R—后垂直半规管；P—前垂直半规管

科里奥利错觉的表现具有明显方向上的规律性，错觉的方向取决于受试者身体的旋转方向和头动方向（表 7-1）。人体绕一旋转轴转动时，如头部再绕另一轴倾动，必引起绕第三个轴转动的空间知觉。头前倾时，错觉的方向与旋转方向相同；头后仰时，错觉的方向与旋转方向相反。当旋转方向与摆头方向一致时感到身体向后摆，反之感到身体向前倾。如飞行员在飞机右盘旋中低头，主要产生右倾（滚）的空间知觉；在飞机右盘旋中抬头，主要产生左倾（滚）的空间知觉；飞行员在飞机右盘旋中向右转头，产生后仰或机头上仰的感觉；飞行员在飞机右盘旋中向左转头，则产生前翻或

表 7-1　科里奥利错觉在方向上的规律性

头动方向	向右旋转									向左旋转								
	内淋巴流向						眼震方向		空间知觉	内淋巴流向						眼震方向		空间知觉
	水平半规管		前垂直半规管		后垂直半规管		水平眼震（快相）	垂直眼震（快相）		水平半规管		前垂直半规管		后垂直半规管		水平眼震（快相）	垂直眼震（快相）	
	左	右	左	右	左	右				左	右	左	右	左	右			
由前倾至抬直	离	向	离	向	离	向	向右	左旋	头左倾	向	离	向	离	向	离	向左	右旋	头右倾
由抬直至后仰	向	离	离	向	离	向	向左	左旋	头左倾	离	向	向	离	向	离	向右	右旋	头右倾
由后仰至抬直	离	向	向	离	向	离	向右	右旋	头右倾	向	离	离	向	离	向	向左	左旋	头左倾
由直立至前倾	向	离	向	离	向	离	向左	右旋	头右倾	离	向	离	向	离	向	向右	左旋	头左倾

机头下俯的感觉。飞行中科里奥利错觉主要发生在仪表进场着陆阶段，此时飞机持续盘旋，而飞行员则需要频繁动头查看座舱仪表（如无线电导航设备等）。科里奥利错觉会导致飞行员对飞机姿态产生错误判断，引起飞机操作失误，可导致严重的飞行事故，对飞行安全威胁很大。

（1）俯仰或翻转错觉：参训者端坐于配有普通头托的转椅上，身体以安全带固定，头靠于左挡板上，闭眼。当转椅顺时针以 60°/s（或 90°/s）角速度旋转，恒速 20 s 后头由左倾位迅速（1 s 以内）摆到右挡板处不动，体验自我空间感觉变化（左→右上仰感觉）。待错觉消失，且无其他不适感时，头再由右倾位迅速（1 s 以内）摆到左挡板处不动，体验自我空间感觉变化（右→左下俯感觉）。如摆头中有恶心反应，则停止训练。

（2）倾斜或滚转错觉：参训者端坐于配有普通头托的转椅上，身体以安全带固定，头靠于头托上，闭眼。当转椅顺时针以 60°/s（或 90°/s）角速度旋转，恒速 20 s 后迅速低头约 90°，体验自我空间感觉变化（在顺时针旋转中低头会产生“右倾”或“向右滚转”错觉，在逆时针旋转中低头会产生“左倾”或“向左滚转”错觉）。待错觉消失，且无其他不适感时抬头，此时头靠于头托上不动，同时体验自我空间感觉变化（在顺时针旋转中抬头会产生“左倾”或“向左滚转”错觉，在逆时针旋转中抬头会产生“右倾”或“向右滚转”错觉）。

通过使用地面的电动转椅或其他旋转装置，飞行员可以体验科里奥利错觉，同时教育飞行员在飞机盘旋或滚转时，尽量避免动头，可有效预防飞行中科里奥利错觉的发生。如果飞行中飞行员在动头后产生倾斜、滚转或翻转的科里奥利错觉时，其克服措施是立刻转入仪表飞行，坚信仪表指示，按仪表操纵，不要按自己的感觉驾驶飞机；如无法控制自己的感觉，可向飞行指挥员报告，寻求帮助，双座机飞行员则可将操纵交给他人，如飞行员完全失去空间定向能力，无法再操纵飞机时，可在指挥员同意下，在高度允许时果断弃机跳伞。

5. 变压性眩晕

变压性眩晕，亦称为“压力性眩晕”，是与前庭系统相关的一种特殊错觉。飞机在急速上升或下降时，由于中耳腔内的气压急剧变化而刺激内耳。特点是突然发作、有视物模糊、头晕、飞机旋转或外界物体旋转。一般经 10 ~ 15 s 消失，也有持续几分钟的。国外报告发生率为 10% ~ 17%，我们对 498 名飞行员调查，发生率只有 0.9%。其发作是由于中耳腔内压力突然增加产生的，中耳腔内增压发生在飞行上升阶段，正常情况下当增压至某种程度时，中耳腔内的气体就能冲开咽鼓管单向阀门逸出，与外界气压平衡。在某些影响咽鼓管通气的情况下，例如上呼吸道感染或鼻咽肿瘤的压迫，中耳的急剧增压不能及时从咽鼓管排出，就压迫镫骨底板移动，压力经卵圆窗刺激迷路，呈现一过性的眩晕，约数秒到数十秒。当中耳压力与外界平衡后，这种眩晕就不再发生。另外在飞行下降阶段，当中耳出现负压，若用 Valsalva 吹张法平衡中耳内外气压时，亦可因气体突然进入中耳腔，中耳压力骤增而出现眩晕。预防变压性眩晕至关重要，应避免在感冒时飞行，并建议飞行员在飞行下降过程中连续不断地做通气动作，使中耳压力及时获得平衡，不能等到中耳出现较大的负压时再做通气动作，飞行员应采用捏鼻鼓气等主动咽鼓管开张法。另外要加强体检，以及时发现引起咽鼓管通气功能的疾患，及早予以解决。

例如，一次飞行员飞昼复穿云，穿云下降过程到 2000 m 以后，双耳膜被压并加剧，飞行员就捏鼻鼓气，结果左耳膜鼓起，右耳膜鼓不起来，后又多次用力鼓仍无效。在此过程中，突然感到眼前冒金花，机头在很快滚转，此时高度约 500 m，且还在下降中，飞行员立即意识到产生了滚转错觉，随即按地平仪来严格保持好飞行状态，此现象持续 30 s ~ 1 min 后自然消失，此时右耳仍未恢复，事后经航医检查右耳膜为Ⅲ度压伤。

压耳是由于飞机在下降过程中，座舱气压增高，飞行员耳膜内腔通气不良，耳膜内外压力差增大所致。有的属于生理性的中耳通气不良——这往往会造成习惯性的压耳，几乎每个起落都压；有的是感冒未痊愈，这时压耳比较严重，用力也鼓不起来；有的还伴随有鼻窦、额窦的压痛感；有的由于操纵不当、下降高度过快造成；有的则与座舱密封增压系统故障有关。因此，要求每个飞行员对自己耳的通气功能要心中有数。飞高空课目要有预防压耳的准备，下降高度不要过快。如果耳压得较厉害，动了几次仍不见效时，千万不可用力猛鼓，否则一旦鼓起一侧耳膜，另一例仍未鼓起，容易出现滚转错觉，处置不好会直接危及飞行安全。

6. 前庭功能不对称错觉

个别飞行员由于前庭功能不对称导致半规管感受角加速度运动方向异常，产生功能不对称造成的错觉。我们研究了 32 例严重的前庭本体性倾斜错觉，其温度性眼震电图有 27 例（84.4%）有与倾斜错觉方向一致的前庭知觉方向优势。最近又用前庭眼动数学模型电子计算机分析了 9 例严重前庭本体性飞行错觉的旋转后眼震的 7 种参数，发现旋后眼震持续时间两侧不对称比达 19.5%，而正常人为 5.5%。

例如，一名飞行员发现一段时间夜航着陆时，总不能对准跑道正中，习惯性偏向固定一侧，后经检查发现是前庭功能不对称导致的。

（五）眼旋转错觉

当半规管感受器受到角加速度的刺激时，会引发半规管到眼动的反射，使所观察物体在视觉上发生虚假运动，从而产生的错误知觉。比如飞机在做左急转弯后突然改平，由于眼睛受半规管 – 眼动反射运动影响，飞行员会看见周围物体做右旋转运动的感觉，错误动作是试图左压杆改平，其实又重新进入左螺旋。

二、视性错觉

由于光线的明暗变化、太阳和月亮在天空中的位置，以及外部环境和景观的状况（如海、湖、江河水面、云状、树木、地貌等）等通过视觉通道引起的各种形态的飞行错觉，属视性飞行错觉。视性飞行错觉发生机制有两类：一是由于视觉生理功能在飞行因素作用下发生了改变所引起；二是由于正确的空间定向信息不足，片面的视觉信息与大脑中已有的空间知觉发生错误的条件联系引起。这两种机制常可同时起作用。第一类常见的视性错觉有：距离（高度）错觉，因距离视知觉“障碍”引起的倾斜、俯仰错觉，因天地线视觉错误引起的倾斜错觉等；第二类常见的视性错觉有：云中、座舱内光线明暗不同引起的状态错觉，误认地面灯光点，或水面上的星星映影为空中星斗产生的倒飞错觉、自动错觉、相对运动错觉等。

（一）相对运动错觉

相对运动错觉是由于被周围移动的物体的视觉影响，所产生的对自身运动状态错误的运动知觉，分为线性运动和角运动两种。

日常生活中最典型的相对运动错觉的例子是：当我们驾车停在交通信号灯前，而身边的汽车却继续前进时，我们的大脑会将这个周边视觉信息解释为自身似乎正在后移，即产生相对向后运动的错觉，我们会下意识地踩紧刹车。驾驶飞机在滑行过程中也会发生类似的错觉。

在实际飞行中相对运动错觉可以表现为：转弯中感到地面上翘，上升、下滑时感到天地线沉浮，海上飞行下滑时感到海面上翻，在运动的云团中飞行感到飞机速度加快、减慢或横向移动，入海飞行时感到飞机速度减慢，深海上空飞行感到飞机不动，由海上飞入陆地时感到飞行速度加快等。产生条件是初学飞行时，在缺乏参考目标物的海上、湖面、沙漠上空飞行，由缺乏参考目标物的海上向参考目标物丰富的陆地上飞行，或者在相反情况下飞行，在急速流动的云团内飞行。直升机在草地和海面低空悬停时，形成草面和水面的涟漪，会使飞行员产生飞机后退的错觉（图 7-12）。

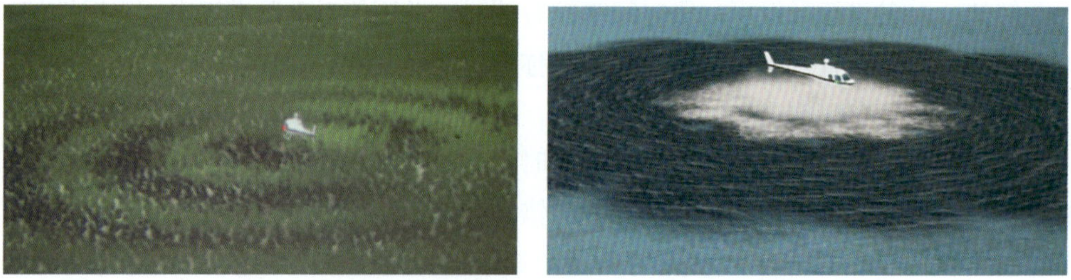

图 7-12　直升机在草地和海面悬停产生的相对运动错觉

（二）似动错觉

似动错觉是指实上不动的静止之物，很快地相继刺激视网膜上邻近部位所产生的物体在运动的错误知觉。最常见的似动错觉主要有三种。

1. β 运动

β 运动亦称 PHI 现象或动景运动，当视野不同位置的两个光点以一定频率交替出现，会出现光点在来回运动的感觉。

2. 诱导运动

在没有更多参考标志的条件下，人从心理感知层面可能对自身或周围物体运动，产生原本固定不动的周围物体或自身运动的感觉。如在飞行中我们既可以把飞机知觉为运动的，也可以把云团或地面知觉为运动的，有时在登机桥开始滑离飞机时，会使飞行员感到自己的飞机在向前运动感觉，这种现象可解释为诱导运动。

例如，双机编队下降穿云，云为小碎云，僚机在长机右边，僚机视线与航线方向几乎成 90°，长机周围小碎云单一方向流动，引发僚机全身出现强烈向右旋转感觉，视线返回座舱仪表后不能纠正，进而做出错误改平动作，造成高度丢失过大，最后弹射离机。

3. 自主运动（自动性错觉）

如果在夜晚中注视一个静止的光点，过一段时间便会感到它在不停地动来动去，即自主运动，又称沙蓬特错觉或游动错觉（图 7-13）。在夜航飞行中，如凝视星星或其他飞机的尾灯也会产生自主运动错觉。它是发生在视觉中其他背景线索稀少，长时间固视一个小的、模糊的固定光点时产生的光点运动的错觉。黑暗中注视一个固定的光点 6 ~ 12 s 即可产生光点运动的错觉，土星亮度与飞机尾灯 1000 m 距离亮度相当，如果长时间凝视产生自动性错觉给飞行员这样的印象：一架飞机正在本机的航线的前面运动。这种错觉会引起一种误导，使飞行员认为这个光点处于飞机的航向上，将会产生碰撞。

图 7-13 自动性错觉示意图：飞行员感觉一个静止的物体正在飞机航向的前面运动起来

要减少或克服这种错觉：①经常转移视线以避免长时间固视一个光点；②通过相对固定的结构如座舱罩作为参照来观察旁边的目标；③做一下眼球、头部和身体的运动来中断错觉；④如通常其他错觉的克服一样，不断观察仪表来预防和克服此错觉和感觉上的冲突。另外，增加光点的亮度、形状和数量或使光点闪烁也可以减弱自动运动性错觉。

4. 运动后效

运动后效也叫瀑布错觉，注视向某一方向运动的大量物体后，比如飞行中注视舱外向下运动的雨水，或直升机近地时注视向上运动的灰（雪、水）雾一定时间后，如果再观察周围静止的景物，会觉得这个景物在向反方向运动。

（三）黑洞进场与白洞进场错觉

1. 黑洞进场错觉

飞行员在缺乏足够的周边视觉线索着陆时，以跑道轮廓灯和标志灯等为主进行着陆判断，产生飞机飞行高度高于实际情况的错误，导致飞机的实际下滑轨迹低于飞行员主观认定的下滑通道，飞机下降高度过低、进场速度过大，如果飞行员不能及时察觉到这种异常状况，飞机很可能会在跑道近端数公里处撞向地面（图 7-14）。美国空军 1990—2004 年空间定向障碍事故分析表明，在夜间发生事故有 23% 与空间定向障碍有关，同时 2002 年另一项调查 2582 名飞行员的研究表明，黑洞错觉在飞行员常见错觉中排在第 3 位。人类视觉的生理局限是导致这种错觉出现的一个重要原因。在暗弱光线环境中，人主要依靠视网膜上的视杆细胞形成视觉。因此在“黑洞”环境中，飞行员仅依赖视觉进行距离判断，将会出现很大的误差。1947 年，Vinack 详细描述了飞行员所经历的这一种错觉，但并未使用黑洞错觉（black hole illusion，BHI）这一词汇。1950 年，Calvert 在探讨如何改进跑道照明系统时，描述了一种在进场时常见的空间定向障碍。随后在 1954 年的美国航空论坛上，他开始使用 BHI 一词。

主要表现为飞行员错误估计自己的着陆高度和角度，实际操纵飞机着陆高度和下降角度过低，下滑轨迹低于正常着陆要求。飞行员感觉跑道在运动或处于错误的位置状态，似“飘浮”在空中、向一定方向倾斜或立起来等（图 7-15）。预防措施如下：①保持警觉，随时观察跑道与飞机之间的距离和高度差，避免仅仅依靠目视在无特征平坦地域上空做长距离直线进场飞行；②在飞机上推行安装近地告警系统、仪表着陆系统和测距装置，在机场上安装目视进场下滑指示灯等设施后，对此错觉的预防能起显著作用；③通过地面的错觉模拟器，可对此类错觉进行预防性的模拟训练。

2. 白洞进场错觉

白洞进场错觉是指昼间飞行，跑道周围地标被白雪、霜、雾覆盖，使飞行人员在进近过程中，周边视野无参照物可循，飞行人员感觉飞行高度与跑道距离和实际不一致的错觉现象。可表现为感到跑道上仰或立起来、飞行高度较实际高度高等。这种情况往往会使飞行人员增大下滑角或下降率，导致飞机场外接地。

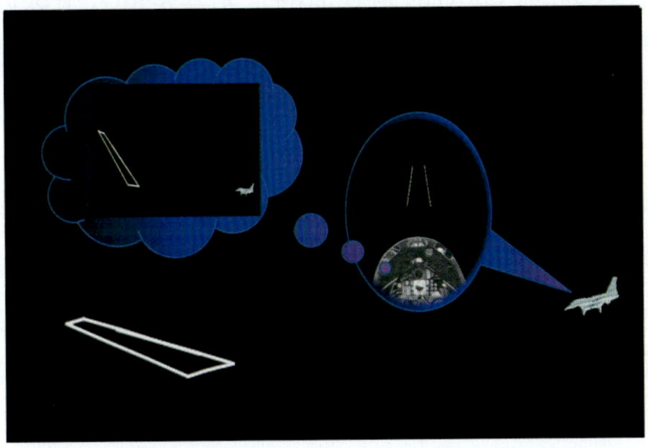

图 7-14　黑洞进场错觉：暗夜跑道标志灯着陆，飞行员会感觉飞机是水平而跑道是上仰的

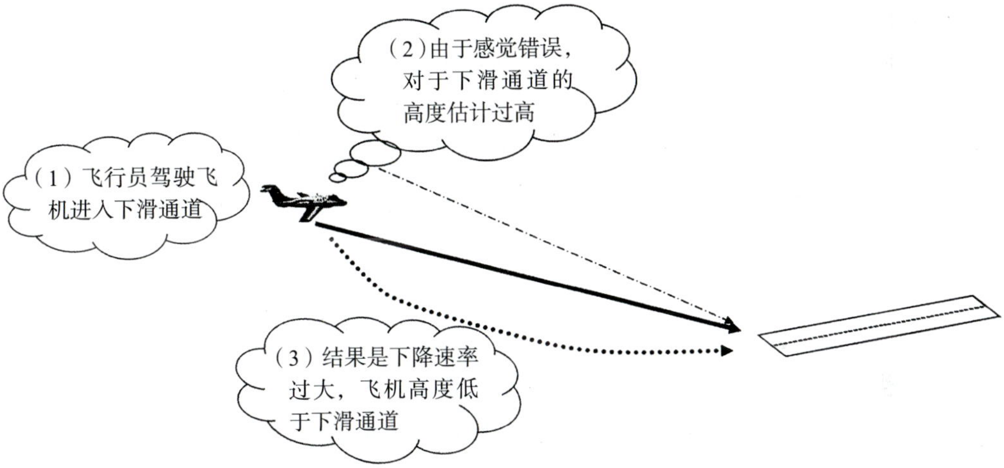

图 7-15　黑洞进场错觉的表现

人对物体空间状态的感知更多依赖于视野中目标物与周边物体的相互关系。在缺乏周边视觉线索的环境中，人们对物体的三维性和深度感知能力会减弱，他们常常会基于经验将中心视野的信息与某种状态联系起来，从而产生错误的判断。在跑道周围被白雪、霜、雾覆盖，地表特征缺乏的情况下目视着陆，由于周边视觉线索缺乏，飞行人员对于跑道的空间位置状态只能依赖处于中心视野的跑道轮廓，需要对跑道空间状态在大脑中进行“三维重建”，可能会将水平的跑道与某种上仰或垂直的状态联系起来，产生跑道上仰或立起来的错觉，同时会有高度偏高的感觉，造成下滑线偏低。

（四）空域近视错觉

视距变化的错觉。这一问题的典型例子是空域近视（empty-field myopia），在高空或夜间飞行时，由于视线范围内无具体目标，人的晶状体会自动调节到能看清

1 ~ 2 m 远的焦距上，这样一来，一旦出现机外目标，眼睛就需要一段时间来调整，才能看清对方。这种片刻的迟缓有时是致命的，尤其是低云中进近、跑道或山体突然出现时，视距的调节过慢会严重影响飞行员目视判断跑道状况。另外，在目视飞行与仪表飞行的转换中，存在定向方式转换、视距调节等多种因素，会产生事故隐患。解决这一问题的最好方法是，让飞行员每隔 3 ~ 4 s 检查一次 10 m 以外的物体，如翼尖等。另外，不得不再次提到平显。据 FAA 调查，70% 以上的事故发生于目视飞行与仪表飞行的转换中，因为这一转换无论对精神压力，还是视距调节，都是一个巨大的挑战。因此，20 世纪 90 年代以来，越来越多的科学家致力于降低平显的成本，使之运用于民航机上，解决（目视—仪表）转换问题，应该说，这是大势所趋。就发生环境可分为空虚视野近视和夜间近视。

1. 空虚视野近视

睫状肌的收缩与舒张调节着晶状体的曲度，使我们能将远、近距离的物体聚焦于视网膜上。但是，在目标物不明确或无特征的空域中，如亟中或高空飞行时，由于外景没有特征不能引起眼睛的注意，使睫状肌处于持续的放松状态，此时晶状体因其本身的弹性向前凸出，使眼的聚焦点位于前方 1 ~ 2 m 处的空间某点，飞行员的视觉便呈功能性近视状态，这一现象称为空虚视野近视。在这种状态下，飞行员所“看到”的物体会比“实际”的物体小，所看到的距离比“实际”的距离远。克服空虚视野近视的方法是；频繁地在翼尖或机头与无限远间来回扫视。

2. 夜间近视

与空虚视野近视类似的另一种现象是夜间近视。在夜间飞行时，由于外界没有物体可供观察，飞行员的眼睛会自动聚焦于其前面 1 ~ 2 m 处的空间某点。因夜间可供观察的物体更少，因而夜间近视比起空虚视野近视来更为常见。克服的方法是搜索和观察远处的光源。

（五）“弹坑”错觉

发生于当飞行人员夜间着陆时，并探照灯光向着机鼻下方的远处，这会产生着陆在上坡地形的错觉，这种误解的上坡地形将给飞行员一种在弹坑中着陆的感知。在这种错觉的消沉影响下，使得飞行员在继续下降高度中出现麻痹，这可能导致飞行器过早地撞击到地面，对飞行器和机组人员都可能造成损伤。

（六）结构错觉

结构错觉是因热浪、雨、雪、冰雹或者其他视觉蒙胧的天气影响产生的。当通过沙漠上的热浪观察时可能会出现直线弯曲现象。当翼尖的灯光在雨帘中被观察时，可能被当作两个灯或在不同位置的灯出现，飞行器风挡玻璃的曲率也会产生结构错觉，如图 7-16 所示。这种错觉应归咎于光线通过风挡玻璃时的折射。当遇到包含那些视觉朦胧的环境时，飞行员必须保持清醒意识，这些朦胧可能造成错误感知出现。

（七）宽度－距离错觉

宽度－距离错觉是对地面或物体距离的错误感知，机组人员将不熟悉物体的尺寸当作其经常观察的同样物体的尺寸时发生。此类错觉能够出现，视觉提示——诸如跑道或树，是不同于预期的尺寸。飞行员向一个宽大的跑道进近时可能感知到飞机飞得太低；相反，飞行员向一个窄小的跑道近进时，会感知到飞机飞得太高（图 7-17）。在华盛顿州飞行员近进高度是树木上 25 英尺（7.62 m），此地树木平均高度是 100 英尺（30.48 m），如果在亚拉巴马州拉克堡试图保持同样的进近高度，飞行员可能就操纵飞行器处于一个非常危险的低高度。因为那里的树木平均高度只有 30 英尺（9.12 m），这种错觉也可能发生在当个体正在观察夜空中另一架飞机灯光的位置，如果被观测飞机突然飞入烟或霾中，那飞机将显得比先前更远。

图 7-16　结构错觉

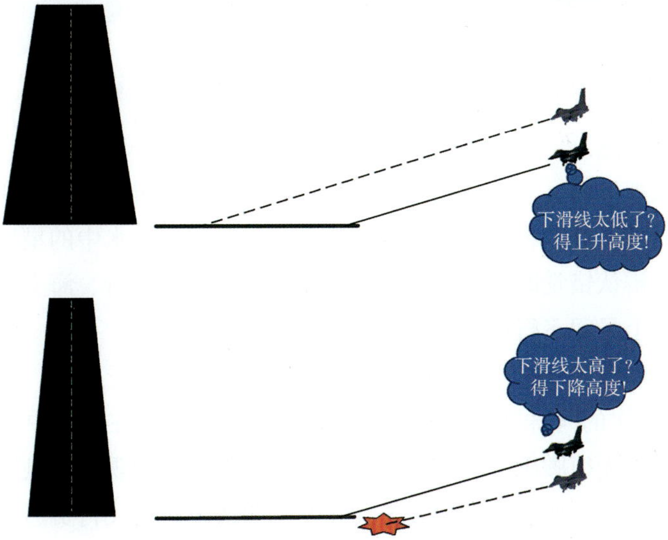

图 7-17　宽度 - 距离错觉

（八）距离和高度错觉

因不适宜的视觉信息和大脑对视觉信息的错误解释会引起距离高度错觉。

常见的情景有：①两架飞行在斜坡状云层上部飞行，如果将云层看作平面就会产生两架飞机在同一高度上相撞的错觉；②带上坡度的地形或跑道会使飞行员产生进场高度偏高的错觉，反之，产生进场偏低的错觉；③无特征的地形或跑道会使飞行员产生进场高度偏高的错觉，相反，如里跑道和进近灯光过于明亮，则会产生进近偏低的错觉；④由于雾对光线的折射作用，飞机穿雾时飞行员会产生机头上仰的错觉，从而可能造成陡峭的进近；⑤夜航或海岛机场着陆，由于跑道周边定向信息稀少，飞行员容易将跑道附近城市灯光或海面作为高度参照物，在城市和海面高度比跑道高度低的情况下，会造成飞机下降高度过低、进场速度过大，如果飞行员不能及时察觉到这种异常状况，飞机很可能会在跑道近端提前触地（图 7-18）。

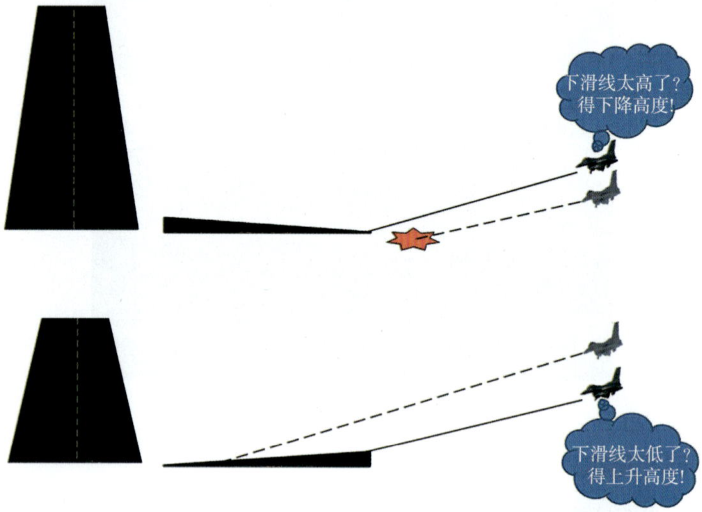

图 7-18　不同坡度的跑道会发生着陆时的高距比错觉

（九）辨认错觉

在飞行中误把地面、水上或空中的目标物认错，称为辨认错觉。在夜间飞行中误认星星为飞机的航行灯，将地面灯光误认为天上的星星，将水中的星星映象误认为空中真的星星等。辨认错觉既可发生在复杂气象飞行、夜间飞行、海上飞行，又可发生在一般气象的陆上昼间飞行中，但前者较为多见。

（十）闪光性眩晕

每秒 4 ~ 20 次的闪烁光可引起闪光性眩晕。这种现象在人群中有较大的个体差异。有的人对闪烁光很敏感，而有的人则抵抗力较强。这种现象一旦发生就有可能引起类似癫痫样的痉挛、恶心或意识丧失。其发生的情境是：飞行员透过慢速转动的螺旋桨（120 ~ 240 r/min）看前方的太阳时，或者位于后面的太阳映射在螺旋桨上，飞行员注视这一反射光后，就会诱发出闪光性眩晕。这样的情境有可能发生在下降、着陆或滑行阶段。霾中或云中飞行，反复有规律的闪光反射入座舱也可引起闪光性眩晕。

克服闪光性眩晕的方法是：①避免透过螺旋桨看某个光源；②尽可能快地使飞机偏离太阳光源。

（十一）视性倾斜错觉

视性倾斜错觉是由于视性原因造成的飞机倾斜的错觉。例如，飞行员在夜间或复杂气象条件下作平直飞行时，飞机上方及左侧没有云，可看到星星和月亮，而右侧有斜坡状乌云遮住了天空。此时，飞行员易产生飞机带有右坡度的错觉(如图 7-19 所示)。如歼 –10 飞机两侧的航行灯（左红右绿）就容易使飞行员产生倾斜错觉。

图 7-19　视觉性倾斜错觉

（十二）视性倒飞错觉

视性倒飞错觉是指飞机实际上在平飞，但飞行员感到飞机在倒飞的现象。它往往是由倾斜错觉发展而成的，产生的原因不只视性一种，但以视性原因居多。例如，在较厚的云层中接近云底飞行时，由于光线上暗下亮，容易产生倒飞的错觉。

视性俯仰错觉是由于视性原因造成的飞机仰俯变化的错觉。如大面积云层呈斜坡状，飞机向云顶方向平飞时，飞行员会感到飞机带有俯角，飞机在下降（图 7-20）。反之，当向云顶下坡方向平飞时，则会感到飞机带着仰角上升。这是由飞行员把黑云当成“地面”的片面视觉信息与以往认识发生错误联系造成的。云中飞行时，若光线从机头方向透射过来，可产生上仰错觉；若光线从飞机尾部方向透射过来，则易产生下滑错觉，这也是“上明下暗”的习惯所致。海上飞行时，飞行员顺机头前方俯视海面，也会产生“机头低”的下滑错觉。高空飞行时，由于目视天地线在机翼下方，也易产生俯仰错觉。

图 7-20　视性倒飞错觉

三、中枢性错觉

由于中枢系统结构或功能异常及心理个性、情绪、人格障碍等导致的错觉，不涉及前庭和视觉信息的参与。主要包括脱离现象、巨手现象、迷惘等。

（一）脱离现象

脱离现象，也称为分离感觉，是飞行人员在高空或其他单调环境中飞行时经历的一种知觉误差；人感到自身离开了直接工作的环境或所操纵的飞机，并有孤独感或脱离感。严重时，似乎有一不小心就从空中坠落的危险。还有人在产生上述症状的同时，伴有不安、恐惧、情绪紧张、出汗、动作迟缓等症状。有的人则在发生脱离现象时，心理产生一种欣快的轻松感，把它当成是一种“飞行乐趣”。分离感觉通常持续时间短暂，当飞行员把注意力集中到飞行任务的其他方面，如检查座舱、改变航向或无线电频道时常可自行消失。少数情况下飞行员要主动集中注意力去消除这种感觉，有时脱离现象可一直持续到飞行员能清晰看到地面或接近云层，确切地看到相对运动的目标物及可靠的外界视觉目标物时才消失。

尽管分离感觉的发生机制尚不明确，但许多研究者认为存在两个诱发该感觉的条件：一是相对固定的飞行航线和不经常变化的午飞；二是视觉信息少或变化较小。这两种条件下，飞行员容易从正常的醒觉状态转入低醒觉状态中，从而容易发生分离感觉。有研究认为，飞行员焦虑状态时易发生脱离现象，这是值得注意的问题。

（二）迷惘

尽管飞行员掌握了进行适当反应所需的所有信息并清楚正确的操作程序，但其可能会忽略这些信息，导致对明确刺激的不恰当反应，这种状态被称为迷惘。迷惘不仅在工作负荷比较高的情况下可能发生，而且在工作负荷很低和单调乏味的环境下也可以发生。当飞行学员要完成一项要求高而又不熟悉的任务时会感到压力很大，其会把注意力局限在任务的某一方面，随着飞行经验的增长和驾驶技术的熟练，飞行员学会把自己的注意力有规律地分配到完成飞行动作的各个方面，并能恰当地控制自己的行动。可是，即使是很有经验的飞行员，当工作负荷过大时也会因焦虑或过度紧张而失去工作能力。注意力范围缩小就是这种损害的一种表现。飞行员在仪表飞行中可能把注意力固定在一个仪表上，而不能发现其他方面潜在的危险变化。即使良好的目视飞行条件下，飞行员在向地面目标攻击动作时也会发生类似的“迷惘”情况，以致不能知觉距地面的高度，直至发展到危险地步而来不及做改正动作。

（三）巨手现象

“巨手观象”是指飞行人员错误地感觉到飞机不能按照自己的操纵做出相应的反应，似乎有一只“巨手”在作用于飞机，与自己的操作相对抗的反应。飞行员知道发生了错觉和空间失定向，也应该能够避免对于飞机失去控制。但这时极度慌乱和无能为力，总是错误地认为飞机的动作与其操纵不一致。因为每一次试图把飞机操纵为所要求的状态，而飞机却好像在与这种努力作对。因此，当飞行员空中呼叫飞机操纵失控时，指挥员不能只简单地认为是机械故障，飞行员的飞行错觉也可能是原因之一。

在美国飞行员的一份调查报告中，15% 的飞行员反映曾体验过这种感觉。这种定向障碍的飞行员感觉到飞机不能按照自己的操作做出反应，因为每一个试图将飞机操纵到一定姿态的操作似乎被一个相反的操作所抵抗，即飞机似乎有保持固定的姿态不变的倾向。发生滚转轴向错觉（如倾斜或坟墓螺旋）的飞行员可能会感觉到一种力量——“巨手”总是试图将一侧机翼推向并固定在那里（图 7-21）。而发生俯仰轴向错觉（如经典的躯体重力错觉）的飞行员则会感觉到一个类似的力量在将机头推向下方。没有体验到这种现象或是第一次体验的飞行员会感觉到迷惑，往往不能识别此问题。所以有学者指出，飞行员呼叫飞机控制失灵的报告不能只是简单地被作为和认为是机械控制问题导致飞行事故的证据，与“巨手”现象有关的空间定向障碍也有可能是事故原因之一。

图 7-21　巨手现象：飞行员感觉到一种对抗性力量——“巨手”总是试图将一侧机翼推向并固定在那里

（四）时间错觉

在高空单调飞行环境中，或在远海飞行中以及焦虑情绪影响下，飞行员感到飞行时间较实际时间不一样的错误知觉，称为时间错觉。

人的主观时间感通常是不准确的。人们对延续时间的估计，在很大程度上取决于人对所期待的某一段时间注意的指向性。例如，人们等待所期待的事物时，会感到时间过得很慢；而当时间不足时，又感到时间过得特别快；在欢乐的时候，觉得时间过得快，时间被估计得短些；在烦闷和厌倦的时候，觉得时间过得慢，时间被估计得长一些。

实例：一飞行员自述，“一次夜航训练飞行中，我驾驶飞机完成课目后低空返场。当时已是午夜，地广人稀的塞北居民多已入梦，翼下漆黑一片，头上朗星满天，我在一片宁静中向前方几十公里的机场飞返。每隔一会儿，我抬头寻找一次机场，反复几次都未看到，就连霓虹灯的闪光也未看到。当感觉按时间推算该到达机场上空时，前方、四周仍是黑洞洞一片，我开始有些紧张了。看看全罗盘，指针正对‘0’，说明机场在前方，再看时钟，突然想起返航时既未看时间，也未按分段计时，一时拿不准到底向回飞了多少时间。顿时，心提了起来，一股血‘呼’地涌上头部，又胀又热，此刻只好估算返航的时刻和时间了。这时时钟上的秒针似乎时走时停，有时慢慢地移动一格，有时像凝固了似的久久不动，完全不似平时轻快地‘嘀嗒’飞转。我咬紧牙关，保持好状态和数据，全罗盘是指‘0’，秒针时走时停似的终于走过了一圈，可我感觉度过的时间比以往 1 h 还要长得多，仿佛是驾驶着超音速飞机钻进了‘时间隧道’，漫长无边，看不见星光，也看不见灯光，黑洞洞的不知身在何处。人曾说‘度日如年’，而这 1 min 我过得却比度那一日还难熬。一阵阵恐惧向我袭来，越来越强烈，突然耳机中传出指挥员熟悉又亲切的询问：‘07 位置。’我一阵欣喜，猛抬头，发现霓虹灯就在机头前闪烁，再往前便是机场跑道清晰的标志灯光，一颗心放下了，腮边两串汗珠慢慢地流淌下来。”

第八章

空间定向障碍防护

第一节　“客观空间定向”与“主观空间定向”的对立统一

一、“客观空间定向”与“主观空间定向”对立原因分析

“客观空间定向”是指通过外部工具，如仪表定向、长机定向等，建立认知和逻辑思维基础上的飞行空间定向意识。这种定向具有间接性、间断性和不稳定性的特点。所谓“主观空间定向”是通过我们自身感觉器官，包括视觉、前庭觉、听觉、本体觉等，并对不足信息自动补充后产生的获得意识下的飞行空间定向感知，具有直觉性、连续性、非逻辑性和或然性等特点。

在“客观空间定向”与“主观空间定向”关系方面，人类自身对“客观空间定向”存在出自天性的排斥、不信任甚至反感现象，当两者契合时可以共处，当出现对抗时，会怀疑“客观空间定向”合理性，并努力寻找理由，当然最好和最常见理由就是“设备故障”“长机发生错觉”等，而且在空中，不管是从主观意志还是从客观神经反应，都无法完全停止使用“主观空间定向”机制，不能将“主观空间定向”机制完全隔离、封闭起来。

只要在空中，在飞行员的头脑中就始终存在着两种定向意识流之间的矛盾对抗，这一对抗在有些时候是非常激烈的。这两条意识流几乎是“针锋相对”，而对抗的结果直接关系到飞行员在空中是否出现空间定向障碍，空间定向障碍的类型以及后果。

因为在人体内的“主观空间定向”机制中，有一个各个感知觉相互配合、协调和相互印证的特性，这也是“主观空间定向”定向机制能产生知觉判断。而以目前的技术水平，是无法通过“客观空间定向”解决空间定向障碍的。这也是为什么“客观空间定向”定向机制，即使克制住了“主观空间定向”定向机制，也非常艰难，而且“胜利成果”又很难于长久保持。

所谓“客观空间定向”的空间定向是源于“主观空间定向”无法空间定向（云中、夜间）或出现错误定向（错觉），比如云中编队飞行通过目视长机建立的临时坐标系统，从而调整自身姿态；黑洞进场着陆时通过跑道标志灯形状和平显矢量符建立正确着陆下滑角；以及基于仪表建立的坐标系统等，我们平常的仪表训练就是训练这种不依赖“主观空间定向”，或无法“主观空间定向”和出现错误定向时的定向方式。飞行员对“客观空间定向”的不信任，另有深层次原因是“客观空间定向”工作状态不透明。比如仪表定向时，仪表的工作原理的熟悉和当前性能状态了解，编队时，长机飞行员的飞行小时、驾驶技术以及相互关系等等，都是影响信任关系的重要因素。

正确的空间定向其核心是克服“主观空间定向”带来的干扰和影响，有“状态”能飞（“客观空间定向”与“主观空间定向”和谐一致），无“状态”也能飞（“客观空间定向”与“主观空间定向”出现矛盾，通过仪表验证状态）。比如目视长机会感觉长机状态不准确时，可以通过观察仪表，确定好自己状态，保持队形。

二、“客观空间定向”与“主观空间定向”的统一

效率和简洁的“客观空间定向”，目前还无法用技术手段直接解决，因此飞行员需要做到的是对自身感觉正确理解，形成正确的空间定向。

必须说明：以前我们总说人的感觉在空中是错误的，其实这是一种错误认识。股市中常有一句话“市场永远是正确的”，其实飞行员在空中通过自身各种感受器获得的各种感觉一样，都是在特定条件下，人类对自然环境各种状态的正确的、自然的反应。我们之所以批判人类感觉器官在空中产生的空间定向知觉的错觉性，是源于我们的空中感觉与地面感觉存在差异甚至截然相反，进而进行否定和批判，但这恰恰说明我们感觉没有错，是我们知觉错了，我们把地面定向知觉带到了空中！

飞行员在飞行中，特别是在军用机飞行中，凭感觉操纵是非常关键的。比如目视空战过程中飞行员精力主要用于观察、寻找目标，几乎无暇顾及仪表，更多的是凭感觉操纵飞机，此时飞行员做到“人机合一”才能保证发挥飞机的极限性能，又不会导致飞机操作错误。因此战斗机飞行员要练空中感觉，飞行员只有能凭感觉正确操纵飞机才能真正实现人机一体。也可以看仪表，一名优秀的飞行员在空中不是强制关闭自己的自身感觉，而是在飞行中体会各种复杂状态下的人体多种感觉器官定向信息，不断通过仪表进行验证和修订，逐渐形成正确的“主观空间定向”，真正把空中的感觉与飞机真实姿态融合起来，这是成为优秀飞行员特别是优秀战斗机飞行员的重要方向之一。

第二节　注意力分配在空间定向的作用

一、注意力分配与情景意识

注意（attention）是心理活动对一定对象的集中和用向，是心理过程的共同特性。飞行中有各种各样的刺激：来自内、外环境的，如仪表显示的光、声信号，地形、地标变化；来自飞行员自身的，如视觉、本体觉、前庭觉以及记忆中的某件事，思考中的某个问题。飞行员在同一时间不能感知所有刺激、记起很多往事或考虑很多问题。为了保证信息接收清晰，处理精确、完整，在某一特定时间，心理活动只能集中指向某些对象，使关键目标处于意识中心，其余处在边缘。注意力伴随飞行活动的全过程，从信息感知到信息评估、分析、判断、决策与动作等所有意识活动，无不需要对其对象的正确选择、指向与集中。

注意力是指人将心理活动集中并指向某一事物的能力。虽然人类感觉信息的通道非常多，但注意力却具有单通道的性质。这种瓶颈结构是整个信息加工系统中的一道屏障。注意力是意识的集中，有两个基本特征：第一个是指向性，指心理活动有选择地反映一些对象而离开其余对象；第二个是集中性，指心理活动停留在被选择对象上的紧张或强度。人类注意容量的有限性，是导致飞行员注意分配和转移困难的基础。例如，飞行学员刚参加飞行训练时，常常会发生"错、忘、漏"的现象。同样，由于注意容量的有限性，如果在同一时刻内有多种任务需要完成时，飞行员就可能会手忙脚乱，甚至出现错误。

注意力分配是指人在很短时间内把注意指向两种或两种以上的活动或对象的能力。注意力分配的实现主要取决于是否有熟练的技能技巧，在同时进行的两种或两种以上的活动中，只能且最多有一种是生疏的、需要加以集中注意的，而其余的动作则必须是相当熟练的、处于注意的边缘即可完成的。此外同时进行的几种活动必须是在人的不同信息加工器中进行信息加工的，否则不可能实现一心二用或多用。注意力分配的水平，依赖于同时进行的几种活动的性质复杂的程度和个体熟练程度。比如我们很难一边背单词一边做数学题，却可以一边唱歌一边写作业。但如果你歌词忘记了，一边唱歌一边写作业又变得很困难。因此飞行员熟练的仪表判读能力对良好的注意力分配和决策具有重要作用。同时人的注意力分配能力与短时记忆力也有关，文献报道：人的短时记忆为 5 ~ 12 s，而同时并行工作的最大容量为 4 个，如果当前目标工作注意力占用时间超过人的短时记忆时间，则前面工作连续性会出现断层甚至丢失。飞行员的空间定向是在时间维上的动态飞行环境里各种感觉输入的"积成"和"综合"，是飞行活动的基础和前提，这种连续意识流是以人的短时记忆为基础，如果中断，就会导致空间定向障碍，而要想重新建立就需要一个空间位置的重建过程。因此飞行员合理的座舱任务注意力分配，是保持良好的情景意识、避免空间定向障碍重要因素。

情景意识本身所包含的不仅仅是对众多分离信息或数据的意识和感知，更重要的是它要求操作者在一个高水平的层次上建立起对当前情境的理解，并能对系统未来的工作状态做出准确的判断。情景意识的理论在解释和说明复杂操纵系统中人的行为特性方面，已远远超越了传统信息加工的理论，着重强调的是人这一子系统整体的功能水平或决策水平。因此情景意识的质量直接关系到飞行员的空间能力及飞行安全。近年来，由于情景意识的不足或完全丧失所导致的军民航恶性飞行事故的报道已显著增加，为此，许多国家已经投入了大量的人力和经费来解决由此所导致的空间定向障碍和飞行事故问题，如可控性撞地等问题。情景意识问题的出现也是现代高性能机种智能因素增高的直接反映。因此，要研究和认识情景意识与飞行定向的关系。

情景意识就是人类对自己所处环境的认知。而飞行员的驾驶舱情景意识则是影响飞行安全的重要因素。许多飞行事故都是由于飞行员的情景意识较差或丧失所引起的。在大多数情况下，飞行员之所以没有能够发现潜在的危险因素和不能做出恰当的判断与决策，主要原因就在于情景意识较差。良好的驾驶舱资源管理行为必须以良好的驾驶舱情景意识为基础。影响情景意识的因素又包括：飞行动作技能、飞行经验、训练水平、空间定向能力、健康与状态。

情景意识丧失是指飞行员面对众多复杂的飞行信息而不能或无法对当时的飞行情境做出有效的判断，从而导致丧失决策能力的一种现象。它是近年来导致飞行员空间障碍的主要因素。情景意识丧失的发生与人的情景意识水平有着最直接的关系。情景意识水平不仅涉及飞机设计、自动化、应激和工作负荷，而且还与人的基本能力、经验和训练水平等个体差异方面的因素直接相关。影响情绪意识水平的包括如下因素：①管状注意力，包括特情、过度情绪紧张、重要任务和新任务等；②大脑低唤醒状态，包括过度疲劳、缺氧、重复和单调任务、服用中枢抑制性药物和饮酒、无变化飞行环境等；③大脑高唤醒状态，包括工作饱和、接近或超能力极限任务、特情、飞行外的思想负荷等；④长时间间断飞行和心身适应问题。

二、预防管状注意力的注意力分配计划

在每次飞行中，都可能会稍微分散注意力，集中于某一任务。但在某些时候，可能会严重地分散注意力，从而形成所谓的“管状注意力”。由于分散注意力是不可避免的，因此应该有计划地对付出现管状注意力的情景。不管是什么原因分散注意力——从发动机着火到仪表故障，无论是什么，一定要继续控制飞机飞行，不要丢失状态。

许多事故都是注意力分散造成的，飞行员注意力分散了，却没有计划，就会形成

管状注意力。他们没有记住，在任何情况下，驾驶飞机飞行才是首要的。做好注意力分散计划关键是合理分配注意力，合理分配注意力是指不要在一件事情上花太长的时间。一些飞行员喜欢集中注意力解决某些工作项目，直到工作完成。但在飞行时，有时必须放下手中未完成的工作，把注意力转向另一件事，然后再回来完成这项工作。

三、任务排序

当飞行员同时处理大量的信息任务（如通信、作战、飞行、发动机、故障等）时，需要在短时间内处理尽可能多的信息，并对这些信息和任务进行准确的评估。这就需要一个良好的情景意识。从情景意识的定义中很清楚地看到它与注意力分配的关系，即飞行员的注意力分配能力就是提高飞行技能的基础，情景意识是飞行技能与注意力分配能力的扩展。换句话说，没有一个好的注意力分配基础就不能够建立一个良好的情景意识，这会对飞行安全产生隐患。同样当注意力分配和飞行技能同步提高到一定程度的时候，就会产生对于飞行过程中的情景意识，面对飞行中的各种正常与不正常的情况进行分析并且做出自己的判断和决策从而来确保飞行安全。

其中Ⅱ型空间定向障碍的重要特征是，飞行中飞行员意识到发生了空间定向障碍，但就是无能力做出相应的应对。他们往往空间定向记忆中断，造成情景意识丧失，不知道正确的处理手段而害怕决策，从而保持原来的控制状态，并最终使飞机进入可控性撞地（CFIT）。

四、低唤醒状态下的注意力分配问题

飞行员在疲劳、缺氧、长航时、低强度任务状态以及服用抑制中枢神经药物等情况下，大脑活动会出现低唤醒工作状态，这时飞行员容易出现记忆丢失、情绪涣散、反应迟钝、情景意识缺乏、错忘漏等现象。从美国 600 起飞机危险事件原因的分析中得出，其中有 86% 都发生在能见度大于 9 km 的昼间简单气象条件下。而且大家还知道，飞机相撞这种最严重的飞行事故有 4/5 是发生在简单气象条件下。其中一个最重要的原因就是由于工作条件比较轻松，飞行员处于低唤醒状态，产生一定的松劲情绪，掉以轻心。比如，某一次飞行日计划飞两个课目：云中空域和云中航行。飞空域时，飞行准备仔细、周密，飞行任务完成得很好。飞航行时，心态就放松了，认为航行与空域飞行相比，那就简单多了。在起飞时，就已经有所放松，刚一入云，飞机就有了坡度，航向改变很快。为了修正航向，高度损失了 200 m。高度刚刚恢复，飞机又产生了坡度，航向也在改变。在意识到为了片刻的放松，不得不付出很大的代价以后，才精神集中、全力以赴，最后完成了飞行任务。低唤醒状态常发生于有一定飞行经历的年轻飞行员身上，没有飞行经验的飞行学员和经验非常丰富的飞行员一般都对飞行较为重视，因而很少处于过低的唤醒状态。对于低唤醒状态下应该保持时刻觉醒，觉醒状态是指大脑皮质的兴奋水平，它直接影响着飞行技能和心理管理能力形成的效果，在进入低唤醒状态前，要主动警觉，通过通话、分散注意力、活动身体调动大脑皮质活动。

五、高唤醒状态下的注意力分配问题

高唤醒状态分为主动和被动，主动包括思想情绪负荷，思维被引向与当前任务不相关或不密切地方，比如家庭、飞行外工作、社会交往等。被动包括当前任务的高负荷导致认知能力降低，比如仪表故障、特情、作战、超低空等。

在高唤醒状态下注意力分配需要区分飞行任务和工作任务。飞行任务包括飞行状态（坡度、俯仰、速度、高度）、飞机状态（发动机、故障、告警）、航电等，这需要飞行员随时关注，并由此建立座舱情景意识。工作任务，包括飞行员需要完成的当前工作，比如编队、超低空飞行、仪表故障、复杂机动、目标跟踪、攻击等。当飞行任务已完成，或已建立座舱情景意识后，注意力将主视场移至工作任务，但每隔 6 ~ 12 s 主视场扫描飞行任务，如果发现飞行任务出现异常，则要及时中断工作任务，将注意力重新转移到飞行任务。

第三节　空间定向障碍所致飞行事故的预防

一、对抗空间定向障碍基本措施

（1）确保天地线视觉定向和仪表视觉定向在飞行空间定向中始终分别占主导和支配地位。

（2）强化间断、突然、扫视仪表视觉定向能力的养成训练。

（3）深化认识和实际实施对抗性的地面和空中空间定向障碍体验心理生理训练。

（4）控制、消除一切降低情景意识水平和促发飞行错觉发生的因素。

二、预防飞行空间定向障碍错觉飞行事故的措施

建立“认识 - 体验 - 控制”预防飞行 SD 错觉事故的认知训练

使飞行员能认识、识别和控制飞行 SD 错误操纵行为和按仪表实施正确操纵，从而达到防止飞行 SD 事故的目的，目前最有效的方法应是对飞行员进行“认识、识别和控制飞行 SD 按仪表实施正确操纵”的认知训练。这种认知训练的关键点是“知识、体验和控制”，通过体验认识和识别飞行 SD，通过体验掌握控制飞行 SD 和消除 SD 引发错误操纵行为的能力。

体验是指在地面或空中创建一定条件模拟相应的飞行错觉让飞行员亲身体验。

目前已基本可以在地面和空中模拟出实际飞行中发生的多种错觉，飞行员都认为通过体验模拟错觉可明显提高对飞行错觉的认识和识别。地面模拟错觉人数诱发率为100%，其中各种错觉诱发率为不旋转错觉（100%）、反旋转错觉（100%）、倾斜Coriolis错觉（74.7%）、俯仰Coriolis错觉（88.2%）、倾斜躯体重力错觉（93.8%）、俯仰躯体重力错觉（58.3%）、倾斜超重错觉（88.9%）、俯仰超重错觉（100%）、眼旋转错觉（88.9%）、眼重力错觉（11.8%）。空中模拟错觉人数诱发率为100%，动作诱发飞行错觉率为92.8%，对地面和空中模拟错觉的效果目前得到世界各国空军认可，并都在开展这种训练。

对“通过体验掌握控制飞行SD和消除SD引发错误操纵行为”的训练必要性和重要性现在还未被世界各国，包括我国空军所认识。这种训练可以说是防止飞行SD事故的关键。

据我们的实验和飞行SD事故的调查证明，飞行员发生了飞行SD，即使是Ⅱ型的飞行SD（即飞行员知道自己发生了飞行错觉，表明其能够认识和识别飞行错觉）也都或多或少地出现错误操纵。如我们在模拟各种错觉实验中（Coriolis错觉、倾侧错觉、躯体重力上仰错觉、反螺旋错觉、反盘旋错觉、倒飞错觉和超重错觉）发现飞行员凭自身感觉“飞行”时都出现与错误感觉相应的错误操纵（12人，93人次，都出现错误操纵），有的给予仪表显示也不能排除错觉干扰，而继续保持错误操纵，直至“失控”（93人次中能按仪表保持“平直飞行”的44人次，占47.3%；不能保持“平直飞行”，或发生“失控”的49人次，占52.7%），如图8-1所示。

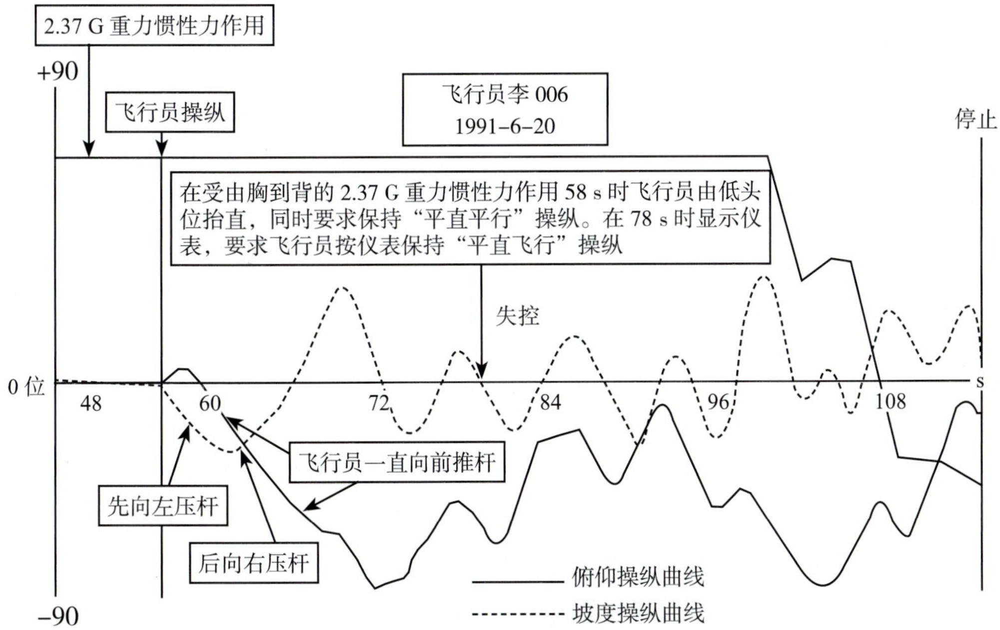

图 8-1 模拟超重错觉下飞行员的操纵行为

飞行员低头在承受由胸到背的 2.37 G 重力惯性力作用 58 s 时令其抬头并凭感觉“保持平直飞行”，在 78 s 时显示地平仪，让其按仪表“保持平直飞行”。在设置的条件下模拟上仰形态的超重错觉。在飞行员抬头并操纵时出现“持续向前推杆”错误操纵行为，显然是由于产生上仰错觉“迫使”其推杆，当显示地平仪，飞行员有“拉杆”的表现，但一直控制不住自己的操纵行为，以致进入“失控”状态。

为什么飞行员看仪表仍然控制不住自己的错误操纵行为？实质上是因为飞行员的仪表视觉定向能力不能抵抗飞行错觉的干扰。我们发现飞行员的仪表视觉定向有两类：一是“仪表 – 操纵”模式，即按仪表操纵和依操纵判读仪表的视觉定向能力，在经过系统的仪表飞行训练后，能达到很高的水平；二是“间断、突然、扫视”模式，经过初教机和高教机飞行训练后，其水平停留在原来水平不再提高。现在各国都是采用“仪表 – 操纵”模式训练飞行员的仪表视觉定向能力，事实证明这种训练模式不足以使飞行员养成控制 SD 错误操纵行为所需要的“间断、突然、扫视”的仪表视觉定向能力。如我们的实验证明，飞行员以现有的“间断、突然、扫视”仪表视觉定向水平难以控制住 SD 错误操纵行为，从而组织了专门训练，无论是飞行学员，还是高性能战斗机飞行员，其“间断、突然、扫视”仪表视觉定向水平都得到明显提高。采用在模拟错觉下进行“间断、突然、扫视”仪表视觉定向训练飞行员控制 SD 错误操纵行为是对抗飞行 SD 事故有效途径，这里强调的是应在模拟错觉下进行。

三、建立预防飞行 SD 错觉事故飞行安全训练体系

（一）建立预防飞行错觉事故训练体系的必要性

每名飞行员都可能会经历飞行错觉，这是由人的心理和生理特性决定的，所以不可能通过教育和训练让飞行员不发生飞行错觉。但飞行员发生了飞行错觉不一定会发生飞行事故，只要采取相应得力措施完全可以避免和减少飞行错觉事故的发生。

预防飞行错觉事故训练的实践表明：预防飞行错觉事故训练，不可能一次获得终生“免疫”，不能只靠引进一二件“设备”，或只做一两次教育就可以从根本上解决预防飞行错觉飞行事故。要建立长效机制，重建纳入飞行训练系统的预防飞行错觉事故训练体系，进行系统的、反复的对抗飞行错觉事故的训练才能真正起到预防错觉飞行事故作用。

我空军歼击机飞行员飞行错觉发生率为 98%，飞行员发生了飞行错觉不知道、不能按仪表克服、操纵受影响和出现心理生理反应的分别占 22%、45%、52% 和 71%，因飞行错觉直接导致的飞行事故占所有飞行事故总数的 20% 以上，充分说明建立预防飞行 SD 错觉事故训练体系的必要性。

（二）建立预防飞行 SD 错觉事故的三道防线

第一道防线：“认识错觉”；第二道防线：“仪表视觉定向”能力；第三道防线：

“操纵行为控制”。

预防飞行空间定向障碍错觉事故三道防线的关系和特点如下。

预防飞行空间定向障碍错觉事故三道防线前者的后者的前提，没有做到前者、后者无从谈起。

要取得良好的训练效果，这“三道防线”的训练必须连贯进行、一气呵成，割裂开来必将大大影响训练效果。

这三道防线的有效训练都必须在产生了错觉的环境中进行；如认知错觉只有在诱发（产生）出错觉的环境中，亲身体验了在不同条件下产生的各种错觉后才能深刻认知，光靠课堂理论教育难以做到；而仪表视觉定向能力的培养，只有在已产生了错觉的环境中训练才真实、有效，认读的效率（认读时间、准确率）与所处的飞行状态密切相关，复杂飞行状态下认读的效率远比平飞条件下低得多；而且第三道防线“操纵行为控制”更是必须在错觉条件下训练才真实、有效，只有在错觉干扰情况下，能对仪表视觉定向结果做出准确判断，决策，并做出快速反应，实施正确操纵，改出危险状态，才可避免严重事故发生。

在真实、可靠的飞行空间定向系统问世和装备飞机之前，预防飞行空间定向障碍错觉事故还是要靠飞行员的飞行空间定向能力，而飞行员这种能力得通过“训练”才能获得养成熟练和巩固。

从发生飞行空间定向障碍错觉事故链清晰看到，只有“对飞行错觉认识－仪表扫视定向－控制错觉导致的错误操纵”上开展和建立相应的飞行训练，才可以把住飞行空间定向障碍事故发生的三道防线。

认识、识别飞行错觉要从飞行学员理论教育开始直到成为一名能参战的、训练有素飞行员进行逐渐深入的教育和训练；可结合飞行理论教育实施，采用课堂教育、飞行错觉事故的案例分析讨论、各种视频课件等，对理论学习阶段的飞行学员可在简单的错觉模拟器上进行，对飞行员可用飞行空间定向障碍错觉模拟器进行飞行错觉体验，以增强对飞行空间定向障碍的认识意识水平。

仪表扫视定向能力是需要经过定期的、系统的训练才能养成的，不仅是一项高级认知能力，而且是在飞行员飞行生涯中要不间断地通过训练才能熟练和巩固的一项重要技能。可在改革仪表飞行训练中增加“间断、突然、扫视”的仪表视觉定向训练科目，同时还要在飞行空间定向障碍错觉模拟器上、在有模拟错觉的背景下训练，才能提高仪表扫视对抗错觉的水平。

控制错误操纵训练是防止、阻止飞行错觉事故最后、最关键的防线，是飞行员掌握“按仪表排除错觉干扰实施正确操纵”能力最重要的训练，是要在“认识”“仪表视觉定向”训练基础上开展的训练，是在飞行员进入复杂气象、夜间等飞行作战训练前要进行的训练，可作为地面和空中仪表飞行训练的有机组成部分结合进行。

主要是在飞行空间定向障碍错觉模拟器上模拟各种错觉，让飞行员按仪表识别、控制，在对抗错觉在意识上与仪表视觉正确定向的强烈冲突中训练控制操纵行为的训练；有条件时可在空中结合异常飞行状态改出训练，先模拟出错觉让飞行员在错觉背景下接受按仪表实施正确操纵的训练。

综上所述，预防飞行空间定向错觉事故的训练完全可以，而且应该结合到飞行安全训练中，如能有效进行防止飞行空间定向障碍事故的训练，可控制近 1/3 的机毁人亡飞行事故。

（三）建立预防飞行错觉事故训练体系的依据

每名飞行员在一定条件下都不可避免地会发生飞行错觉，这是由人的心理生理特性所决定，是客观规律。但是，飞行员发生了飞行错觉不是就必定要发生飞行事故，只要采取相应得力措施完全可以避免。据原军训部安全处统计，1984 年前飞行错觉事故占严重仪表飞行事故的 11.3%，经过预防飞行错觉事故训练体系的初步建立和实施，1989 年统计飞行错觉事故占严重仪表飞行事故的 5.6%，下降了 50%，充分说明预防飞行错觉事故的训练的有效性。

已经查清发生飞行错觉飞行事故的关键因素如下。

（1）60% 的 SD 事故是由于不认识、不能识别是否发生了飞行错觉，或者认识、识别晚，失去控制的时机所致。

（2）20% 的 SD 事故是由不会、不能控制飞行错觉而去实施正确的飞行操纵，或者控制晚，失去有效控制的时机所致。

（3）20% 的 SD 事故是由于到了飞行员生理心理能力极限，自己现有的身体状态和飞行能力已无法处理或正确操控当前情况。

所以，发生 SD 不可怕，可怕的是发生了 SD 不能认识、不能识别、不能控制，只要抓住这三个关键因素，采取措施加以消除和控制就可以减少或防止飞行错觉事故的发生。消除和控制这两个因素目前唯一的办法是靠训练：知识 – 体验 – 识别 – 控制模式的训练。训练的核心是体验。通过体验认识和识别错觉，通过体验学会和掌握控制飞行错觉发生事故的技能。

（四）预防飞行错觉事故训练体系的原则、目标、内容

1. 预防飞行错觉事故的训练体系的总原则

分层次，由航校到基地到部队，不同机种不同对象，以知识教育、被动主动体验、由地面到空中的训练（初训、复训、专项训练和个性化训练）为内容，为使预防飞行 SD 错觉事故训练得以有效实施，应纳入飞行安全训练系统，采取的一切措施要符合各国国情和军情。

2. 预防飞行错觉事故训练体系目标

使飞行员培养对抗飞行 SD 错觉事故的能力，能够快速并正确地识别 SD 错觉，

并将Ⅰ型SD转换为Ⅱ型SD。排除SD的干扰，实施正确的空间定向和飞行操纵，并建立评估方法和标准，以减少空间定向障碍导致的飞行事故。

3. 训练体系内容

知识教育－体验训练－控制训练。

（五）预防空间定向障碍事故的一般措施

1. 预防空间定向障碍的12条经验

① 认识空间定向障碍越深刻，越有助于防止其发生；② 体验模拟飞行错觉，增强控制能力；③ 在看不见天地线、地标情况下尽早转入仪表飞行；④ 要有高超熟练的仪表飞行技能，有娴熟、正确、快速间断扫视仪表空间定向能力，始终保持清醒的情景意识；⑤ 不轻信自己的感觉，要在仪表视觉监控下控制自己的感觉，不凭感觉飞行；⑥ 要熟悉、警惕可引起飞行错觉的各种因素；⑦ 座舱照明亮度要均匀，椅垫要平；⑧ 海（洋）上飞行是不要顺机头、机翼俯视海面；⑨ 长时间间断复杂气象飞行后，先恢复仪表飞行，千万不要盲目进入云中飞行，进云前先转入仪表飞行；⑩ 身心不佳不进行复杂气象飞行；⑪ 加强体能训练，保持以健康的体魄和充沛的精力参加复杂气象飞行。⑫ 注意：经验不能对空间定向障碍产生终身“免疫”。

2. 克服空间定向障碍的12条经验

① 要有信心和坚强的意志；② 正确识别自己是否发生了空间定向障碍；③ 毫不犹豫地立刻转入仪表飞行，坚信仪表、显示器指示的飞行姿态，按仪表操纵，切忌凭感觉去动作；④ 停止一切大动作量动作，保持平飞，在保持仪表平飞下松动一下身体，或轻轻动动头；⑤ 调整好伞带、坐垫和座舱照明；⑥ 不做目视与仪表混合飞行，不要东张西望；⑦ 可根据云顶、云底高度向上，或者向下穿出云层；⑧ 遇到因头动，或者飞机在两个轴向运动引发的翻、滚、转错觉时，或者感到仪表板在晃动时，务必要稳住杆保持平飞，一般经过20 ~ 30 s可自行减轻或消失；⑨ 有自动驾驶仪，转入自动驾驶仪飞行；双驾驶员时，把操纵交给另一位驾驶员；⑩ 出声口述仪表飞行状态；⑪ 向地面报告，与他机取得联系；⑫ 实在无法控制住自己的感知觉，完全失去空间定向能力，报告指挥员，在高度允许时果断弃机跳伞。

3. 克服空间定向障碍的要诀

① 真正认识到，在飞行中单凭感觉飞行，不可信、不可靠，要学会控制自己感觉和排除错误感觉干扰的本领；② 真正认识到，空间定向障碍不可怕，可怕的是发生了空间定向障碍自己认识不到，要学会识别、判断自己是否发生了空间定向障碍的本领；③ 真正认识到，飞行中唯一正确、可靠的空间定向依据是天地线视觉和仪表视觉，要学会无论在什么情况下都能快速、扫视仪表和正确识别出当时的飞行状态，并能按仪表控制自己的感觉和按仪表施正确操纵的本领。

4. 空间定向障碍的预防方法

（1）增进飞行员对错觉，飞机安全性和仪表性能的科学知识：①在飞机训练中加入有关飞行错觉知识与克服方法的讲座。②经常进行有关飞行错觉的科学宣传，包括科学电影、老飞行员关于错觉的经验与克服方法的介绍，座谈会等。③经常进行有关飞机安全性，仪表性能，各种因素之间的相互关系和替代关系等的宣传及练习。为了加强飞行员对错觉知识的重视，部队领导经常重视和强调错觉知识的宣传。

（2）空中及地面训练：①加强空中训练。加强仪表飞行训练并用暗舱带飞方法进行空中错觉体验和锻炼；加强夜航或复杂气象等飞行技术训练，并可在不平的云顶上或易于形成错觉的飞行条件下进行一定的带飞训练；尽量减少间断飞行，如空中训练有困难亦尽可能进行地面练习机的练习。②加强地面锻炼。定期进行地面练习机练习；用地面练习机，离心机等设备进行地面错觉锻炼。

（3）加强地面准备：严格遵守操作规程。飞行员应针对当天的气象条件和飞行要求，详细具体地做好准备。对天气的骤变和突变情况及错觉的可能性等，均应有充分的思想准备。空中应防止不正确的活动。学习过程应循序渐进，保证一个课目熟练后再进行下一个课目的学习。空中应该经常保持良好的注意分配，在飞行中应经常检查仪表，特别是在编队或攻击时应不时用仪表检查飞行状态。飞机的操纵应柔和，避免动作粗猛。

（4）休息，健康及体育运动：①充分休息和睡眠：应保证飞行员具有良好的休息条件（卧室安静，通气良好）。②减少烟酒嗜好。③保证营养，不空腹及过饱参加飞行。④体育锻炼，下列项目对前庭器官锻炼有相当效果，飞行员可以选择几种经常进行，掷铁饼、游泳、旋梯、虎伏、秋千等；一般体育运动锻炼，如球类、单双杠等，对增强体质和灵活性均有好处，也应经常进行。

四、飞行错觉的预防和克服

预防措施

飞行错觉能不能预防？怎样预防？

我们的回答是：飞行错觉确实可以预防，这已经被许多事实证明。

在怎样预防的问题上，我们的意见是：由于造成错觉的原因和影响错觉产生的因素较多，所以预防工作也必须从多方面着手。但是最基本的有三条：①思想上对错觉要有正确的认识，不恐惧，敢于藐视错觉。在任何情况下坚决相信仪表，有战胜错觉的信心和克服错觉的坚强毅力；②在技术上要不断地提高仪表驾驶术和熟练地掌握夜间和复杂气象条件下的飞行特点；③加强体育锻炼，包括平衡器官的锻炼。这既是预防错觉的有效措施，也是克服错觉的基础，具体提出以下几点供参考。

1. 加强仪表训练

仪表飞行时夜间与复杂气象条件下飞行的基础。加强仪表训练的目的是在看不见天地线和地标的情况下，按仪表的指示也同样能正常操纵飞机。要求飞行员只要一看到仪表的示度，便能很快地判断出飞机的飞行状态，从容自如地操纵飞机。为此应注意下面几点。

（1）要扎扎实实地打好仪表驾驶术基础：为此，在暗舱仪表飞行中，要增强大动作量的练习。如大坡度转弯、盘旋、大升降率的上升、下降、复杂动作的改出等。在学会仪表飞行之后，如不经常练习，也会逐渐生疏。因此要注意仪表飞行的连续性（特别是对那些技术掌握得不够巩固的新飞行员）。若因天气的影响，长期未能进行复杂气象飞行，应适当组织暗舱仪表飞行，用以巩固技术。

对长期间断复杂气象和仪表飞行的飞行员，除进行必要的带飞外，还应注意单飞课目的复杂程度和气象条件，对新进入夜航或复杂气象飞行的飞行员，注意掌握放单飞的条件，做到“带得复杂。放得简单”。

（2）组织错觉训练：错觉训练的目的是使飞行人员体验错觉、了解错觉产生的原因，提高飞行员控制错觉的能力，从而增强其战胜错觉的信心和决心。使从未产生过错觉的飞行员，也能体会错觉，以便在今后遇到时，能正确处理、克服错觉。经过错觉训练，还可以进一步巩固与提高仪表驾驶术。

在错觉训练中，为了加强刺激，可增设附加条件，如将暗舱罩做成黑、白二色或多种颜色，造成座舱内的光线不均；由教员操纵飞行员对错觉的控制能力，以达到预防和减少错觉的目的。

2. 做好飞行前的地面准备

切实做到地面多练，空中精飞。充分做好地面准备，是提高训练质量的重要条件。因为地面准备过程是一个熟悉任务的过程，只有准备充分，才能真正做到飞一次进一步，迅速提高技术。地面准备包括以下几方面。

（1）加强地面理论教育：首先是仪表理论知识的教育，这是基本问题，因此在开始进入暗舱仪表飞行前，应使飞行员深刻地了解各航行仪表的工作原理、构造、基本性能和特点，以便做到在各种情况下能正确而又熟练地使用仪表，了解互相的关系，并能够在特殊情况下互相代用。其次是进行生理、心理知识的教育，从而使飞行员了解错觉产生的原因和克服方法等。最后还要认真研究和学习兄弟部队的经验，学好各种特殊情况的处理方法，以提高飞行员独立自主、正确处理问题的能力。

（2）加强飞行前预防准备：飞行前应细致周密地做好预先准备。要做到熟练课目动作的方法、顺序、注意力分配，计算好各种数据，熟悉座舱设备，研究好可能发生的各种特殊情况的处理方案，以便做到空中动作有条理，避免顾此失彼、心中没底，每做一个动作临时想。造成精神紧张，容易疲劳而产生错觉。

（3）加强地面练习：地面练习包括仪表练习器的练习、徒步练习、各类模型表演和飞行问答等。通过仪表练习器的练习，可以巩固和提高仪表驾驶术，尤其是在仪表飞行间断的情况下，作用更大，徒步更大，徒步练习、模型表演和飞行问答都可熟悉飞行动作，对巩固技术也能起一定的作用。

3. 加强身体锻炼

（1）经常进行体育锻炼：特别是多做些平衡运动（如秋千、旋梯等），可以锻炼神经系统的灵活性、平衡性、增强耐久力，以便适应于飞机状态变化多，情况复杂的飞行条件。

（2）加强卫生保证工作：保证飞行具有足够的睡眠时间，生活要有规律性，及时掌握飞行员情绪的变化等。

总之经常保持飞行员具有充沛的精力，坚强的毅力，饱满的情绪也是防止产生飞行错觉的重要因素之一。

4. 加强机务维护

要求参加夜航或复杂气象飞行的飞机，具备较好的飞行性能。尽可能使仪表上的荧光粉清晰可见，精确地校正仪表的误差，以消除飞行员对机械设备使用的任何顾虑，并对飞机作出鉴定，保证不因机务方面的差错，增加飞行员在飞行中的困难。

5. 在飞行中应注意的几个问题

（1）起飞前应注意观察太阳或月亮的方位，并根据侦察天气的实况，研究和了解云中的能见度、云的性质和厚度，对可能发生的情况，作好充分的思想准备，以免因光线的变化而引起错觉。

（2）入云前200 ~ 300 m，飞行员必须转入仪表飞行。保持好数据，在云中飞行时，飞行员必须避免因周围云层的色彩、光度等不同而影响自己精力的分散。

（3）特别在改变飞行状态时，飞行员应以仪表（地平仪为主）的指示为依据，不能只凭感觉操纵飞机，动作切忌粗猛。在尚未完全掌握云中飞行特点之前，动作更应柔和，坡度不要大于30°，因为在较大的角加速度的情况下容易产生错觉。

（4）在云中飞行时间较长的情况下，精神不要紧张，要经常保持轻松自如的情绪，必须学会正确地分配和转移注意力，以防错觉的产生。

（5）在云中编队飞行时，僚机飞行员常常容易发生错觉。因为僚机飞行员必须随时注意长机，视觉长时间离开仪表，易于按身体感觉去判断飞机状态。所以往往自己飞机带着一个大坡度没有感觉到，反而将平飞的长机看成是带着反方向的坡度。这时僚机飞行员应问明情况，坚决按长机的状态判断自己的飞机状态，不要听凭身体感觉摆布。如果云中编队飞行足够熟练，有余力能照顾到仪表时，应每隔几秒钟用视线扫一下地平线，这样就更能预防错觉发生。

五、飞行人员预防空间定向障碍的具体方法

在预防因空间定向障碍所致飞行事故中，飞行员的作用基本涉及三个方面：训练、飞行计划和对程序的掌握。

（一）空间定向障碍训练

1. 系统性理论学习

熟知各类错觉发生的条件机理及情境，从而提高自己的处境意识是预防飞行错觉的首要前提。深入了解造成各种错觉的生理机理、可能发生错觉的飞行阶段，以及一旦发生感觉冲突后所实施的行动（程序）计划，有助于减少空间定向障碍所产生的不良后果。要坚信地面的定向经验和习惯对空中的定向判断是不准确的，特别是加速度产生的各种感觉用以空间定向是错误的。打好仪表飞行的技术基础，保持仪表飞行技能，要经常进行仪表飞行练习。

2. 经常性教育

飞行员一开始学习飞行了解空间定向障碍相关知识，航医和航空医学专家可利用讲课、放幻灯片、放电影和安全教育刊物多提供些有关材料。在下达飞行指示和召开的中队会议上，有经验的飞行员可把有价值的经验介绍给新飞行员。

3. 地面和空中的模拟训练

在地面和飞行中有计划地开展模拟飞行错觉体验、控制训练是预防飞行错觉的最有效措施。要积极参加航空生理训练，体验出现错觉后的感觉，熟悉出现错觉的条件，如要开展空中错觉训练，要在产生错觉后马上观察仪表指示，体验感觉与仪表指示和心理感觉与仪表指示之间的矛盾现象，体验采取何种措施可以克服错觉。加强前庭机能的锻炼，滚轮、旋梯、秋千等都可达到锻炼前庭机能的作用。飞行模拟器是学习仪表飞行程序的优秀训练器材。有些生理训练（如眩晕）的器材能有效地演示仪表飞行气象条件下可能发生的一些错觉。定期或经常进行暗舱、夜间或实际复杂气象条件下的仪表飞行，使飞行员在仪表飞行条件下积累安全飞行的经验和树立安全飞行的信心。在地面要强化仪表模拟训练，除用飞行模拟器训练外，可利用配装航医室的飞行错觉矫治仪或计算机模拟飞行软件进行仪表快速判读训练。

4. 体能训练

加强体能训练，保持健壮的体魄、充沛的精力参加复杂气象飞行；保证有效睡眠和健康的心理生理状态是保持清醒快速的思维判断、决策和有效准确操纵的基础，可以维持良好的情景意识，增强克服错觉的信心，并对错误定向感觉起到有效抑制和尽快克服的作用。

5. 恢复措施

较长时间间断飞行后重新恢复飞行，一定要预先制订好计划，在难度上循序渐进。

在恢复仪表飞行之前，切忌盲目地进入云中飞行，进云前一定要先转入仪表飞行；特别是对间断飞行时间长达数年恢复飞行的老飞行员或者技术熟练的骨干飞行员，建议按照新飞行员的要求严格控制飞行进度，因为他们的飞行形象已经十分生疏，之前建立的丰富的飞行经验已经不起多大作用，指挥员如果安排不当，他们由于“爱面子”的心理，基本不会拒绝飞行安排，产生不胜任飞行的后果，往往容易发生空间定向障碍和不安全事件。正常参训的飞行员如果出现对执行复杂环境下训练任务没有把握的情况时，要及时研究对策，必要时可以提出简化课目难度，后续逐步增大训练强度，预防空间定向障碍的发生，记住在飞行中要打有准备之仗。

（二）飞行计划

1. 飞行前计划

详尽的飞行前计划对减少发生空间定向障碍事故征候的可能性起重要作用，特别是对战斗机来说尤其如此。一个飞行员很难做到一边在飞行中有效地观察仪表一边查找仪表飞行规则附录上的资料。起飞前必须掌握安全完成仪表飞行所需的所有资料，这一点对在夜间复杂气象条件下远距飞往陌生机场的飞行特别重要。应当查阅仪表飞行规则附录中机场 / 设施手册的备注和飞行资料中关于已知进场错觉问题，比如黑洞进场错觉、起飞着陆时的向光性错觉等。在做飞行计划时应注意研究可能出现的意外情况，了解复飞程序有哪些，盘旋最低下降高度是多少，备降场安装何种跑道照明系统等。

2. 掌握飞行环境

要熟悉、警惕可引起空间定向障碍的各种因素；掌握各种环境、各种飞行动作下容易产生空间定向障碍的因素，对所执行的飞行任务和当时的天气、飞行环境要有详细了解。遇到复杂环境和视觉环境不良的条件下飞行，要在地面尽量预想可能会遇到定向困难的时机，需要重点观察的仪表信息，仪表指示应该是多少，进行详细的飞行过程演练，演练得越详细，建立和维持正确的飞行形象效果就越好。

3. 掌握身体状况

上呼吸道感染服用了中枢抑制性药物、饮酒后、健康状况不佳、久病出院之后、睡眠不足等情况下不建议进行复杂气象飞行；飞行员对自己的身体是最熟悉的，遇到心理失衡、生理状态欠佳时，要充分利用飞行生理参数记录检测仪进行检测，但要记住任何先进的体检设备并不能确切发现疾病前症状。

4. 做好预案

应当牢记，在飞行中发生空间定向障碍完全是一种正常现象，飞行经验不能绝对避免空间定向障碍的出现，但对于克服空间定向障碍却有很大的帮助。要预想到任何飞行中都不可避免地会出现空间定向障碍，要有积极的思想准备，不能单凭丰富的飞行经验，产生麻痹思想，要对飞行环境、飞行动作特点作认真分析，预想何种情况下做何种动作会出现何种错觉，做好预防和处置错觉预案。

（三）飞行过程中的预防措施

（1）要相信仪表，不能靠自己的身体感觉去操纵飞机，在看不见天地线、地标条件下，尽早转入仪表飞行，不要仪表、目视混合飞行，也不能根据自身的感觉去操纵飞机。一旦转入仪表飞行，在外界目标不能清楚看见之前一直要保持按仪表飞行。遵守“动内不看外，看外不动内”的操纵规定，脱离主要仪表时间不应超过 12 s。

（2）要有高超、熟练的仪表飞行技能，更要具备娴熟、正确、快速、间断、扫视仪表视觉空间的定向能力，始终保持清晰的情景意识；在不同的飞行阶段，要对仪表信息进行主次分析，确定观察的频率，对地平仪、升降速度表或俯仰刻度梯和速度表的驾驶信息要重点观察和识别，在驾驶动作开始后要及时观察以高度和航向为代表的检查信息仪表，将驾驶信息和检查信息相结合综合分析，以巩固正确飞行形象，养成飞行情景意识随着航姿仪表指示走的良好习惯，防止被动长时间盯住某个仪表飞行。

（3）不要轻易相信自己的直觉，而应在仪表视觉监控下时刻调整自己的感觉，不凭感觉飞行；在空中要完全脱离地面的定向习惯，要按照地平仪和平显的指示建立空间定向，并始终如一坚信仪表指示，树立主动定向的积极意识，减少飞行状态牵着自己的感觉走，逐步建立正确的“飞行感”。

（4）不能以云层作为水平的基准，尤其在斜坡云层上飞行应格外小心，要注意斜坡云层诱发出的倾斜错觉和高度误差。避免带坡度入云，在飞机进云前应提早转入仪表飞行，以免因环境的突然改换引起空间定向困难。在进入云中飞行之前，建立的正确飞行形象要始终作为正确的主导意念，进入云中之后应合理分配注意力，至少每 5 s 察看地平仪一次，并不断用其他仪表验证地平仪和平显的指示，借以增强仪表信息在空间定向中的主导和支配能力。转入仪表飞行后，这种主导意念要通过仪表的指示进行不断强化。在云中做动作时要坚持正确意识随着仪表指示走，树立“动内不看外，看外不动内”的良好习惯。在复杂环境下实施中远距搜索、攻击时，主要航姿信息尽量不要脱离中心视觉过久。

（5）进行复杂气象或夜间飞行之前，应辨明太阳和月亮的方位，了解云中能见度和云的厚度，避免光线照射和云形影响引起错觉。

（6）座舱内照明要均匀，椅垫要平，肩带两侧松紧要一致；从视觉上和本体感觉上尽量建立身体两侧平衡的感觉，尽量消除干扰空间定向的不良条件。

（7）要避免可引起定向障碍的不必要的飞行动作或头动。在加速、减速、大坡度转弯、螺旋、翻转等急剧改变飞机状态的情况下，都应在动作前先仔细观察好仪表，在转动中应注意勿使头和身体做大幅度运动，防止出现复合前庭及本体错觉。在操纵过程中对状态要有正确的预见性，如果在追踪或寻找目标时必须动头，能及时识别和判断前庭和本体产生的非正常感觉，同时通过扫视仪表验证。

（8）云中编队飞行时，应密切注视长机，按长机的飞行状态操纵自己的飞机，但仍须不断扫视地平仪等仪表，以免产生错觉。

（9）夜间飞行观察外界目标时勿凝视一点，对任何目标或光点注视时间都不宜太久，以防止发生“自动运动错觉”。起飞时，若天地线不清，则不得以此作为指示标志。着陆时勿过早察看有跑道灯及探照灯照明的跑道，因在夜间昏暗背景中观看明亮的跑道，可能使判断高度、距离发生很大的误差。

（10）海上飞行时，尽量不顺机头、机翼俯视海面、转弯及做各种复杂动作，特别是有载荷的条件下不要剧烈转动头；执行对海上目标攻击课目之前，要详细了解海上天气和浪高情况，对影响高度的判断因素做到心中有数，宁可攻击退出高度高点，也不能为提高攻击效果而忽略退出高度。坚持海上平飞时“动里不看外，看外不动里”的原则，不断扫视航姿信息，始终维持正确的飞行形象。在做机动动作之前头部要保持中立位，动作中需要观察飞机左右和侧后方等方向的情况时可通过周边视觉和反光镜进行观察，尽量少动头，预防超 G 等错觉和颈部损伤。在执行“复合特技动作”课目飞行之前，要进行详细的飞行表象演练，飞行中平显航姿信息不能脱离中心视觉，飞行意识要始终按照航姿指示走，如果发生脱离现象和不能快速判断空间位置时，建议要及时终止动作，可手动或启动自动改平系统脱离复杂特技动作，记住保证飞行安全是第一位的。

（11）要当心远距离观察可能诱发出的高度误差。Hawkins（1987）曾指出：飞行员从远处看上定能飞越的山峰，实际上并不一定能够飞越。这主要是由于从远处看的山峰已超出人类大小知觉恒常性的范围，飞行员对远处高山的判断只能根据其在视网膜上成像的大小来进行。这样，远物较小，但到了眼前却是一个庞然大物，待发现不能飞越时，为时已晚。

（12）对进近中的视性错觉可采用以下预防措施。

①保持恒定的起落航线，即在第五边尽可能保持恒定的起落航线高度。

②尽量在离跑道头同样的相对位置点进入第四边。

③稳定进近：即在同一点开始下滑，并注意俯仰角和油门设置，以便保持空速和下降速率。

④尽可能多地使用其他线索来补充视觉信息。例如，知道进入第四边时正常进近的离地高度或者当自己的飞机离跑道头 1 km 时的离地高度，利用地面引导系统保持稳定的下滑道。

⑤转场去新的机场，行前查阅跑道及周围地形情况资料，并对可能发生的情况作出预测。

⑥夜间向瞄准点进近时，应尽可能使用可以利用的辅助设施，如跑道边灯和目视进近坡度指示系统（VASI），以便保持稳定的进近。

⑦在黑洞或白洞机场上空进近时，可使用平显矢量符对准着陆点，同时注意观察高度和下降速率，不致引起太低的进近。

飞行错觉已经发生，说明在飞行空间定向系统中错误反映飞机状态的空间感知觉或错误的中枢处理在空间认识形成中已占据了主导、支配地位。这时飞行员的主要任务是：创造条件使错误的空间感知觉由支配地位降到次要地位，把造成中枢错误联系的条件分割开。

六、飞行错觉的克服措施

飞行错觉是飞行人员可能遇到的一种生理和心理现象，严重危及飞行安全，故应加以克服。

（一）基本原则

（1）发生错觉即转入仪表飞行，反复用高度表、升降速度表、罗盘、转弯侧滑仪与地平仪和平显进行核对，同时发声读出仪表指示，加强仪表信息的主导和支配力量，要有消除和克服错觉的信心和坚强的意志。

（2）柔和地按仪表指示操纵飞机，停止一切大动作量动作，尽量不要转弯。需要转弯时，应严格按仪表指示向错觉反方向转弯，注意坡度不要大，勿凭感觉做粗猛的修正动作。特别是发生眼旋动错觉，即有眼震反应时，夜间应将仪表灯光调亮，并努力注视仪表，可迅速消除眼震反射。

（3）注意观察仪表，在保持好飞机平飞状态情况下，适当做些放松动作。如柔和地活动手脚，咬咬嘴唇，拧拧大腿，与地面通话等办法增进大脑兴奋性。同时正确分配好看仪表的注意力，特别是地平仪。在飞机有角速度运动情况下，不能用摆头、活动身体方法克服错觉，尤其在高速飞行时，更不易采用这种方法。

（4）暗舱飞行产生较严重错觉时，应立即打开暗舱罩。云中发生较严重错觉时，应根据云顶、云底高度，选择向上或向下穿出云层。夜航飞行产生错觉，可以适当调整座舱灯的亮度。夜航飞行进云产生错觉时，应立即关闭航行灯，月夜或能见度好时，可参考天地线，观察公路、河流、大的灯光地标，帮助克服错觉。如果离机场较近，可请求打开探照灯，帮助消除错觉。

（5）遇有因动头或飞机在两个轴向运动引发的翻、滚、转错觉或感到仪表板在晃动，一定要稳住平飞，一般经 20 ~ 30 s 可自行减轻或消失，在 2 G，特别是在 5 G 以上飞行条件下感到坡度或俯仰角过大，甚至倒飞感觉时，一定要凭仪表指示柔和稳住动作，尽量恢复平飞状态，降低 G 值。

（6）有自动驾驶仪转入自动驾驶或启动自动改平系统，双驾驶员时把操纵交给另一驾驶员。

（7）向地面报告，与他机取得联系，口述仪表状态，取得他人的帮助。

（8）着陆时出现错觉，在最低复飞点及时果断地复飞，在空中如果完全丧失了定向能力、判断能力，不能保持飞行状态时，应立即报告指挥员，要在安全高度以上弃机跳伞。

（二）特殊原则

发生空间定向障碍后，飞行员应明确一套行之有效的处置程序，以便在遇到空间定向障碍时可以遵照执行，按飞机是单座、双座或多座具体程序应有所不同，这里只概述一些总的原则。

1. 单座/单人驾驶的飞机

（1）在仪表飞行、夜间以及低能见度的其他条件下，飞行员没有连续观察飞行仪表，几秒钟后将发生空间定向障碍，飞行员可将注意力离开仪表一段时间来研究进场着陆图，或寻找僚机，或估计投弹效果，并且感觉一切完全正常，但实际上已出现了Ⅰ型定向障碍。飞行员也可能朝地面飞但没发觉错误；或飞行员将视线转向舱内仪表并立刻恢复了定向能力，但为时太晚，事故已不可避免：或飞行员发生Ⅰ型定向障碍并努力摆脱感觉冲突以保持对飞机的操纵。

（2）如果飞行员开始发觉有定向障碍，其核心是尽快通过仪表和其他方式判断飞机状态，如果飞机没有进入极其危险情况（如飞机处于大仰角、大俯角，速度和高度快速下降等），不要尝试立即凭感觉纠正飞机姿态，特别是云中和夜航怀疑地平仪故障处理时，应采用柔和操作观察其他仪表跟随性，识别和判断飞机状态，切忌粗猛操作导致飞机进入异常姿态。

（3）飞行员应重新建立视觉主导作用。为此，将视线保持在舱内，暂停座舱内其他一切次要工作，集中精力只按基本仪表飞行。不断参照姿态显示，因为这是建立并保持视觉主导作用的主要标准。飞行员应使仪表指示正确，即对飞机进行必要的操纵使姿态指示器显示所需的定向姿态，调整这一显示使其与其他飞行参数相一致。

（4）若症状未能很快好转或变得更严重，飞行员应用姿态显示使飞机保持平直飞行，直到症状减轻。必要时，向塔台报告所出现的问题。

（5）如果没能及早采取措施，飞行员可能无法解决感觉冲突问题，空间定向障碍会发展到飞行员无法认读、理解或处理飞行仪表信息的地步，即真正的惊慌状态，再发展下去连口头命令都听不到，或对口头命令毫无反应。在这种情况下已无法操纵飞机，飞行员应承认情况已超过其生理极限，弃机便是唯一的选择。

2. 双座飞机

（1）上述原则对双座飞机也适用。

（2）机组成员的分工应在飞行前下达指示时予以明确。

（3）在离场、穿对航线下降或飞行的其他重要阶段时，第二机组成员应密切注视仪表，并大声读出高度表调定值、飞机的高度、速度和其他有关数据。

（4）如果飞行员遇到空间定向障碍，以致无法正常操纵飞机，应将飞机操纵转给第二机组成员。

3. 多座飞机

（1）上述原则对多座飞机也适用。

（2）虽然有其他机组成员来减轻飞行员的工作量，仍有发生错觉和感觉冲突的可能，确实也发生过这种情况。这里所遇到的错觉多数是由视觉系统引起的，少数是由前庭系统引起的。

（3）这些飞机所发生的与天气和夜间有关的空间定向障碍事故征候，尽管原因各不相同，但与注意力被分散、跑道照明不良引起的疲劳和生理节奏紊乱等有关。

（4）在飞行前下达指示时，应明确机组分工和协同的具体程序，做到每个人心中有数。

（5）如果飞行员遇到空间定向障碍，无法保持正常操纵飞机，应将飞机操纵交给另一个能胜任操纵飞机的机组成员。

4. 编队飞行

（1）在夜间或复杂气象条件下进行编队飞行时，发生空间定向障碍的可能性最大。

（2）夜间空中集合本身就很困难，而在水域或黑暗地域上空进行低空集合更加困难。此时，应考虑采用另一种飞行剖面图，如尾随离场和爬高。

（3）准备进行夜间 / 仪表飞行气象条件下编队飞行的飞行员近来应飞行过仪表，夜间和编队飞行技术状况良好。特别应注意其最近 30 天以来的飞行架次和飞行时间。

（4）在飞行前下达任务时带队长机应向僚机讲述产生空间定向障碍时的特别处理程序。

注：发生空间定向障碍的僚机操纵程序是，应保证在僚机看不到长机时保持飞机在编队中的安全间隔，而不是让已产生严重空间定向障碍的僚机恢复定向。虽然要求僚机能准确地执行发生定间障碍的操纵程序，但是产生严重空间定向障碍的飞行员可能无法完成这一操纵程序。

（5）保证复杂气象编队飞行的安全有两个基本要求：①长机必须有丰富的经验，完全胜任工作，做到操纵动作柔和。②僚机必须具备熟练的编队飞行技术，对长机完全信任，做到集中精力保持队形。

（6）编队飞行中遇到天气太坏，如云量太多或颠簸剧烈以致难以保证飞行安全，带队长机应让飞机在有控制的条件下，适当拉大间距。这样做比僚机产生严重定向障碍时让僚机实施特别操纵程序要好些。

（7）云中编队飞行中发生错觉，最好的处置方法是坚持编队。我们认为以往僚机飞行员发生错觉即脱离编队处置有两个弊端：①发生错觉的飞行员已不能正确判断飞行状态，操纵动作失准，在脱离编队的过程中可能危及邻机；②脱离编队后，错觉飞行员失去了长机作直观的飞行状态参考。失去了长机或邻机的指挥和提示帮助，可能加重错觉程度，延误克服错觉的时机。

（8）僚机发生错觉时，在处置特殊情况的同时，报告指挥员（带飞时报告教员，编队时报告长机），以便取得帮助。长机应鼓励僚机说出空间定向障碍的感觉。长机说几个字就可能使僚机重新确定所处状态，在头脑中形成该编队所在空间位置的概念。如“02 现在的高度 3000，左坡度 30，速度 300”等。

（9）如果僚机的问题继续存在，长机应下令整个编队改平直飞行并及时提醒该僚机。条件许可时，平直飞行至少 30 s。一般来说，30 s 后，僚机的非正常状态将消失。需要时应将情况通知塔台。

（10）若上述程序均不奏效，长机应考虑将长机位置转给僚机，同时保持平直飞行。

注：一旦僚机飞长机位置，保持平直飞行 30 ~ 60 s，然后再开始转弯、爬升或下降，目的是使产生空间定向障碍的飞行员尽快重建视觉主导作用。对于产生严重空间定向障碍的僚机，此时应考虑终止任务，并以尽可能简便且安全的方法恢复正常飞行，除非个别情况下，上述程序不奏效产生空间定向障碍的僚机无法安全地继续进行编队飞行，作为最后一招，实施僚机产生空间定向障碍后的特别操纵程序——单机改出。

（11）僚机如果脱离编队，此时最重要的是飞行员要相信姿态显示，并按照姿态显示反映出所期望的飞机状态。

贯穿这些经验的有三个关键点必须让每名飞行员认识和掌握。

（1）真正认识到在飞行中单凭感觉不可信、不可靠，要学会能控制住自己感觉和排除错误感觉干扰的本领。

（2）真正认识到飞行错觉不可怕，可怕的是发生了飞行错觉自己认识不到，一定要学会识别、判断自己是否发生了飞行错觉的本领。

（3）真正认识到飞行中唯一正确、可靠的空间定向依据是天地线视觉和仪表视觉，一定要掌握无论在什么情况下都能快速、正确按仪表判断出当时的飞行状态，都能按仪表控制住自己的感觉和按仪表实施正确操纵的本领。

（三）产生错觉后的克服措施

在已产生错觉之后，飞行员应保持沉着，避免过分紧张，坚定地相信仪表，按仪表飞行，并及时与地面联系，接受地面的指导。在产生对仪表不信任感觉时，可根据仪表之间的相互关系进行仪表间的核对，以增强对仪表的信任。云中飞行或夜间飞行由于灯光或星光易于产生错觉时，应尽量不看舱外。

必要时，飞行员可根据自己具体情况采取下列措施。

（1）大声说话及大声与地面通话。

（2）活动一下身体，调整一下姿势，身体略向后靠，眼睛距仪表远一些。

（3）松弛一下全身肌肉。

（4）运用第二信号系统加强对仪表的信任，如口中反复自述："不管错觉，相信仪表"等。

（5）左右稍晃动一下杆，以检查仪表的性能，增强对仪表的信心。

在以上各种措施均不能克服错觉，并且自觉难以控制时，应及时通知地面，请求返航着陆。回地后应视具体情况，当天暂停飞行。新飞行员在带飞的过程中产生错觉时，应及时与教员联系采取措施，必要时应交给教员操纵。带飞行员对发生错觉的飞行员应沉着而具体地给予指导，切忌态度急躁，否则更要造成飞行员过度紧张，结果必然更坏。

（四）飞行克服方法

飞行错觉主要发生在复杂气象条件和夜间飞行中，它不仅妨碍飞行课目的正常完成，严重的甚至可能因而造成事故，对飞行作战训练具有很大影响。为了摸清状况，以便进一步研究解决，故在我军及海军航空兵歼击部队中进行了实际调查。

调查结果表明：歼击机飞行员绝大多数都出现错觉；较常见的有倾斜、俯视、翻转、反翻转、方向、距离、辨认及"感觉不出飞行状态变化"等错觉，而其中绝大多数是倾斜错觉，占 75%。

飞行错觉的产生和很多因素有关。在气象和飞行课目方面：夜间复杂气象出现错觉最多，其次为昼间复杂气象；在飞行经验和技术方面：开始飞行初期 1 ~ 2 年，飞行时间 200 h 以内错觉不多，飞行 4 ~ 8 年，400 ~ 500 h 错觉发生率达到高峰，以后随飞行经验和技术的增加，错觉又逐渐减少。健康状况不良和一些慢性疾病显然与发生错觉也有一定关系。

飞行错觉的成因多种多样，但经研究，主要可以归纳为"视觉性""前庭本体性"以及"其他"（如条件联系、注意力不集中、遗忘等）三大类，在报告中分别详细作了分析。根据这些有关因素和原因，提出了增进飞行员有关飞行错觉知识，进行空中及地面训练，加强地面准备，注意充分休息及进行有关体育锻炼等预防措施，此外，并根据部队的实际经验，报道了一些产生错觉后的克服措施。

（1）在已产生错觉之后，飞行员首先应保持沉着、冷静，不要紧张，坚决相信仪表，注意地平线，并有顺序、有重点地分配和转移自己的注意力，判明当时的飞机状态，按仪表操纵飞机。如果一时对仪表指示有怀疑，可根据仪表之间的相互关系进行核对，例如看升降速度表和地平仪，如果和地平仪指示相符，就表示地平仪工作正常，这样就会增强对地平仪的信任，也可以运用语言来加强对仪表的信任，例如出声读出仪表刻度和所表示的状态，或在脑子里反复想一想："仪表指示是正确的，自己的感觉是错觉"。这时，握杆、蹬舵都不要过紧，操纵动作要柔和。集中精力严格保持好飞行数据，绝对禁止单纯凭感觉做粗猛的“修正”。

（2）为了头脑清醒，振作精神，这时可以适当地活动活动身体，摇一摇头部，大声讲讲话，或做一些其他动作。当然做这些动作时，视线应当注意在航行仪表，特别是地平仪。

（3）错觉后，飞行员应报告地面指挥员或长机，以便及时得到帮助。

指挥员对已发生错觉的飞行员，必须给予坚决果断的指挥。要安定飞行员的情绪，消除其精神上的紧张，并须随时提醒对仪表的信任和注意力的分配方法，使其正确操纵飞机。

（4）在各种不同情况下产生错觉后的处置如下。

①在云中产生了错觉，可以根据云顶或云底高度，向上或向下穿出云层。

②暗舱仪表飞行时产生了错觉，除报告教员外，尽量按仪表保持飞行，锻炼自己控制错觉的能力（此时教员应特别注意后舱的操纵情况，及时提醒注意的事项）。在必要时，可以打开暗舱罩。

③夜间飞行产生错觉后，除应按地平仪、升降速度表、针球仪、空速表、高速表等仪表保持好飞行状态外，还可以适当调整一下座舱灯的光度。

④在以上各项措施均不能克服错觉，并且自觉难以控制，应请示塔台和长机，要求返航着陆。如果飞行员产生了这种十分严重、不得不停止科目的错觉，飞机着陆后，一般情况在当天应暂停飞行。

最后，必须指出，产生错觉，往往有几种因素凑合在一起，由几种原因所造成的。因此，有些具体事例，还须进行具体分析，才能根据其具体原因和情况，进行预防和克服。

综上所述，预防和克服飞行错觉的关键在于“飞行仪表”。平时训练中要熟悉仪表，飞行中要注意随时观察仪表，发生错觉后要坚信仪表。

第九章

夜视镜的空间定向障碍

随着全天候作战在现代战争中发挥越来越大的作用，对夜视装备的应用需求也越来越多。早在第二次世界大战时期，战场夜视装备即得以研发。20 世纪 60 年代，美国陆军开始研发现代夜视装备，60 年代中期研制成微光夜视仪，并正式装备部队使用。60 年代后期美军在越南战争中首先使用了微光夜视镜，并在 20 世纪 70 年代应用于夜间航空作战。20 世纪 90 年代，在海湾战争、波斯尼亚战争和科索沃战争等北约国家参与的局部战争中，夜视镜更是得到广泛应用，其带来的战术优势也非常明显。

夜视设备，尤其是微光夜视镜，提高了人眼对微弱光能量的探测能力及对微弱光信息空间分布的分辨能力，扩展了人眼对光谱波段的探测范围，使人类在夜间或黑暗的条件下，能得到足够的光信息，将看不清或看不见的图像增强或转换成人眼看得见的图像。随着夜视技术的不断进步，四管大视场全景夜视镜（PNVG）、微光与红外光学融合夜视镜、数字化夜视技术等更为先进的夜视镜已经问世，使得黑夜不再是战争的壁垒。因此，现代战争中掌握先进夜视技术、开展夜视夜战训练就能更大限度地掌握夜间战争的主动权。

第一节　微光夜视镜成像原理及特点

夜视技术的发展和夜视装备的出现，在以下 3 个方面扩大了人眼的功能：提高了人眼对微弱光能量的探测能力；提高了人眼对微弱光信息空间分布的分辨能力；扩展了人眼对光谱波段的探测范围，使人类在夜间或黑暗的条件下，能像白昼一样看得见、看得清、看得远，能得到足够的光信息，将看不清或看不见的图像增强或转换成人眼看得见的图像。

一、微光夜视镜的结构

像增强器（核心部件）及微光夜视镜结构如图 9-1 和图 9-2 所示。

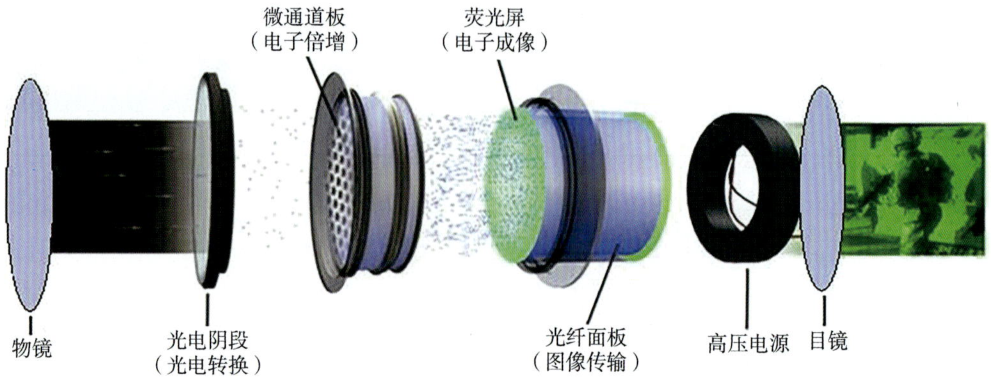

图 9-1　微光夜视镜像增强器

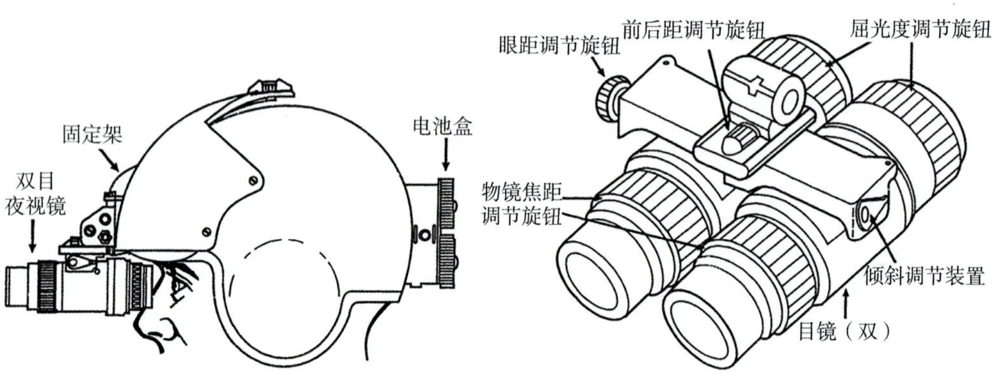

图 9-2　微光夜视镜结构

二、微光夜视成像原理

微弱的夜光由目标表面反射进入微光夜视镜，在物镜作用下聚集于像增强器的光阴极面，激发光电子；光电子在像增强器作用下加速、聚集、成像，以极高速度轰击像增强器的荧光屏，激发出足够强的可见光，经过目镜进一步放大，实现更有效的目视观察。

三、夜视镜性能与优势

夜视镜使人们在夜间或黑暗环境中能够如同在白天那样清晰地看到远处的物体。它能够捕获并增强微弱的光信息，将原本模糊或不可见的图像转化为清晰可见的图像。

夜视镜在以下 3 个方面增强了人的视觉能力：显著提高了对微弱光线的探测能力，其亮度增益可达 10^4 ~ 10^5 倍；提高了人眼对微弱光信息空间分布的分辨能力；扩展了可探测的光谱范围（人眼光谱波段 400 ~ 760 nm，夜视镜可扩展至 900 nm 左右）。

四、夜视镜成像特点

（一）图像质量变差

现有夜视镜的图像质量会降低，出现噪点，照度越低时噪点越明显（图 9-3）。

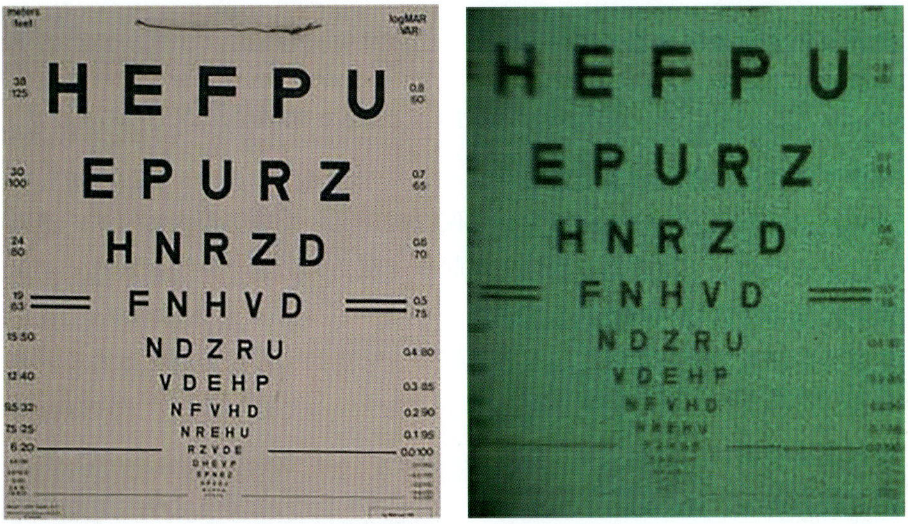

图 9-3　微光夜视镜引起的图像质量变差

（二）色觉异常

现有夜视镜显示的是绿色影像，未经训练的人可能误以为地面覆盖着植被（图 9-4）。

图 9-4　微光夜视镜引起的色觉异常

（三）光谱敏感性差异

光谱敏感性差异指的是夜视镜对红光的敏感性最大，而蓝紫光敏感性差，所以红光在夜视镜下观察时非常明亮，而蓝紫光较暗（图 9-5）。

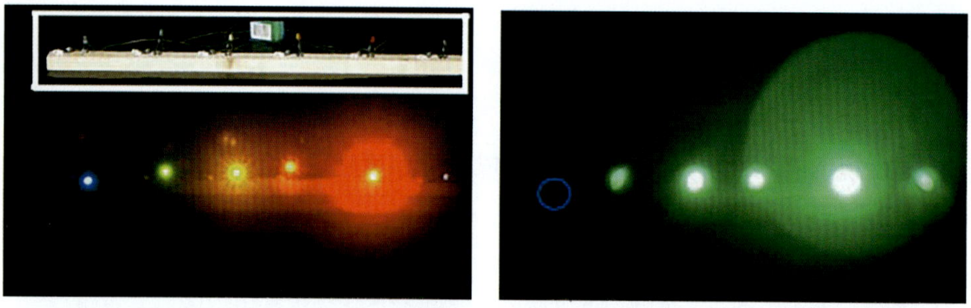

图 9-5 微光夜视镜引起的光谱敏感性差异

1. 叶绿素反射

叶绿素可以反射大部分的近红外线，夜视镜在这个波段有最大敏感性，超出可见光部分，因此，在夜视镜下，绿叶植物看起来非常亮。

2. 阴影

夜视镜在照度越低的条件下图像质量越差，景物的阴影处照度会更低，因此，阴影下的细节部分不易被看清（图 9-6）。

图 9-6 微光夜视镜图像中的阴影内细节消失

3. 光晕

夜视镜影像显示光照物体周围有光环，叫作光晕或晕轮，使发光的物体看起来面积增大，可遮盖光亮物体周围的所有细节。

五、外界光线对佩戴夜视镜的影响

外界光线强弱可以导致夜视镜空间图像不均和增益的突然变化。

（一）夜视镜增益变化

突然进入暗处会使夜视镜增益突然增大，影响观察物体的质量。

（二）强光暴露

突然暴露在强光下，夜视镜会突然关闭或失灵，导致视觉功能丧失，增加飞行危险。

（三）湿度较大环境和雨天环境

夜视镜的穿透波长为 600 ~ 900 nm，使其在高湿度或雨中对光线的穿透能力不受明显影响，这将导致飞行员在进入云中或雾中时往往不能及时发现，影响飞行安全。

第二节　佩戴微光夜视镜引起的医学问题及错觉

一、佩戴夜视镜带来的医学问题

（一）视野缩小

由于工程技术限制，视野狭窄一直是限制夜视装备充分发挥作用的不利因素。目前常用的飞行用夜视镜视野为 40°×40°，周边视野丧失。宽景夜视镜能将视野提高到 100°×40°，但仍然存在视野受限问题（图 9-7）。

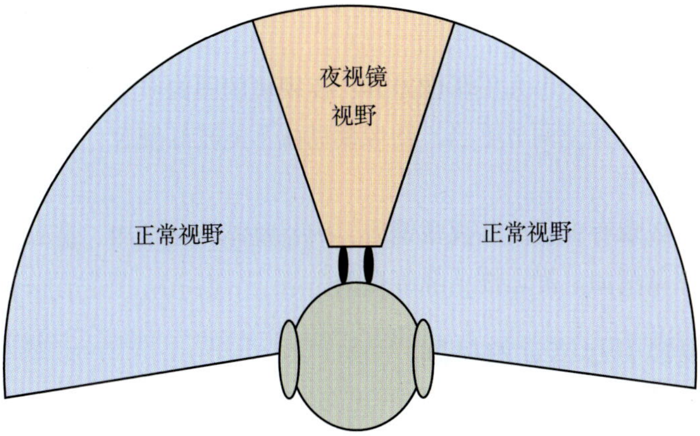

图 9-7　微光夜视镜引起的视野缩小

（二）视力下降

夜视装备的工作环境和内部构造决定了其较低的光学分辨力。据调查，视力正常者（1.0）佩戴夜视装备后的最佳视力也只能达到 0.4 ~ 0.5，白天能比夜间使用夜视镜多读 2 ~ 5 行视力表。在低对比敏感度检查中，白天的视力是夜间使用夜视镜的 4 ~ 8 倍。因此美军规定，佩戴夜视装备，经屈光补偿后视力仍达不到 0.4 者，不宜执行夜间任务。

（三）仪器近视现象

通过光学仪器观察外界景物时，尽管仪器已将影像投射到光学无限远处，使人极易看清，但观察者仍试图将其眼睛调焦于一个较近距离，观察到的影像比实际位置近，即仪器近视现象，由此造成距离判断误差（图 9-8）。

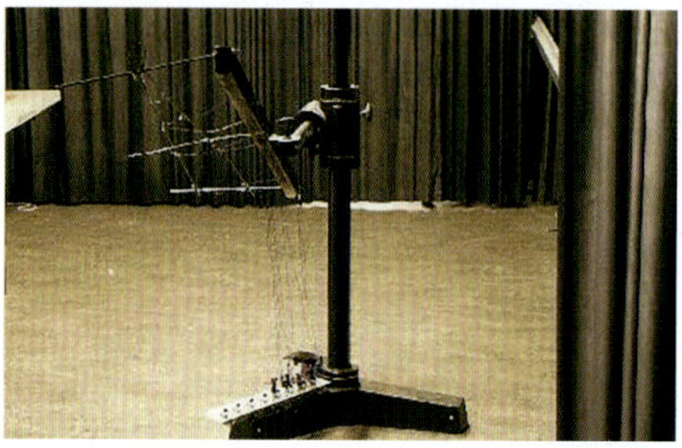
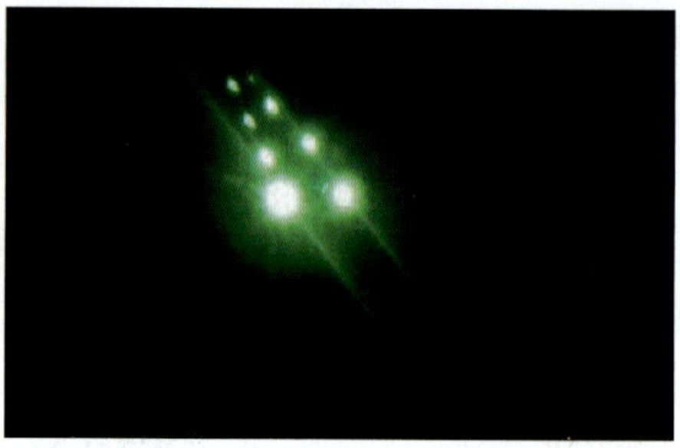

图 9-8　微光夜视镜引起的距离判断和立体视觉改变

（四）双目视觉问题

虽然夜视镜出厂时会进行质量监控，避免出现光轴偏斜，但经过长期使用后，部分夜视镜会发生光轴偏斜现象，因此夜视镜在使用前都应当进行检测。光轴偏斜包括两条光轴均向内偏，或两条光轴均向外偏。

（五）视觉疲劳

视觉疲劳原因如下。①人工影像差异：夜视镜的图像质量、视野和颜色与日常所见有显著区别；②夜视镜调节不当，图像模糊或不能较好融合；③缺乏自信心。

（六）颈肌疲劳

主要原因与在现有头盔配装夜视镜后，头盔整体质量增加、重心改变，引起颈肌受力增加、氧耗量增加、舒适性下降等有关。

二、佩戴夜视镜引起错觉的机制

（一）视野缩小

目前常用的飞行用夜视镜视野为 40°×40°，周边视野丧失。尽管宽景夜视镜能将视野提高到 100°×40°，但与人眼的正常视野范围（水平左、右各 90°，上视野 45°，下视野 65°）相比，仍然存在视野受限问题。夜视镜的横向及纵向视野均缩小，导致立体视锐度减退。视野受限会妨碍观察仪表、估计速度、高度及判断障碍物，增加判读误差。此外，在头动扫视时会产生科里奥利效应，从而导致空间定向障碍。

（二）色觉改变

现有夜视镜显示的是绿色影像，没有受过训练的人可能会认为地面全是植被。此外，不同亮度或不同光谱特性的物体在夜视镜中呈现的视景为不同亮度的绿色，成像缺乏层次，而且人们白天往往通过色彩、明暗度等判断物体距离及高度，佩戴夜视镜后使用相同的习惯会导致高度及距离判断出现误差。

（三）光谱敏感性差异

夜视镜对红光的敏感性最大，而蓝紫光敏感性差，所以红光在夜视镜下观察时非常明亮，而蓝紫光较暗。红光成像会更明亮，光晕更大，会错误地认为红色物体或发光物更大、距离更近，而蓝色物体或发光物更小、距离远，或者不能发现蓝紫色物体。

（四）阴影中细节消失

夜视镜在照度越低的条件下图像质量越差，景物的阴影处照度会更低，因此，阴影下的细节部分不易被看清。例如山谷等较低地形在夜间会有明显阴影，其中如果建有高压线塔、建筑物或其他较高物体，佩戴夜视镜后不易看清，会影响正确判断地形及目标。

（五）距离判断和立体视觉改变

夜视镜的横向及纵向视野均缩小，导致立体视锐度减退。此外，通过光学仪器观察外界景物时，尽管仪器已将影像投射到光学无限远处，使人极易看清，但观察者仍试图将其眼睛调焦于一个较近距离，观察到的影像比实际位置近，即仪器近视现象，由此造成距离判断误差。

（六）双目视觉问题

长期使用的夜视镜可能会发生光轴偏斜现象，如果两条光轴均向内偏，形成光线会聚，视网膜感受到的影像位置会比实际距离近，造成对目标距离和大小的过低判断；两条光轴均向外偏，形成光线辐散，将引起使用者产生视性疲劳，出现头痛、复视和眩晕等症状。

三、佩戴夜视镜带来的错觉

（一）滞后性（反向运动）错觉问题

当戴夜视装备时，外界景物的影像并不是直接投射在视网膜上，而是投射在距视网膜 4 英寸处的夜视装备荧光屏上，荧光屏影像的运动速度往往高于视网膜期待的正常速度，故会产生一种运动错觉，即转动头部观察目标时，静止的目标会向与头动方向相反的方向运动。

（二）高度和距离错觉

使用夜视装备可能导致距离判断变得困难，最近的调查表明，29% 的美国空军飞行员出现过此问题。①通过光学仪器观察外界景物时，尽管仪器已将影像投射到光学无限远处，使人极易看清，但观察者仍试图将其眼睛调焦于一个较近距离，观察到的影像比实际位置近，即仪器近视现象，由此造成距离判断误差。②佩戴夜视镜后由于出现视野狭窄、色觉异常、光晕现象、阴影难辨等，人眼判断距离和高度的习惯发生改变，会出现判断高度和距离误差。③由于夜视镜本身的光谱特性，佩戴夜视镜后出现红光成像会更明亮，光晕更大，会错误地认为红色物体或发光物更大、距离更近，而蓝色物体或发光物更小、距离远，或者不能发现蓝紫色物体。④由于夜视镜的叶绿素特性，植物在夜视镜中看起来会更亮，距离更近。

第三节　佩戴微光夜视镜的夜间飞行任务及容易引发的飞行事故

一、佩戴夜视镜的夜间飞行任务

作为夜间飞行的特殊群体，战斗机飞行员的夜间飞行任务主要面向低空飞行，如空战目标观察、夜间攻击任务（对地攻击、水上攻击），以及空中编队飞行、空中拦截、近距离空中支援、光线判别等战术课目，有些国家不允许夜间起飞着陆、空中加油时佩戴夜视镜，但有些国家允许戴镜夜间起飞着陆。

二、佩戴夜视镜容易引发的飞行事故

尽管夜视装备增强了飞行员在夜间的飞行操作能力，但观察视野受限、视力下降、色感缺失、判断距离和高度困难、障碍物及地貌反光影响等不利因素，带来了空间定向障碍、工作负荷增加和疲劳等一系列问题，甚至引发飞行事故。夜间佩戴夜视镜飞行引发空间定向障碍相关飞行事故上升。

据报道，约 3% 的美国空军飞行人员发生过使用夜视镜导致的事故或事件，昼间飞行中事故率为 1.68/10 万小时，夜间戴夜视镜飞行时为 10.03/10 万小时。Braithwaite 报告直升机飞行人员使用夜视镜时的事故率为 9.0/10 万小时，而不使用任何装备时白天和夜间分别为 1.66/10 万小时和 3.87/10 万小时。波兰在统计 2006—2008 年发生的 600 余起空间定向障碍所致飞行事故后发现，43% 的空间定向障碍事故与佩戴夜视镜有关。因此美军早在 20 世纪 70 年代即开展夜视训练，90 年代形成了较为完善的夜视飞行训练及保障体系。北约成员国于 2007 年颁布标准化协议 STANAG 7147—2007 夜视装备训练的航空医学问题，规范夜视 / 夜视装备航空医学训练。

第四节　外军夜间飞行和佩戴夜视镜训练进展

夜视装备存在着不容忽视的一系列亟待解决的生理问题，如何正确使用夜视镜，保证夜间戴镜飞行安全是非常重要的课题。外军从使用夜视镜伊始就开展了相关的夜视训练，从简单的数小时夜视镜使用训练到依托模拟器进行的高级训练，基本已经形成了一套较为完整、科学的训练方法。

一、美国

美国是首批研发并在军队中使用夜视装备的国家之一，因此美军较早认识到夜视训练的重要性，并制订了完善的夜视训练计划。1975 年，美国陆军即针对第Ⅱ代夜视装备使用制订 4.5 h 的训练计划。1983 年，美军夜视镜相关鉴定训练增加到 10 h，1999 年已经增加到 20 h。从 20 世纪 90 年代开始，美国空军研究实验室的作战训练研究部便开始研发夜视镜系统的训练，并迅速在飞行部队中应用，将夜视飞行训练作为飞行部队的作战鉴定训练，同时强调飞行中的演示极具训练价值。

对于战斗机飞行员，美国空军研究实验室作战飞机训练研究部于 1990 年研发了面向战斗机飞行员的夜视训练计划。鉴于首次在战斗机上使用夜视装备对飞行员具有特殊的重要意义，美国空军教育和训练司令部对此做出了特别强调，规定飞行员在战斗机飞行训练初期，要优先开展夜视镜训练。因为在飞行初期，飞行员经常会感到不适并出现空间定向障碍。1990 年，根据飞行任务需要，LUKE 空军基地对 F-16 飞行员制订强化训练计划，开展为期 3 ～ 4 周的夜视镜训练。训练内容包括理论培训，在配有高保真夜视环境的 F-16 模拟器上实践，以及进行佩戴夜视镜的实际飞行训练等。训练使用的模拟器可模拟不同地貌和星、月光的影响，以及闪电、闪光、爆炸光对夜视镜的影响和因佩戴夜视镜可能引发的错觉。

在战斗机飞行员夜视训练中，实际飞行训练极具应用价值。从 1999 年开始，美国空军和国家空中警卫队 F-16 飞行员及其飞行教官都需要进行夜视训练。F-16 飞行学员在飞行学习的末期要完成佩戴夜视镜的飞行，合格后方可毕业。飞行员需要佩戴夜视镜完成空中拦截、对地攻击、水上攻击和近距离空中支援等战术课目。目前美国空军教育和训练司令部在所有训练阶段的课程中均加入夜视镜训练。

2010 年，美国 F-22 飞行员开始进行跨昼夜海上飞行训练，时间为 16:00—22:30。飞行员佩戴夜视镜完成指定飞行任务，并训练其使用装备的熟练性。

二、北大西洋公约组织（北约）

2007 年，北约发布了 STANAG 7147—2007 标准化协议，针对夜视装备训练的航空医学问题，规范夜视 / 夜视装备航空医学训练，并提出最低训练要求，使夜视装备在飞行中发挥保障安全和提高工作效率的效能。

北约标准化协议 STANAG 7147—2007 基于初、复训制度，该训练面向各类飞机的飞行人员。即使飞行人员接受训练，但如果未佩戴夜视镜飞行的时间超过 12 个月，仍需要再次完成地面训练方可恢复佩戴夜视镜的飞行。该协议还规定夜视训练教官也必须通过佩戴夜视装备飞行训练并获得资质方可指导和评价训练。

（一）北约飞行人员夜视地面训练

1. 夜视地面训练初训

（1）理论学习：一般理论学习不少于 4 h，主要内容包括：人体视觉生理；夜视环境中的视觉限制；夜视镜功能和原理；夜视镜在应用中的视觉限制；飞行中使用夜视镜危险因素对人的影响；对错误感知觉的感受；机组人员工作分配和协作问题以及疲劳管理等。通过讨论巩固认知，达到团队训练的效果，并强化机组整体工作的重要性。

（2）沙盘训练：结合理论教学内容，在能产生光效环境的沙盘上感受夜视觉影响。主要内容包括：在配备有包括山区、沙漠、平原、海滨、城市和机场等地貌特征，环境照明变化（不同月光、光线角度）的沙盘训练中，体验不同光照环境对裸眼视觉和佩戴夜视镜后视觉的影响；模拟强光源对佩戴夜视镜的影响。

（3）夜视镜设置训练和检查：夜视镜原理；夜视镜设置；检查佩戴夜视镜之后的视力；检查佩戴夜视镜后的视野；检查佩戴夜视镜后视景扭曲情况。

（4）模拟器训练：模拟器训练是实践性训练，训练可结合夜视错觉设置课目。模拟器训练使飞行人员动态感受暗环境对人体视觉的影响。在结合空间定向障碍发生的训练中，体验在暗光环境中视觉和本体感知觉的变化。模拟器训练多设置讲评环节，结合记录系统对受训人员的感受和反应做进一步的讲评。

2. 夜视地面训练复训

复训与初训的间隔取决于飞行任务和所在国家的要求。复训时需要飞行人员对飞行中使用夜视装备遇到的问题进行回顾，以便在必要时补充理论知识。复训还会再次强调佩戴夜视镜可能造成的危险因素对飞行的影响，特别是可能造成的飞行错觉，应在条件具备的情况下，开展模拟器训练。

强化认知是夜视复训的重要原则。和空间定向问题一样，即使是有经验的飞行人员，仍然需要不断地强化认知和正确操纵，尤其对夜视设备间断使用的情况。STANAG 7147—2007 规定，进行夜视地面训练后，应立即进行夜视飞行训练。若在地面训练后 3 个月内不能进行飞行训练，则需重新接受夜视地面训练，以保证训练的有效性。

（二）北约飞行人员夜视飞行训练

虽然地面训练已经从理论认知和操纵实践方面给飞行人员以极大的帮助，但实际飞行训练仍不可替代。STANAG 7147—2007 规定了夜视飞行训练，要求在接受夜视地面训练后 3 个月内立刻开展。训练在教官指导下最少飞行 2 h，而且在飞行训练中要根据飞机和飞行人员的实际情况动态调整训练内容。模拟器训练能够起到增强训练效果的作用，但不能取代佩戴夜视镜的飞行训练。

佩戴夜视镜飞行训练内容包括：飞机调整、盲座舱、离机、基本和高级飞行动作、机组人员工作管理、夜视镜情况处置以及编队飞行等。因为佩戴夜视镜对判断距离和高度存在较大的偏差，所以在飞行训练中，要求起飞、着陆或空中加油训练时，不能佩戴夜视镜。

三、其他国家

1991 年，英国皇家空军开始进行“夜间作战认知课程”的夜视镜训练，从学院授课发展到训练中心训练，面向快速喷气机、旋翼机飞行员、导航员和其他机组成员，后来又扩展到飞行学员。课程内容涉及视觉生理、夜视镜的设置和使用技巧以及夜航飞行中人的因素相关问题，目的是提高受训人员作战能力和增加对夜航环境危险的识别能力。

加拿大皇家空军 2007 年对 CF-18 战斗机飞行员实施夜视飞行训练。对飞机座舱进行了夜视镜兼容改造，并可在配镜和裸眼观察之间切换。在冬季飞行训练中，有近 50% 的飞行训练是夜航训练，主要集中在夜航中的编队飞行、光线判别、空战中观察和夜间攻击任务等。夜视飞行训练提高了加拿大皇家空军夜间作战和飞行安全能力，以及与其他北约国家联合作战能力。

2001 年 11 月，印度空军航空航天医学研究所夜视镜实验室和训练设施建成，可以为所有航空用夜视装备进行客观的地面试验，评估夜视镜在头盔上的安装系统及与头盔组合后的重心移位，并对飞行人员和航空军医进行培训。并于 2003 年 3 月首次开设了针对飞行员的夜视镜基础教学课程。教学的主题包括视生理、夜视镜的图像增强以及人的因素 / 生物动力学问题等。长廊、多地形模拟室，以及 Eye Lane Room 的实际训练使无经验的飞行员暴露在与夜视镜使用相关的各种鉴定条件下，如通过夜视镜获得期望的视觉灵敏度，在受限的可视范围内操作，在单色图像下正确评估地形特征，在不同的照明角度下正确判断地形特征，视觉及颈肌疲劳，以及座舱光线等。

目前美国空军、英国皇家空军、德国空军、荷兰皇家空军、印度空军和新加坡空军等，已经建立了夜视训练实验室或专用场地，并将模拟器飞行纳入夜视地面训练。夜视飞行训练不仅在空军发达国家开展，一些空军发展相对落后的国家，佩戴夜视镜飞行训练也逐渐引起重视，如阿富汗空军直升机飞行学员需完成 17 h 的夜视飞行训练方可毕业。

第五节 佩戴夜视镜产生错觉的对抗措施

一、掌握夜间视觉功能及夜视镜相关理论知识

夜视地面医学训练的主要目的是让飞行人员熟悉夜视生理学特点，了解夜间视性

错觉等潜在问题；充分学习由于夜视镜佩戴所带来的优势和局限性，尤其是佩戴夜视镜产生错觉的机制和种类；学习如何安装使用夜视镜及能够熟练调节夜视镜以获得最佳视力，避免因夜视镜调节不当引起的视疲劳、头晕等。

二、进行夜视镜体验性训练

夜视功能实验室将建成夜视功能选拔鉴定与训练综合实验室（图 9-9），包括计算机模拟成像系统、夜视兼容视景系统、沙盘及灯光系统、视靶、霍夫曼检查仪等。训练内容主要包括：①体验裸眼夜视功能特点；②夜视镜佩戴及调适方法；③体验夜视镜成像特点及佩戴夜视镜对视觉功能的影响；④学习夜视镜图像判读、光线影响、气象地貌识别。

通过沙盘灯光系统、视景模拟系统训练掌握佩戴夜视镜观察目标、识别地貌、气象判断等方法，体验到夜视镜带来的视野缩小、视力下降、色觉改变以及距离和高度判断改变等特点，尤其是因此产生的各种错觉现象。

图 9-9　空军特色医学中心夜视功能选拔鉴定与训练综合实验室

三、进行地面夜视－错觉一体化训练

夜视－错觉一体化训练是利用空间定向飞行模拟器进行的夜视训练，可以使飞行人员更加直观、真实的体验夜间飞行，尤其是佩戴夜视镜飞行。飞行人员在模拟器中可以动态感受暗环境及佩戴夜视镜对人体视功能的影响，同时还可以综合本体错觉训练，体验在暗光环境中视觉和本体感知觉的变化。飞行模拟器的训练与实际飞行更为接近，可以为飞行训练打好基础。

四、做好飞行前准备工作，检查夜视镜性能

微光夜视镜是采用光电技术，能将微弱光线放大上千倍，用于夜间观察，属于相对精密的仪器，日常维护和检查是必不可少的，尤其在飞行使用前需要进行校验。

美军官方曾经报道 AN/PVS-5 夜视镜使用过程中存在夜视镜视筒缺陷。阿姆斯特朗实验室飞行人员训练研究部（位于亚利桑那州威廉姆斯空军基地）的一项研究发现，在 20 个 ANVIS 夜视镜中，有 8 个存在视筒缺陷。因此，在飞行前仔细检查每一台夜视镜是非常重要的。夜视镜校验在飞行中队夜视镜训练检测室内完成，由飞行部队相关夜视镜保障人员实施，目前常用的夜视镜检测装备主要是霍夫曼检查仪。霍夫曼检查仪可供保障人员在短时间内完成夜视镜焦距精确校正，通过观察远景和近物调整夜视镜焦距，获得最佳的夜视图像。

除了飞行前的校验，夜视镜日常的维护、维修也非常重要。美军规定了飞行中队中要求配备夜视镜保障人员，进行日常维护、简单故障排除、飞行前校验等工作，而且还要定期检查飞行人员夜视镜调节方法掌握情况。如前所述，保障人员戴镜视力必须达到至少每只眼 20/20（1.0）。装备有夜视镜飞行任务的部队必须配备霍夫曼检查仪等夜视镜测试装备。

五、座舱灯光调节至夜视兼容模式，做好注意力分配

佩戴夜视镜飞行的飞机座舱内、外的照明要与夜视镜相兼容，戴镜飞行时应当调整座舱灯光至夜视模式。观察仪表及平显时做好注意力分配，并快速适应戴镜观察远、近目标焦距不同的特点。

第十章

空间定向障碍的教育与训练

空间定向障碍问题是严重影响飞行作战、训练，甚至危及飞行安全的航空医学实际问题。尽管无论是从其发生机理，还是从有效防治措施上，还有很多难点有待解决，但针对性的教育训练等措施可以使许多事故得以避免。1974 年 Benson 提出的预防飞行 SD 错觉生理基础上加大力度，更加广泛更加深入地开展预防飞行 SD 错觉演示、体验训练，以提高飞行员对飞行 SD 错觉的认识水平。2003 年在西班牙 La Corung 召开的“军事飞行器空间定向障碍的起因、后果和对策”会议显示，对 SD 的起因和后果的演示和训练已成为大多数国家军队的共同训练项目。与此同时有学者提出飞行空间定向与情景意识的关系，研究了 SD 与情景意识丧失的关系，并推出了飞行员情景意识测量和提高飞行员情景意识水平的方法。2003 年北大西洋公约组织提出了一个名为 T-39 的任务。指出 T-39 任务的目标是：“提出能降低定向事故发生率的飞行员训练改进建议”，根据是“空间定向障碍是飞行事故的一个主要诱因”。该任务组由荷兰 TND Bles W 教授领导下开展工作，2008 年 10 月北大西洋公约组织以 TR-HFM-118 RTD 技术报告形式正式公布。

面对空间定向障碍防护，有一个认识问题值得思考，就是 SD 源于人在飞机三维六自由度活动中人的空间定向能力不足或欠缺所致，在一定条件下人人都可能发生 SD，不以人的意志所转移，因此很难完全预防其发生。TR-HFM-118 RTD 技术报告的指导思想还是之前提出的飞行错觉模拟训练的指导思想，目的在于如何预防飞行错觉的发生。T-39 任务目标指出“降低定向障碍事故的发生率”，人们一般认为“防止飞行错觉的发生，就可降低或防止空间定向障碍事故的发生”。初看好像是很有道理的逻辑推论。然而，事实上飞行错觉是难以预防的，那我们又如何讨论防止空间定向障碍事故的发生呢？

由此，我们提出应当把飞行员的训练指导思想，由“预防飞行错觉”转变为“预防空间定向障碍导致的事故”。大量事实已经证实，虽然飞行错觉难以完全避免，但其导致的事故是可以预防的。所以世界各国开展的抗飞行错觉的地面和空中模拟训练没有达到或是没有有效达到防止空间定向障碍事故的发生，必定是在防止空间定向障碍事故链上有的关键因素被忽视了。

我们在 SD 严重事故具体分析中，发现 SD 事故过程存在一个由几个重要环节组成的事故链。即“认识－仪表视觉定向—操纵行为控制”。首先是“认识”，指的是飞行员在发生飞行错觉时是否能迅速意识并识别出来；其次是克服，发生了错觉飞行员能认识到存在空间定向问题，但无法克服，知道自己发生错觉，我们往往教育飞行员要相信仪表，有一个良好的仪表视觉定向能力能提升飞行员克服错觉的能力；最后是处理，20% 的 SD 事故是由于到了飞行员生理心理能力极限，自己现有的身体状态和飞行能力已无法处理或正确操控当前情况，但是通过航空生理训练提升自己的身心能力和复杂状况处理能力，也是有效降低事故的有效方法。

空间定向障碍事故分析表明：60% 的飞行错觉事故是飞行员发生了错觉而认识不到，因此提高对错觉的识别经验、状态意识和判别手段是解决这一环节有效方法，许多情况是飞行员没有察觉自己出现了错觉，这是发生事故的第一关键因素。

“仪表视觉定向能力”指的是飞行员在没有自然天地线的飞行环境中，通过仪表来判断飞机的状态、位置、方向和运动的能力。调查表明有 20% 的飞行员发生了错觉、一般地看仪表控制不了错觉；实验研究结果表明飞行员通过现行模式（控制 ↔ 仪表）训练养成的仪表视觉定向能力难以形成强有力的仪表飞行状态表象。空军经过多年来研究、实践，总结出来的“间断、突然、扫视仪表定向能力”专项训练方法则可以有助于控制飞行错觉；世界各国军事飞行训练都虽然重视仪表飞行训练，却没有意识到和采取相应的仪表飞行训练模式，忽略了有力对抗飞行错觉的视觉定向能力的训练，特别是忽略了在对抗飞行错觉的条件下训练飞行员的仪表视觉定向能力，这样就不能使飞行员养成足以对抗飞行错觉的仪表定向能力，这是飞行员发生了飞行 SD 错觉不能控制和克服的直接原因，也是发生事故的第二个关键因素。

“操纵行为控制”指的是对由错觉引发的错误操纵行为的控制。这要求飞行员经过专门的训练，熟练并巩固使用仪表来排除错觉干扰、纠正错误操纵，并实施正确的操纵，或及时从异常飞行状态中恢复。调查表明有 50% 以上的飞行员发生了飞行错觉就对飞行操纵有了不同程度的影响；地面模拟飞行空间定向障碍错觉研究表明，发生了飞行错觉后 100% 的飞行员都出现错误操纵，有的使模拟器进入失控状态，我们的地面模拟训练发现，在不知情况状态下诱导飞机进入异常姿态后，有 10% 飞行员错误操纵造成可控飞行撞地。飞行员没有掌握按仪表排除错觉干扰、实施飞行正确操纵的能力是发生飞行空间定向障碍错觉事故的第三关键因素，也是最终导致事故的最关键因素。

第一节 国外空间定向障碍的教育与训练

空间定向障碍的教育与训练是解决空间定向障碍问题最直接和最有效的途径。此方面包括研究发展地面和空中模拟训练方案，提出评价训练效果的方法，使飞行员明白和体验空间定向障碍及空间定向障碍发生的条件，以及发生后如何应对。

一、教育

目前多数国家开展了飞行员的飞行错觉教育工作。美军采用的是英国学者 Benson 提出的飞行错觉教育大纲。该大纲规定了飞行错觉教育的主要内容。

（一）总论

飞行错觉定义；正确的空间定向知觉对飞机控制的重要性；空间定向的操作和飞行安全重要性等内容。

其中特别指出飞行错觉因为下列原因威胁飞行安全：①以错误的知觉控制飞机，导致失去控制和定向错误的事故；②冲突的定向线索或异常的感觉可以提高觉醒水平，影响人的技能。

要求飞行员必须知道：①错觉类型；②易发飞行错觉的条件和动作；③发生飞行错觉后如何应对。

（二）飞行中正确认知空间定向的机制

飞行中正确认知空间定向的机制依靠对下列输入信息的正确综合和理解：①眼看到的信息；②内耳，特别是前庭部分的感觉；③皮肤、关节等的本体触压感受。

当缺乏技术设备提供的真实信息时，视觉通过下列渠道提供唯一可靠的信息：①目视飞行时的外界视景；②仪表信息。飞行员必须学会理解这些信息线索：仪表信息必须通过后天的学习获得，对这些信息的理解较视景信息困难，故需经常复习保持；视景信息可能经常不足或错误，但是可以给飞行员提供飞机运动姿态的直观信息。

（三）飞行中飞行错觉的发生机制

飞行中飞行错觉主要由以下因素导致：传入大脑的信息不足或出现错误；对接收到的信息的感知不足或出现误解。其中输入错误包括：①外界视觉。在高空、夜间、云中或能见度不好的情况下目标显示不清；信息错误，如云面倾斜、极光等。②仪表显示。飞行员对仪表的变化不够敏感；仪表故障或动态限制引起的信号错误；由于眼震、眩光、闪光等使视觉受限。③前庭和其他感受器信息。发出的刺激处于阈下，飞行员未能觉察出角速度的变化或重力的方向；半规管不能觉察出持续的匀速旋转；持续时间和强度有别于在地面体验的线加速度、角加速度刺激而产生错误信号，如旋转后现象、躯体重力错觉、压力变化对半规管的刺激等。

中枢错误包括：①注意广度的限制——管状注意力或迷茫；②由于下列情况引起的错误知觉：期望错误，如云中倾斜错觉、躯体自动性错觉；由下列情况引起的大脑功能受限：觉醒水平过高（焦虑）和过低、乙醇和药物影响、缺氧和高碳酸血症、疾病、疲劳、感觉分离（脱离现象）。

（四）常见的错觉

姿态错觉：①倾斜错觉（阈下加速度）；②躯体重力错觉——加速时上仰，减速时下俯，倒飞错觉；③对视觉线索理解错误——错误地参考地平线，天地混为一体，向阳倾斜错觉；④交叉力偶和超 G 错觉。

运动错觉：①躯体旋转错觉——长时间角运动后退出；②阈下加速度；③科里奥利错觉（Coriolis 错觉）；④压力性眩晕；⑤由于运动的视觉刺激引起的闪光性眩晕和其他错觉（直升机的瀑布效应）。

感觉分离：①脱离现象；②巨手现象。

（五）产生错觉的原因

1. 飞行环境因素

①仪表飞行——特别是从外界视景转向查看仪表信息时；②夜间飞行——孤立的光点会增强眼重力错觉，躯体旋转错觉和自动性错觉，天地混为一体；③高空飞行——分离现象；错误地以地平线为参考；直升机在低空或峭壁前飞行时也可发生；④在无特征地区上空飞行——高度错觉；⑤飞行中使用夜视装备引起的错觉。

2. 飞行动作因素

①在飞行中和加速起飞时长时间的加速和减速作用引起的错觉——躯体重力和眼重力错觉；②长时间的角运动引起——未觉察到持续的运动，改出旋转时的躯体旋转错觉，协调转弯中觉察不出坡度，转弯中动头出现的科里奥利错觉和超 G 错觉；③姿态以阈下值变化——改出时产生倾斜错觉；④飞行时的劳动负荷影响——高度的觉醒状态加重飞行错觉降低解决知觉冲突的能力；⑤上升或下降——压力性眩晕；⑥穿云——目视飞行和仪表飞行转换和伴随的问题，特别是编队飞行或脱离编队时，向阳错觉；⑦低空盘旋——尘土、雪或水可以削弱外界视觉线索（目视飞行和仪表飞行转换）。

3. 飞机因素

①仪表信息不足；②仪表不起作用；③仪表清晰度不佳；④显示和控制仪表的位置不合理——观察和操作仪表需要动头；⑤角速度和线速度太大，高机动性；⑥座舱的视野里缺乏可见的飞机结构，会缺乏视觉参考框架并增强脱离错觉。

4. 飞行员因素

①飞行经验；②训练经验，仪表飞行熟练程度；③飞行资格等级和能力；④精神状况——高度的觉醒和焦虑更加容易发生飞行错觉；⑤身体状况——上呼吸道感染和

压力性眩晕的影响；⑥酒精性饮料和药物——降低高级中枢功能和抑制眼震的能力。

二、克服空间定向障碍的训练

（一）飞行训练

很早以前 Henning 等就为美国海军和空军提出了一些空中模拟体验飞行错觉的飞行课目，只是这些课目没有很好地被采用。1982 年英国陆军开始了旋转翼飞机的飞行错觉空中模拟训练，并一直被很好地执行。训练一般由航医组织和带飞（航医具有飞行资格），每架次带飞 3 名学员。学飞阶段接受 1 次训练，以后每 5 年训练 1 次，有效地降低了飞行错觉事故的发生率。这些方法也被美国陆军和加拿大等国军方所采用。

旋转翼飞机飞行错觉空中模拟程序如下。①水平转弯：分别以阈上和阈下刺激体验前庭造成的对飞机坡度的错误知觉；②直线平飞：体验气流颠簸造成的俯仰倾斜等前庭性错觉；③直线平飞减速：体验对减速的错误知觉和最后减速时的俯仰错误；④无意中下降：在盘旋过程中下降高度，让飞行员体验无意中造成的高度丢失；⑤盘旋：在此课目中，利用直升机可以在互相垂直轴向上加速的独特性，在保持盘旋高度的同时体验线性和旋转运动。其中许多动作由于以阈下值进行而不被感知，飞行员最后睁眼观察飞机的状态，体验错觉。

固定翼飞机的飞行错觉空中模拟程序：近年来，固定翼飞机的飞行错觉空中模拟方法也已报道。与旋翼机不同，在固定翼飞机上采用一对一带飞，所有错觉可以在一架次约 20 min 飞完。教员在飞完课目后结合学员的体验仔细讲解每一个错觉的机制、产生条件及预防办法。①俯仰错觉：利用飞机加速对前庭耳石器的影响，导致学员产生对飞机的俯仰角度产生。错误知觉。②升降错觉：教员操纵飞机以恒定速度上升（下降），然后改平飞。学员由于合力的作用，往往会对飞机俯仰角度判断错误，再次进入上升（下降），并以为是平飞。③转弯中产生错误的爬升知觉：教员以阈下值（小于 2°/s）的速度进入 45° 盘旋，然后让学员操作。这时学员常会体会到躯体重力错觉，以为飞机无坡度，并在爬升。④转弯改出过程中俯冲：与上一个课目相反。教员保持 1.5 G 的转弯，然后恢复平飞，让学员报告感觉。由于加速度逐渐减小，学员产生躯体重力错觉，常会产生飞机俯冲的感觉。⑤倾斜：教员操纵飞机以 20° ~ 30° 的坡度进行 270° ~ 360° 范围的盘旋，然后以阈上值改为平飞。在盘旋过程中，学员产生飞机平飞的感觉（躯体重力错觉）；改为平飞时的角加速度对半规管构成刺激，使学员产生躯体旋转错觉，感到飞机向另外的方向倾斜。⑥滚转后效应：教员操作进入 45° 坡度，然后向反方向做 90° 滚转。此时让学员操作，由于滚转改出时停止后角加速度刺激产生的躯体旋转错觉，会产生向反方向滚转的感觉，所以往往继续增加滚转的坡度并进入下俯。⑦侧滑中的倾斜错觉：教员登满舵，飞行员会在绕垂直轴的方向受到躯体旋转的刺激，往往会将这种刺激理解为倾斜或滚转。⑧科里奥利效应：教员至少做 4 个连续滚转，要求学员向另一平面上转动头部向前或向一边，学员由于受到科里奥利加速度作用，会产生类似翻筋斗的感觉。

（二）地面模拟训练

美军的飞行错觉地面模拟与我军的方法相似，主要利用各种高级空间定向障碍模拟器（图 10-1）和虚拟显示眼罩来体验和训练，以克服飞行中的错觉。但是由于使用夜视镜等装备带来不少飞行错觉问题，所以美军同时注重夜视镜的正确使用训练，以避免由此带来的飞行错觉问题，训练的内容以了解夜视镜在空间定向方面的局限性，以及其正确的使用方法为主。

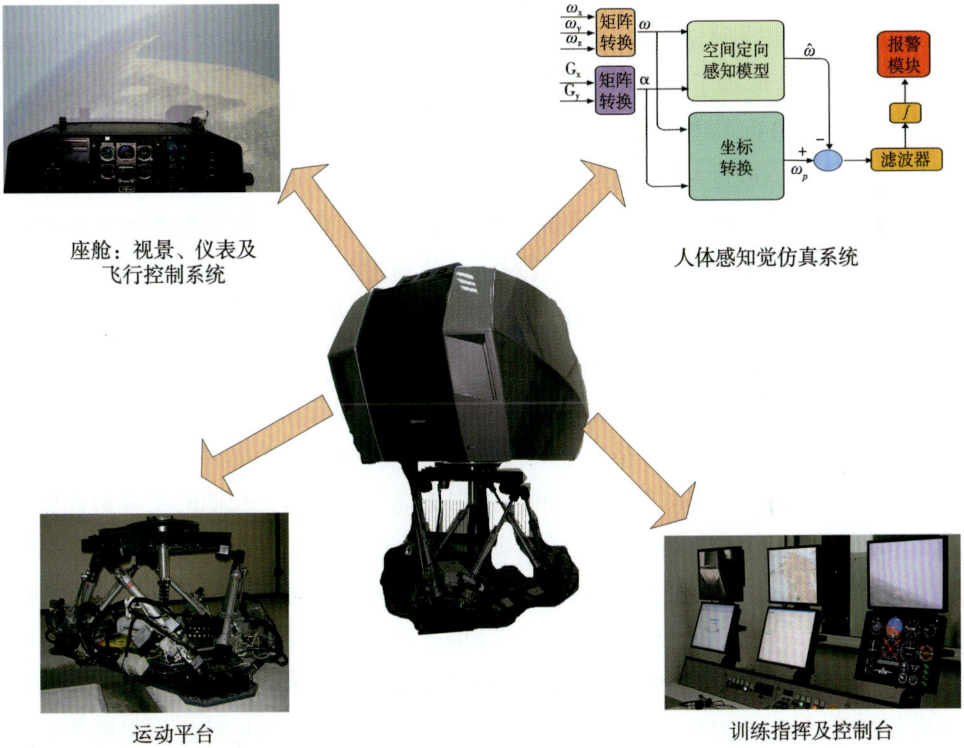

图 10-1　进行飞行错觉地面模拟训练的空间定向障碍模拟器（奥地利 AMST 公司）

第二节　空间定向障碍的教育与训练

一、概况

目前，我军空间定向障碍教育与训练分为三级体系，空军特色医学中心为总体负责单位，包括教育理论及教材的编写，训练装备的研制，训练大纲的编制等，空军特勤疗养中心结合飞行员疗养开展相应训练工作，部队航医室结合训练任务开展相应的日常教育工作。

我军经过多年努力，建立了一套从地面到空中涵盖绝大多数错觉种类的模拟训练方法，而且在航空兵部队和各特勤疗养中心进行了较好地推广应用，有效地预防减少了空间定向障碍事故的发生。目前可以开展模拟训练的错觉种类主要包括：各种形式的躯体旋转错觉、科里奥利加速度错觉、躯体重力错觉、超 G 错觉、眼重力错觉、眼旋转错觉、相对运动错觉等。模拟训练设备从 20 世纪 60 年代引进的 Barany 电动转椅发展到 20 世纪 80 年代我军自主研制的国产电动转椅，80 年代后期从美国引进的 GL-2000 型高级空间定向障碍模拟器，2011 年从奥地利引进的 DISO 高级空间定向障碍模拟器等，取得了很大的发展。

我军目前也进行了飞行错觉空中模拟的训练。在 1989—1990 年，我们进行了在暗舱带飞条件下，通过 8 套飞行动作来诱发飞行错觉的研究，诱发率达到 92.8%，2023 年笔者带领的空间定向障碍科研团队，成功完成了十一种前庭本体飞行错觉的空中训练方法的试验工作。此后，又针对第三代高性能战斗机飞行错觉特点，开展了超 G 错觉，科里奥利错觉和倒飞错觉等严重飞行错觉的模拟，诱发率达到 80% 以上，为高性能战斗机飞行员的训练提供了依据。

强化仪表飞行技能训练：目前国内外理论界认为“仪表视觉不占主导作用”和“仪表视觉意识性认知过程受阻”是发生飞行错觉的主要原因，而提高飞行员自身的仪表视觉空间定向能力则是解决飞行错觉问题的根本途径。然而，长期的实验调查显示，根据我国现行的“仪表 – 操纵”模式培训的飞行员或飞行学员，其间断、扫视性仪表视觉定向水平较差，表现为飞行状态识别反应时间长、错误率高，表明现行的仪表飞行训练模式尚不足以使飞行（学）员养成预防、克服飞行错觉所需要的、具有“间断、突然、扫视”特性的仪表视觉定向能力，但目前国内外均无相应的专项仪表视觉定向训练设备。针对这一空白，我军成功研制了一套用于我军主战机种的仪表视觉定向能力训练仪，训练仪以计算机为平台，采用计算机图形学、飞行空间定向心理生理学、飞行映象概念模型理论，解决了在仪表视觉定向中训练飞行员的注意力分配和转移、强化仪表信息在仪表定向中主导作用、养成飞行员的仪表状态映象与飞机状态映象在认知水平上相互转化等技术问题。

在初步对飞行员采用该设备进行仪表定向能力训练后，发现飞行员对各种复杂飞行状态的判断反应时间明显缩短，正确率明显提高，仪表定向的抗干扰能力也显著增强，具有良好的训练效果。

二、训练内容

（一）前庭功能检查和评定

前庭器官，位于人体的内耳，主要负责监测头部的旋转、直线运动及头部相对于重力的位置，是人体重要的定向器官。前庭器官包括两个耳石器（球囊和椭圆囊）和3对半规管（水平半规管、前半规管和后半规管）；耳石器包括球囊和椭圆囊，感受线加速度刺激与重力变化。飞行员正常的前庭功能对于飞行员在飞行中进行正确的空间定向、预防晕机病具有重要的意义，因此必须加强飞行员前庭功能的检查与评定。

1. 检查目的

明确受训者前庭功能状态，避免发生病理性飞行错觉。

2. 检查设备

S07- 飞行员前庭功能检查设备如图 10-2 所示。主要由诱发、记录眼动的眼罩和进行信号采集、分析的便携式计算机及其配套软件组成。视频眼罩包括虚拟光学显示系统、眼球成像跟踪系统和相应的机械系统；电子学系统由两个瞳孔摄像机和双路视频采集卡组成等；计算机系统包括同步系统、图像处理系统、窗口跟踪系统、存储显示系统及外设接口。应用软件由数据采集模块和数据分析模块组成，实现对眼动数据的采集和参数计算分析。该设备的主要工作原理是：通过视频眼罩内的视靶信号等各种刺激诱发一定的视、前庭眼动反射，通过对眼动的图像摄取和对眼动的各种参数进行自动测量分析来评定被检查者的前庭功能。

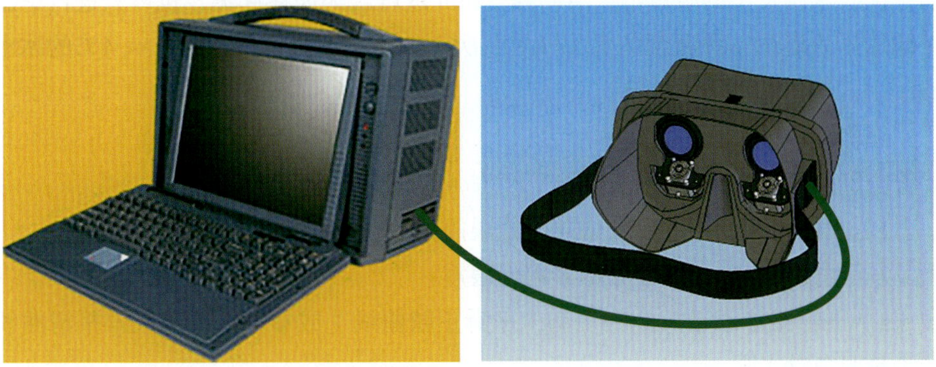

图 10-2 S07- 飞行员前庭功能检查设备

3. 检查方法

（1）自发性眼震检查：被检者取头直端坐位，注视正前方，在暗室睁眼和闭眼情况下分别观察记录眼位变化 20 s，有眼震出现时观察记录 60 s。

（2）凝视性眼震检查：被检者取头直端坐位，注视正前方，依次注视分别与中央上下左右旁开 30° 视角的四处光点：向右—中—向左—中—向上—中—向下，每处观察记录眼位变化 30 s，有眼震出现时观察记录 60 s。

（3）变位性眼震检查：按 Dix-Hallpike 操作方法，即从端坐位依次快速（1 s 内）

将体位变换为下列各位置：仰卧头左（45°）垂位，仰卧头中心垂位，仰卧头右（45°）垂位。每种体位变换后连续观察记录眼动至少 20 s，有眼震时可延长。

（4）位置性眼震检查：依次记录下列各体位时的眼动：端坐位，仰卧头正位，左侧卧位，右侧卧位，仰卧头垂位。体位变换速度不能快于 1 秒，每种体位下连续观察记录眼动至少 20 秒，有眼震时可延长。

（5）平稳跟踪试验：受检者取头直端坐位，双眼向前平视，注视并跟随水平方向匀速正弦波摆动的光点，光点频率为 0.1 ~ 0.5 Hz，速度 40°/s，记录跟踪眼动波曲线。也可只选取以一种频率模式或伪随机模式摆动的光点进行测试。

（6）扫视眼动检查：受检者取头直端坐位，双眼向前平视，注视并跟踪水平方向跳动的光点，光点跳动的频率为 0.2 ~ 1.0 Hz，幅度为左右各 20° 范围，记录跟踪眼动波曲线。

（7）视动性眼震检查：眼罩内光栅以 0.05 Hz 频率和 60°/s 的峰速度按正弦模式运转 3 ~ 5 个周期，观察并连续记录眼震。

（8）冷热试验检查：暗室环境下被检者取仰卧位，头抬高 30°，使水平半规管呈垂直位。分别向左、右耳依次灌注温度分别为 30℃和 44℃的冷、热水 250 ml，每次持续 30 s，各温度误差不应超过 ±0.1℃。灌水的顺序是“先右耳后左耳，先热水后冷水”。灌水时灌水管头位于外耳道内，其斜口对着外耳道后上壁，每次灌水必须在前一次灌水诱发出的眼震消失后间隔 5 min 进行。为简便起见，也可只进行单温试验，即每耳只灌注一种温度的水（气）一次，如左、右耳依次灌注 0 ~ 4℃的冰水各 20 ml。

4. 评价标准

符合下列条件者前庭功能正常。

（1）无慢相速度超过 6°/s 的自发性眼震；

（2）无慢相速度超过 6°/s 的凝视性眼震；

（3）平稳跟踪眼动反应为Ⅰ型（平滑正弦曲线）或Ⅱ型曲线（正常平滑曲线上附加少量眼急动）；

（4）视动性眼震检查，眼震慢相速度优势偏向（directional preponderance，DP）≤ 10%；

（5）冷热试验检查半规管轻瘫（canal paresis，CP）≤ 25% 和 DP ≤ 30%。

（二）前庭功能稳定性训练

前庭功能稳定性训练旨在增强前庭系统的稳定性、受训者抗运动病反应能力和保持空间定向和情景意识的能力，可以借助一定的器械设备进行，也可以徒手进行，但以借助器械设备训练的效果较为理想。器械训练设备主要有两种，一种是四柱秋千，可以产生线加速度，刺激人体的耳石器官，引起前庭耳石自主神经系统的反应；另一种是电动转椅，产生复合角加速度，刺激人体的前庭半规管系统，引起前庭半规管自主神经系统的反应。通过反复训练，使这些前庭（半规管和耳石器系统）的自主神经通路的功能反应产生适应，从而增强前庭自主神经稳定性，降低或消除在飞行条件下的前庭反应，以达到巩固、提高、发挥前庭器官有利于空间定向的功能作用，减轻、消除其有害于飞行空间定向以及飞行安全的功能反应。

1. 四柱秋千训练

（1）训练目的：四柱秋千训练是一种前庭耳石器稳定性的适应性训练，训练是为了提高前庭稳定性，对抗晕机反应。

（2）训练设备：HP 型四柱秋千（图 10-3）。主要由座椅（安全带、扶手、头托、脚踏）、立柱、支架等组成。主要产生对人体胸背（x 轴）方向的累加直线加速度。

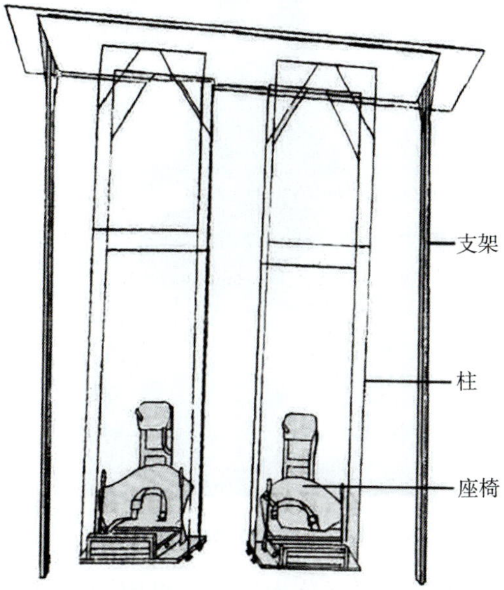

图 10-3　HP 型四柱秋千

（3）训练方法：①刺激量选择。第一次训练，取受训练者累加直线加速度耐受时间的一半为训练量，以后逐渐增加秋千摆动时间，以感到身体发热或轻微不适为终点，一直训练到耐受秋千摆动 15 min 无不适为止。以后每月 2 周以秋千摆动 5 min 的刺激量训练 1 次，以巩固训练效果。②训练步骤。受训者坐在 HP 型训练秋千的座椅上，系牢安全带，双脚蹬在脚踏板上，两手扶在座椅的扶手上，闭眼。秋千以 35° 摆动角、16 ~ 17 次 /min 摆速前后摆动。每次训练记录时间。

（4）考核标准：耐受秋千摆动 15 min，前庭反应呈 0 度、Ⅰ 度者为合格。前庭反应可以根据以下反应分为四个等级：0 度表示没有任何反应；Ⅰ度表现为额角有微汗，面色稍白，胃部不适；Ⅱ度表现为额角有汗珠，面白，恶心；Ⅲ度表现为Ⅱ度反应且有呕吐或干吐。

（5）注意事项：训练中注意安全，系好安全带，防止磕碰外伤。

2. 阶梯式累加科里奥利加速度训练

（1）训练目的：阶梯式累加科里奥利加速度训练旨在增强前庭半规管的稳定性，从而提高前庭稳定性并抵抗晕机反应。

（2）训练设备：VTS-O 型电动转椅（图 10-4）主要由头托（分普通式和摆动式两种）、脚踏、扶手、安全带和底座等组成。该转椅可顺、逆时针旋转，旋转速度分 60、75、90、105、120°/s 5 档控制。可显示运行时间（s）、角速度（°/s），可产生累加复合角加速度（科里奥利加速度）刺激。

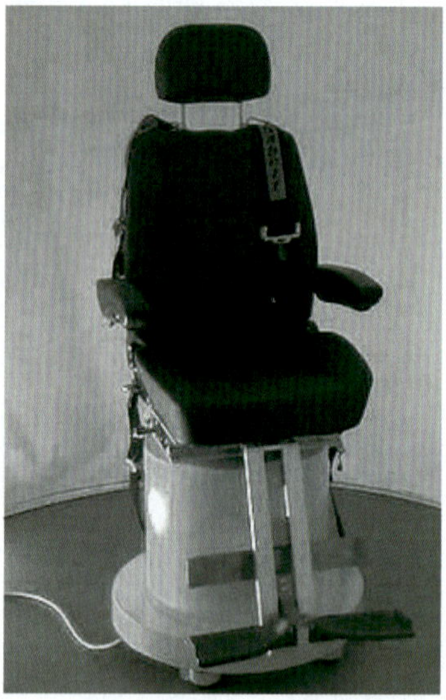

图 10-4　VIS-O 型电动转椅

（3）训练方法：①训练程序。分为训练、巩固和测试三个阶段。训练分为 4 个耐受目标点：60°/s 5 min+75°/s 5 min（科里奥利加速度值为 11.3 $\pi cm/s^2$）；75°/s 5 min+90°/s 5 min（科里奥利加速度值为 13.8 $\pi cm/s^2$）；90°/s 5 min+105°/s 5 min（科里奥利加速度值为 16.3 $\pi cm/s^2$）；105°/s 5 min+120°/s 5 min（科里奥利加速度值为 18.8 $\pi cm/s^2$）。每日训练一次，直至达到一个目标点再转入下一个目标点训练。达到第四个目标点后，以此耐受值连续巩固 3 天，之后进行测评。②训练要求。受训者坐在配备普通头托的转椅上，系好安全带，将头靠在头托上并闭上眼睛。以选定的角速度值启动转椅，恒速后令受训者按节拍器左右摆头（30°/s）。每次训练以感到发热，或者轻度不适为终点。切忌发生呕吐，以免造成恶性刺激，降低训练效果。③训练维持量。每周以 90°/s，或者 120°/s 角速度 5 min 的训练量训练，以巩固训练效果。

（三）前庭错觉体验训练

1. 训练目的

让飞行员在地面体验飞行中易发生的反旋转错觉与科里奥利错觉等前庭性错觉，以理解人体前庭定向器官定向的局限性，并增强对错觉的识别、抵抗能力以及保持情景意识的能力。

2. 训练设备

VTS-O 型电动转椅。

3. 训练方法

（1）反旋转错觉体验：①训练准备。受训者端坐在配有普通头托的转椅上，系牢安全带，头前倾 30°，闭眼。②训练实施。转椅顺时针或逆时针以 90°/s 角速度旋转，恒速 60 s 后立即停动转椅，受训者在转椅运行中体验空间感觉。旋转开始，产生与旋转方向相同的旋转感觉，为正确感觉。如受训者在恒速 10 ~ 20 s 后产生“不动”感或反旋转感，停动后产生反旋转感，这些感觉均为错觉。顺时针和逆时针旋转各做一次，中间休息 3 min。

（2）俯仰或翻转错觉体验：①训练准备。受训者端坐在配有“摆动”头托的转椅上，系牢安全带，头靠在头托左挡板上，闭眼。在转椅运行之前要先练习摆头动作，头由一侧摆到另一侧的时间控制在 1 s 内。如摆头中有恶心反应时，则停止训练。②训练实施。转椅顺时针以 60°/s（或 90°/s）角速度旋转，恒速 20 s 后头由左倾位摆到右挡板处不动，此时可产生“上仰”或“向后翻转”错觉。待错觉消失，且无其他不适感时，头再由右倾位摆动到左挡板处不动。此时可产生“下俯”或“向前翻转”错觉。待错觉消失后，停动转椅。转椅逆时针运行中产生的错觉方向与顺时针运行时相反。

（3）倾斜或滚转错觉体验：①训练准备。受训者端坐在配有普通头托的转椅上，系牢安全带，头靠在头托上，闭眼。在转椅运行之前要先练习低、抬头动作，时间控制在 1 s 内。低、抬头中有恶心反应等不适反应时，则停止训练。②训练实施。转椅顺时针以 60°/s（或 90°/s）角速度旋转，恒速 20 s 后，低头约 90°，体验错觉，同时保持头在该位置上不动。在顺时针旋转中低头会产生“右倾”或“向右滚转”错觉，在逆时针旋转中低头会产生“左倾”或“向左滚转”错觉。待错觉消失，且无其他不适感时抬头，此时头靠在头托上不动，同时体验错觉。在顺时针旋转中头由低下位抬直时会产生“左倾”或“向左滚转”错觉，转椅逆时针运行中产生的错觉方向与顺时针运行时相反。

4. 训练效果判定

经过训练应达到：①对前庭性错觉能正确、及时识别；②错觉反应降低或消失；③无前庭自主神经反应发生。

（四）视性错觉模拟训练

1. 训练目的

体验和识别视觉因素诱发的错觉。

2. 训练设备

视动笼和半径为 1 m 以上的圆筒（屋），也可以用视动投影装置代替视动笼，用全视场的半穹隆屏幕或墙壁代替圆筒（图 10-5）。

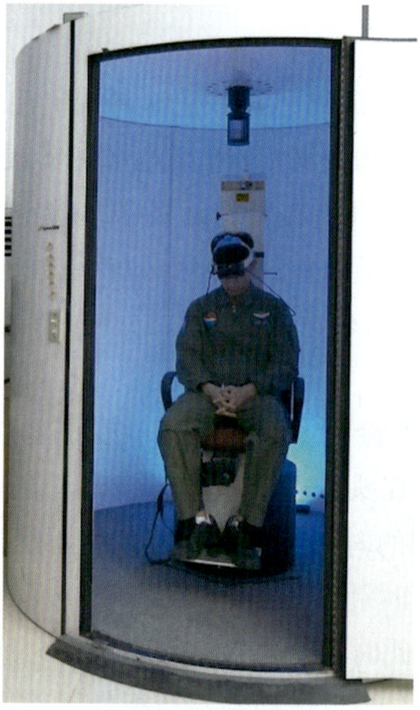

图 10-5　视动笼

3. 训练方法

（1）相对运动性错觉模拟训练：关闭圆筒内照明灯光，飞行员端坐于圆筒（屋）中心静止不动，启动视动笼（图 10-5）以一定速度恒速旋转，视动笼的光条投射于圆筒（屋）壁，嘱飞行员眼睛目视正前方墙壁上的光条，在一定时间后，飞行员会产生光条静止，而自身向相反方向旋转的错觉，同时向飞行员解释产生这种反旋转错觉的机理。

（2）自动性错觉模拟训练：关闭圆筒内照明灯光，飞行员端坐于圆筒（屋）中心静止不动，让飞行员注视投射到其面前固定激光点，在一定时间后，飞行员会产生光点移动的错觉，同时向飞行员解释产生这种自动性错觉的机理。

4. 训练效果判定

体验到错觉，并了解产生错觉的机理即达到训练效果。

5. 注意事项

在训练过程中出现头晕、眩晕、恶心、呕吐等不适感觉时立即停止训练。

（五）躯体重力错觉模拟训练

1. 训练目的

体验和识别躯体重力错觉。

2. 训练设备

半径为 1 m 以上的圆筒（屋），可以远离轴心 5 cm 的偏心转椅，最大旋转速度 300°/s。转椅上加装可以由飞行员控制的光条，可以进行主观视觉重力垂直线知觉检测。一般采用前庭功能检测系统（图 10-6）。

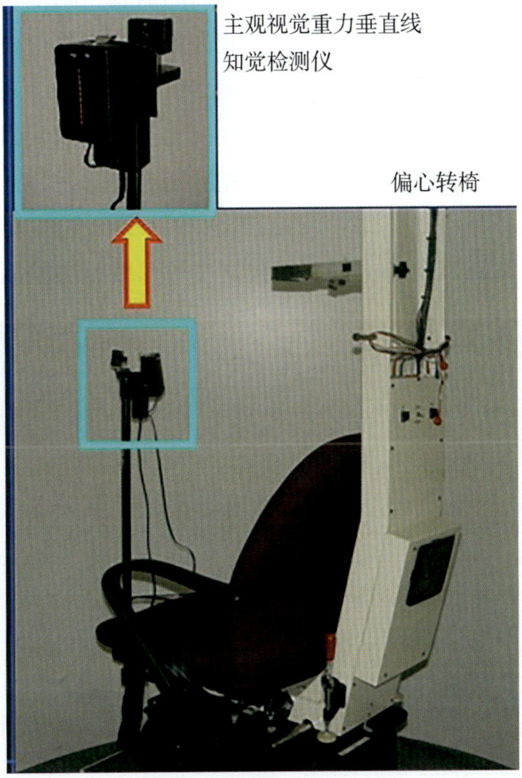

图 10-6　前庭功能检测系统

3. 训练方法

转椅从轴心偏移 5 cm，并以 300°/s 的恒定速度旋转，在暗室中让飞行员将面前的光标调整到自认为的重力垂直线的方向，该光标与实际重力垂直线间的角度就可以反映该名受检者产生躯体重力错觉（倾斜错觉）的程度，该角度越小，表明错觉程度越轻。在转椅减速时让飞行员观察自己调整的光条，飞行员会立即感觉自己调整的光条距实际的重力垂直线相差较大的角度，使飞行员认识到在转椅偏心旋转时自身产生了倾斜的躯体重力错觉，同时向飞行员解释产生这种躯体重力错觉的机理。

4. 训练效果判定

认识到躯体重力错觉的产生会使自身与实际重力垂直线间的角度产生偏差，并了解产生躯体重力错觉的机理即达到训练效果。

5. 注意事项

在训练过程中出现头晕、眩晕、恶心、呕吐等不适感觉时立即停止训练。

（六）飞行员仪表视觉空间定向能力训练

1. 训练目的

飞行员在夜间及云中复杂气象进行仪表定向的需要，降低空间定向障碍的风险，针对不同机型构建飞行员仪表视觉空间定向能力训练仪，其组成包括飞行操纵、视景仪表显示和控制台等硬件设施，以及视景系统、仪表显示训练系统、飞控系统、管理系统等软件内容，其目的是提高飞行员的仪表视觉空间定向能力，有效消除飞行员应对复杂环境时产生错觉后的紧张心理，增强克服飞行错觉信心，减少飞行事故。

2. 训练设备

飞行员仪表视觉空间定向能力训练仪包括飞行驾驶舱和控制台，如图 10-7 所示。

图 10-7　飞行员仪表视觉空间定向能力

（1）硬件组成：飞行驾驶台包括视景显示器、仪表显示器、驾驶杆、油门、脚蹬、座椅、仪表计算机、视景计算机、飞机模型计算机。

控制台包括仪表显示器、视景显示器、控制软件显示器以及控制台、鼠标、键盘、控制台计算机。

（2）主要功能：①按照飞机机型建立典型仪表及显示方式；②实现完成起飞、巡航、着陆全过程的机场、海面、地貌、云端和昼夜等效果的视景；③实现完成模拟飞行的视景显示系统、仪表显示系统以及飞行控制等系统的硬件设施；④可实现速度表闪现、高度表闪现、平显闪现检测技术、地平仪闪现、罗盘闪现、复杂状态平显判断、复杂状态仪表综合判断等功能指标；⑤能设置飞机进入不同的飞行复杂状态；⑥能设置多重任务，飞行员在高认知负荷情况下完成相应飞行操控训练。

3. 训练方法

（1）仪表及平显闪现训练：训练内容分为单一仪表训练和综合仪表及平显训练。

训练开始屏幕上立即出现仪表画面，停留一段时间消失，随即出现三个备选答案，让飞行员迅速确认并选择正确的答案。系统根据飞行员判断时间及正确性进行打分。

（2）复杂状态改出训练：选择该项目后，系统将飞机进入不同的复杂状态，要求飞行员改出后飞机保持速度 500 ± 50 公里 / 小时，高度 5000 米 ± 1000 米，操持飞机平飞，飞行员确认。系统根据飞行员操纵方法及恢复时间进行打分。

（3）高任务负荷训练：飞行员操纵飞机保持要求速度及高度飞行，整个飞行过程中，附加任务伴随进行，在飞行过程中系统会随机发出临时性任务让飞行员完成。系统根据飞行员附加任务及临时性任务完成情况进行打分。

（七）空间定向障碍模拟器训练

1. 训练目的

通过在空间定向障碍模拟器上进行错觉体验与抗错觉能力综合训练，体验各种前庭与视性错觉，加强座舱定向信息的获取与分析综合能力，提高在错觉场景下识别错觉并进行有效操纵的能力。

2. 训练设备

空间定向障碍模拟器（图 10-8）。该模拟器采用三维六自由度的运动平台，配合逼真的座舱视景系统，可实现爬升 / 下降、筋斗、滚转、旋转、螺旋、平飞、跃升、推拉、失速等多种飞行动作，产生科里奥利错觉、躯体重力性错觉、错误水平线错觉、黑洞进场错觉、距离和深度知觉错误闪光性眩晕等多种飞行错觉，以显示人体定向器官在三维空间环境异常运动刺激下存在的局限性，增强飞行人员对飞行错觉的体验、识别、控制和抵抗的能力，保持和提高飞行人员的情景意识水平，从而达到减少飞行错觉事故率的目的。

1）错觉产生方式

AIRFOX DISO 的六自由度的运动平台，能在所有 7 个轴向（俯仰、滚转、偏航、附加偏航轴、垂荡、纵荡、横荡）上进行运动，软件能过对飞行课目所有环境和场景预先或现场改变，根据要求为受试者演示错觉。

（1）模拟演示基本的前庭错觉：前庭错觉通过六自由度的运动平台，能在所有 7 个轴向（俯仰、滚转、偏航、附加偏航轴、垂荡、纵荡、横荡）上进行运动，在三维环境中暴露于非正常运动时演示人体平衡系统的功能和缺陷（如视觉恒常性在三维环境中的不可靠、前庭器官感受的是角速度方向而不是速度方向、不能区分重力和重力惯性力、感受不到阈下刺激）；这些错觉如科里奥利错觉、倾斜错觉、自动性错觉、躯体重力性错觉、眼旋动错觉、躯体旋动错觉、螺旋等。

图 10-8 空间定向障碍模拟器

（2）模拟演示基本的视性错觉：视性错觉通过改变外界视觉参照或者完全缺乏环境信息，导致引起事故的空间定向障碍和情景意识丧失的发生，视觉参数包括灯光、环境可见度、跑道宽度、云层倾斜度、低频闪烁以及雨雪等。系统同时给飞行人员双耳提供所有周围相关声音刺激。这些声效包括：引擎声音、飞机系统声音（如齿轮和襟翼运动）、起落装置声音（触地）、导航声音（摩尔斯电码标识符）、警告（例失速警告）。声刺激可为相应的飞机模型提供逼真的声效。这将为刺激提供更逼真的声音反馈，从而改善训练效果。这些错觉如自动性错觉、错误水平线错觉、黑洞进场错觉、距离和深度知觉错误、沙漠效应、雪地效应、相对运动性错觉、闪光性眩晕。

2）主要特点

空间定向障碍模拟器与其他飞行模拟器相比具有以下特点。

①座舱可以绕垂直轴旋转；②系统设计上能产生足够的运动和视觉信息，以演示多种 SD 效应。硬件通过六自由度旋转，软件通过设置视觉参数，比如：跑道宽度、云层、雨、雪等，多种引起错觉的因素，达到了 SD 演示的目的；③其他模拟器仅仅针对某一机型，DISO 是对各种机型的提炼，按军事固定翼机或旋翼机设计，涵盖了绝大多数飞行状况；④能有效针对医学研究进行错觉分析；⑤具有全面、可重构的实时飞行模拟性能；⑥产生的失定向错觉通过运动（角运动或线运动）和（或）视觉诱发的；⑦有助于增强错觉效果的声效、飞行仪表和窗外场景显示系统等；⑧能进行夜视仪表飞行训练。

3）性能指标

结构组成：空间定向障碍模拟器主要包括运动平台模拟系统、视景显示系统、飞行仪表显示系统、杆舵油门操作系统、飞行模拟仿真系统、医学信号检测系统、设备运行管理系统等组成，如图 10-9、图 10-10 所示。

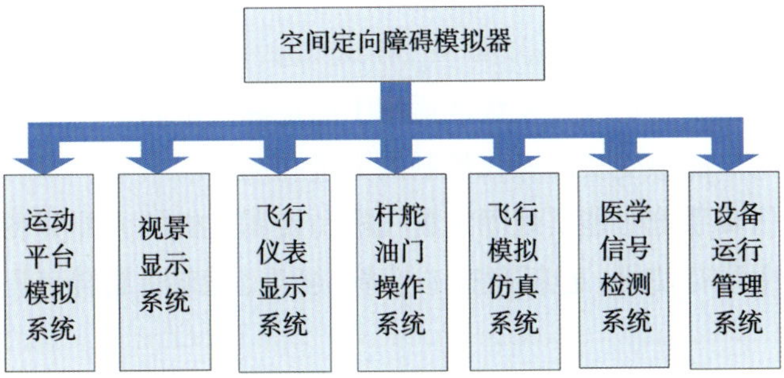

图 10-9　空间定向障碍模拟器结构组成图

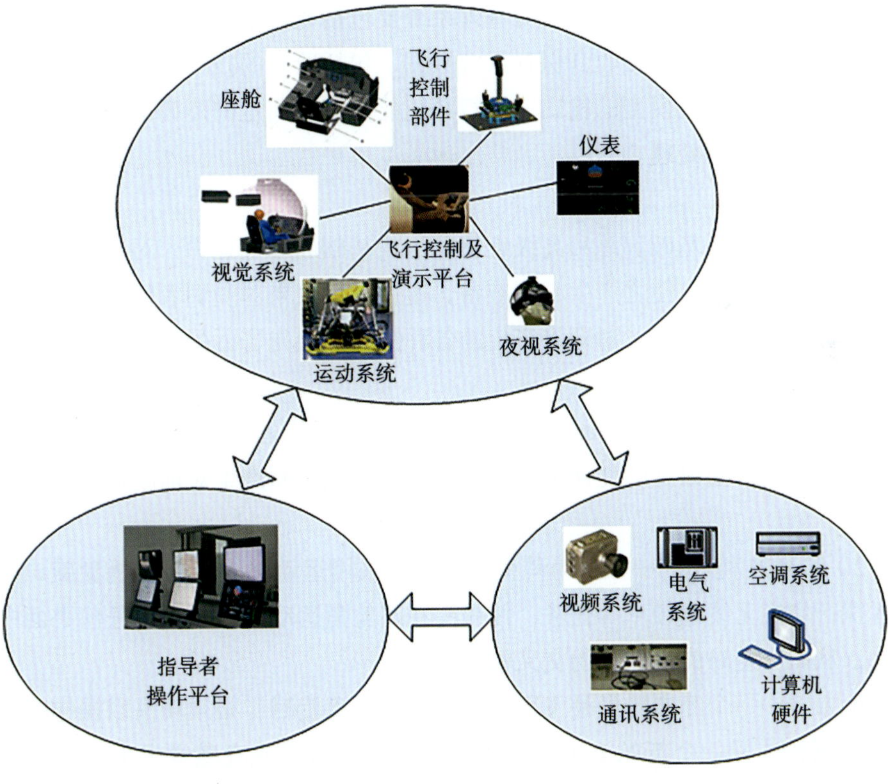

图 10-10　系统硬件结构图

①具有飞机运动特征的运动平台模拟系统：座舱底座为具有六自由度的运动平台，能在所有 7 个轴向（俯仰、滚转、偏航、附加偏航轴、垂荡、纵荡、横荡）上进

行运动。

②飞行外界视觉环境的视景显示系统：视觉系统采用高度逼真的地理场景。这些场景包括高分辨率的典型地质结构和高分辨率的特殊海拔数据以及许多地面特征以进行有效的低空飞行夜视训练。

③飞行仪表显示系统：飞行仪表要包括固定翼飞机和旋翼飞机基本应用仪表，用于训练时监视飞机的状态和操作。

④杆舵油门操作系统：操作系统能适用于固定翼飞机和旋翼飞机模拟的主要飞行控制系统，做到用户能感受实际操作控制的力量和动作。

⑤飞行模拟仿真系统：能实现固定翼飞机和旋翼飞机的大部分飞行动作，这些动作可在一次飞行中联合使用，包括爬升 / 下降、筋斗、滚转、旋转、平飞、跃升、推拉、失速等。

⑥医学信号检测系统：医学信号检测系统用于将受训者的医学数据从座舱传递到控制台。采集的医学数据包括心电信号、脑电信号、眼动图、血压、脉率及皮肤阻抗等。

⑦设备运行管理系统：设备运行管理系统要包括数据记录管理系统和运行系统。数据记录管理系统能实时接收和保存系统数据，包括所有的技术数据、视频数据和在运行过程中使用的飞机模型的输出。运行系统能监控空间定向障碍训练器的运行，能对硬件意外情况及时处理。

3. 训练方法

训练方式可分为基础训练和高级训练：①在基础训练过程中，对即将产生的各种错觉提前告诉受训者，使之产生心理准备，通过飞行效果对受训者的错觉情况进行判别；②在高级训练过程中，对即将产生的各种错觉不预先告诉受训者，通过飞行效果对受训者的错觉情况进行判别。

（1）科里奥利效应——Barany 转椅（被动）：指采用运动平台的连续偏航轴旋转，头在座舱角运动平面以外的任何平面内进行角运动，从而产生对前庭器官的交叉耦合刺激。

（2）科里奥利效应——主动科里奥利：指采用运动平台模拟飞机盘旋，同时让受训者执行切换无线电频率等任务，使得头在座舱角运动平面以外的任何平面内进行角运动，从而产生对前庭器官的交叉耦合刺激。

产生方式：一个经典场景是飞行员在下降仪表盘旋时，必须转头以操作座舱侧位仪表台。例如选择一个新的 R/T 频率。头动产生的错误前庭感觉发生于飞行员缺乏可靠的与飞机定向有关的视觉信息，因而增加了依据这些错误信息进行控制的概率。

（3）螺旋改出：指从较长时间盘旋中恢复后出现向相反方向的角加速度错误感觉。主动方式采用运动平台模拟飞行期间的六个可控轴向，从较长时间盘旋中恢复后出现向相反方向的角加速度错误感觉。

产生方式：长时间恒速的螺旋或盘旋，一旦从螺旋中恢复，飞行员就受到可被半规管感知的减速度刺激。半规管内的液体再次受到刺激，产生强烈的相反方向的螺旋感觉，即使飞行仪表明确显示这个感觉是错误的，显示飞机姿态是“平飞”。如果剥夺外界视觉参照，飞行员可能忽略仪表信息，并针对错误的螺旋知觉采用矫正动作，飞机将重新进入原先方向的螺旋。

（4）反坡度错觉：指滚转姿态的错误感觉，在相反方向的阈下滚转中恢复后出现的滚转姿态错觉，或以阈下刺激运动的倾斜盘旋飞机以阈上运动恢复后，出现向相反方向角位移错觉。

产生方式：倾斜错觉是滚转姿态的错觉。倾斜通常由一侧机翼以 0.2°/s 到 8°/s 速度压坡度引起，因为这种姿态改变是渐进的，半规管内液体的流动是非常缓慢的，这个改变是飞行员感知不到的（阈下）。这种感觉是一种姿态变化错觉，错误地将飞机的平飞认为是飞机向相反方向姿态的变化。然后如果飞行员依靠显示正确姿态的仪表信息，他会向原先飞机倾斜的方向“倾斜”自己的身体。这种错误的感觉通常会在几分钟内消失，但是已知可长达 30 ~ 60 分钟。

（5）躯体重力性错觉：黑夜起飞是加速度作用时对俯仰角的典型错觉，归入躯体重力错觉，是指由于持续的异常合加速度矢量（重力惯性力）引起的姿态的错误知觉，显示在起飞后加速爬升过程中对俯仰角的错误感知。

产生方式：当飞行员暴露于与地面正常活动（重力是恒定的参照物，被认为是垂直的）显著不同的力环境时，产生的姿态错误知觉。重力加速度与线性加速度具有相同的物理特性，因此彼此间不容易鉴别。

这种类型的错觉机制可用惯性力引起囊斑上的耳石膜的移位来解释，将重力惯性力的合力认为是重力（因而是垂直的），从而传递错误的定向信息。典型的躯体重力错觉是起飞进入能见度降低的环境中后产生的上仰错觉。当飞机通过增加发动机动力或减少制动加速时，由于前进速度的增加导致的惯性力与重力合并产生了一个向后下的惯性合力。如果将这个合力作为垂直参照，那么飞行员将会感到他和飞机处于上仰姿态。发生在起飞且冲出跑道时的躯体重力错觉特别危险，尤其是在夜晚或低能见度条件下。飞行员在这个时候对明显上仰姿态幅度增加的反应是前推控制杆，几乎没有时间和高度去纠正他的错误。由于飞机在纵轴上的加速度、重力以及最终的离心力的合力产生了一个合力矢量，该矢量与真正的垂直线存在相当大的偏离。

（6）躯体旋动错觉：指由于半规管不能正确反映以恒角速度进行的角运动引起的自身运动的错误感觉。被动模式采用持续驱动的运动平台偏航轴，由于半规管不能正确反映以恒角速度进行的角运动引起的自身运动的错误感觉。

产生方式：在持续以恒角速度的持续旋转过程中，不论是恒速旋转、持续滚转或自旋，半规管只在旋转的头几秒能提供正确的信息。一旦旋转达到恒速，来自半规管的信号逐渐减弱，飞机一冲出盘旋就存在一个和进入盘旋相反方向的角加速度。半规管被再次刺激，诱发相反方向的旋转的感觉。

（7）眼旋动错觉：指观察者的半规管受旋转运动刺激时，与其相对固定的目标会出现明显的运动——也称眼旋动错觉。被动模式采用持续驱动的运动平台偏航轴，在从持续的恒角速度旋转恢复后产生明显的视标运动感觉。（躯体旋动错觉的视觉成分）。

产生方式：除了眼震造成视力损害外，来自半规管的不正确信号对视觉还有其他效应。这些效应造成视标的明显运动和定位错误。几秒后眼震在幅度和速度上大幅降低，使得可固视视野内的目标。如果外在信息只有无特征视野中的孤立灯光或星星时，错觉可持续许多秒，甚至数分钟。一旦起始眼震被抑制，可以看清楚目标光点，显示其与观察者一起旋转。

（8）眼震：指半规管的持续角角加速度刺激引起的眼球反复的、补偿性的反射性运动。被动模式采用持续驱动的运动平台偏航轴以及全黑的座舱：在加速 / 减速时半规管的持续角角加速度刺激引起的眼球反复的、补偿性的反射性运动（前庭眼震）。

产生方式：眼震是对前庭刺激自然的反射反应（眼动）。这个前庭反射的功能是稳定眼位。 当头突然转动时，眼球反射性地向头动相反方向移动以便稳定外界视场影像。在头的长时间持续角运动时，补偿性的眼动呈现一种特殊的波形。在旋转开始，眼动精确地代偿头的角运动；在几秒后，来自半规管的信号与刺激不再匹配，眼的稳定性就受到损害；在 30 s 后，半规管信息都缺失，眼球不能稳定，也许会损害对飞机外目标的视力。当旋转停止时，产生相反方向的眼震，损害飞行员机舱内外的视力。

（9）自动性错觉：指黑暗背景上的静止微弱光的明显运动。没有运动的被动模式，黑暗背景上的静止微弱光的明显运动。

产生方式：自动性错觉主要发生在夜晚，当周边视觉信息极微时，观看黑暗背景上的静止弱光，在大约 6 到 12 秒的固视光点后，尽管目标光点并无实际的移位，会感觉光点在任何特定方向上或连续几个方向上运动达到 20° 。错觉可使飞行员将固视的目标误认为是另一个飞机。另外，一个夜间飞行的飞行员，可能会将一个相对稳定的长机误认为不稳定的运动，而实际上，并没有运动。飞行员为了应对这种飞机的错觉运动而采取的不必要和不需要的控制输入，往好的方面讲，增加了工作量，产生了无效运动，往坏的地方讲，引起操作危险。通过偏心扫描技术避免自动性错觉。

（10）假天地线错觉：指错判云顶或云底，光折射或平滑的地貌特征。主动模式采用模拟飞行时的 6 自由度液压运动平台，由于错误感知倾斜的云层或倾斜照明的路标以及地貌特征（海岸线，公路）。

产生方式：错误水平线错觉发生于飞行员将云层与地平线或地面混淆。这个错觉发生于飞行员下意识里选择用于定向的唯一的参照点。倾斜的云床，如果在飞行员的外周视野里延伸很大的距离，很难不被意识为水平的。一个飞行员可能把下面的云底意识为水平的，尽管它相对地面不是水平的，因此，飞行员可能以倾斜姿态飞飞机。这种状况经常是隐匿的，不知不觉发生，除非飞行员发现，转向仪表飞行，并进行纠正。这种错觉还发生在持续长时间注意舱内任务后向舱外看时。这种错觉可能导致飞行员使飞机与云底平行。

（11）黑洞进场：指一种只有照明的跑道和稀少的外界参照、完全缺乏环境信息而导致的视性错觉。黑洞进场对直飞进跑道具有显著的影响。在飞行员在进行进场着路的 弧度飞行时似乎存在稳定的恒定角的进场错觉。主动模式采用模拟飞行时的 6 自由度液压运动平台，由于完全缺乏环境信息而导致的视性错觉。

产生方式：研究显示在夜间无地貌特征上空进场的飞行员，将要保持对向跑道的恒定视角。进场路径位于以进场区域为中心的大的圆环的圆周上。这意味着起初下降到跑道太陡，然后在接近跑道时变平坦，但飞行员在进场飞行时却意识不到。尽管研究还没有发现为什么飞行员在黑洞情况下趋于保持跑道视角的恒定，但他们发现这种状况是普遍的。

某些状况使得黑洞效应更显著。当飞行员观察以下一些情况时需警惕黑洞错觉：

①机场靠近明亮照明的城市，而在飞机与机场之间几乎没有特征地貌或灯光。城市灯光的亮度造成他们比实际距离要更近些的印象。

②机场位于海岸上或位于地貌稀疏的地方如沙漠和荒野上。这是经典的黑洞场景。

③具有清澈天空和良好能见度的夜晚。判断距离的一个状况就是距离所提供的模糊性。当天空非常清澈，由于缺乏这种模糊性，使得远处物体显得比实际距离要近些。

（12）距离和深度知觉错误——跑道宽度和坡度：包括跑道宽度错觉和倾斜跑道错，指目标大小（如跑道）改变，不同于以往熟悉的大小，造成距离的错误感觉。

①跑道宽度错觉：主动模式采用模拟飞行时的 6 自由度液压运动平台，当跑道不同于以往熟习的大小，在进场和着陆时产生高度和 / 或距离错觉

②倾斜跑道错觉：主动模式采用模拟飞行时的 6 自由度液压运动平台，在带坡度地形上进场和着陆期间产生的高度和 / 或距离错觉。

产生方式：高度和距离错觉是相对于目标或地面的距离错觉，由于飞行人员凭观察经验将不熟悉的目标大小误判为已习惯的目标大小，所引起。这个错觉可发生于视觉信息例如跑道或树的大小不同于预期时。飞行员在进场到一个更大的、更宽的跑道，会感觉飞机太低了；相反地，飞行员进场到一个更小的、更窄的跑道，可感觉飞机飞太高了。这个错觉可发生在夜间飞行员在查看另一个飞机的位置灯时。如果飞机被观察到突然飞进烟或雾中，飞机似乎比以前飞得更远。

（13）沙漠效应：指由于空中沙土或尘土导致的飞行中能见度下降。在模拟飞行

期间采用 6 自由度液压运动平台的主动直升机模式，在逼真的典型视觉状况下的直升机飞行模拟。

产生方式：在暗淡光线条件下，飞行员无法看见周围的物体，从而无法为控制接近地面的飞机提供必需的外界视觉参照物。这可能导致引起事故的空间定向障碍和情景意识丧失的发生。

（14）雪地效应：指由于在雪地上太阳的反射和多云的天空引起的对天地线的定向丧失。在模拟飞行期间采用 6 自由度液压运动平台的主动直升机模式，在逼真的典型视觉状况下的直升机飞行模拟。

产生方式：在晴空条件下，当无降雪时，多云天空云层的散射光线也会导致所有表面界限的消失。此时不可能分辨与覆盖着白雪地面间的距离。这种视性错觉使得白雪皑皑的高山在白云的背景下难以分辨。飞机螺旋桨将雪花卷到空中更会加重这种状况。

（15）相对运动性错觉：指由于周边视觉诱发的自身在空间环境中运动的错觉。在模拟飞行期间采用 6 自由度液压运动平台的主动直升机模式，在一定空间地域上（窗外参照物稀少的雪地、水面）逼真的典型视觉状况下的直升机飞行模拟。

产生方式：在直升机飞行中有两种常发生的相对运动性错觉：

①在水面上盘旋，水浪以直升机为中心向周围迁移，造成飞机向后运动的错觉。飞行员很容易要向前追赶水浪。

②在长草丛上盘旋，草丛摇晃的波浪以直升机为中心向周围迁移，造成飞机向后运动的错觉。飞行员很容易要向前追赶草浪。

（16）闪光性眩晕：指一个相对亮光的低频闪烁暴露导致的脑细胞活动的不均衡现象。在模拟飞行期间采用 6 自由度液压运动平台的主动直升机模式，在逼真的典型视觉状况下的直升机飞行模拟。

产生方式：由直升机旋翼以一定频率遮断阳光所致，主要表现为恶心、呕吐，在极少数情况下还会出现知觉丧失。通常，其症状比较轻微，闪光源一消失就立即停止。有时候，个人意识不到闪光性眩晕的发生，但是，闪光性眩晕可以导致飞行员出现空间定向障碍，产生不精确的高度、速度或姿态的知觉。

第三节　空中飞行错觉模拟与训练

在飞行学员阶段，可以让其尽早体验飞行错觉的飞行动作、掌握发生机理和危害等，在飞之初就了解飞行错觉的空中实际感受，本书列举了空中模拟了十余种飞行错觉的空中实施方法和发生机理等。该训练内容适用于初教 6 和 AG100 等轻型螺旋桨飞机，部分需要载荷的错觉模拟可在教 8 以上飞机训练，其中阈下倾斜错觉、反向倾斜错觉、反大坡度错觉或反倒飞错觉、阈下俯仰错觉、上仰错觉、下俯错觉、反旋转错觉、科里奥利加速度错觉等在初教 6 或教 8 飞机上进行了实际空中验证。

①缓慢操纵飞机在感觉阈下倾斜诱发阈下倾斜错觉。

②飞机长时大角度转弯后突然改平诱发反向倾斜错觉。

③做急上升转弯进入大坡度或倒飞诱发反大坡度错觉或反倒飞错觉。

④缓慢操纵飞机在感觉阈下俯冲诱发阈下俯冲错觉。

⑤缓慢操纵飞机在感觉阈下上升诱发阈下上仰错觉。

⑥直线匀速平飞中减速诱发下俯错觉。

⑦直线匀速平飞中加速诱发上仰错觉。

⑧飞机俯冲时加油门诱发俯冲平飞错觉。

⑨飞机上仰时收油门诱发上仰平飞错觉。

⑩大坡度转弯过程中低头抬头诱发科里奥利错觉。

⑪飞机做大角度持续急转弯后突然改平诱发反旋转错觉。

另外针对在直线匀速平飞中，突然的加速或减速以及抬头或低头会诱发俯仰轴向的超 G 错觉，飞机盘旋时突然改变坡度诱发绕滚转轴向的超 G 错觉，实际飞行情况下的复合超 G 错觉，盘旋中突然由低头位抬头诱发科里奥利加速度错觉进行了详细的理论力学分析，未来可以实际飞行训练中应用。

一、十一种前庭本体飞行错觉空中实施方法

（一）阈下倾斜错觉

1. 训练内容

暗舱飞行，受训人员闭眼或抬头看座舱盖提前设置目标物，由施训人员以小于 $2°/s^2$ 角加速度增加坡度，飞机倾斜角大于 30° 后询问受训人员此时飞机姿态。

2. 理论基础

由于 $2°/s^2$ 角加速度是人体最低触觉阈值，云中或夜间飞机受气流影响在感觉阈下倾斜或由于前期操控中断造成带坡度飞行，此时如果受训人员不观察仪表无法通过前庭或本体感觉判断飞机姿态。

3. 空中飞行指标

飞机初始状态：

速度：200 km/h；

高度：符合条件；

油门：适宜。

实施气象条件：

目视飞行气象条件。

4. 实施方案

仪表直线稳定飞行中，关闭暗舱罩（云舱罩），让受训人员闭上眼睛（或注视座舱内某一设备，不能看仪表），两脚收回，双手放置两侧肩带上。施训人员以小于 $2°/s^2$ 角速度缓慢增加坡度，飞机坡度大于 15°、30° 后，询问受训人员身体感受，受训人员将体验到飞机仍在平飞或者其他错觉。随后令受训人员睁开眼睛，参考仪表恢复正常判断，并操纵飞机。

（二）反向倾斜错觉演示形态

1. 训练内容

暗舱飞行，保持长时大角度转弯，要求在某一航向后操控飞机立即改平，询问受训人员此时飞机姿态。

2. 理论基础

模拟云中或夜间受训人员长时大角度转弯，设定某一航向后操控飞机立即改平，此时受训人员前庭或本体感觉无法感知飞机倾斜角情况下，受反向力作用产生明显反向倾斜感觉。

3. 空中飞行指标

飞机初始状态：

速度：200 km/h；

高度：符合条件；

油门：适宜。

实施气象条件：

目视飞行气象条件。

4. 实施方案

被动式：仪表直线稳定飞行中，关闭暗舱罩，让受训人员闭上眼睛（或注视座舱内某一设备，不能看仪表），两脚收回，双手放置两侧肩带上。施训人员操纵飞机做 30° ~ 45° 坡度转弯，持续 30 s 以上后，施训人员选择某一航向，迅速操控飞机改平飞，询问受训人员此时飞机姿态及身体感觉，判断其是否产生错觉，随后令受训人员睁开眼睛，参考仪表恢复正常判断，并操纵飞机。

主动式：仪表直线稳定飞行中，关闭暗舱罩，让受训人员操纵飞机做 30° ~ 45° 坡度转弯，持续 30 s 以上后，施训人员选择某一航向，令受训人员迅速操控飞机改平飞，询问受训人员此时飞机姿态及身体感觉，判断其是否产生错觉。

（三）反大坡度错觉或反倒飞错觉

1. 训练内容

暗舱飞行，受训人员闭眼或抬头看座舱盖提前设置目标物，模拟快速做坡度 60°

的上升转弯改出动作，后舱施训者随时观察飞机状态，如果飞机坡度大于 90° 或仰角大于 30°，立即让受训人员睁眼观察地平仪了解飞机姿态。

2. 理论基础

飞行员做上升转弯改出动作，如果受训人员受特殊情况干扰没有观察仪表，受训人员受重力和法向力共同作用，无法通过前庭和本体器官准确判断飞机姿态，容易出现飞机大坡度甚至倒飞失控。

3. 空中飞行指标

飞机初始状态：

速度：180 ~ 200 km/h

高度：符合条件；

油门：适宜

实施气象条件：

目视飞行气象条件。

4. 实施方案

被动式：关闭暗舱罩，直线或转弯进入俯冲，俯角 25° ~ 35°，柔和加满油门，进入直线俯冲增速，让受训人员闭上眼睛（或注视座舱内某一设备，不能看仪表），两脚收回，双手放置两侧肩带上。空速 290 ~ 310 km/h 时，施训人员操纵飞机退出俯冲并做急上升转弯或双上升转弯机动动作至仰角 30° ~ 40°，坡度大于 60°，询问受训人员此时飞机姿态及身体感觉，令受训人员睁开眼睛，参考仪表恢复正常判断，并操纵飞机。

主动式：柔和加满油门，保持速度 250 km/h 直线平飞，关闭暗舱罩，让受训人员按照自己预想坡度操纵飞机做水平急弯脱离机动动作，受训人员向转弯反方向 45° 注视座舱内某一设备，不能看仪表。动作中可能会出现仰角和坡度过大，甚至倒飞失控，施训人员掌握好安全裕度，重点监控飞机状态，防止飞机失控，一旦超过规定的坡度和仰角，立即令受训人员观察地平仪，了解飞机姿态。

（四）阈下俯冲错觉

1. 训练内容

暗舱飞行，受训人员闭眼或抬头看座舱盖提前设置目标物，由施训人员以小于 $2°/s^2$ 角加速度增加俯角，飞机俯角大于 10° 后询问受训人员此时飞机姿态。

2. 理论基础

由于 $2°/s^2$ 角加速度是人体最低触觉阈值，云中或夜间飞机受气流影响在感觉阈下出现俯角，或由于前期操控中断造成带俯角飞行，此时如果受训人员不观察仪表无法通过前庭或本体感觉判断飞机姿态。

3. 空中飞行指标

飞机初始状态：

速度：180 km/h；

高度：符合条件；

油门：适宜。

实施气象条件：

目视飞行气象条件。

4. 实施方案

仪表直线稳定飞行中，关闭暗舱罩（云舱罩），让受训人员闭上眼睛（或注视座舱内某一设备，不能看仪表），两脚收回，双手放置两侧肩带上。施训人员以小于 $2°/s^2$ 角加速度缓慢增加俯角，飞机俯角大于 10° 后询问受训人员此时飞机姿态及身体感觉，受训人员将体验到飞机仍在平飞或者其他错觉。随后令受训人员睁开眼睛，参考仪表恢复正常判断，并操纵飞机。

（五）阈下上仰错觉

1. 训练内容

暗舱飞行，受训人员闭眼或抬头看座舱盖提前设置目标物，由施训人员以小于 $2°/s^2$ 角加速度增加仰角，飞机仰角大于 10° 后询问受训人员此时飞机姿态。

2. 理论基础

由于 $2°/s^2$ 角加速度是人体最低触觉阈值，云中或夜间飞机受气流影响在感觉阈下出现仰角，或由于前期操控中断造成带仰角飞行，此时如果受训人员不观察仪表无法通过前庭或本体感觉判断飞机姿态。

3. 空中飞行指标

飞机初始状态：

速度：250 km/h；

高度：符合条件；

油门：满油门。

实施气象条件：

目视飞行气象条件。

4. 实施方案

仪表直线稳定飞行中，关闭暗舱罩（云舱罩），让受训人员闭上眼睛（或注视座舱内某一设备，不能看仪表），两脚收回，双手放置两侧肩带上。施训人员以小于 $2°/s^2$ 角加速度缓慢增加仰角，飞机仰角大于 10° 后询问受训人员此时飞机姿态及身体感觉，受训人员将体验到飞机仍在平飞或者其他错觉。随后令受训人员睁开眼睛，参考仪表恢复正常判断，并操纵飞机。

（六）减速俯冲错觉

1. 训练内容

暗舱飞行，受训人员闭眼或抬头看座舱盖提前设置目标物，由施训人员以减少油门，由受训人员判断目前飞机状态。

2. 理论基础

模拟云中或夜间受训人员平飞时收油门，此时由于受任务干扰没有观察仪表，受训人员本体及前庭受纵向负加速度力影响会产生飞机下俯感觉。

3. 空中飞行指标

飞机初始状态：

速度：230 ~ 250 km/h；

高度：符合条件；

油门：适宜。

实施气象条件：

目视飞行气象条件。

4. 实施方案

仪表直线稳定飞行中，关闭暗舱罩，飞机保持速度 230 km/h ~ 250 km/h 直线平飞，让受训人员闭上眼睛（或注视座舱内某一设备，不能看仪表），两脚收回，双手放置两侧肩带上。施训人员快速收油门至进气压力 300MPa 减速并保持飞机水平直线平飞，询问受训人员身体感觉，受训人员将体验到飞机下俯错觉。随后令受训人员参考仪表恢复正常判断，并操纵飞机。

（七）加速上仰错觉

1. 训练内容

暗舱飞行，受训人员闭眼或抬头看座舱盖提前设置目标物，由施训人员增加油门，由受训人员判断目前飞机状态。

2. 理论基础

模拟云中或夜间受训人员平飞时加油门，此时由于受任务干扰没有观察仪表，受训人员受加纵向加速度力影响会产生飞机上仰错觉。

3. 空中飞行指标

飞机初始状态：

速度：160 km/h；

高度：符合条件；

油门：适宜。

实施气象条件：

目视飞行气象条件。

4. 实施方案

仪表直线稳定飞行中，关闭暗舱罩，让受训人员闭上眼睛（或注视座舱内某一设备，不能看仪表），两脚收回，双手放置两侧肩带上。施训人员快速加满油门增速并保持水平直线平飞，询问受训人员身体感觉，受训人员将体验到飞机上仰错觉。随后令受训人员参考仪表恢复正常判断，并操纵飞机。

（八）俯冲平飞错觉

1. 训练内容

暗舱飞行，受训人员闭眼或抬头看座舱盖提前设置目标物，由施训人员加油门推杆，由受训人员判断目前飞机状态。

1）理论基础

模拟云中或夜间受训人员加油门俯冲，此时由于受任务干扰没有观察仪表，受训人员不会产生飞机俯角变化感觉。

2）空中飞行指标

飞机初始状态：

速度：160 km/h；

高度：符合条件；

油门：适宜。

实施气象条件：

目视飞行气象条件。

2. 实施方案

保持空速 160 km/h，仪表稳定直线平飞过程中，关闭暗舱罩（云舱罩），让受训人员闭上眼睛（或注视座舱内某一设备，不能看仪表），两脚收回，双手放置两侧肩带上。施训人员以 6 s ~ 8 s 柔和加满油门同时柔和均匀推杆，做加速俯冲机动，俯角大于 10° 询问受训人员此时飞机姿态及身体感觉，随后令受训人员参考仪表恢复正常判断，并操纵飞机。

（九）上仰平飞错觉

1. 训练内容

暗舱飞行，受训人员闭眼或抬头看座舱盖提前设置目标物，由施训人员收油门拉杆，由受训人员判断目前飞机状态。

2. 理论基础

模拟云中或夜间受训人员收油门上升，此时由于受任务干扰没有观察仪表，受训人员不会产生飞机仰角变化感觉。

3. 空中飞行指标

飞机初始状态：

速度：230 km/h ~ 250 km/h；

高度：符合条件；

油门：适宜。

实施气象条件：

目视飞行气象条件。

4. 实施方案

仪表稳定直线平飞过程中，加满油门，关闭暗舱罩（云舱罩），让受训人员闭上眼睛（或注视座舱内某一设备，不能看仪表），两脚收回，双手放置两侧肩带上。施训人员均匀柔和拉杆的同时，以 6 ~ 8s 的速度柔和收油门至进气压力 300MPa 做减速上升机动，询问受训人员此时飞机姿态及身体感觉，随后令受训人员参考仪表恢复正常判断，并操纵飞机。

（十）科里奥利错觉

1. 训练内容

模拟云中或夜间受训人员在大角度转弯情况下抬头寻找目标或低头观察仪表，此时前庭器官受多轴向角加速度影响会产生飞机状态迅速改变感觉。左坡度转弯低头感觉向左晃动，抬头向右晃动；右坡度转弯低头感觉向右晃动，抬头向左晃动。暗舱飞行，让受训人员以坡度 45° ~ 55°（试飞确定）的角度做水平转弯，要求受训人员低头观察某一座舱低出仪表或开关，令受训人员感觉目前飞机状态；要求受训人员抬头观察座舱提前设置目标物，令受训人员感觉目前飞机状态。

2. 理论基础

飞机大角度转弯过程中，人体围绕 Z 轴做绕心运动，如果受训人员头部上下运动产生转绕 Y 轴的运动，此时在两个轴向旋转运动共同刺激下，人体会产生第三个轴向旋转错觉，即感觉身体绕 X 轴旋转。

3. 空中飞行指标

飞机初始状态：

速度：200 km/h；

高度：符合条件；

油门：适宜；

坡度：45° ~ 55°。

实施气象条件：

目视飞行气象条件。

4. 实施方案

施训人员进行柔和协调的仪表转弯，坡度逐渐增加至 45° ~ 55°，做稳定的水平转弯，此时让受训人员闭上眼睛，头部先由向前变为低头对着膝盖，再抬头向上，或向后上方抬头，受训人员将体验到低头坡度增加和抬头坡度减小的科里奥利错觉。

（十一）反旋转错觉

1. 训练内容

暗舱飞行，施训人员做大于60°坡度急转弯，持续时间超过30 s后立即将飞机改平，令受训人员感觉目前飞机状态。

2. 理论基础

模拟云中或夜间受训人员操控飞机做大角度持续急转弯情况下或进入螺旋后一段时候后将飞机改平，此时前庭半规管的内淋巴液在适应角速度旋转后，由于飞机突然改平内淋巴液会产生反向流动导致产生反向旋转感觉。

3. 空中飞行指标

飞机初始状态：

速度：200 km/h；

高度：符合条件；

油门：适宜；

坡度：60°。

实施气象条件：

目视飞行气象条件。

4. 实施方案

仪表直线稳定飞行中，关闭暗舱罩，让受训人员闭上眼睛（或注视座舱内某一设备，不能看仪表），两脚收回，双手放置两侧肩带上。施训人员操纵飞机做60°坡度急转弯，持续30 s以上后，快速将飞机改平飞，询问受训人员身体感觉，随后令受训人员参考仪表恢复正常判断，并操纵飞机。

二、一些复杂前庭本体性错觉的机理及空中模拟方法

1. 加速或减速及抬头或低头会诱发俯仰轴向的超G错觉机理分析

（1）诱发方法：高度4000 ~ 5000 m，在速度500 km/h直线匀速平飞中，教员令受训者：“闭眼，低头，注意体验感觉变化，报告飞机状（姿）态”，20 s后加满油门，打开加力，在20 s内增速到1000 km/h，加油门瞬间令受训者：“抬头，报告感觉”。在受训者报告了感觉后，即刻令其：“睁眼，看地平仪，报告状态，保持平飞”。此时观察受训者的动作反应。之后，令受训者：“闭眼，注意体验感觉变化”，同时收小油门，在20 s内减速到500 km/h收油门瞬间令受训者：“低头，报告感觉”。在受训者报告了感觉后，即刻令其：“睁眼，看地平仪，报告状态，保持平飞，慢慢抬直头”。

（2）加速时由低头到抬头引发的错觉机理分析：加速过程中的加速度为（1000–500）× 1000/3600/20/9.8=0.7 G，GIF合力为1.22 G，方向向后与重力呈35°。

当头部处于低位（例如低于35°）时，人体椭圆囊的囊斑所受的切线力为0 G（此时GIF与人体椭圆囊的囊斑平面垂直）。

当头部后仰，以后仰10°为例，这时人体椭圆囊囊斑所受切线力为1.22 G×cos45=0.86 G，方向向后。

抬头前后人体椭圆囊囊斑所受切线力变化值为：0.86−0=0.86 G。1 G情况下要使椭圆囊囊斑所受切线力发生如此大的变化所需要的头位变化为60°（arccos 0.86=60deg）。因此，从理论上分析，抬头后产生的错觉应为：飞机上仰了60°（图10-11）。

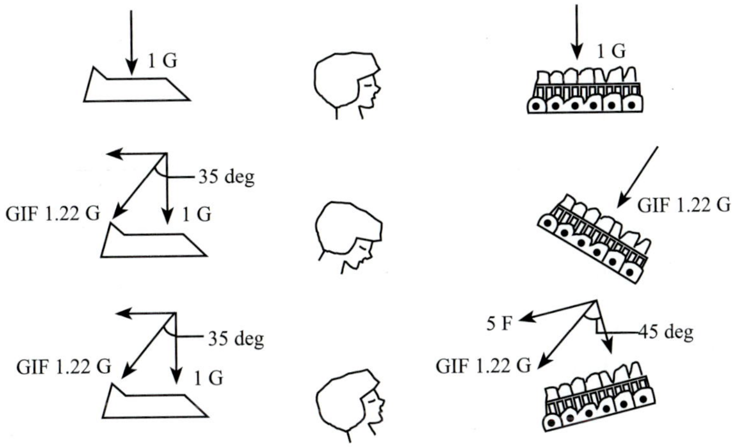

图10-11　加速时由低头到抬头引发的错觉分析

（3）减速时由抬头到低头引发的错觉机理分析：减速时的加速度为（1000−500）×1000/3600/20/9.8=0.7 G，GIF合力为1.22 G，方向向前与重力呈35°。

头后仰（抬头）位10°时，人体椭圆囊囊斑所受切线力为1.22 G×sin25=0.52 G，方向向前。

头低35°时，人体椭圆囊囊斑所受切线力为1.22 G×sin70=1.15 G，方向向前。

低头前后，人体椭圆囊囊斑所受切线力的变化为1.15−0.52=0.63 G。正常1 G情况下要使椭圆囊囊斑所受切线力发生如此大的变化所需要的头位变化为向前低头51°（arccos0.63=51）。所以，理论分析低头后的错觉量应为：飞机发生了51°的下俯（图10-12）。

2. 飞机盘旋时突然改变坡度诱发绕滚转轴向的超G错觉

（1）诱发方法：高度4000～5000 m，在速度600 km/h时，令受训者："头直位，闭眼，体验感觉变化"，同时压60°坡度进入右盘旋，（盘旋半径约1637 m）。10 s后教员问："坡度方向和度数"，待受训者报告后，以2 s的时间向右压坡度到70°，同时令受训者："报告状态"，待受训者报告后即刻令其："睁眼，看地平仪，报告状态，改平保持平飞"。

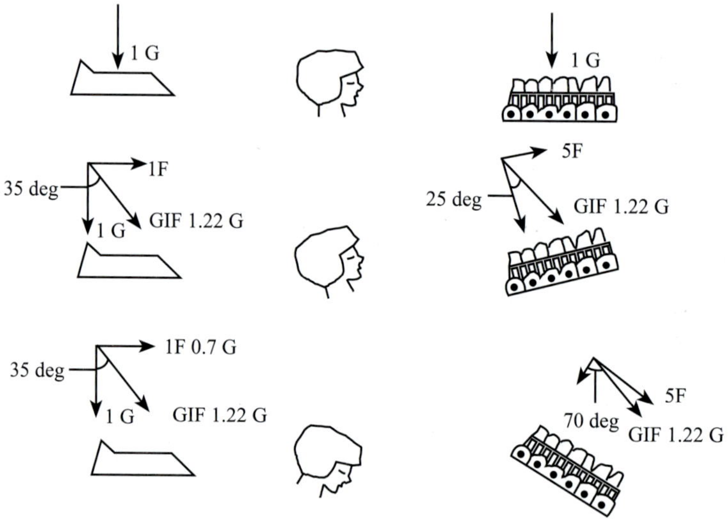

图 10-12　减速时由抬头到低头引发的错觉分析

（2）机理分析：①盘旋所产生的重力惯性力合力（GIF），既过载为 2 G，计算如下：（600 × 1000/3600）2/1637=1.732 G；（1.7322+12）1/2=2 G。②椭圆囊囊斑于 60° 左坡度时所受切线力为：2 G × sin0=0；椭圆囊囊斑于 70° 左坡度时所受切线力为：2 G × sin（70−60）=0.35 G，方向向左（图 10-13 和图 10-14）；③由此分析，椭圆囊囊斑所受切线力于坡度改变前后变化值为：0.35-0=0.35 G。1 G 情况下，产生 0.35 G 切线力所需要发生的头位变化为 21°（1 G × sin21=0.35 G），所以此时所产生的错觉量为 21°，是实际坡度改变的 2 倍。

图 10-13　飞机于 60° 盘旋时，飞机即人体椭圆囊囊斑受力情况

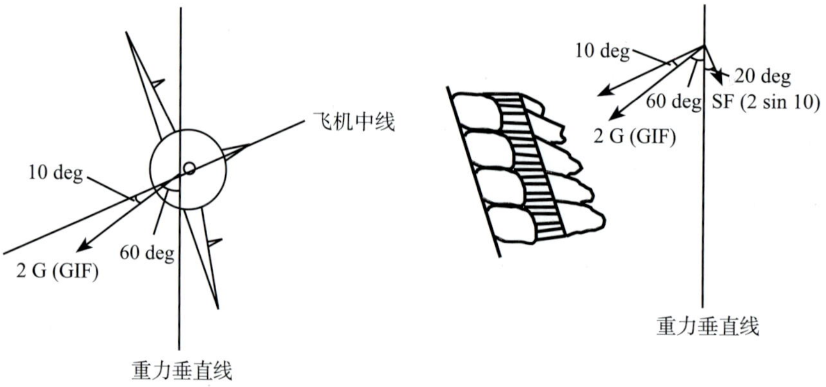

图 10-14　盘旋坡度突然改为 70° 后的飞机即人体椭圆囊囊斑受力情况

3. 模拟实际飞行情况下的复合超 G 错觉

（1）诱发方法：高度 4000 ~ 5000 m，在速度 600 km/h 时，令受训者："头直位，闭眼，体验感觉变化"，同时压左 60° 坡度进入左盘旋，（盘旋半径约 1637 m）。10 s 后教员问："报告飞机姿态和角度"，待受训者报告后，教员令受训者"闭眼，快速抬头，并报告感觉"。受训者听到命令后以最快速度抬头后仰到最大限度（约 60°），并报告感觉。待受训者报告完感觉后教员令受训者睁眼保持头中立位并改平飞。平飞 1 ~ 2 min 后，令受训者："头直位，闭眼，体验感觉变化"，同时以同样参数进入左盘旋（速度 600 km/h，左坡度 60°）。约 10 s 后教员令受训者"不要睁眼，抬头看左上方，报告飞机姿态"，受训者听到命令后以一般速度左转头并后仰看左肩上方（约 9 点钟位置）。待受训者报告完感觉后教员令受训者睁眼保持头中立位并改平飞。平飞 1 ~ 2 min 后，令受训者："头直位，闭眼，体验感觉变化"，同时以同样参数进入左盘旋（速度 600 km/h，左坡度 60°）。约 10 s 后教员令受训者"不要睁眼，抬头看右上方，报告飞机姿态"，受训者听到命令后以一般速度右转头并后仰看右肩上方（约 3 点钟位置）。

（2）机理分析：①盘旋所产生的重力惯性力合力（GIF），既过载为 2 G，计算如下：（600 × 1000/3600）2/1637=1.732 G；（1.732 2+12）1/2=2 G；②正常头位时椭圆囊囊斑于 60° 左坡度时所受切线力为：2 G × sin0=0（图 10-15）。

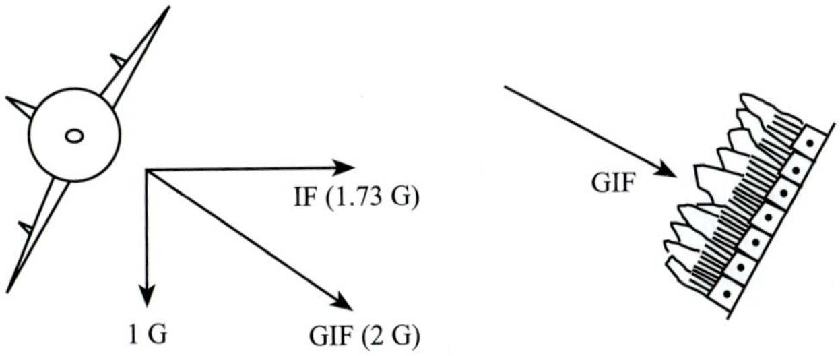

图 10-15 正常头直位，飞机 60° 盘旋时飞机及人体椭圆囊囊斑受力情况

头后仰 45° 时椭圆囊囊斑所受切线力为 2 × cos45=1.42 G，方向向后。由于 1 G 情况下要使椭圆囊囊斑所受切线力发生如此大的变化所需要的头位变化为头后仰超过 90°，所以理论上分析，此时飞行员应产生上仰的错觉，且超过了 90°（图 10-16）。

向左上方看时（以头后仰 60° 为例），由于椭圆囊囊斑受到向后的切线力作用（约为 2 G），由于 1 G 情况下要使椭圆囊囊斑所受切线力发生如此大的变化所需要的头位变化为头后仰超过 90°，所以理论上应产生超过 90° 的后仰感觉，又由于同时头向左转，所以经过中枢经过整合，产生飞机向右带坡度的错觉。这样最终产生飞机坡度远小于实际坡度（60°）的错觉（图 10-17）。

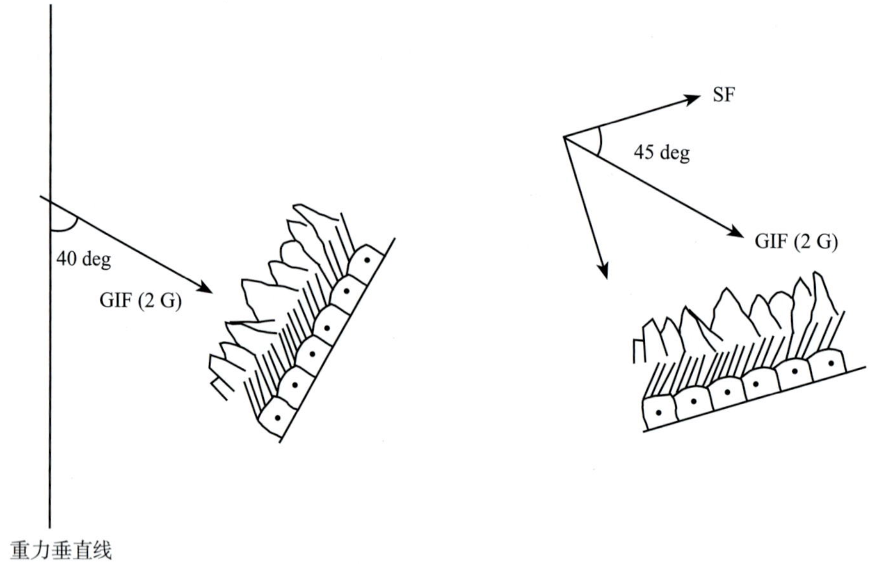

图 10-16 飞机 60° 盘旋时，飞行员抬头前后的椭圆囊囊斑受力情况

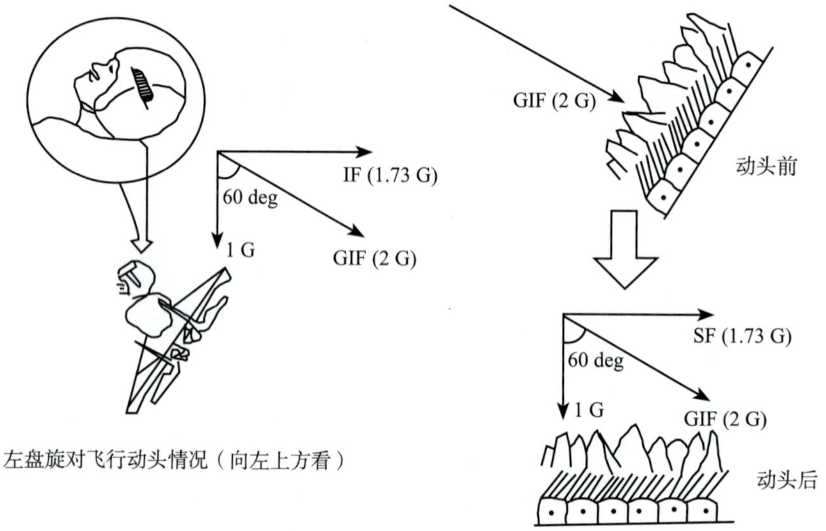

图 10-17 飞机左盘旋时，飞行员做向左上方看的动头动作前后椭圆囊囊斑受力情况

向右上方看时（以头后仰 60° 为例），由于椭圆囊囊斑受到的切线力作用为 2 × sin60=1.73 G，由于 1 G 情况下要使椭圆囊囊斑所受切线力发生如此大的变化所需要的头位变化为头后仰超过 90°，所以理论分析飞行员应产生超过 90° 的后仰感觉，又由于同时头向右转，所以中枢经过整和会产生飞机向左带坡度的错觉。这样最终产生飞机坡度远大于实际坡度（60°）错觉（图 10-18）。

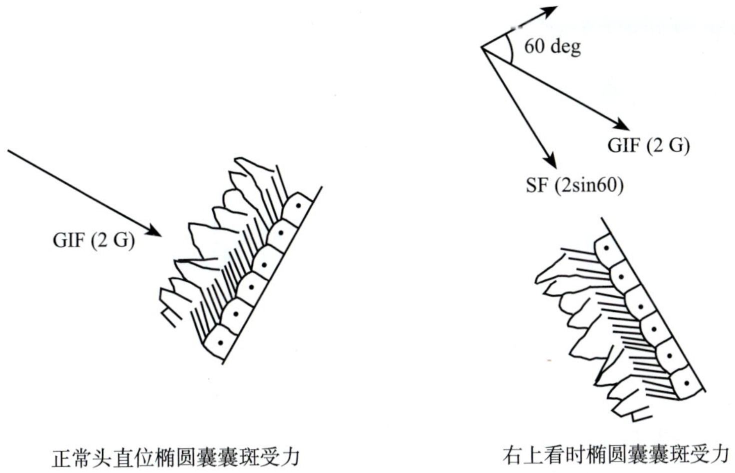

图 10-18　飞机左盘旋时，飞行员做向右上方看的动头动作前后椭圆囊囊斑受力情况

4. 盘旋中突然由低头位抬头诱发科里奥利加速度错觉

（1）诱发方法：高度 4000 ~ 5000 m，在速度 700 km/h 时，进入盘旋前令受训者："闭眼，向前低头，体验感觉变化"，之后向左压 62° 坡度进入左盘旋，20 s 后令受训者："报告飞机状态"。待受训者报告后令受训者："快速抬头，报告感觉"，待受训者报告后即刻令其："睁眼，看地平仪，报告状态，改平保持平飞"。观察受训者的动作反应，并评飞行成绩。如此再做右盘旋一次。

（2）机理分析：盘旋产生的向心加速度 an=g×tg62=18.43（m/s）；由于 v=700000/3600，则 ω=v/r=v/v2/an=a/v=18.43/700000/3600=0.095（rad/s）；假定飞行员抬头速度为 30°/s（实际往往比此大），则根据 Coriolis 简化公式，此时飞行员半规管受到的 Coriolis 加速度为 ac=0.3×0.095×30/180π=0.015（cm/s^2）。

已知 Coriolis 错觉的阈值为：0.010–0.042 cm/s^2，而在飞行员状态下产生的 Coriolis 加速度值大于 0.015（cm/s^2），可以引起较明显的 Coriolis 错觉。

根据 Benson 总结的 Coriolis 错觉形态特点，在飞机左盘旋时，飞行员突然抬头应产生的错觉是飞机向右滚。飞机右盘旋时，飞行员突然抬头应产生的错觉是飞机向左滚。

第十一章

飞行空间定向障碍错觉的医学鉴定

我空军对严重飞行错觉飞行员的检查鉴定始于1963年，与英国皇家航空医学研究所（1960—1971年）同时开展的。经研究提出了检查鉴定方法、10条鉴定原则和存在病理性飞行错觉，而美国在20世纪90年代才提出和开展严重飞行错觉鉴定，比我军晚了近30年。但在我军，关于是否需要对严重飞行错觉飞行员进行专门的检查鉴定曾存在较大争议，直到1999年才达成共识。

第一节　飞行空间定向障碍错觉的界定与处理

一、几种飞行错觉的界定

（一）严重飞行错觉

（1）突然反复发生的飞行错觉性质相同，或错觉方向一样，持续时间长，伴有严重症状，对操纵有严重的，甚至“强迫性”影响，看仪表克服不了，甚至失去空间定向和（或）对周围环境判断能力。

（2）发生了飞行错觉自己意识不到，经其他途径发现者。

（二）病理性飞行错觉

凡患有前庭、视觉和与空间定向功能相关器官的疾病而引发的飞行错觉。

（三）生理心理性飞行错觉

由人体生理、心理因素引起的非病理性飞行错觉。

二、处理方法

（一）问询和医学检查

（1）要使用飞行错觉问卷对飞行员所经历的飞行错觉情况进行详细调查，以鉴定其错觉的严重性。通过这份问卷，我们可以了解飞行员所经历的飞行错觉的形态、性质、发生的程度，以及是否伴有心理生理反应和错误的操纵行为。

（2）在全面身体状态检查基础上进一步对参与空间定向的感觉系统，视觉、前庭觉和本体觉做专门检查和鉴定。必要时还应做相关影像检查，如头颅CT等检查（经CT发现一起严重飞行错觉飞行员患有双侧基底神经节钙化症）。在对严重飞行错觉鉴定中发现78.2%的飞行员有各种临床主诉症状和客观阳性体征，属神经系统功能状态变化者占81.4%。此外，我们首次发现空间方向感知的不对称性（例如，温度性眼震的优势偏向超出了正常范围）是导致严重飞行错觉的主要原因之一。在105名受到严重飞行错觉影响的飞行员中，有32名（占30.4%）显示这种不对称性，其中84.4%的人与他们所经历的倾斜错觉方向一致。

（二）空间定向障碍模拟器检测

对于受到严重飞行错觉影响的飞行员，我们需要在空间定向障碍模拟器（或称为飞行错觉模拟器）上进行模拟错觉行为的反应测试，并检查其间断、突然的仪表扫视视觉定向能力。我们会观察在模拟错觉发生时，飞行员是否有错误的操纵行为，以及他们是否能够依赖仪表来排除错觉干扰并进行正确的操纵。据此可以判断飞行员发生的飞行错觉严重程度和间断、突然的仪表扫视视觉定向能力，对发生严重飞行错觉的飞行员最后医学处置有重要价值。

（三）结论处理原则

（1）确定是不是飞行错觉，有时要与加速度晕厥（或晕厥前状态）、眩晕等作鉴别。

（2）确定飞行错觉形态、性质，以及属于哪型。

（3）判明是否属病理性的，即分三类：正常心理生理性、功能障碍性和病理性。

（4）对发生严重飞行错觉飞行员的医学处置：属于病理性的应按各系统疾病鉴定原则处理，通常为飞行不合格。属功能障碍性的，暂时飞行不合格，进行康复治疗。属正常心理生理性的进行模拟错觉的认知性训练，即通过体验模拟错觉认识、识别和排除错觉干扰实施正确操纵的训练，同时进行间断、突然的仪表扫视视觉定向训练，以提高其认知能力水平。

第二节　飞行员严重飞行错觉的检查和鉴定标准

本部分主要介绍GJB 6031—2007飞行员严重飞行错觉的检查和鉴定的主要内容。

一、范围

本标准规定了发生严重飞行错觉军事飞行员的检查鉴定方法和标准。

本标准适用于我军各种型号飞机飞行员发生严重飞行错觉后的检查和鉴定。

二、引用文件

下列文件中的有关条款通过引用而成为本标准的条款。凡注日期或版次的引用文件，其后的任何修改单（不包括勘误的内容）或修订版本都不适用于本标准，但提倡使用本标准的各方探讨使用其最新版本的可能性。凡不注日期或版次的引用文件，其最新版本适用于本标准。

GJB 4424—2024 歼击机飞行员心理品质检查方法与评定。

《中国人民解放军空军飞行人员体格检查标准》中国人民解放军空军 1996 空字第 3 号命令。

三、术语和定义

下列术语和定义适用于本标准。

（一）飞行错觉（flight illusion）

飞行员在飞行中对飞机或自身的空间姿态、位置和运动状况及其间相互关系的错误知觉。

（二）严重飞行错觉（fatal flight illusion）

飞行错觉反复发生、持续时间长、形态复杂、飞行员难以克服，对飞行安全构成严重威胁。

（三）病理性飞行错觉（pathological flight illusion）

前庭、视觉、神经精神等疾病引发的飞行错觉。

（四）生理心理性飞行错觉（psychophysiological flight illusion）

由人体生理、心理因素引起的非病理性飞行错觉。

四、检查方法

（一）航空军医检查和处理方法

1. 问诊和初步检查

飞行员发生飞行错觉后，航空军医应按照附录 A 中表 A1 的规定，向飞行员和指挥员进行询问，对飞行员身体进行检查，并进行详细记录，检查流程（图 11-1）。

2. 判断是否属于严重飞行错觉

在进行问诊和初步检查后，航空军医应对飞行错觉做出初步判断，并根据以下指征判断是否属于严重飞行错觉。任何符合以下情况之一的，都应被视为严重飞行错觉。

反复发生的性质相同，或方向一样的飞行错觉；

持续时间长，伴有严重症状，对操纵有严重的，甚至“强迫性”影响，观察仪表

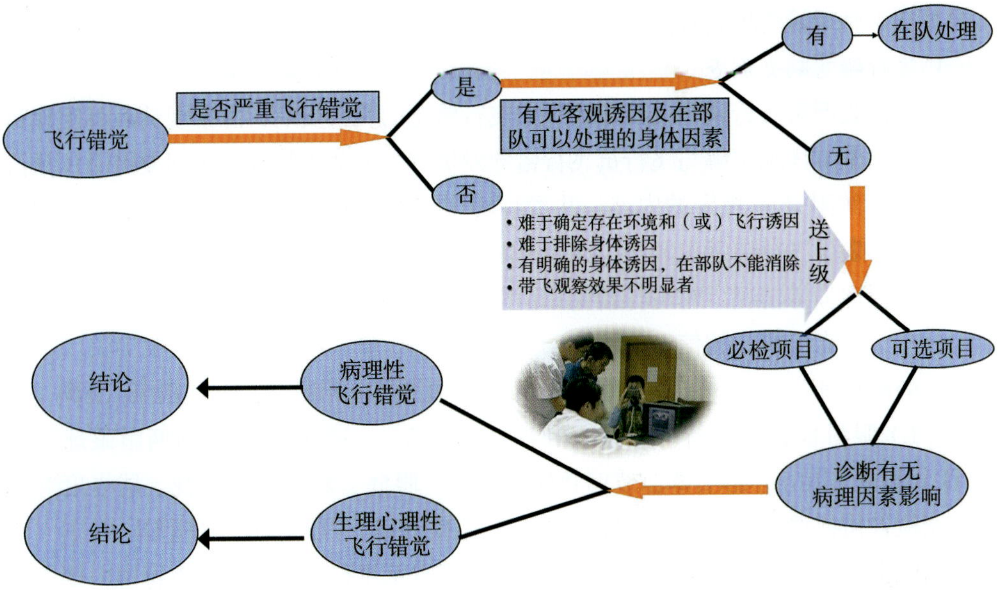

图 11-1　严重飞行错觉检查流程图

仍不能克服，丧失空间定向或对周围环境判断能力的飞行错觉；

发生了飞行错觉自己意识不到，经其他途径发现的飞行错觉；

因飞行错觉而发生飞行事故征候或飞行事故的飞行错觉；

发生错觉时或发生错觉后伴有严重自主神经反应的飞行错觉；

发生错觉时或其后出现异常精神症状的飞行错觉；

飞行员自我感觉严重，并缺乏克服错觉的信心；

倒飞、翻转、滚转等形态的飞行错觉。

3. 处理原则

航空军医根据上述 2. 进行判断后，进行下列处理。

排除严重飞行错觉者，给予飞行错觉教育指导后准予继续飞行。

认定或不能排除严重飞行错觉，符合下列情况之一者，给予飞行员飞行错觉教育指导后进行带飞观察。如无异常发现准予继续飞行。

（1）有明确的环境和（或）飞行因素。

（2）有明确的身体诱因，同时在部队可消除。

认定或不能排除严重飞行错觉，符合下列情况之一者，航空军医应送飞行员到上级医疗机构进行进一步检查处理。

（3）难以确定存在环境和（或）飞行诱因。

（4）难以排除身体诱因。

（5）有明确的身体诱因，但身体诱因在部队不能消除。

（6）带飞观察效果不明显者。

（二）医院检查项目及方法

1. 飞行错觉病史调查

医院接收严重飞行错觉或疑诊为严重飞行错觉的飞行员后，除常规的入院问诊和检查外，医生应详细了解与飞行员飞行错觉发生有关的各种情况。询问要点应包括：

详细了解附录A规定的内容，并了解其飞行机种（曾飞、现飞），飞行时间，气象条件，发生飞行错觉的频次、性质及对飞行的影响，仪表飞行情况，飞行错觉有关的航空生理训练情况，对飞行错觉知识掌握的情况和对本次严重飞行错觉的认识及原因分析，对克服错觉的信心。

2. 必检项目

（1）眼科检查：进行一般检查和视功能检查。一般检查应包括两眼眼球运动情况、外眼、前房、晶状体、玻璃状体、眼压、眼底、斜视、隐斜视、屈光度等。视功能检查包括裸眼远视力、近视力、立体视觉、视野、暗适应、色觉等。检查方法按照临床常规进行，结果按照《中国人民解放军空军飞行人员体格检查标准》要求进行评定。

（2）神经精神科检查：进行神经系统一般常规查体、精神检查、16导联以上的脑电图检查、脑（包括内听道）CT或MRI、颈椎X线片（必要时CT或MRI）。其中神经检查应包括脑神经，运动，感觉，深、浅反射和病理反射检查；精神检查应包括一般表现、精神运动、情绪、知觉、思维、定向力、注意力、记忆力、计算力、分析判断力和意志活动各项内容。检查方法按照临床常规进行，结果按照《中国人民解放军空军飞行人员体格检查标准》要求进行评定。

（3）耳鼻咽喉科检查：进行一般检查和前庭系统功能检查。一般检查应包括鼻腔、鼻咽部、咽喉部、外耳道、鼓膜的物理检查，鼻旁窦的X线检查（必要时CT、MRI检查），以及听力学检查，检查方法按照临床常规进行，结果按照《中国人民解放军空军飞行人员体格检查标准》要求进行评定。前庭系统功能检查应包括自发性眼震检查、凝视性眼震、平稳跟踪试验、视动性眼震检查、旋转性眼震检查、视前庭相互作用检查、冷热试验和主观重力垂直线知觉检查，方法和评定标准按附录B的规定进行。

（4）心理品质检查：按GJB 4424—2002的规定进行检查和评定。

（5）心理状态检查：使用SCL-90症状自评量表，当总分高于157或者其任一项因子分≥2时，判断为心理状态异常。

3. 选检项目

（1）低压舱耳气压机能检查：可疑为变压性眩晕者必须进行此项检查，其他错觉可不进行，按临床常规检查。

（2）其他检查：医生可根据上述检查结果及飞行员身体情况，选择相应的其他检查。

（三）病理性飞行错觉和生理心理性飞行错觉的诊断

1. 概述

飞行错觉有较多分类方法，其中按照是否由病理性因素引起可以分为病理性飞行错觉和生理心理反应性飞行错觉。常见的病理性飞行错觉的原因有：一侧或双侧前庭功能丧失、双侧前庭功能不对称、脑胶质瘤、听神经瘤、脑外伤、隐性癫痫、严重自主神经功能障碍、基底节钙化、颈椎病、高血压脑病、各种心理异常、引起视觉功能下降的各种眼科疾病等。

医生应当根据病史调查内容和临床检查结果对飞行错觉进行病理性飞行错觉和生理心理反应性飞行错觉的诊断。

2. 病理性飞行错觉的诊断

符合下列条件的飞行错觉可以诊断为病理性飞行错觉。

（1）严重飞行错觉病史；

（2）严重飞行错觉无明显外界环境和飞行诱因，用飞行错觉发生的生理心理机制不能解释；

（3）视、前庭、中枢神经系统功能和心理学检查有异常发现；

（4）视、前庭、中枢神经系统功能和心理学检查虽无异常发现，但存在全身其他系统的疾病，且证实或推测分析在飞行环境下这些病变可以影响到这些系统的功能；

（5）变压性眩晕者检查有咽鼓管通气不良。

结合严重飞行错觉发生的具体情况，联系检查异常发现的影响进行分析，确定这些异常发现与错觉之间存在直接联系。

3. 生理心理反应性飞行错觉的诊断

是由于人体于三维运动飞行环境中生理心理功能本身的特点所引起，错觉的发生具有明显的外界诱因，如加速度，外界光照度及变化等，飞行员身体各项检查无异常，或虽有异常发现，但与空间定向无相关。

（四）分类

医生根据病史调查内容和临床检查结果进行综合分析，并按附录 C 的分类原则对飞行错觉进行分类。分类应包括按形态分类的错觉类型（俯仰、倾斜、倒飞等）；按感觉感受器分类的错觉类型（前庭本体性错觉、视觉性错觉和中枢性错觉），如可能还可列出错觉名称；从认知水平上的分类（Ⅰ型、Ⅱ型、Ⅲ型）；最后应按性质进行分类（病理性飞行错觉和生理心理性飞行错觉）。

五、鉴定

（一）病理性飞行错觉

根据原发疾病临床矫治效果和有关飞行错觉的航空生理训练效果决定飞行结论。

原发疾病临床矫治无效，未解除严重飞行错觉原因者，飞行不合格。

原发疾病临床治愈者，进行有关飞行错觉的航空生理训练后，限制双座飞行 3 个月，再无严重飞行错觉发生，飞行合格；仍有严重飞行错觉发生，飞行不合格。

（二）生理心理性飞行错觉

参考按照形态、感觉器及认知的分类进行有关飞行错觉的航空生理训练及必要的医学监督，必要时进行带飞观察，矫治效果好，再无严重飞行错觉发生者，飞行合格；反复矫治效果不好，仍有严重飞行错觉发生者，飞行不合格。

第三节　一起飞行空间定向障碍错觉医学案例分析

一、飞行错觉的发生经过

夜间简单气象仪表飞行，高度 300 m 左转 45° 入空域，高度 600 m 入云，800 m 出云，出云后向左下方看到飞机腹侧为星空，感到飞机以 20° ~ 30° 向星空俯冲，而实际仪表状态是 15° ~ 20° 上升，知道发生错觉，但难以克服，遂报告并转入后舱驾驶，当降低高度至可视灯光地标后错觉消失，前后历时 5 min。恢复正常后接手操纵，按仪表做 45° 和 60° 盘旋以及升降转弯后改平，通过云隙向前方看到星星，产生 20° ~ 30° 上升的俯仰错觉，于是再次由后舱驾驶并安全返场，错觉历时 2 min。

二、医学检查流程

该飞行员入院后，根据医院为飞行错觉制订的系统化体检项目进行了全面检查：①生命体征平稳，心电图、胸片、腹超声正常。②眼震电图，纯音测听，听诱发正常，内听道 CT 正常。③颈椎 CT 示颈椎生理曲度直，颈 4、5 椎间盘轻度向后膨隆，颈 5 椎体后缘骨质增生，为颈椎退行性变。T.C.D. 示椎 – 基底动脉供血量下降，颈椎 MRA 未见异常。④头颅 CT 平扫见双侧苍白球、尾状核多发性致密钙化影，右侧苍白球 1.8 cm × 1 cm × 4 cm，左侧 1.6 cm × 1 cm × 3 cm，双侧尾状核头部 1.2 cm × 0.3 cm × 3 cm，尾部 0.3 cm × 0.2 cm × 2 cm。脑室无扩大，中线无移位。⑤ 16 pf：紧张忧虑型人格，内向，缺乏自信，心理调节能力差。⑥能力方面：与知识经验有关的抽象思维能力较好，基本认知能力较差。情绪高度障碍；以强迫、焦虑和抑郁为主，并伴明显的偏执、恐怖和睡眠障碍。⑦视前庭功能相互作用反应强，受相对运动光目标作用人体重心平衡功能下降；晕机反应易感。⑧仪表视觉空间定向能力偏低下，反应速度慢，正确识别率低；基本认知能力水平差，有易发生情景意识丧失的可能。⑨经查连续 3 d 的血钙磷和 24 h 尿钙磷正常，血气和尿常规正常，甲状腺和甲状旁腺 CT 未见异常，基本排除甲状旁腺疾病。⑩视力（“E”字形，5 m）：左眼 1.0，右眼 0.5。暗适应 30 s。立体视觉远距离消失，只在 70 cm 内保持有立体视觉。

三、情况分析

苍白球与尾状核同属于基底神经节。1930 年由 Fahr 报告一个成年基底节钙化病例，后人就把基底节的双侧、对称性钙化称 Fahr 病。由于头颅 CT 的普遍应用，发现基底节钙化日益增多，苍白球钙化的发生率为 2%。基底节钙化的临床表现为基底节钙化的临床症状有视听幻觉、偏执狂、抑郁、焦虑、肌震颤、早年痴呆等，也可能无临床特征和锥体外系征。病因多为散发，但有家族性发病的报告，呈常染色体显性遗传。另外，许多疾病都可以伴发基底节钙化，如甲状旁腺功能减退症、脑狼疮、帕金森病、21- 三体综合征、一氧化碳中毒、艾滋病、高苯丙氨酸血症等，临床上应注意鉴别。有关本例 CT 检查苍白球和尾状核，双侧、对称性钙化，排除钙磷代谢障碍和甲状旁腺功能减退的可能，临床上未发现其他伴发疾病，因此本例属特发性 Fahr 病。临床上表现得以强迫、焦虑和抑郁为主，并伴明显的偏执、恐怖和睡眠障碍等精神症状，符合基底节钙化的临床特征。患者所具有的视前庭功能相互作用反应强，受相对运动光目标作用人体重心平衡功能下降，以及远距离立体视觉消失等临床特征可能与锥体外系征有关。

四、讨论

一个非常重要的观点是：苍白球在空间认知中起到关键作用，苍白球的损伤会影响空间认知能力。空间认知能力对于飞行员形成良好的飞行空间定向能力具有重要的意义。在 Morris 迷宫中，梨状皮层或苍白球损毁大鼠的空间认知作业成绩较显著低于控制组，搜索目标以趋向式策略为主，与正常大鼠搜索策略的差异显著，提示梨状皮层和苍白球参与了空间认知加工，在图认知系统中梨状皮层和苍白球居辅助层次。基于此，我们可以推断苍白球和尾状核的钙化可能是导致飞行错觉的直接原因，这一点应得到充分的重视。本例无肌肉震颤等神经体征，只有精神症状，临床上有神经症状者比只有精神症状者从发病到就诊时间短，因此，该飞行员虽然有精神症状及飞行错觉，从飞行部队到医院并未受到足够的重视，因飞行错觉第一次入院时并未引起注意，甚至直到第二次入院后，临床已经检查出有苍白球和尾状核钙化，仍然有忽视其存在的思想倾向，只是经过多次讨论，最后才加深了认识。从结果看，了解其疾病的严重性和明确该病对飞行造成的潜在隐患是走了相当长的一段路的。该例为高性能歼击机飞行员，因飞行错觉入院有其特殊的背景。一方面，一般飞行部队对飞行错觉的认识为飞行动作引发的空间认知错误，属于正常现象，可以克服，从而忽视了病理性飞行错觉的存在。另一方面，从临床医师的理论概念上讲，以往对飞行错觉的认识停留在空间知觉障碍的水平，评判病理性飞行错觉也只是依靠错觉的发生频度和发生的形式，倒飞错觉和进场错觉被认为是比较危险的情况，反复发生、难以克服的错觉作为飞行不合格结论的健康鉴定依据。文献中提出正常心理生理性飞行错觉的特点是：飞行总时间在 500 h 以内，云中飞行时间在 5 h 以内，头 5 次复杂气象飞行，初进入某个新课目飞行时偶尔发生；该错觉为一过性，时间短，不伴严重症状，对操纵无影响或轻微影响，易克服，飞行员本人身体健康，有明显诱因（如缺氧、服药、饮酒、睡眠差等）；功能障碍或病理性飞行错觉的特点是：以往很少发生，突然反复发生同样性质的飞行错觉，持续时间长，伴有严重症状，一般气象条件下也发生（除初飞学员“超重”错觉）对操纵有严重的，甚至“强迫性”影响，不易克服，更有甚者可以完全失去空间定向能力。

以往把身体健康状况作为引发飞行错觉的因素，强调任何受过训练的飞行员患有能损害前庭和视觉系统的疾病，都不应允许其飞行，并未阐明患有前庭和视觉系统疾病引发的飞行错觉为病理性飞行错觉，仅靠错觉表现判断。现在检查手段不断更新，检查的精细程度不断深入，以往靠临床表现推断的疾病，现在大部分能够用客观检查手段检出，为我们提供了准确的诊断依据。因此认为应明确病理性飞行错觉的定义：患有前庭、视觉和与空间定向功能相关器官的疾病而引发的飞行错觉为病理性飞行错觉。健康鉴定标准中应明确引发病理性飞行错觉的疾病种类。这样有利于临床工作的开展，使飞行错觉的健康鉴定规范化和量化，而要制定出合理的健康鉴定标准需要大量的临床工作。本例提示基底节与空间定向功能相关，基底节钙化引发的飞行错觉应归为病理性飞行错觉，提示飞行错觉患者入院应常规检查头颅 CT，也是有基底节钙化的飞行员停飞的先例。

第十二章

特殊环境常见空间定向障碍的特点及航卫保障方法

第一节 低空、超低空飞行常见飞行错觉及保障措施

飞行高度在 100 ~ 1000 m（包括 1000 m）为低空飞行；飞行高度在 100 m 及以下为超低空飞行。由于离地（水）面很近，低空、超低空飞行是一种相当复杂的飞行，主要特点如下。

一、飞行任务特点

（一）空气密度高，速压大

在低空大速度飞行时，由于速压大，飞机会受到很大的气动载荷，因此各型飞机都规定有低空最大速压限制，飞行中如果超过规定值，会出现飞机蒙皮、铆钉松动、永久变形甚至撕裂等，因此低空可使用的速度范围明显减少。此外，为了保持低空飞行的状态，驾驶员必须经常修正外界的干扰，操纵频繁，操纵力大，容易引起舵面变形和操纵系统损坏（如钢索断丝等）。

（二）与地面和地面障碍物相撞的概率增大

低空飞行时，飞机与地（水）面障碍物相撞的概率却随高度的降低而增大。根据中、外军超低空飞行训练统计，事故中的 70% 是由于与地（水）面相撞引起的。

（三）耗油量增加，飞机活动半径明显降低

有文献报道，海上超低空（H=30、80 m）飞行训练中，测得耗油量大幅增加，航程和作战半径自然相应降低。高度越低航程下降越多。

（四）座舱温度高

在飞行过程中，由于高速气流与座舱盖的摩擦、发动机的运转及座舱内各种设

备的工作产生的热量，座舱的温度会上升。特别是在南方的盛夏，舱内的设备变得非常烫，飞行员汗如雨下，体力迅速耗尽。有文献报道，海上飞行高度 50 m，速度 70 ~ 80 km/h，10 min 后舱内温度上升到 45℃，若速度再高，温度会超过 50℃。

（五）信息获取能力降低，视觉受到严重影响

由于地面和水面的杂波干扰，超低空飞行时的空地和空空通讯容易受到影响；观察地面物体相对清晰，但发现地标可见范围小，发现目标距离近，不易看清地标间的相对关系，稍大一些的地标不容易看到全貌，易认错地标；飞机相对于地面物体的运动速度快，可供观察地标的时间短；山区和丘陵地带的城镇通常位于山谷中，难以提前发现，因此给辨认地标、判断飞机方位带来一定的困难。此外，在低空，无风时会有水汽和烟雾，有风时则尘土飞扬和浪花飞溅；在海上超低空飞行，风挡上容易集结盐分，影响视线。海面衬托物少，海天连成一片，颜色相近，尤其早、晚海面阳光反射，能见度很差，容易产生错觉。

（六）低空气流对飞行影响增大

大气扰动强烈，飞机颠簸增强。地（水）面情况（主要指地形、温度、风浪等）不同，会出现低空的大气紊流，或称颠簸气流。这种紊流多发生在局部地区（如山区，在山的向风面有强烈的上升气流，背风面则有强烈的下降气流）。地面气象站和机载气象探测设备都难以准确预测，因而对低空飞行威胁很大。据统计，1958—1968 年，世界上由于低空大气紊流所造成的喷气式飞机失事就超过 70 起。相比之下，垂直突风对飞行安全的影响最大。垂直突风主要引起飞机迎角和过载的变化，这就是飞机颠簸的原因。风向、风速变化大，空中气流不稳，尤其在山区丘陵地带，湖泊、江河地区上空及炎热季节飞行时，飞机往往因气流不稳而产生较大颠簸，给保持飞行状态带来一定的困难。

二、导致航空医学的主要问题

在低空飞行中，飞行员必须将 70% ~ 80% 的精力用于观察机外情况并操纵飞机，视线的阻碍和错觉成为事故发生的主要原因之一。在 1973—1981 年的 8 年中，美空军在低空飞行中损失 190 架飞机、死亡近 40 人，多数事故都与飞行员的判断错误有关。此外，低空大速度飞行对地（水）面目标的辨认时间，在同样条件下与中空比较，平均延长 0.3 s，对故障判断时间延长 0.6 ~ 0.69 倍，飞行员对外界的感觉变得比较迟钝。此外，飞行过程中的疲劳和心理紧张都会影响飞行安全。

（一）视觉因素

1. 动态视力降低

飞机相对于地面物体的运动速度快，飞行人员观察地标的范围缩小，看不到较大地标的全貌与周围地标的关系位置，对高度、速度、距离、姿态、方位判断带来一定的困难，容易引起迷航和精神紧张。同时对航线前方突然出现的障碍，比如鸟类、电线杆、建筑物等物体的判断时间短，来不及发现，对飞行安全威胁较大。

2. 视觉微小误差扩大化危险

由于在低空飞行时可供判断和处置的时间短，一些微小视觉问题也会导致非常严重后果。

（1）地形、地貌的误差影响：如一些缓慢上升地势，每 300 m 升高 12 m 的坡度，飞机以 900 km/h 的速度飞行，就相当于每秒下降 10 m，这样在 30 m 高度飞行，3 s 后飞机就将触地。

（2）保持飞行状态困难：低空飞行最易犯的一个错误，就是觉察不到微小的下滑角变化，如果飞机在 30 m 高度，以 900 km/h 平飞，只要有 0.5° 的下滑角，经过 14 s 就将触地。

（3）视力：耀眼的阳光和负过载都会降低视力，甚至造成短时间视盲。

（二）飞行错觉因素

在低空飞行中，绝大多数错觉是由视觉引起的，由于飞行速度快，观察角度狭窄，容易造成判断失真，从而产生错觉。

1. 下俯错觉

低空突防高度低、表速大、迎角小，易产生下俯错觉，好像飞机向海里钻。

2. 高度判断错觉

飞过起伏的森林或沙漠时，很容易把逐渐升高的地形看成平地，有时偏低的太阳照在稀疏的矮树丛中产生拉长的阴影，也很容易诱使飞行员不知不觉地降低高度。

3. 距离判断错觉

不同地形和天气条件也会引起判断失真，在开阔地带判断距离往往偏小，在阴霾、尘埃、薄雾、雨雪和黄昏等环境中，判断距离更为困难。

4. 旋转和倾斜错觉

（1）在低空进行机动转弯过程中，容易产生旋转和倾斜的错觉。

（2）向后顺机翼看，飞机旋转角速度增大，有向斜前方扎下去的感觉；向前看的角度小，又觉飞机旋转很慢，有向外侧飞的感觉。

（3）在海上转弯会产生内侧机翼插在水中的错觉，当飞行方向与海上涌浪方向不一致时，会感到飞机有侧滑引起不自觉的压坡度。

5. 速度错觉

（1）在海面低空飞行会有两边海面抬起，在“锅底”飞行的感觉，速度判断容易偏小。

（2）由海面进入陆地会产生速度突然增大的感觉。

（3）顶风顶浪飞行时会感到速度加快、海浪迎面扑来感觉。

（三）疲劳因素

1. 飞行操纵引起的疲劳

飞行中，为了保持低空飞行的状态，驾驶员必须经常修正外界的干扰，操纵频繁，操纵力大，既要观察地面，又要保持飞行状态，精力高度集中，体力、精力消耗大，容易疲劳。

2. 座舱高温引起的“热疲劳”

在夏季昼间简单气象低空飞行，由于太阳光直射及高速气流与座舱盖的摩擦、发动机工作，以及座舱内各设备工作所产生的热量，都会导致座舱温度上升，当体外气温高于体内温度（37℃）时，新陈代谢产生的热与舱内环境热交换失去了平衡，从而导致了“热疲劳”。

三、对飞行人员生理心理的影响

（一）注意力分配能力要求高

由于飞行高度低，可允许的操纵误差减小，特殊情况判断处置的允许时间缩短；飞行员要精力高度集中，随时注意防止与地面或地面障碍物相撞，增加了心理负担，容易引起疲劳。

（二）对前庭和视觉的影响大

低空气流不稳，飞机颠簸较大，容易引起晕机和飞行错觉的发生。

（三）特情处置时间短

由于飞行高度低，发生空中特情尤其是飞行高度迅速下降的情况时，留给飞行员处置特情的时间短。

（四）心理状态变化

低空大速度飞行时，飞行员工作任务繁重，既要完成驾驶、领航、识别地标、发现目标，还要注意避开各种障碍及飞鸟等。由于高度低、速度大，可允许的操纵误差范围小，对特殊情况判断、处理的允许时间缩短，这就要求飞行员反应敏捷、动作准确；同时，严密注视飞行状态（特别是高度数据），将注意力在座舱内、外之间频繁转移，领航与导航困难、安全系数低、担心飞机碰撞等，都大大加重了飞行员的心理负荷，造成高度的精神紧张状态。测量表明，超低空飞行时，平均心率由安静时 77 次 /min 增加到 120 次 /min；平均呼吸次数由安静时 22 次 /min 增加到 36 次 /min。

（五）疲劳引起工作能力降低

低空、超低空飞行和座舱高温引起的"热疲劳"，使得飞行员体力消耗大，精神负荷重，从而导致飞行员工作和抗过载能力降低，影响低空、超低空突防任务完成。

四、低空、超低空飞行保障措施

（一）日常卫生保障

1. 航空卫生知识宣教

针对低空、超低空飞行的航空医学问题，开展专题卫生教育。内容包括睡眠管理、心理压力调节、营养卫生、合理用药，以及飞行疲劳预防恢复等知识，保证飞行人员养成良好的卫生习惯和自我防护意识。

2. 飞行人员状态管理

了解视觉和体力情况，发现不良反应采取相应措施。对精神紧张或出现疲劳、倦怠、注意力不集中、反应迟钝等现象者，以及主诉视力下降，飞行中出现投弹、射击看不清靶标或发生严重错误动作者，应仔细询问原因，及时检查治疗，严格把关。

3. 专项体能锻炼

指导飞行人员进行专项体育锻炼，项目以旋梯、固定滚轮、四柱秋千、地面旋转操、乒乓球、台球、篮球等运动项目为重点，增强平衡机能稳定性，培养飞行人员迅速、果断、灵活的应变能力。

（二）飞行实施阶段卫生保障

1. 飞行过程中必须严格遵循操作规则

（1）在低空、超低空飞行中，操纵动作要柔和、准确、适当。

（2）应使飞机始终保持稍有上仰力矩的飞行状态，防止操纵动作或注意力分配不当而使飞机降低高度造成的可控飞行撞地事故的发生。

（3）要掌握好飞行操纵中的各种时机，防止因动作慢或拉杆晚而造成与障碍物相撞或触地的事故发生，防止因误操作而造成飞机失速。出现偏差时应及时进行修正，防止错过最佳时机。

2. 飞行中要严格遵守飞行纪律

认真执行飞行有关规定，严禁飞行员不遵守飞行纪律，如在飞行中随意改变飞行高度、超出飞行范围、做规定以外的飞行动作等违纪情况的发生。

3. 飞行中要正确分配注意力

在超低空飞行中，正确分配注意力的方法应以目视判断飞行高度和距离为主，并能沿飞行方向进行观察。当出现意外情况时，应先上升高度，在保持好飞行状态的前提下进行处置，防止顾此失彼，发生可控飞行撞地事故。

4. 飞行中要加强与地面的联系

在超低空飞行过程中，飞行员要注意加强与地面的联系，当对飞机、发动机工作情况有怀疑时应立即报告，地面则应首先指挥飞机上升高度并立即回场着陆。

（三）飞行后卫生保障

1. 合理安排饮食

飞行任务结束后，应稍事休息再进餐，饮食应细软易消化、食不过量，适量增加新鲜蔬菜和水果。

2. 严格掌握飞行员的放飞条件

低空、超低空飞行后可适当增加睡眠时间。要适当控制飞行员每日的飞行量和再次飞行的时间间隔，要经常了解飞行人员的身体情况，防止在过度疲劳或身体不适的情况下勉强飞行。

3. 综合手段放松治疗

缓解紧张情绪调整飞行人员身体、心理状态，利用生物反馈仪等设备调整好飞行人员的机能状态，使其身体相对放松，神经适度紧张，以良好的身心状态参加下次飞行。

第二节　夜航常见飞行错觉及保障措施

飞行错觉是飞行中较常见的特殊情况，由于特殊的自然环境，夜间复杂气象飞行时更容易发生飞行错觉。这些错觉对飞行安全和训练质量的提高有很大的影响，所以飞行员充分认识夜航特点及夜航中飞行错觉产生的原因、预防和处置方法，为夜间飞行的安全实施打好坚实的理论基础是至关重要的。

一、夜间飞行的特殊性

根据美国航空安全局的统计数据，夜间 A 级事故的发生率高于白天，夜间飞行的风险是白天的 5 倍。另外根据计算，晴朗白天的亮度是满月夜晚亮度的 50 万倍，因此满月夜晚视力比白天要弱 5 倍（这一点只是推论，还不确定）。夜航的主要特点是缺乏视觉线索。由于夜间飞行自然光线的暗淡，有效的视距受到限制，导致视界范围缩小，使得对高度和距离的判断变得困难。

另有数据显示，在 2000 m 的高度，夜间视力会降低 20%。由于夜间大气层的氧含量降低（例如，夜间 1500 m 的高度相当于白天的 3000 m），氧气不足对视力产生了显著影响，导致人的感觉器官迟钝，体力和精力消耗大，容易疲劳，飞行的熟练程度也相对降低，夜间飞行的危险性也会增加。

从心理层面来看，夜间飞行时，飞行员更容易感到紧张和焦虑。夜间飞行时由于周围环境漆黑一片，看不到昼间所能及的地标，如果伴随环境不熟悉、驾驶不熟练或发生飞机故障等，情绪紧张是非常明显的，甚至产生某种程度的恐惧和焦虑，使飞行员对飞行中某些感觉变得更加敏感，结果出现更加严重的焦虑。如果不及时加以解除，很容易陷入恶性循环，随之对飞行丧失信心和畏惧飞行。

二、夜航常见飞行错觉

下面按照从起飞到着陆，包括滑行、起飞、飞行过程、夜间编队、夜复、长时间飞行、夜间高空飞行、着陆过程等不同阶段出现的错觉逐一进行分析。

（一）滑行阶段

1. 滑行向光性错觉

飞行员在夜间地面滑行中受到探照灯、跑道灯及其他强光照射影响时会偏向跑道、滑行道、联络道较亮一侧滑行，即产生所谓的滑行向光错觉。原因如下：①向光性。夜间地面滑行时，主要根据灯光来判断飞机的位置、修正和保持滑行方向。由于光对人眼视网膜的作用，飞行员在滑行中容易将视线集中在近处的跑道灯光上，而不是随飞机前进及时向前方延伸视线，这是产生向光错觉的主要原因。②夜间近视。由于夜间无法看见远处视景，飞行员在滑行中容易将视线集中在近处的跑道灯光上，而不是随飞机前进及时向前方延伸视线，造成夜间近视，这时如果突然出现一个物体往往反应不及时。

2. 滑行速度错觉

昼间飞行时，飞行员依据跑道两侧地面景物向后移动的速度，可准确判断滑行速度的大小；而夜航时，跑道两侧的景物模糊甚至消失，所以易产生误大为小的滑行速度错觉。这种错觉，飞行员自己不易发现，是造成夜航大速度转弯、偏出跑道、损坏器材的重要原因。

3. 相对运动错觉

在夜航时，当飞行员在座舱里，视野内有飞机或汽车等从侧方滑过或转弯时，会不自觉地感到自己的飞机也在滑动或转弯，而其实际方向与观察到的物体方向相反。当有其他飞机或车辆在其视野内做转弯运动时，会产生自己的飞机也开始缓缓转弯的感觉，这就是相对运动错觉。当飞行员产生相对运动错觉以后，会突然发生心慌和精神紧张、冒虚汗等反应，有时还会做出条件反射性的动作，如紧握刹车把手、收油门蹬方向舵等动作，一般持续 4 ～ 6 s 便可自动消失。相对运动错觉主要是由于外界物体运动引起视网膜成像移位所致，飞行员精力集中于座舱内，视野内无固定参照点是其发生的必要条件，如果边上能看见塔台或其他固定物体情况会少很多。

4. 措施

①控制灯光使用，座舱灯光不要过亮，飞行前休息室用红光照明，戴红色滤光镜，车辆地面人员按规定用灯，有意克服向光性错觉。②进入座舱后尽快适应暗环境。③要有机场信息的情景意识比如联络道、滑行道位置、灯光分布等。④滑行速度不宜过快。

（二）起飞阶段

1. 躯体重力错觉

缺少视觉线索，使得前庭本体感觉占主导。

2. 向光性错觉

向光性错觉是夜航最常见的错觉，基本涵盖了整个夜航过程，需要引起特别重视。

向光性错觉是人的经验恒常性错觉，是习惯上认为上亮下暗的感知觉造成的。比如某飞行员在一个和本场光照环境完全不同的陌生机场夜间起飞，天气情况是暗夜、少云、能见度良好。跑道前方左侧有一个加油站，晚上光线明亮，造成在起飞阶段座舱左侧的亮度非常高，与座舱右侧的黑暗环境形成了强烈的对比，由此产生向光性错觉，感觉飞机带右坡度，并下意识向左压杆，造成飞机向左倾斜俯冲坠地。

3. 措施

（1）起飞前按规定检查仪表。

（2）起飞过程严格按仪表保持状态。

（三）海上（低空）飞行

1. 倒飞错觉

特别是在夜间，海面有个别的船只灯光，与星星容易混淆出现倒飞错觉。能见度较好的月夜，水面反光较清楚，飞行员容易天地颠倒。

2. 向光性错觉

在夜航的近海飞行中，海岸线会形成一条明亮的灯光带，而相对的海面则显得较暗。当沿着海岸线飞行时，飞行员会注意到两侧的视野亮度差异，从而产生向光性的倾斜错觉，比如永兴岛机场呈大致的南北走向，黄昏或黎明着陆时，受一侧阳光影响，容易产生向光性的倾斜错觉，预防方法是随时注意观察仪表。

3. 俯仰错觉

向下动作时，容易感到俯角大，有“飞机往海里钻”的感觉，不易达到规定的俯角，退出时机早。

4. 措施

（1）随时注意观察仪表，注意力分配内外结合，以内为主，特别是在改变飞行姿态时。

（2）正确规定各种动作的进入条件，向下机动时不得大于规定速度和低于规定的高度。

（3）座舱环境调节好，伞带、安全带要松紧适当，防止一边松一边紧，灯光调整左右均衡。进入海域前必须消除坡度和侧滑，飞机稍有上仰趋势。

（4）飞机要平衡好。

（四）高原飞行

1. 各种视性错觉

缺氧导致血液黏稠度增加，导致眼部血流减少，视紫红质合成减少，视网膜视杆细胞功能下降，使人员暗适应能力下降。同时，夜间飞行难以看清天地线，不易识别地标和判断距离。另外疲劳、心理压力大、注意力下降等，必须改用仪表视觉作为空间定向的主要依据。

2. 措施

（1）调节好睡眠。

（2）按规定及时用氧。

（3）多吃富含维生素 A 的食物。

（4）提前 2 周适应训练。

（五）编队飞行

1. 姿态错觉

夜航飞行时，僚机协同长机作机动，特别容易产生姿态错觉，有时平飞感觉长机带倾斜俯仰角，有时有倾斜俯仰角又感觉自己在平飞。

2. 航行灯诱发的自动性错觉与距离错觉

长僚机距离 1000 m 以上时，长机白色尾灯基本和土星木星亮度差不多。特别是在暗夜，如果飞行员长时间盯着一个光点看，会诱发光点自动运动的自动性错觉，从而加强僚机飞行员对光点的误判，文献已有多次记载僚机把星光当作长机追过去的事例。航行灯故障案例：长机右侧航行灯故障，僚机只看见尾灯误以为距离过远，加油门追，幸好僚机按规定严格将灯光卡在三角风挡上部，追上时长机强烈感到僚机从下方窜过去的气流。

3. 措施

（1）熟练“客观空间定向”方法。“客观空间定向”是通过外部非固有信息源建立空间定向意识，比如常说的仪表定向、编队时的长机定向等。“客观空间定向”对应“主观空间定向”，通过自身感觉器官，包括视觉、前庭觉、听觉、本体觉等获得定向信息，“主观空间定向”平时是不会出错的，但只要出现矛盾就怀疑是“客观空间定向”，比如仪表故障、长机姿态异常等。编队时，是以“客观空间定向”为主，要相信长机，坚持跟队。加强注意力分配，仪表扫视与观察长机交替进行，进而消除错觉。

（2）协同配合，比如长机动作切忌粗猛，随时观察航行灯是否良好；僚机注意距离及高度差，双方加强沟通协调。

（六）夜复飞行

1. 云中错觉

夜间云中特点是“上不见星、下不见灯；盖上有蓝花，翼尖带光屏”，视觉线索稀少，光线明暗不均，尤其是某些歼击机座舱视野较好，一些单一的视觉线索极易诱发错觉。

（1）夹层云错觉：暗夜夹层云中飞行，上暗下亮，极容易出现倒飞错觉，云层边缘容易出现倾斜错觉。

（2）夜间近视：外界视觉信息变化较少，容易出现夜间近视，特别出云后，对地面视觉线索观察需要较长适应过程。

（3）向光性倾斜错觉：云中由于光线散射作用，如果一侧月光照射，会出现向光性倾斜错觉。

（4）倒飞错觉：雾霾天气、准备着陆、打开着陆灯，突然感觉上黑下白引起倒飞错觉。

（5）前庭本体错觉：云中上升下降及转弯后容易出现前庭本体倾斜俯仰错觉，包括反坡度错觉、科里奥利错觉、躯体重力、躯体旋转错觉等。

（6）时间错觉：无参照物环境长时间飞行，极易感觉时间变慢，曾经有飞行员甚至感觉时间凝固了，极其痛苦。

（7）“巨手”现象：夜航条件下，飞行员错误地感觉到飞机不能按照自己的操纵做出相应的反应，似乎有一个“巨手”在作用于飞机，与自己的操作相对抗的反应。

2. 云上错觉

（1）夜间云上飞行，容易受云层形状影响，当成天地线，产生倾斜错觉，另外还有在夜间飞行时，发生过多起把公路灯光或一些线状物体误认为天地线的事例。

（2）高空飞行时，会有静止感觉。

（3）脱离现象。

3. 云下错觉

云遮挡光线，全黑环境，看着一个光点，视觉线索极其缺少，无法通过外面视景判断飞行状态，极易产生坡度甚至倒飞错觉，快速丢失高度。

4. 措施

（1）熟练使用仪表定向，严格按仪表飞行，云中飞行以地平仪为主结合其他仪表，切忌离开仪表，不要凭感觉操纵飞机，离开仪表时间不要超过 5 s。另外通过操作验证仪表跟随性，仪表之间互相验证等，学会用仪表指示调整自己的感觉。

（2）防止夜间近视，适当时候看一下远处，比如翼尖。

（3）座舱灯光及感觉均衡。

（七）夜间飞行

1. 距离错觉

在月夜飞行中，无论是背月、侧月还是迎月飞行，河流和山峰的轮廓都相对清晰，但由于灯光地标的昏暗，飞行员在判断距离时容易将近处误判为远处。暗夜和星夜飞行外界漆黑一片，灯光地标明显，判断距离容易误远为近。

2. 时间错觉

在夜间飞行环境中，由于视觉线索单调，特别是在焦虑情绪影响下，飞行员感到飞行时间较实际时间长。

（八）着陆阶段

1. 跑道高距比错觉

在夜航着陆时，特别是暗夜着陆，在缺乏视觉线索情况下，飞行员容易把村庄和城市作为下降高度的判断依据，如果周围村庄和城市高度低于机场高度，会造成提前触地。

2. 着陆向光性错觉

在夜航着陆时，如果下滑线一侧有较强光线，飞行员会感觉自己带坡度，产生倾斜错觉。

3. 黑洞进场

夜航着陆时，飞行员在缺乏足够的周边视觉线索着陆时，以跑道轮廓灯和标志灯等为主进行着陆判断，产生飞机飞行高度高于实际情况的错误，导致飞机的实际下滑轨迹低于飞行员主观认定的下滑通道，飞机下降高度过低、进场速度过大，如果飞行员不能及时察觉到这种异常状况，飞机很可能会在跑道近端数公里处撞向地面。

4. 黑洞进场特点

（1）跑道上仰：着陆时存在大地静止飞机运动、地面水平飞机俯冲的相互关系，但在夜晚这种相互关系会发生颠倒，当晚上看不见地面定向线索时，如果飞行员柔和动杆，会感觉飞机不动跑道动，同时感觉自己是水平的，而跑道是上仰的，如果本身下滑角还比较大，有些飞行员就感觉跑道立起来。

（2）下滑线偏低：美国民航统计在发生黑洞进场效应时，有 69% 飞行员存在下滑线偏低现象，海湾战争美国发生多起黑洞进场错觉造成在跑道头处坠毁。

（3）飞行员无法通过目视判断自己的姿态：如果飞行员操纵飞机运动，跑道标志灯相对于飞机座舱就是小物体，因此感觉跑道标志灯在运动，飞行员很难通过目视判断飞机状态，容易出现相对运动错觉。相对运动错觉是指在视觉线索缺少情况下，视网膜上小物体的运动，容易诱发出自身静止、小物体在运动的错觉，东海舰队卡 –27/28 经常发生这种错觉。

5. 措施

（1）夜航海上、沙漠、雪地及暗夜的无特征地域着陆要警惕错觉发生。

（2）不要过于自信，盲目采用目视进场，要随时注意高度表和地平仪，依靠辅助着陆仪表、平显矢量符等进场着陆。

三、夜间飞行保障措施

进入夜航训练前，必须做好心理和生理方面的充分准备，以保证飞行训练的顺利进行。对以下几个方面应特别加以注意。

（一）要有充沛的精力和良好的心理状态

夜间飞行，飞行员的生活规律被打乱，因此应合理地组织休息，防止疲劳，加快对夜航的适应。要详细说明夜航中易发生的错觉和故障，使飞行员有充分的思想准备，以防紧张、焦虑的发生和加重。

（二）必须具有良好的夜间视力

参加夜航的飞行员必须对夜间视力进行全面的体格检查，夜航期间应注意多吃些含维生素 A 丰富的食物；夜航时，飞机一离开地面就应该开始用氧，以防轻度缺氧造成的夜视力障碍。

（三）注意保持暗适应

夜航起飞前，应在地面戴上红色眼镜至少 30 s，机场休息室光线不应过强，达到能读和书写程度即可。在夜航中，当突然遭遇强光照射时，飞行员应迅速低头、转头避开光源或闭上一只眼睛（因两眼暗适应可以独立存在，一只眼睛失去暗适应，而另一只可能不受影响），以防暗适应遭到破坏，尤其是在着陆时更应加以注意。

（四）学会夜间搜索目标的方法

在观察目标物时，不应直接用黄斑区域，而是应该将视线从目标偏移 10° ~ 15°，这样目标的影像就会落在视杆细胞较为集中的区域。这种能力可以通过在低照度下的锻炼而提高，如在黄昏或月光下进行篮球、排球、乒乓球等体育活动，进行夜间扫视技术的地面训练等。

（五）座舱照明应适度

在夜航中，座舱的照明不应过亮，只需确保飞行员能清晰看到仪表的指示和地图，以避免过强的灯光导致眩晕和视觉错觉。

（六）错觉应有预见性及解决办法

夜航飞行，要注意先研究并熟悉容易诱发错觉的主要因素、发生时机及预防办法，以便飞行中有所准备和警惕。出现错觉后，除按暗舱仪表飞行发生错觉的方法处置外，还应注意以下几点：①在按仪表的指示保持好飞行状态的情况下，有目的地利用较大灯光地标帮助克服错觉。②观察灯光地标时，要先判断好灯光地标与自己飞机的关系位置，若出现倾斜错觉时，最好利用错觉反方向的灯光地标对照检查。③月夜或能见度较好时，可利用天地线及河流、湖泊、大的灯光地标帮助克服错觉。④暗夜或能见度不好时，不应利用侧方的强光、运动的发光体和海岸线来帮助克服错觉。⑤离机场较近时报告指挥员打开探照灯，帮助消除错觉。⑥在错觉没有消除之前，尽量不要转弯，如必须转弯时，应严格按照仪表的指示，向错觉的反方向转弯，注意坡度不能大。⑦更好地完成要立即调动思维，用现有的知识和经验去综合判定飞机状态，采用相应的处置动作；同时，还应预测飞机可能产生的动态变化及后果并采取进一步行动。

（七）控制手机电脑 IPAD 的使用

目前研究表明，手机电脑的 LED 光会对视杆细胞造成损害，而且这种损害是不可逆的，而视杆细胞的功能就是夜间视觉，所以夜航开始前应该严格控制手机和电脑的使用时间，防止眼睛疲劳。由于视杆细胞视紫红质损害后恢复时间是 2 周，所以应提前 2 周开始减少手机和电脑的使用时间。

第三节　海上常见飞行错觉及保障措施

海上飞行是指离开陆地在海域上空的飞行。海洋是一种错综复杂的飞行环境，对飞行员的心理状态、生理感受、飞机操纵都有较大考验。

一、海上飞行的特殊性

（一）海天一色

晴天能见度好的时候，“海天相接处”颜色相近，都是蓝色，使飞行员感觉不容易分清天和海，这对初次海上飞行的飞行员尤为明显。海天难分是海上飞行发生某些严重空间定向障碍一个重要原因。

（二）海天线真假难分

晴天只有细看才隐约可见一条细线似的海天线。旭日东升与夕阳西下时向阳飞行，由于海面反光强，海天线完全看不清楚。有海雾时，海天线处白茫茫一片或雾蒙蒙一条，飞行员无法按海天线判断飞行状态。有时低云和雾还会形成一条宽窄不等的假海天线，可使飞行员误假为真，产生不同方向和不同程度的视性错觉。

（三）海面空旷

地面上各种目标物是飞行员确定航向、速度、高度、姿态的重要依据。飞行员在一望无际的海洋上空飞行，所看到的只是海浪起伏与翻白的浪花，很少看到目标物，但海浪高低是与风力大小成正比的，这就影响飞行员凭经验判断飞行高度的习惯。正如飞行员所描述：海风越大，越容易误高为低，因而容易产生高度和距离错觉。由于海面空旷，在远海飞行中，会有孤独感及时间变慢等感觉。

（四）海面反光强

海面反射光的强度要比陆地上大十几倍到几百倍，可以显著地降低飞行员的视力，甚至出现眩盲。有的飞行员说：早晚海面像一面镜子，刺眼看不清目标。此外，海上湿度大、多雾，在海雾中飞行能见度差。有时座舱灯光会在飞机周围形成一片“光幕”，好似在圆筒内飞行一样，引起情绪紧张。夏天，海上昼间常有少量积云，遮住阳光而在海面上形成一块阴影，往往易被误认为“海岛”或活动目标。

基于上述特点，飞行员可能会产生各种心理反应。例如，在海上飞行时，他们可能会感到不安或担忧，或者表现出动作迟缓、不自然、出汗过多和握住操纵杆等紧张的反应。

二、海上飞行错觉的特点

由于海洋环境具有一些与陆地环境不相同的特点，因而对海上飞行有一定影响。这种影响大多以产生海上飞行错觉的形式表现出来。既然同属错觉，海上飞行错觉和陆上飞行错觉，在发生条件、原因、发生发展过程，以及预防克服方法等方面，均有许多共同之处。当然也由于海上飞行错觉形成的环境、条件不一样，而具有一些特点。

海上飞行错觉在海上飞行中是一种普遍的现象，约93%的飞行员都会经历。在同等气象条件下，海上飞行错觉的发生，较陆地上为多。据统计，每100飞行小时出现错觉的人数，陆上昼间一般气象为0.1人，陆地上夜间一般气象为2.2人，而海上昼间一般气象却为4.4人。

海上飞行错觉主要包括高度错觉、距离错觉、时间错觉和相对运动速度错觉，其中后者尤为特有且常见，其发生率都超过50%（发生率均在50%以上），而陆地飞行以倾斜错觉为多，其他均少见。虽然倾斜错觉在海上飞行中亦屡见不罕，但两者在发生原因与程度上皆不一样。陆上倾斜错觉多因光线明暗不均、云的形状、云中转弯加速度对前庭器管的刺激所致，而海上飞行则80%系距离判断障碍所引起。可见，海上飞行错觉的发生，是以距离、高度判断障碍为核心，表现为误远为近和误高为低，并在其支配下，通过特定的神经活动，而产生对速度的低估和对角度的过估等。

海上飞行错觉多因视觉空间定向障碍所致，故多为视性错觉。引起海上飞行错觉的环境条件虽然较为复杂，但海上空旷，缺乏地物、地标，致使目视定向失去客观凭据，为其主要原因。由于人们长期生活在陆地，习惯于根据物体及其参考物的外观、颜色和周围的物体数量来判断其距离和高度，形小色暗、其间地物多的则远，相反则近。依据周围物体相对运动速度，来判断自身的运动速度，人坐在车厢内，当车厢两旁树木房屋缓缓后移，知道车在徐徐而行，当树木房屋疾驶而过，知道车在飞奔。由于海上缺少明显的地标和参照物，这打破了人们的目视判断习惯，导致错觉的产生。

三、海上常见飞行错觉

海上飞行中的空间定向活动，是在缺少或完全没有准确、可靠、明显的定向目标物，且有强烈的海面反光或起伏波浪刺激、处于高度情绪紧张的条件下进行的。因此，海上飞行中经常出现与海上飞行环境特点有关的各种错觉。

（一）近海飞行阶段

1. 相对运动引起的速度错觉

海上飞行下滑时感到海面上翻，在运动的云团中飞行感到飞机速度加快、减慢或横向移动，从陆地进入海上飞行时感到飞机速度减慢，从海上进入陆地时感到飞机速度加快。

2. 倾斜错觉

在沿海岸线平飞的情况下，飞行员目视陆地和海面时，因为海面没有地物作为相对运动的衬托，感觉海面一边的相对速度慢，可能误认为飞机向海里倾斜或转弯，不自觉地向陆地一边带坡度。但是，当飞行员观察天地线时，由于陆地一边略高于海面，又可能感觉飞机向陆地一边倾斜，因而也要防止向海面一边带坡度。

3. 向光性错觉

在夜间近海飞行时，海岸线会形成一条明亮的灯光带，而与之相对的海面则显得较暗。当沿着海岸线飞行时，会发现两侧视野明暗程度不同，从而产生向光性的倾斜错觉。

（二）远海飞行阶段

1. 视性距离和高度错觉

视性距离错觉和高度错觉是由视觉信息引起对距离和高度判断发生了显著的误差，这两种错觉在性质上都属于距离知觉的错误。在海上飞行中，由于缺少可靠、明显的视觉参考定向物，人的双眼视差、调节、幅合等生理作用明显减退，在这种条件下飞行，主要依据孤立或单调变化的目标物（如海浪）大小、光线明暗、运动角速度变化等因素判断距离和高度。物体在视网膜上成像的大小是距离知觉的一种要素，当注视的物体大小相同而距离不等时，距离近的物体在视网膜上映象就大，反之在视网膜上映象则小，由此形成一种“物体大、距离近”“物体小、距离远”的条件联系。在海上飞行时，定向目标物主要是起伏的海浪，海浪的大小是随风力大小而变化，如一级风（微波）时，浪高仅 0.1 m，而在九级风（狂涛）时，浪高可达 10 m。当海浪在视网膜上成像的大小成为距离知觉的主要线索时，海浪的大小就通过“物体大、距离近”“物体小、距离远”的条件联系成为判断距离的依据，在同一高度上可因海浪的大小而发生高度判断错误，当海浪很小或飞行高度较高时，由高度变化而引起视像大小变化不明显，则产生高度不变的错误知觉。海上视界广阔，突出于海面的岛屿、礁石和舰船等目标，一般能在较远的距离上发现，看起来似乎距离很近，特别是当能见度良好和在高空、平流层飞行时，这种误远为近的现象就比较明显。

物体的亮度是距离知觉的又一种要素。依据空气透视原理，当物体距离越远，它所反射的光线被空气吸收得越多，远处的物体看起来会感到暗淡模糊，近处的物体看起来则会感到明亮清楚，由此形成一种“亮”与“近”“暗”与“远”的条件联系。如果海上能见度好，太阳西下，由于环境亮度发生变化而飞行员又以高度作为判断距离的依据时，就容易发生“误高为低”“误远为近”的错误知觉。

海上高空、平流层飞行，由于天地线略为降低（地球形状的特点造成），加上飞行表速小，飞机迎角大，飞行员观察周围海面时，有反扣在“锅底”上的感觉；低空飞行时，向远处观察，周围海面好像高于飞机似的，飞行员有在“锅底”里的感觉。

2. 相对运动性错觉

相对运动错觉是对物体在空间位移的判断发生的错误知觉，常表现为速度判断错误和对物体位移方向判断错误。在海上飞行和云中飞行较为常见。

由于海上多云，云可呈一堆堆云块散在天空中，飞机一会儿进云、一会儿出云，飞机向云块接近时，觉得云块迎面向飞行员飞来，在大面积云中或黑夜飞行时，可产生飞机好似停在空中不动的感觉。

3. 倾斜和俯仰错觉

（1）倾斜错觉：当飞行员在转弯时朝机翼方向观察海面，感到“坡度大”，甚至有“机翼插水”的感觉。当将视线转入座舱看仪表时，错觉则立即消失；如再看海面，又可出现。

（2）下滑错觉：海上飞行中的下滑错觉，都是在飞行员俯视海面时发生的。平飞时飞行员从机头前方俯视海面，由于海上飞行的特点，会引起机头至海面的高度降低了，即“机头降低”的感觉。机头降低是下滑的自然情况，于是就错误地与下滑发生了联系，便产生下滑错觉。实际飞行会使飞行员不易达到规定的俯角，退出时机过早。

（3）阈下错觉：小坡度转弯，由于时间长、运动不明显，感觉飞行不转，在中、高空较明显。

（4）俯仰错觉：在海上平直飞行中，当天地线不清时，飞行员对飞机俯仰状态的变化不易发现，往往在发觉变化时，实际上已经变得比较多了。对上升（跃升）角和下滑（俯冲）角的判断也较困难，易造成角度过大或过小的错误。

4. 孤独感及时间错觉

在远海长时间飞行时，由于缺少参照物，飞行员极易感觉时间变慢，曾经有飞行员甚至感觉时间凝固了，极其痛苦。

（三）海上（低空）飞行

1. 侧滑错觉

在看一侧机翼时，海浪运动诱发运动错觉，特别在编队看长机时，有引起向长机相反方向侧滑错觉。当飞行方向与海上涌浪方向不一致时，会感到飞机有侧滑引起不自觉的压坡度。

2. 速度错觉

顶风顶浪飞行时会感到速度加快、海浪迎面扑来等。

3. 高度错觉

有时用海浪大小判断高度（俄罗斯文献：低空飞行，由于气压气流变化有可能使气压高度表误差，海水有良好导电性，吸收雷达无线电波，远海飞行时机载雷达测高设备性能下降）。

（四）海上（夜间）飞行

夜间海上飞行，由于灯光、灯标稀少，飞行员较难准确判断飞机的准确位置，保持空域位置困难。特别是天上有云，遮盖住月光、星光时，飞行员容易感觉海天一色，空间感、方向感差，从而产生各种错觉。能见度较好的月夜，水面反光较清楚，飞行员容易下降高度过快、过多，危及飞行安全。水平动作时，由于外界视差单一，感觉转弯时间长，如果不看罗盘，容易产生较大的方位误差。改出时如果不参考地平仪，易改不平坡度，且产生旋转、方向或倾斜错觉。向下动作时，容易感到俯角大，有“飞机往海里钻”的感觉，不易达到规定的俯角，退出时机容易早。同时退出时，由于载荷的作用，飞行员感觉飞机“下坠”明显，退出时间长，容易加大拉杆量，造成动作粗猛。向上机动时，感觉仰角大，易产生俯仰错觉。

1. 夜间近视

外界视觉信息变化较少，容易出现夜间近视，特别是出云后，对海面视觉线索观察需要较长适应过程（如舰载机）。防止夜间近视，适当时候看一下远处，比如翼尖。

2. 云上错觉

（1）倾斜错觉：夜间云上飞行，容易将云层形状当成天地线，产生倾斜错觉。

（2）目标或地标判断错觉：海上容易出现积状云，在夜间容易把云块当成岛屿，造成目标或地标判断错觉。

（3）脱离现象：在高空飞行时，由于灯标稀少，飞行员可能会有一种静止的感觉。同时，由于长时间处于单调的飞行环境中，容易产生脱离现象。

（4）距离高度错觉：在夜间飞行时，飞行员可能会根据海面灯光的大小和亮度来判断距离和高度，这容易导致误判远处为近处或近处为远处，从而产生距离高度错觉。

（5）倒飞错觉：特别是在夜间海面有个别的船只灯光，容易与星星混淆出现倒飞错觉。能见度较好的月夜，水面反光较清楚，飞行员容易天地颠倒，产生倒飞错觉。

（6）自动性错觉：暗夜飞行中长时间盯静止光点，易产生自动性错觉。

3. 夜间编队错觉

（1）倾斜错觉：夜间编队飞行时，月夜飞行飞机轮廓较清楚，容易队形小，月亮从侧方照过来时，容易感觉向长机带坡度，产生倾斜错觉。

（2）忽视状态：暗夜特别是有云、能见度差时，对长机状态变化感觉不明显，长时间飞行易反应迟钝，从而忽视状态。向下机动不敢推杆，向上机动僚机跟队慢。

（3）丢失状态：夏秋季节，夜间海上的垂直气流较强，容易形成积状云，且范围较大，云中颠簸较强，影响飞行状态的保持和无线电罗盘的定向。

（五）着陆阶段

1. 跑道高度距离错觉

当在海岛机场着陆时，由于缺乏视觉线索，跑道和海面之间的视觉高度差不明显。这可能导致飞行员在着陆时以海面为参考，从而产生“误低为高”的高度错觉，结果可能是过晚地开始拉起，导致接地时的冲击较大。由于海面参照物少，在近进着陆阶段，容易出现误远为近或误近为远等错觉。

2. 着陆向光性错觉

航母或一些海岛机场在黄昏或黎明着陆时，受一侧阳光影响，容易产生向光性的倾斜错觉。

3. 黑洞进场

无论是夜间着舰还是在海岛着陆，由于只有线性灯光而不像地面机场那样有面状灯光，都可能产生黑洞进场的错觉。由于夜间缺少空间定向线索，飞行员无法通过视觉信息判断飞机姿态，与飞机在云中感觉一致，飞行员会潜意识地感觉自己处于平飞状态，从而产生跑道上翘的视觉现象，所以有飞行员看见跑道立起来了。另外在暗夜条件下着陆，跑道标志灯会比平时感觉起来更加明亮，由于亮度恒常性影响，会认为亮的物体离自己更近，从而错误判断飞机与跑道距离，“误远为近”，因此降低高度，造成下滑线偏低。

四、错觉预防方法及克服措施

（一）错觉预防方法

在海上飞行时，应依赖仪表为主，并结合目视天地线来判断和维持飞行状态。要恰当地分配注意力，操纵动作应柔和准确，防止因动作粗猛而造成错觉。

目视海面判断高度和速度，有误高为低和设快为慢的现象。因而，必须根据仪表指示进行正确判断，以免因目视判断错误而导致操纵错误。低空、超低空飞行时，入海前应校正无线电高度表指示是否准确。同时注意以下几点。

（1）要向飞行人员讲解海上飞行环境特点及海上飞行错觉知识，使他们对海上飞行错觉有正确的认识，了解海上飞行环境特点。

（2）每次飞行前要具体了解当日海上气象条件，不要依靠海天线来判断和操纵飞机，不要顺机翼、机头俯视海面，如必须这样做时，每次时间要短，并且一定要检查一下仪表指示。发生错觉后，应立即转入仪表飞行。

（3）陆上复杂气象中经常发生严重错觉的人员，在没有经过一定的矫治和锻炼之前，暂不要进入海上飞行。

（二）出现错觉的克服措施

海上飞行错觉本质上与陆地飞行错觉相同，所以，克服陆地飞行错觉的措施，都适用于海上飞行。海上飞行产生错觉后，只要沉着冷静，正确处置，是完全可以克服的，“这里的关键，就在于把主观感受和客观仪表两者好好地结合起来”。主要措施如下。

（1）飞行中产生错觉后，首先要以坚强的信心和毅力消除自己的紧张情绪，沉着冷静地判明情况，然后决定自己的行动。

（2）对飞行状态错觉处置的关键，就是要坚决相信仪表。以地平仪为主，全面而有重点地分配注意力，按仪表指示有顺序地柔和操纵飞机，正确地进行处置，同时报告指挥员。如果对地平仪有怀疑时，则应根据各仪表间的相互关系进行核对，因为一切现象都是彼此关联，互相制约的。例如看升降速度表和转弯侧滑仪的指示与地平仪的指示相符，就证明地平仪工作正常，这样就增强了对地平仪的信任。飞行员产生错觉后，如果心情急躁、动作粗猛，单凭感觉操纵飞机，就可能因错觉而进入复杂状态，严重者还可能导致事故。所以，飞行中产生错觉并不可怕，可怕的是缺乏战胜错觉的信心和不相信仪表。

（3）海上飞行中的辨认错觉和方向错觉，可根据当时的航行诸元和太阳方位加以克服。对高度和速度的判断错觉，则应以仪表指示为依据，纠正视觉误差。

（4）多座机飞行员产生错觉时，要及时通知机组其他成员，以便得到机组成员的提醒和帮助。编队飞行中，无论是长机或僚机产生错觉，均应立即停止课目，互相提醒、正确处置，待克服错觉后，再根据情况决定是否继续课目或返航。特技飞行中产生错觉，必须首先按仪表改为平飞，如严重错觉或错觉的原因不明时，应停止课目返航。

第四节　复杂气象常见飞行错觉及保障措施

复杂气象飞行是飞行训练的主要内容之一。在南方，每年复杂气象季节占全年的50%。在飞行训练中发生的严重事故，也多与复杂气象有关，特别是与复杂气象飞行错觉有关。由此可见，如何预防和正确处理复杂气象飞行错觉，对保证飞行安全、提高训练质量关系重大。

一、复杂气象飞行的特殊性

（一）能见度差

飞机在云中飞行，因水汽大、能见度较差，看不清地面和天地线，有时因太阳位置或各方向云的厚度不同，使得各方向明暗程度也不同。这些都会使飞行员在飞行中产生错觉，飞行状态诸元不易维持，容易引起操纵错误。同时，云中飞行时地面和机上无线电设备常受干扰，有效距离往往缩短，且准确性下降。

（二）空间定向信息减少

在云上飞行，观测地标、地物视角缩小，可供观察、辨认的时间缩短。同时由于阳光直接照射在座舱玻璃盖上而产生折射的作用，给观察目标物增加一定影响，使观测目标距离减小。

（三）飞行影响较大

在低能见度条件下，飞机在降落过程中发现地标的距离减小，识别地标所需时间缩短，使飞机下滑航迹准确性受到影响。在低能见度且又有低云的情况下，飞机的起飞、着陆，以及低空、超低空飞行，都会有一定困难。低能见度或云底高度较低对飞机着陆影响更大，许多飞行事故都是在此条件下着陆时发生。大致有四个方面：由于有低云，飞行员看不清地标而止航：在低云中飞行，仪表失灵；飞行员因心理压力产生云中错觉，引起操纵错误；着陆过程中看不清跑道而发生事故。由能见度造成的飞行事故分析看，其原因有三个方面：着陆过程中看不清跑道，使飞机偏离跑道，或过早、过迟接地；有效能见度差，飞行指挥员看不到飞机，造成指挥错误；飞行员看不清地标只凭感觉或仪表飞行，同时因心理上的压力产生操纵错误。

二、复杂气象飞行的心理特点

复杂气象飞行是在看不见或不能完全看见外界定向参照物的条件下所进行的云中、云上仪表飞行。它既具有暗舱仪表飞行的心理特点，又具有云中或云上飞行的心理特点。

（一）仪表飞行的特点

仪表飞行是通过仪表表示度判断飞行动态和位置，进行正常飞行活动。从心理学角度主要具有以下特点。

1. 仪表飞行空间定向特点

利用航行仪表和无线电导航设备来判断飞行状态和位置，这种信号对飞行员来说是一种间接信号，完全改变了飞行员原有的定向习惯。由于仪表飞行感知的是间接信息，想象表象（指对记忆表象和知觉形象的加工改造成的新形象）在仪表飞行中的作用显得异常重要。如果飞行员想象表象能力差，看到符号性信号，想象不出相应的飞行状态、位置的表象，就会使飞行联想译码跟不上飞行活动实际需要，从而导致飞行员的操纵不知所措、丧失信心。

2. 飞行注意的特点要求迅速、灵活、集中、稳定

仪表飞行中视读仪表指示要相当迅速。从空中仪表飞行实况录像看，飞行员对各仪表检查的次数并不是一成不变的，应体现出灵活机动的特点，说明检查各仪表所用时间、次数既有规律、又很灵活。

3. 动作反应比较缓慢

与明舱目视飞行相比，仪表飞行时，操纵动作反应比较缓慢。其原因是仪表反应的过程与实际情况相比有差异。把间接信号通过译码过程变成实际飞行情况的想象表象，需要综合各仪表反应进行综合判断，也需要一个过程。实施操纵时不如明舱迅速准确；要求动作柔和细腻、不可着急，所以反应比较缓慢。

（二）云中或云上飞行的特点

云中飞行时，除具有仪表飞行的心理特点外，还有如下特点。

1. 云中能见度差

昼间能见度可达 10 km 以外，云中仅能看出 30 ~ 80 m 距离，能向外看但看不远，在心理上会产生一种压抑、渴望、焦虑的感觉。

2. 云中明暗变化无常

由于云的厚度、密度不同舱外亮度经常变化，夜间入云航行灯和喷口喷出火苗产生光屏，这些光线变化容易分散飞行员的注意，扰乱观察仪表的顺序，破坏注意的稳定性。另外光源来的方向不同，会造成各种明暗不同的照射，如飞行员因光线明暗不均而误判，就可能产生视性错觉。如光线从前方照来感到机头上仰，从侧方照来感到倾斜等。

3. 云形多样，瞬息万变

容易在心理上造成感知准确性下降，产生飞行错觉。如云块，一会儿进云、一会儿出云，进云层前感到飞机速度增大，云层中感到速度减小。当面对高大的积状云飞行时，飞行员可能会有一种感觉，好像飞机不是在平飞，而是在向地面俯冲。

4. 云中飞行扰动气流产生颠簸

颠簸可造成飞行员感觉器官前庭本体性错觉。如升降气流使飞行员感到不是水平升降，而是上升下滑，颠簸还会使飞行员加速疲劳，使感知、思维和动作反应能力下降。

5. 担心天气恶化，分散飞行精力

复杂气象条件下飞行时，天气可能会好转，也可能会恶化。飞行员在飞行中必须随时保持对天气情况的判断，做好天气恶化的特殊情况处置。

三、复杂气象常见飞行错觉

云中飞行时飞行员失去了大地、天空和天地线这些直观可靠的视觉参照物，加上光线变换不均，可见云体与飞机的相对运动及颠簸、疲劳等原因有关，容易发生飞行错觉。

一是要警惕云中及夜航条件下，前庭及本体错觉的巨大危害。平时由于有视觉定向线索，往往会压制前庭本体感觉对自己的影响，但当缺乏视觉线索时，由于前庭本体产生的定向感知觉会悄悄地影响飞行员的定向意识。由于在这方面的训练较少，飞行员往往难以区分在空中的前庭本体感知与地面的差异，从而不知不觉地产生错觉。比如飞行员在云中及夜航飞行时，由于缺乏视觉定向线索，前庭及本体感觉会比正常条件下的敏感性提高很多，如果云中带坡度转弯，很多时候飞行员会感觉自己是小坡度，甚至平飞（躯体重力倾斜错觉），同时如果云中加力飞行时，飞行员又会感觉飞行处于上仰状态（躯体重力上仰错觉），这时飞行员如果不注意仪表很难发现飞机带坡度和俯角，会引起事故。还有反坡度错觉、科里奥利错觉、超 G 错觉等，虽然属于一过性错觉，但会导致对仪表产生怀疑，影响对错觉的克服。

二是云中飞行与简单气象飞行的平衡习惯不同。后者自然光线均匀，上亮下暗，前者则没有固定的规律。而飞行员通常需要经过长时间在简单气象条件下的飞行经验，才能进入复杂气象的云中飞行。因此，他们可能会习惯性地将简单气象下的平衡感觉应用于复杂气象的云中飞行，这容易导致错觉。

三是由于自然光线变化大，飞行员视觉不断受到干扰。特别是刚出云顶，阳光晃眼，向外观察困难。从强的自然光条件下突然进入暗的云中，靠指示灯看仪表，不能很快适应。

四是云中能见度差，一般只有几十米，高层云中也不过上百米，飞机在云中看不见天地线，只能全部靠仪表判断飞行状态。精力高度集中，时间稍长易感疲劳，注意力就难以分配得当。

五是缺乏对气象理论知识的了解，影响了对云中各种现象的分析判断。如果飞行前没有对云的状况作详细了解，心中无数，思想准备不充分，遇到特殊情况就不能正确处置，容易产生错觉。

产生的错觉主要分为如下形式。

（一）编队飞行

当飞行员在云中飞行时，他们失去了如大地、天空和天地线这些可靠的视觉参照物，再加上不均匀的光线、可见的云体与飞机的相对运动、颠簸和疲劳等因素，都可能导致飞行错觉。密集队形云中编队飞行时，僚机飞行员集中精力以长机为判断基准操纵飞机，较难及时观察仪表，较单机云中飞行更容易发生飞行错觉。

1. 僚机与长机高度差造成的错觉

稳定直线飞行中僚机取高度差不正确时易发生倾斜错觉、旋转错觉和加速度错觉。高度差大时感觉长机向外侧带坡度、上仰旋转；高度过小，则感觉长机向内侧带坡度并低头旋转。直线飞行中向上、下转换动作、变速及收放着陆装置时，易发生加速度错觉和眼重力错觉。

2. 双机姿态变化时造成的错觉

改出转弯当坡度改平时，僚机易发生旋转错觉。长机改出动作柔和、均匀时，虽已改平坡度，僚机会感觉仍在继续转弯；长机改出动作快，则僚机感觉向反方向转弯。

3. 入云出云阶段造成的错觉

云底、云顶不平，编队进、出云时易发生加速度错觉和眼重力错觉。入云瞬间长机突然变暗，僚机判断队形易误小为大，出云瞬间长机突然变亮，则易误大为小。有些飞行员可能会迅速地做出“修正”反应，使编队队形不稳定，尤以入云时影响较明显。

（二）单机飞行

1. 倒飞错觉

在靠浓厚的云底飞行时，因为下亮上暗，与简单气象飞行时的上亮下暗正好相反，可能会误认为飞机在倒飞，盲目修正飞机，易出现真正的倒飞现象。

2. 向光性倾斜错觉

云中亮度不均，特别是一侧亮、另一侧暗时，飞行员容易产生亮处是上方的感觉。按照这种感觉去操纵飞机则使飞机产生带坡度状态。

3. 俯仰错觉

当云顶高低不平时贴近云顶或穿过云顶飞行，飞行员对忽明忽暗的亮度变化往往不适应，产生飞机忽而跃升、忽而俯冲的错觉。如果不能及时正确地判断，飞行员则会出现错误的操纵动作，有跃升感觉时推杆、有俯冲感觉时急于拉杆，动作过猛可能造成失速或进入螺旋。

4. 视性倾斜错觉

在大范围、带坡度的云顶飞行时，如果飞行员误认为云顶是平的，可能出现三种情况：①飞行方向与云顶坡度方向垂直，容易出现飞机对着云俯冲下去的感觉；②飞行方向与坡度方向平行，容易出现上升或下滑的现象；③介于上述两者之间飞行时，易出现带坡度上升或下滑的情况。

5. 速度错觉

当贴近较浓的云顶飞行时，会感到相对速度偏大，当上升离云顶较远时，又会感到速度减小，若判断不正确则会盲目地加速或减速。

6. 科里奥利错觉

云中转弯过程中低头或抬头会出现突然增加坡度或减小坡度的感觉，这是科里奥利错觉。

（三）夜复飞行

1. 云中错觉

夜间在云中的特点是“上方看不到星星、下方看不到灯光；机盖上有蓝色的光芒，机翼尖端有光晕”，这导致视觉线索非常稀少，且光线明暗变化不均。尤其是某些歼击机座舱视野较好，一些单一的视觉线索极易诱发错觉。

（1）夹层云错觉：暗夜夹层云中飞行，上暗下亮，极容易出现倒飞错觉，云层边缘容易出现倾斜错觉。

（2）夜间近视：外界视觉信息变化较少，容易出现夜间近视，特别出云后，对地面视觉线索观察需要较长适应过程。

（3）向光性倾斜错觉：云中由于光线散射作用，如果一侧月光照射，会出现向光性倾斜错觉。

（4）倒飞错觉：雾霾天气、准备着陆打开着陆灯，突然感觉上黑下白引起倒飞错觉。

（5）前庭本体错觉：云中上升下降及转弯后容易出现前庭本体倾斜俯仰错觉，包括反坡度错觉、科里奥利错觉、躯体重力、躯体旋转错觉等。

（6）时间错觉：无参照物环境下长时间飞行，极易感觉时间变慢，曾经有飞行员甚至感觉时间凝固了，极其痛苦。

（7）“巨手”现象：夜航条件下，飞行员错误地感觉到飞机不能按照自己的操纵做出相应的反应，似乎有一个“巨手”在作用于飞机，与自己的操作相对抗的反应。

2. 云上错觉

（1）夜间云上飞行，容易将云层形状当成天地线，产生倾斜错觉，另外在夜间飞行时，发生过多起把公路灯光或一些线状物体误认为天地线的事例。

（2）高空飞行时，会有静止感觉。

（3）脱离现象。

3. 云下错觉

云遮挡光线，全黑环境下，看着一个光点，视觉线索极其缺少，无法通过外面视景判断飞行状态，极容易产生坡度甚至倒飞错觉，从而快速丢失高度。

（四）意外入云

对多起意外入云导致的飞行事故调查表明，飞机往往以一定的俯角和坡度坠地，即（急）盘旋下降状态，这似乎成为意外入云事故的重要特征。造成这种情况的原因有如下几点。

1. 视性错觉

飞机意外入云后光线不均，飞行员会出现一些视性坡度和俯仰错觉，造成飞机不自觉地带了一定坡度和俯仰角，飞机在最初下降率不大时飞行员难以及时发现。但是随着时间推移，如果下降过程中坡度再增大，高度损失会快、更大，若不能及时发现、迅速纠正后果将是致命的。

2. 躯体重力错觉

躯体重力错觉很多时候让飞行员没有觉察飞机带坡度和俯角，飞行员如果不注意仪表是很难发现的，如果看仪表又怀疑出现故障，曾经有一个案例：飞行员在云中发生躯体重力错觉，观察仪表与感觉不一致，猛然按照仪表把飞机改平，这时又出现反坡度错觉，即飞行员感觉身体向反方向倾斜，这时观察地平仪，发现地平仪显示飞机是水平状态，则怀疑地平仪故障，继续按感觉飞行，导致飞机进入反俯角坠毁。

四、复杂气象常见飞行错觉预防方法及克服措施

飞行错觉事故发生特点如下。

（1）飞行错觉引起的飞行事故占全部飞行事故的 15% ~ 32%，是人的因素第一杀手。

（2）军事飞行发生的飞行错觉引发的事故高于通用航空，战斗机最甚，并多为致命性的。

（3）武装直升机飞行错觉引发的飞行事故严重，直升机夜间飞行事故中 81% 是飞行错觉引发的。

（4）以认知不到型空间定向障碍 I 型为主。

（5）飞行错觉事故，多同时伴有情景意识丧失，机毁人亡事故 85% 是因 LSA/SD 导致。

（6）是 CFEIT（控制下飞行撞地）原因之一。

（一）错觉预防方法

1. 正确分配空中注意力

在云中飞行时，应严格遵循以地平仪为主，同时结合其他仪表指示来保持飞机状态的注意力分配原则。只要注意观察仪表的顺序，并科学地分配注意力，就能有效地预防飞行错觉的产生。飞行员的视线不能离开地平仪太长时间，否则，当飞机状态发生明显改变而未被察觉时，就会出现实际情况与仪表指示不相符的情况，这可能会引发对仪表故障的疑虑，从而诱发空间定向障碍。因此，飞行员视线每次离开地平仪的时间最好不要超过 5 s。另外，云中飞行，忌注意力离开仪表，仅凭感觉操纵飞机；在处置特情时，切忌只顾处置特情忽视飞机状态，使飞机下降到安全高度以下，危及飞行安全。

2. 掌握错觉诱发条件

需要清楚了解错觉的特点及产生的条件。错觉多发生在云中、云上或海上及仪表

飞行复杂动作改出时，在这些条件下飞行时，就需要做好预防和应对错觉的准备。

3. 飞行前掌握天气状况

在有云的天气飞行时，上飞机前需要了解天气情况，明确云顶和云底的高度，以防在出现错觉后，因不知道云底高度而盲目下降。

4. 要有良好的身体状况

在地面时需要充分休息，保持充足的体力参加飞行。如果没有良好的体力和精力作为支撑，注意力就容易分散。

（二）错觉克服措施

1. 基本原则

（1）如果意识到自己出现了错觉，不要紧张，应该用坚定的意志力克制自己，尽量保持情绪轻松。比如，可以松松手、晃晃身子，通过地平仪和平显判断好状态，同时参考其他仪表验证。保持冷静，坚决相信仪表，不单凭个人的感觉改变飞行状态，错觉就容易消失，并不致造成严重飞行事故。

（2）出现错觉后，飞行员需要及时报告，不应因为顾及面子而不报告。地面指挥员在听到报告后应及时进行指挥，帮助飞行员保持冷静，避免惊慌，如果发生错觉的原因是疲劳或心理紧张引起的，地面指挥员的指挥还可以在短时间内起到提高神经细胞的兴奋程度和增强飞行员信心的作用，有利于飞行员消除错觉。

2. 意外入云

在意外进入云层后，既要防止依赖感觉进行盲目操纵，也要防止受到仪表指示误差的影响，从而产生错误判断。

（1）需要明确在意外进入云层后保持飞行状态的重要性：飞行员必须深入了解产生错觉的原因，要特别注意防止无意识地带坡度入云。在云中飞行要树立牢固的仪表观念和高度观念，尤其是中低空飞行时，要首先检查高度，在云中直线飞行要保持杆舵居中，切忌仅凭感觉或某一个仪表的指示，反复修正飞机状态。

（2）需要提高对仪表的识读和综合判断能力：在气象条件突然变化、飞机意外入云，飞行员注意力被动转移的情况下，对仪表的认读和判断与平时大不相同。由于存在仪表指示误差，在云中判断和保持飞行状态，光靠迅速准确认该单个仪表不够，还必须注意多个仪表的指示综合判断。特别是当飞机坡度俯仰角指示不稳定时，应参考转弯侧滑仪、陀螺磁罗盘指示判断。

（3）如果感觉特别严重以至于无法保持状态，且在达到 2000 m 的高度后仍未改出，应果断选择跳伞。

3. 云中编队出现错觉克服方法

（1）在飞行前准备时，长机应明确僚机产生空间定向障碍时的特别处理原则：在保持目视的情况下，长机应首先改平（条件许可时，平直飞行至少进行 30 ~ 60 s。

一般来说，30 ~ 60 s 后，僚机的非正常状态会消失。需要时应将情况通知塔台），让僚机保持好状态，并注意观察和提示僚机的姿态；如果僚机已产生严重空间定向障碍或空间定向障碍无法克服，则应解散，并提醒僚机按仪表保持状态。

（2）编队飞行中遇到天气条件恶劣，如云层太厚或颠簸剧烈难以保飞行安全，长机应让僚机在有控制的条件下，适当调整安全间距。

（3）长机应鼓励僚机说出空间定向障碍的感觉。长机说几个字就可能使僚机重新确定所处状态，在头脑中形成该编队所在空间位置的概念。如“02 现在的高度 3000，左坡度 30，速度 600”等。

（4）僚机如果脱离编队，此时最重要的是飞行员要相信仪表，并按照仪表显示操纵出所期望的飞机状态。

第五节 机动飞行常见飞行错觉及保障措施

急剧改变飞行状态是空间定向障碍问题的多发时机。

一、机动飞行的特殊性

过载使脑部和眼部的血压下降和供血减少。长时间大过载（无对抗措施情况下 3 G 以上过载超过 5 s）容易发生缺氧或氧张力不足，导致灰视、黑视等视力问题和飞行人员认知能力下降、响应（刺激反应）时间延长、情绪改变、意识紊乱等脑力问题。

高过载对前庭的强烈刺激将使定向能力下降，连续进行大过载机动或连续空战，容易使人松弛、困倦、疲劳、注意力降低、恶心、昏睡，甚至因过载引起知觉丧失。

二、机动飞行常见飞行错觉

机动飞行时，飞机在直线突然加速或减速时会产生俯仰错觉。

在陡峭的爬坡飞行（向前的线加速度）后突然改平会产生倒翻错觉。

在大过载盘旋情况下，飞行人员动头（比如搜索目标）会造成对飞机俯仰角增大或减小的超 G 错觉和科里奥利错觉。

由于角加 / 减速度刺激半规管引起，飞行人员在大过载盘旋、螺旋中会产生前庭倾斜错觉、旋转错觉，改出时会产生反坡度错觉、反旋转错觉等。

机动飞行中，由于产生高度急剧上升、下降，造成中耳腔内压力快速减少或增加产生变压性眩晕。

机动飞行时，由于飞行人员注意力高度集中，容易导致管状注意力，忽视状态。

三、机动飞行防范方法及保障措施

保持警觉，做好对抗动作，防止发生过载引起的空中失能。

科学锻炼，有氧无氧训练相结合。抗荷肌群力量训练有助于增强抗过载能力，适当的有氧训练有助于增强机动飞行的持续耐力，马拉松式的训练往往适得其反。

严禁感冒飞行，飞行人员对自己耳通气功能要心中有数。如果耳压得较厉害，动了几次仍不见效时，千万不可用力猛鼓，一旦鼓起一侧耳膜，另一例仍未鼓起，容易出现滚转错觉，处置不好会直接危及飞行安全。

大过载转弯时，尽量不要动头，如果必须做头部动作，应避免超 G 错觉和科里奥利错觉带来的影响。

对飞行动作要做到心中有数，合理分配注意力，随时通过仪表关注飞机各项参数，避免忽视状态。

参考文献

姚钦，陈珊，张琳，等 . 2018. 高性能战斗机飞行员空间定向能力与相关指标的关系分析 [J]. 中华航空航天医学杂志，29(1): 8-14.

于立身 . 2009. 飞行空间定向障碍研究的过去、现在和将来 [J]. 航空军医，37(5): 193-203.

Abend, W. K. 1978. Response to constant angular accelerations of neurons in themonkey superior vestibular nucleus[J]. Experimental Brain Research, 31: 459-473.

Terence J. Lyons, William Ercoline, Kevin O'Toole, et al. 2006. Aircraft and Related Factors in Crashes InvolvingSpatial Disorientation: 15 Years of U. S. Air ForceData [J]. Aviation, Space, and Environmental Medicine, 77, 720-723.

Yuko Takada JASDF ME, Lt Col Tetsuya Hisada JASDF. 2009. Survey of Severe Spatial Disorientation Episodes in JapanAir Self-Defense Force Fighter Pilots Showing IncreasedSeverity in Night Flight[J]. Military Medicine, 174: 626-630.

王颉，曹新生 . 2013. 航空航天生理心理训练及疗养学 [M]. 西安 . 第四军医大学出版社 .

Aurore C. Paillard, Gaëlle Quarck, Pierre Denise. 2014. Sensorial Countermeasures for Vestibular SpatialDisorientation[J]. Aviation, Space, and Environmental Medicine, Vol. 85, 563-567.

肖玮，苗丹民 . 2013. 航空航天心理学 [M]. 西安 . 第四军医大学出版社 .

鄂忠民 . 1991. 飞行训练心理学 [M]. 北京 . 航空工业出版社 .

Catherine M. Webb, Arthur Estrada III, Amanda M. Kelley. 2012. The Effects of Spatial Disorientationon Cognitive Processing[J]. The International Journal ofAviation Psychology, 22(3): 224-241.

谢溯江，贾宏博，丁立，等 . 2011. 空军飞行员飞行错觉调查 [J]. 航空军医 . 39(6): 232-235.

张琳，姚钦，刘娟，等 . 2021. 空间定向障碍对航空领域的影响及降低事故率训练研究 [J]. 空军医学杂志 . 37(1): 71-74.

K. Wolfgang Kallus, Karin Tropper, Wolfram Boucsein. 2011. The Importance of Motion Cues in SpatialDisorientation Training for VFR-Pilots[J]. The International Journal of Aviation Psychology, 21(2): 135-152.

Randall W. Gibb. 2007. Visual Spatial Disorientation: Revisiting the BlackHole Illusion[J]. Aviation, Space, and Environmental Medicine, 78: 801-808.

陈珊，刘琳，周晴霖，等 . 2019. 空间定向障碍事故分析系统研究进展 [J]. 中华航空航天医学杂志 . 30(4): 310-314.

陈珊，姚钦，张琳，等 . 2019. 飞行员复杂状态改出训练效果评估及工作负荷分析 [J]. 中华航空航天医学杂志 . 30(2): 86-91.

Aggleton JP, O'Mara SM, Vann SD, et al. 2010. Hippocampal-anterior thalamic pathways for memory: uncovering a network of direct and indirect actions[J]. European Journal of Neuroscience, 31: 2292-2307.

Angelaki DE, Hess BJ. 1995. Lesion of nodulus and ventral uvula abolish steady-stat off-verticalaxis otolith res ponse[J]. J Neurophysiol. 73: 1716-1720.

周继强，田青峰，汉俊丛，等. 2006. 飞行错觉产生的原因及对策. [J]. 空军航空大学学报. (3): 6-9.

陈力华，李永平，王悦，等. 2012. 飞行人因工程 [M]. 北京. 清华大学出版社.

Baloh RW. Dizzuness, Hearing Loss. 1998. Tinnitu. FA. Davis Company[J]. Philadelphia. 16-20.

毕红哲，谢溯江，贾宏博，等. 2010. 高性能战斗机飞行员仪表视觉空间定向能力训练效果观察 [J]. 中华航空航天医学杂志, Vol 21(1), 12-15.

徐乐乐，刑军，马冬梅，等. 2013. 飞行员注意力分配测试研究 [J]. 华南国防医学杂志. 27: 822-823.

Baloh RW, Honrubia V. E Eds. 2001. Clinical Neuriphysiology of the Vestibular System Third Edition[M]. New York: Oxford Uneiversity Press, 13-29.

Baloh RW, Honrunbia V. 2001. Clinical Neurophysiology of the Vestibular System Third Edition[M]. New York: Oxford University Press, 14.

白杰，姚冰，杨坤. 2015. 面向 HUD 的飞行员注意力分配影响因素量化研究 [J]. 中国民航大学学报. 33: 51-55.

Baloh RW, et al. 1988. Eye movement inducedby linear acceleration on a parallet swing[J]. J Neyriphysiol, 60: 2000.

Balaban CD, Yates BJ. 2004. Vestbuloautonomic Interactions: A Teleologic Perspective. In: Highstein SM, Fay RR. and Popper AN (Eds.)[M]. New York: The Vestubular System. Springer-Verlag, 299.

Balaban CD. 2006. Mechanisms of Vestibular Compensation: an Overview[J]. J Korean Balance Soc, 5(1): 139-148.

彭聃龄，陈宝国. 2023. 普通心理学 [M]. 北京师范大学出版社.

张积家. 2015. 普通心理学 [M]. 中国人民大学出版社.

Balldin UI, Derefeldt G, Eriksson L, et al. 2003. Color vision with rapid-onset acceleration[J]. Aviat Space Environ Med, 74(1): 29-36.

Ban JH. 2009. Electrophysiologic Response of the Vestibular Afferents and Efferents[J]. Research in Vestibular Science. (8), 2: 117-121.

张选斌，岳洪梅，何劼，等. 2013. 航母舰载机飞行员空间定向特点及飞行错觉的防范 [J]. 人民军医, 56: 516-518.

Bangma, G. C, ten Donkelaar, H. 1982. Afferent connections of the cerebellum in various types of reptiles[J]. Journal of Comparative Neurology, 207: 255-273.

Barber HO, Stockwell CW. 1976. Manual of Electronystagmography[J]. CV Mosby, St. Louis.

Barmack N. H, Baughman R. W, Errico P, et al. 1993. Vestibular primary afferent projection to the cerebellum of the rabbit[J]. Journal of Comparative Neurology, 27: 521-534.

Baird R. A, Desmadryl G, Fernández C, et al. 1988. The vestibular nerve of the chinchilla. II. Relation between afferent response properties and peripheral innervation patterns in the semicircular canals[J]. Journal of Neurophysiology, 60: 182-203.

Barmack NH, Fredette BJ, Mugnaini E. 2009. Parasolitary nucleus: a source of GABAergic vestibular information to the inferior olive of rat and rabbit[J]. J Comp Neurol. 392(3): 352-72.

黄炜，于立身，季思菊，等. 2012. 前庭性飞行错觉地面模拟 [J]. 中华航空航天医学杂志，23(3): 174-178.

Barmack NH, Yakhnitsa V. 2000. Vestibular Signals in the Parasolitary Nucleus[J]. J Neurophysiol, 83: 3559-3569.

Bast TH, Anson. BJ. 1949. The Temporal Bone and the Ear[J]. CC Thomas, Springfield, Illinois.

姚钦，贾宏博，焦志刚，等. 2018. 夜航常见飞行错觉原因及保障措施 [J]. 航空军医，46(2): 45-49

姚钦，张琳，陈珊，等. 2016. 低空、超低空飞行对飞行员的影响及对策 [J]. 航空军医. 44(3): 99-101.

张琳，姚钦，刘娟，等. 2022. 两种训练场景下体验黑洞错觉的效果比较 [J]. 中华航空航天医学杂志，33(2): 106-108.

Bast TH, Anson B. J. 1949. The Temporal Bone and the Ear[M]. Charles C Thomas, Springfield.

Bast TH, Anson. BJ. 1949. The Temporal Bone and the Ear[M]. CC Thomas, Springfield, Illinois.

Bergström B. 1973. Morphology of the Vestibular Nerve: III. Analysis of The Calibers of The Myelinated Vestibular Nerve Fibers In Man At Various Ages[J]. Acta Oto-laryngologica, 76(1-6): 331-338.

陈烜之. 2006. 认知心理学 [M]. 广州. 广东高等教育出版社.

Benson AJ. 1999. Spatial disorientation-General aspects. In: Ernsting J, Nicholson AN, and Rainford DJ. (Eds.). Aviation Medicine, 3rd ed. [M]Butterworth Heinemann, Oxford, Endland, U. K, 419-436.

Benson AJ. 2002. Spatial Disorientation-A Perspective. In RTO-MP-086 RTO MEETING PROCEEDINGS 86[J]. Spatial Disorientation in Military Vehicles: Causes, Consequences and Cures.

Bergquist F, Ludwig M, Dutia MB. 2008. Role of the commissural inhibitory system in vestibular compensation in the rat[J]. J Physiol, 586(18): 4441-4452.

毕红哲，于立身，刘森，等. 1996. 初教机飞行学员仪表视觉空间定向训练效果 [J]. 中华航空医学杂志，7(2): 107-110

Blazquez PM, Hirata Y, Highstein SM. 2004. The vestibuloocular reflex as a model system for motor learning: what is the role of the cerebellum[J]. The Cerebellum, 3: 188-192.

Bossy J. 1970. Atlas of Neuroanatomy and Special Sense Organs Philadelphia/London/Toronto: W. B. Saunders Company[J]. 324-325

Boyle R, Goldberg J. M, Highstein S. M. 1992. Inputs from regularly and irregularly discharging vestibular nerve afferents to secondary neurons in squirrel monkey vestibular nuclei. III. Correlation with vestibulospinal and vestibuloocular output pathways[J]. Journal of Neurophysiology, 68: 471-484.

Boyden ES, Kaloh A, Raymond JL. 2004. Cerebellum-dependent learning : the role of multi-plasticity mechanism[J]. Annu. Rve. Neurosci, 27: 581-609.

Brandt T, Dieterich M, Danek A. 1994. Vestubular cortexlesions affect the perception of verticality[J]. Ann. Neurol. 35: 403-412.

Brandt T. Vertigo. 1999. Its Multisensory Syndromes. 2nd Edition[M]. Springer. Berlin, 1-19.

Brodal A. 1972. Pompiano O. Basic aspects of central vestibular mechanisms[J]. In Progress in Brain Research, 37, Elsevier, Amsterdam, 656.

Broussard DM, Lisberger SG. 1992. Vestibular inputs to brain stem neurons that participate in motor learning in the primate vestibuloocular reflex[J]. J Neurophysiol. 68: 1906-1909.

姚钦，张信民，谢溯江. 2012. 高级空间定向模拟器在直升机错觉训练中的应用 [J]. 航空军医，40(5):

188-190.

谢溯江，毕红哲，姚钦 . 2013. 黑洞错觉研究进展 [J]. 空军医学杂志，29(4): 270-273.

Broussard DM, Kassardjian CD. 2008. Learning in a Simple Motor System[J]. www. learnmem. org.

Broussard DM. 2009. Dynamics of glutamatergic synapses in the medial vestibular nucleus of the mouse[J]. European Journal of Neuroscience, 29(3): 502-517

Broussard DM, Guy AL. 2007. Frequency filtering of vestibular signals by synaptic transmission inbrainstem slices. BMC Neuroscience 2007, 8(2): 99.

Brown JS. 2009. Evaluation of Tactile Situation Awareness System as an Aid for Improving Aircraft Control During Periods of Impaired Vision[J]. thesis collection.

Buttner-Ennever JA, Gerrits NM. 2004. Vestibular System. In: Paxinos G. and Mai JK. (Eds.) The Human Nervous System, 2nd[M]. Elsevier, Amsterdam, 1212-1240.

Buttner-Ennever J. 1988. Neuroanatomy of theocculomotor system[M]. Amsterdam: Elservier, 5.

Burdess C. 1996. The vestibulo-ocular reflex: computation in the cerebellar flocculus[J].

Carleton S. C, Carpenter M. B. 1984. Distribution of primary vestibular fibers in the brainstem and cerebellum of the monkey[J]. Brain Research, 294: 281-298.

Cannon. SC, Robinson DA. 1987. Loss of the neural integratorof the oculomotor system from brain stem lesionsin monkey[J]. J Neurophysiol, 57(5): 1383-409.

迟放鲁，焦宇，袁雅生，等 . 2005. 前庭代偿过程中前庭传出性和传入性神经系统的相互作用 [J]. 中华耳鼻咽喉头颈外科杂志，(40)2: 111-114

Chan WWP, Galiana HL. 2005. Integrator Function in the Oculomotor System Is Dependent on Sensory Context[J]. J Neurophysiol, 93: 3709-3717.

Chohen B, Matsuo V, Raphan T. 1977. Quantitative analysis of the velocity characteristics of optokinetic nystagmus and optokinetic after-nystagmus[J]. J Physiol, 270: 321-44.

Chohen B, Henn V, Raphan T, et al. 1981. Velocity storage, nystangmus, and visual-vestibular interaction in human[J]. Ann. NY Acad Sci, 34: 421-433.

Cheung B. 2004. Nonvisual spatial orientation mechanisms. In: Previc FH, and Ercoline WR(Eds). Spatial disoriention in aviation. American Institue of Aeronautics and Asronautics, Inc[J]. Reston, Virginia, 73.

Chou PI, Wen TS, Wu YC, et al. 2003. Contrast sensitivity after +Gz acceleration[J]. Aviat Space Environ Med, 74(10): 1048-1051.

Connolly DM, Hosking SL. 2006. Aviation-related respiratory gas disturbancesaffect dark adaptation: A reappraisal[J]. Vision Research, 46 (11): 1784- 1793.

Connolly DM, Hosking SL. 2008. Oxygenation and gender effects on photopiafrequency-doubled contrast sensitivity[J]. Vision Research, 48 (2): 281-288.

Connolly DM, Barbur JL, Hosking SL, et al. 2008. Mild hypoxia impairs chromatic sensitivity in the mesopic range. [J]. Investigative Ophthalmology & Visual Science. 49(2): 820.

Correia MJ, Guedry FE. 1978. The Vestibular System: Basic Biophysical and Physiological Mechanisms. In: Masterton RB (ed) Handbook of Behavioural Neurobiology[M]. Plenum Press, New York & London, 311-351.

赵廷渝 . 2004. 飞行员航空理论教程 (下)[M]. 成都 . 西南交通大学出版社 .

Colclasure JC, Holt JR. 2003. Transduction and Adaptation in Sensory Hair cells[J]. Gravitational and Space Biology Bulletin, 16(2): 61.

Cowley A. R. 1976. The nuclei of the vestibular nerve of the red kangaroo, Megaleia rufus[J]. Journal fur Hirnforschung, 17: 61-72.

Collewijn H, Winterson BJ, Steen Jvd. 1980. Post-rotatory Nystagmus and Optokinetic After-nystagmusin the Rabbit Linear Rather than Exponential Decay[J]. Exp Brain Res, 40: 330-338.

罗晓利 . 2012. 飞行中人的因素 (第二版)[M]. 成都 . 西南交通大学出版社 .

Cohen B, Matsuo V, Raphan T. 1977. Quantitative analysis of the velocity characteristicts of optokinetic nystagmus and optokinetic after-nystagmus[J]. J. Physiol, 270: 321-344.

Colclasure JC, Holt JR. 2003. Transduction and adaptation in sensory cells of mammalian vestibular system[J]. Gravitational and Space Biology Bulletin, 16(2) : 61-70

Curthoys IS, Halmagyi GM. 1995. Vestibular compensation: a review of the oculomotor, neural, and clinical consequences of unilateral vestibular loss [J]. J Vestib Res. 5(2): 67-107.

Cullen KE, Minor LB, Beraneck M, et al. 2009. Neural substrates underlying vestibular compensation: contribution of peripheral versus central processing[J]. J Vestib Res. 19(5-6): 171-82.

CullenKE, SadeghiSG. 2008. Vestibular system[J]. Scholarpedia, 3(1): 3013.

Curry IP, Estrada A, Webb CM, et al. 2008. Efficacy of tactile cues from a limited belt-area system in orienting well-rested and fatigued pilots in a complex flight environment[M]. USAARL, 12.

Darlington CL, Flohr H, Smith PF. 1991. Molecular mechanisms of brainstem plasticity. The vestibular compensation model[J]. Mol Neurobiol. 5(2-4): 355-68.

David L. 2002. The brainstem control of saccadic eye movements[J]. Sparks Nature Reviews Neuroscience, 3: 952-964.

Denk W, Holt JR, Shepherd GM, et al. 1995. Calcium imaging of sigle stereocilia in hair cells: localization of transduction channels at both ends of the tip links[J]. Neuron. 15: 1311-1321.

Desai SS. 2003. Comparative morphology of the rodent vestibular periphery[D]. Thesis for the degree of Doctor of Philosophy in Anatomy and Cell Biology in the Graduate College of the University of Illinois at Chicago, Chicago, Illinois.

Della Santina CC, Potyagaylo V, Migliaccio AA, et al. 2005. Carey JPOrientation of human semicircular canals measured by three-dimensional multiplanar CT reconstruction[J]. Journal of the Association for Research in Otolaryngology : JARO, 6(3): 191-206.

Dhawan R, Mann SE, Meredith FL, et al. 2010. K+ Currents in Isolated Vestibular Afferent Calyx Terminals[J]. J Assoc Res Otolaryngol, 11(3): 463-76.

Dieterich M, Brandt T. 2008. Functional brain imaging of peripheral and central vestibular disorders Brain[J]. 131: 2538-2552.

Dieterich M, Bense S, Lutz S, et al. 2003. Dominance for vestibular cortical function in the non-dominant hemisphere[J]. Cereb Cortex.

Dieterich M, Bauermann T, Best C, et al. 2007. Evidence for cortical visual substitution of chronic bilateral vestibular failure an fMRI study. Brain, 130 (8): 2108-2116.

Dino M. R, Perachio A. A, Mugnaini, E. 2001. Cerebellar unipolar brush cells are targets of primary vestibular afferents: an experimental study in the gerbil[J]. Experimental Brain Research, 140: 162-

170.

Dix MR, Hood JD. 1984. Vertigo. John Wiley & Sons[J]. Chichester, 8.

Dumas G, De Waele C, Hamann KF et, al. 2007. Skull vibration induced nystagmus test[J]. Ann Otolaryngol Chir Cervicofac. 124(4): 173-183.

孙喜庆 , 肖海峰 . 2012. 陆军航空医学 [M]. 西安 . 第四军医大学出版社 .

Dutia MB. 2010. Mechanisms of vestibular compensation: recent advances[J]. Current Opinion in Otolaryngology & Head & Neck Surgery, 18(5): 420-424.

Dutheil S, Brezun JM, Leonard J, et al. 2009. Neurogenesis and astrogenesis contribute to vestibular compensation in the neurectomized adult cat: cellular and behavioral evidenceNeuroscience [J]. 164(4): 1444-145

Eatock RA, Hurley KM, Vollrath MA. 2002. Mechanoelectrical and voltage-gated opn channels in mammalian vestibular hair cells[J]. Audiol Neurootol, 7: 31-35

Eatock RA, Hurley KM. 2003. Fuctional development of hair cells[J]. Curr Top Dev Biol, 57: 389-448.

Eatock RA, Corey DP, Hudspeth AJ. 1987. Adaptation of mechanoelectric transduction in hair cells of the bullfrog’ s sacculus[J]. J Neurosci, 7: 2821-2836.

Eatock RA, Xue JB, Kalluri R. Ion channels in mammalian vestibular afferents may set regularity of firingThe Journal of Experimental Biology 2008, 211, 1764-1774

术守喜 , 马文来 . 2015. 人为因素与机组资源管理 [M]. 北京 . 北京航空航天大学出版社 .

Endsley MR. 1988. Desigh and evaluation for situation awareness enhancement. In Proceedings of the Human Factors Society 32nd Annual Meeting. Santa Monica[M]. CA: Human Factors Society, 97-101.

Endsley MR. 1995a. Toward a Theory of situation awareness in dynamic systems[J]. Human factors, 37(1), 32-64

Endley MR. 1995bmesurement of situation awareness in dynamic systems[J]. Human factors, 37(1), 65-84

Endsley MR. and Robertson MM. 1996. Team situation awareness in aviation maintenance. In Proceedingsof the 40th Annual Meeding of Human Factors and Ergonomics Society. Santa Monoica[M]. CA: Human Factors and Ergonomics Society, 1077-1081.

Endsley MR. 1997. Communication and situation awareness in aviation system[M]. In: A Multi-Cultuaral Forium. Prescott. AZ.

Endsley MR. 1997. Situation awareness: the future of aviation systems[M]. A presentation to the Saab 60th anniversary symposium Linkoping Sweden, 5-6.

Endsley MR, Rodgers MD. 1998. Distribution of attention, situation awareness, snd workload in passive air traffic control task: Implications for operational errors and automation[J]. Air Traffic Control Quarterly, 6(1), 21-44.

Endsley MR. 1999. Situational Awareness in aviation systems. In Garland DJ, Wise JA, and Hopkin VD. (Eds). Handbook of Aviation Human Factors[J]. Mahwah NJ: Lawrence Erlbaum Asociatess, 11.

杜俊敏 . 2016. 人为因素与飞行安全 [M]. 北京 . 北京航空航天大学出版社 .

Erp JBF v, Self BP. 2008. Tactile Displays for Orientation, Navigationand Communication in Air, Seaand Land Environments[J].

方经民 . 1999. 汉语空间方位参照的认知结构 . 世界汉语教学 , 50(4): 32-38.

Fernández, C, Baird, R. A, Goldberg, J. M. 1988. The vestibular nerve of the chinchilla. I. Peripheral innervation patterns in horizontal and superior semicircular canals[J]. Journal of Neurophysiology, 60: 167-81.

Fernández C, Goldberg J. M, Baird, R. A. 1990. The vestibular nerve of the chinchilla. III. Peripheral innervation patterns in the utricular macula. Journal of Neurophysiology, 63: 767-780.

Flitcroft DI. 1998. Neurophysiology of Eye Movements. In: Rosen ES, et al. (Eds.) Neuro-Ophthalmology[M]. Mosby. London. 2-6.

Frenzel H. 1955. Spontan und Provokationsnystagmus als Krankheitssymptom[M]. Springer, BerlinG6ttingen Heidelberg.

Furukawa F. 1982. A morphological study of the mammalian parasolitary nucleus[J]. No To Shinkei. 34(8): 781-96.

Furman JM, Balaban CD, Pollack IF. 1997. Vestibular compensation in a patient with a cerebellar infarction[J]. Neurology. 48(4): 916-920

汪声达，于建民，梁斌 . 2011. 飞行训练安全心理概论 [M]. 北京 . 蓝天出版社 .

Gacek KK, Lyon M. 1974. The location of vestibular efferent neurins in the kitten with horseradish peroxidase[J]. Scta Otolaryngol. 77: 92-101.

Gallay MN, Jeanmonod D, Liu J, et al. 2008. Human pallidothalamic and cerebellothalamic tracts: anatomicalbasis for functional stereotactic neurosurgery. Brain Struct Funct, 212: 443-463.

Gallimore JJ, Brannon NG, Patterson FR, et al. 1999. Effects of FOV and aircraft bank on polot head movement and reversal errors during simulated flight[J]. Aviation, Space, and Environmental Medicne, 1162-1160.

Gibb R, Gray R, Scharff L. 2010. Aviation Visual Perception: research, misperception and mishaps. Ashgate Pablishing Limited Farnham[M]. USA : Burlington England.

Goldberg JM, Fernandez C. 1980. Efferent vestibular system in squirrel monkey: anatomical location and influence on afferent activity[J]. J Neurophysiol, 43: 986-1025.

Gdowski G. T, McCrea R. A. 2000. Neck proprioceptive inputs to primate vestibular nucleus neurons[J]. Experimental Brain Research, 135: 511-526.

Gerrits N. M, Epema A. H, van Linge A. et al. 1989. The primary vestibulocerebellar projection in the rabbit: absence of primary afferents in the flocculus[J]. Neuroscience Letters, 105: 27-33.

Gerrits, N. M. 1990. Vestibular nuclear complex. InThe Human Nervous System[M]. Academic Press, San Diego, CA, 863-888.

Gillingham KK. Wolfe JW. 1986. Spatial Orientation in Flight[M]. USAFSAM-TR-85-31, 62.

Gillingham KK, Previc FH. 1993. Spatial Orientation in Flight. AD-A279 306, 60.

Goldberg JM, Fernandez C. 1980. Efferent vestibular system in squirrel monkey: anatomical location and influence on afferent activity[J]. J Neurophysiol, 43: 986-1025.

Geldard F. 1972. The Human Senses[M]. New York: John Wiley & Sons, Inc.

Graham BP, Dutia MB. 2008. Cellular basis of vestibular compensation: analysis and modelling of the role of the commissural inhibitory system Experimental Brain Research, 137(3-4): 387-396.

Handrock M, Zeisberg J. 1982. The Influence of the Efferent Systemon Adaptation, Temporaryand Permanent Threshold Shift[J]. Arch Otorhinolaryngol, 234: 191-195.

Hain TC. 1986. A model of the nystagmus induced by offvertical axis rotation[J]. Biological Cybernetics, 54(4-5): 337-350.

Hain TC, Ramaswamy TS, Hillman MA. 2000. Anatomy and physiology of the normal vestibular system. In: Herdman SJ, ed. Vestibular Rehabilitation. 2nd ed[M]. Philadelphia, PA: F. A. Davis, 3-24.

Halmagyi GM, Curthoys IS, Aw ST, et al. Clinical Applications of Basic Vestibular Research. In: The Vestibular System, Springer Handbook of Auditory Research, 2004, 19: 496-545.

Halmagyi GM. 1990. The human horizontal vestibulo-ocular reflex in resonse to high-accelaration stimulation before and after unilateral vestibular neurectomy[J]. Exp Brain Res, 81: 479-490.

Highstein SM. 1991. The central nervous system efferent control pf the organs of balance and equilibrium[J]. Neurosci Res, 12: 13-30.

Highstein SM, Fay RR, Popper AN. 2004. The Vestibular System[M]. Springer-Verlag New York.

Hikosaka O, Igusa Y, Imai H. 1980. Inhibitory connections of Nystagmus-related reticular burst neurons with neurons in the abducens, prepositus hupoglossi and vestibular nuclei in the cat[J]. Exp brain research, 39: 301-311.

Hoffman DM, Girshick AR, Akeley K, et al. 2008.. Vergence-accommodation conflicts hinder visual performance and cause visual fatigue[J]. J Vis, 8(3): 31-33.

Holt JR, Corey DP, Eatock. 1997. Mechanoelectrical transduction and adaptation in hair cells of the mouse utricle, a low-frequency vestibular organ[J]. J Neurosci, 17: 8739-8748.

Hurley KM, Gabpyard S, Zhong M, et al. 2006. M-loke K+currents on typr I hair cells and calyx afferent endings of the developing rat utricle[J]. J Neurosci, 26: 10253-10269.

Igarashi M, Alford BR. 1969. Cupula, Cupular Zone of Otolithic Membrane, and Tectorial Membrane in the Squirrel MonkeyActa[J]. Oto-laryngologica, 68(1-6): 420-426.

Igusa Y, Sasaki S, Shimazu H. 1980. Exctatory premotor burst neurons in the cat pontine reticular formation related to quick phase of vestibular nystagmus[J]. Brain Research, 182: 451-456.

Ito M. 1972. Neural design of the cerebellar motor control system[J]. Brain Research, 40: 80-84

Ito K, Ito M. 1975. Tracking behavior of human operators in preview control systems[J]. Electrical Engineering in Japan, 95(1): 120-127.

Ito HT, Schuman EM. 2008. Frequency-dependent signal transmission and modulation by neuromodulators [J]. Frontiers un Neuroscience, 3(2)138-144.

黄炜，吕汽兵，陈琼 . 2010. 高性能战斗机飞行员仪表闪现训练效果观察 [J]. 中国疗养医学 . 19(12), 1063-1064.

Iwasaki S, Chihara Y, Komuta Y, et al. 2008. Low-Voltage-Activated Potassium Channels Underlie the Regulation of Intrinsic Firing Properties of Rat Vestibular Ganglion Cells[J]. J Neurophysiol, 100: 2192-2204.

Jian B. J, Shintani T, Emanuel B. A, et al. 2002. Convergence of limb, visceral, and vertical semicircular canal or otolith inputs onto vestibular nucleus neurons[J]. Experimental Brain Research, 144: 247-257.

Jones G. M. 1993. The Peripheral Vestibular Message. In: Sharpe JM. & Barber HO. (Eds.). The Vestibulo-Ocular Reflex and Vertigo[M]. NewYork: Reven Press, 3.

Jones MG. 1979. Bode plot of the frequency response of equation. Mammalian vestibular physiology[M]. New York: Plenum Press, 53.

Jones MG, Milsum JM. 1965. Spatial and Dynamic Aspects of Visual Fixation[J]. IEEE Transactions on Biomedical Engineering, 12(2): 54-62.

Jones DG, Endsley MR. 1996. Source of situation awareness errors on aviation[J]. Aviation, Space, and Evironmental Medicine, 67: 507-521.

Kassrdjian CD, Tan YF, Chung JY, et al. 2005. The site of motor memory shifts with consolidation[J]. J Neurosci, 25: 7979-7985.

KacharB, Parakkal M, Fex J. 1990. Structural basis for mechanical transduction in frog vestubular sensory apparatus. I. The otolithic membrane[J]. Hear res, 45: 179-190.

Kevetter G. A, Leonard R. B. 2002. Molecular probes of the vestibular nerve. I. Peripheral termination patterns of calretinin, calbindin and peripherin containing fibers[J]. Brain Research, 928: 8-17.

Ковалеко ПА, Понаморенко ВА и ЧунтулАВ. 2007. Учение об иллюциах полета -Основы авиационной деллалогии. Институтпсихологии. РАН. Москва, 28.

Ковалеко ПА. и Чулаевский АО. 2011. Особенност и Иследванииия летног мышленя. Авиационная и воено-морская медицина, 1: 43-47.

Kuruvilla A, Sitko S, Schwartz I. R, et al. 1985. Central projections of primary vestibular fibers in the bullfrog: I. The vestibular nuclei[J]. Laryngoscope, 95: 692-707.

Курашвили АЕ. И Бабияки ВН. 1975. Физиологические Функции Вестибулярной Системы. Ленинград 《МЕДИЦИНА》, 259.

Langer T, Fuchs A F, Chubb M C, et al. 1985. Floccular efferentsin the rhesus macaque as revealed by autoradiography and horseradish peroxidase[J]. Journal of Comparative Neurology, 235: 26-37.

Land E H. 1978. The Retinex Theory of Color Vision[J]. Scientific American, 237(6): 108-128.

Limon A, Perez C, Vega R, et al. 2005. Ca2+-activated K+-current density is correlated with soma size in rat vestibular-afferent neurons in culture[J]. J Neurophysiol, 94: 3751-3761.

Lisberger S. G, Miles F. A. 1980. Role of primate medial vestibular nucleus in long-term adaptive plasticity of vestibuloocular reflex[J]. Journal of Neurophysiology, 43: 1725-1745.

Lisberger S. G. 1994. Neural Basis for Motor Learning in the Vestibuloocular Reflex of Primates 3. Computational and Behavioral-Analysis of the Sites of Learning[J]. Journal of Neurophysiology, 72(2): 974-998.

Lyons TJ, Ercoline W, O'Toole K, et al. 2006. Aircraft and related factors in crashes involving spatial disorientation: 15 years ofU. S. Air Force data[J]. Aviat Space Environ Med, 77 (7): 720-723.

Luxon LM. 2004. Evaluation and management of the dizzy patient[J]. J Neurol Neurosurg Psychiatry, 75: 45-52.

柳忠起 , 袁修干 , 刘伟 , 等 . 2006. 基于模拟飞行任务下的眼动指标分析 [J]. 中国安全科学学报 , 2(6): 50.

Magnusson AK, Lindström S, Tham R. 2000. GABA(B) receptors contribute to vestibular compensation after unilateral labyrinthectomy in pigmented rats[J]. Exp Brain Res. 134(1): 32-41.

Magnusson AK, Ulfendahl M, Tham R. 2002. Early compensation of vestibulo-oculomotor symptoms after unilateral vestibular loss in rats is related to GABA(B) receptor function[J]. Neuroscience. 111(3): 625-34.

Martin HJ. 2003. Neuroanatomy text and atlas. 3rd[M]. New York: McGrow-Hill Company.

McGrath BJ, AH, Guedry FE. 2002. Analysis of Spatial DisorientationMishaps in the US Navy. In RTO HFM Symposium on Spatial Disorientation in Military Vehicles: Causes, Consequences and Cures, RTO-MP-086: 1-12.

McCue MP, Guinan JJ. 1994. Influence of efferent stimulation on acoustically responsive vestibular afferents in the cat[J]. J Neurosci, 14: 6071-6083.

McElligott JD, Spencer R. 2000. Neuropharmologicalaspectsofthevestibuloocularreflex. Neurochemistry of Vestibular System[M]. CRC. Press: Boca Raton FT.

Meiry JL. 1965. The Vestibular System and Human space orientation. Doctor' s Thesis. MIT. NASA CR-628: 206.

Moravec WJ, Peterson. EH. 2004. Differences between stereocilia numbers on type I and type II vestibular hair cells[J]. J Neurophysiol, 92: 3153-3160

Nagai Y, Goto N, Goto J, 1999. Morphometric nerve fiber analysis and aging process of the human vestibularnerve[J]. Okajimas Folia Anat Jpn. 76(2-3): 95-100.

Nam JH, Cotton JR, Grant JW. 2005. Effect of fluid forcing on vestibular hair bundles[J]. J Vestib Res. 15(5-6): 263-78.

Newlands S. D, Purcell I. M, Kevetter G. A, et al. 2002. Central projections of the utricular nerve in the gerbil[J]. Journal of Comparative Neurology, 452: 11-23.

Newman DG. 2007. Anoverview of spatial disorientation as a factor in aviation accidents and incidents. Australian Govetnment, Australin Transport Safety Bureau, Aviation research and analysis report, B2007/0063.

Horng CT, Liu CC, Wu DM, et al. 2008. Visual fields during acute exposure to a simulated altitude of 7620 m [J]. Aviat Space Environ Med, 79(7): 666-669.

O'Lealy D. P, DavisLL. 1990. High-frequency autorotation testing of the vestibulo-ocular reflex[J]. Neurologic Clinics. 8: 297-312

Ostinga J, Wolf M, Newman D, et al. 1999. What kolled JFK Jr Lessons for VFR pilots[J]. Flight Safety Australia, 222-229.

Park JJ, Tang Y, Lopez I, et al. 2001.. Age-related change in the number of neurons in the human vestibular ganglion[J]. J Comp Neurol, 431(4): 437-438.

Patterson FR, Cacioppo AJ, Galimore JJ, et al. 1997.. Aviation spatial orientation in relationship to head position and attitude interpretation[J]. Aviation, Space, and Enviromental Medincine, 68: 463-471.

Paterson JM, Menzies JRW, Bergquist F, et al. 2004/2005. Cellular Mechanisms of Vestibular Compensation Neuroembryol Aging, 3: 183-193.

Peters RA. 1969. Dynamics of the vestibular system and their relation to motion perception, spatial disorientation, and illusions[J]. NASA CR-1309: 177-181.

Perez N, Julio RL. 2003. Head-Impulse and Caloric Tests in Patients with Dizziness[J]. Otology & Neurotology, 24: 913-917.

Peterka R, P. 2003. Loughlin Dynamic regulation of sensorimotor integration in human postural control[J]. J Neurophysiol, 91.

Платонов КК. Психлогия летного труда. Психологическая наака в СССР Изд. АПН. М, т. II.

Plotnik M, Marlinski V, Goldberg JM. 2005. Efferent-Mediated Fluctuations in Vestibular Nerve Discharge:

A Novel, Positive-Feedback Mechanism of Efferent Contro[J]. J Assoc Res Otolaryngol, 6(4): 311-323.

Plotnik M, Marlinski V, Goldberg JM. 2005. The fluctuations are mediated by the efferent vestibular system (EVS))Efferent mediated fluctuations in vestibular nerve discharge: a novel, positive-feedback mechanism of efferent control[J]. J Assoc Res Otolaryngol, 6(4): 311-323.

Previc FH, Yauch DW, DeVilbiss CA, et al. 1995. In Defense of traditional Views of spatial disorientation and lose of situational awareness[M]. Aviation, Space, and EnvironmentalMedicine, 66: 1103-1106.

Previc FH. 1998. The neuropsychology of 3-D space[J]. Psychological bulletin, 124: 124-164.

Previc FH. Ercolino WR. 2004. Historical beckground, concept and terminology. American institute of aeronauties and astronautics[M]. Inc. Reston, Virginia, 3.

Purcell IM. Perachio AA. 1997. Three-dimentional analysis of vestibular efferent neurons innervating semicircular canals of the gerbil[J]. J Neurophysiol, 78: 3234-3248.

Purcell, I. M, Perachio, A. A. 2001. Peripheral patterns of terminal innervation of vestibular primary afferent neurons projecting to the vestibulocerebellum in the gerbil[J]. Journal of Comparative Neurology, 433: 48-61.

Rabbiti RD, Damiano ER, Grant JW. 2004. Biomechanics of the Semicircular Canals and Otolith Organs. The Vestibular System[M]. Springer-Verlag. New York, 153-203.

Raphan, T, Matsuo, V, Cohen, B. 1979. Velocity storage in the vestibulo-ocular reflex arc (VOR)[J]. Experimental Brain Research, 35: 229-248.

Rasmussen GL, Gacek RR. 1958. Concering the question of the efferent fiber component of the vestibular nerve of the cat[J]. Anal Rec, 130: 361-362.

Rauch SD, Velazquez-Villaseñor L, Dimitri PS. 2001. Merchant SNDecreasinghair cell counts in aging humansAnn[J]N Y Acad Sci, 942: 220-227.

Raphan T, Matsuo V, Cohen B. 1979. Velocity storage in the vestibulo-ocular reflex arc (VOR)[J]. Exp Brain Res, 35: 229-48.

Raphaël M, Guy VM. 2006. Diagnostic Value of Vestibulo-Ocular Reflex Parameters in the Detection and Characterization of Labyrinthine Lesions[J]. Otology & Neurotology, 27(4): 535-541.

Reason JT, Brandt JJ. 1975. Motion Sickness[M]. Academic Press, London..

Reason JT. 1978. Motion sickness adaptation: a neural mismatch model[J]. Journal of the Royal Society of Medicine, 71: 819-829.

Ricci AJ, Fettiplace R. 1998. Calcium permeation of the turtle hair cell mechanotransducer channel and its relation to the composition of endolymph[J]. The Journal of Physiology, 506: 159-173.

Ricci AJ, Crawford AC, Fettiplace R. 2000. Active hair bundle motion linked to fasttransducer adaptation in auditory hair cells[J]. J Neurosci, 20: 7131-7142.

Rupert, AH, Guedry, FE, Reschke, MF. 1993. The Use of a Tactile Interface to ConveyPosition and Motion Perceptions[J]. Advisory Group for AerospaceResearch and Development. AGARD CP 541, 20(1)-20(75).

Rupest A. 2000. An instrumentation solution for reducing spatial disorientation mishap[J]. IEEE Engineering in medicine and biology 9(2): 71-80.

Sadeghi SG, Chacron MJ, Taylor MC, et al. 2007. Neural Variability, Detection Thresholds, and

Information Transmission in the Vestibular System[J]. The Journal of Neuroscience, 27(4): 771-781.

Sadeghi SG, Goldberg JM, Minor LB, et al. 2009. Efferent-Mediated Responses in Vestibular Nerve Afferentsof the Alert Macaque[J]. J Neurophysiol, 101: 988-1001.

Sato Y, Kanda KI, Kawasaki T. 1988. Target neurons of floccular middle zone inhibition in medial vestibular nucleu. Brain Research, 446(2): 225-235.

Schuknecht H F. 1974. Pathology of the ear[M]. Harvard University Press, Cambridge, Mass.

SchubertMC, Minor LB. 2004. Vestibulo-ocular PhysiologyUnderlying Vestibular Hypofunction[J]. Physical Therapy, 84(4): 373-385

Scudder, CA, Fuchs, A F. 1992. Physiological and behavioral identification of vestibularnucleus neurons mediating the horizontal vestibuloocular reflex in trained rhesus monkeys[J]. Journal of Neurophysiology, 68: 244-64.

Sharpe JA, Johnston JL. 1993. The Vestibulo-Ocular Reflex: Clinical, Anatomic, and Physiologic Correlates. The Vestibulo-Ocular Reflex and Vertigo[M]. New York: Raven Press, 16-17.

Sharpe JA. 1998. Neural Control of Ocular Motor Systems. Walsh and Hoyt’s Clinical Neuro-ophthalmology. 5ed[M]. Williams & Wilkins Company. Baltimore, 1154.

时粉周，王珏，包德海，等．急性轻度缺氧对飞行员视觉跟踪辨认能力的影响．海军医学杂志，2008, 29(1): 7-9.

Shinder ME, Purcell IM, Kaufman GD, et al. 2001. Vestibular efferentneurons project to the flocculus[J]. Brain Res, 889: 288-294.

Shimazu, H, Precht, W. 1966. Inhibition of central vestibular neurons from the contralateral labyrinth and its mediating pathway[J]. Journal of Neurophysiology, 29: 467-492.

Sipes WE, Lessard CS. 1999. Spatial Disorientation: A Survey of incidence[D]. Proceedings of the tenth international symposium on aviation pscychology, 910-915.

Smith PFV. 1997. estibular-hippocampal interactions[J]. Hippocampus, 7(5): 465-471.

Smith PF, Curthoys IS. 1989. Mechanisms of recovery following unilateral labyrinthectomy: a review[J]. Brain Res Brain Res Rev, 14(2): 155-80.

Soto E, Vega R. 2010. Neuropharmacology of Vestibular System Disorders[J]. Current Neuropharmacology, 8: 26-40.

郭军起，牟永贵，孙长江，等．2005. 飞行训练管理心理学 [M]. 北京．蓝天出版社．

Stewart CM, Mustari MJ, Perachio AA. 2005. Visual-vestibular interactions during vestibular compensation: Role of the pretectal NOT in horizontal VOR recovery after hemilabyrinthectomy in rhesus monkey[J]. Journal of neurophysiology, 94, (4): 2653-2666.

孙喜庆．2005. 航空航天生物动力学 [M]. 西安：第四军医大学出版社，81.

Tascioglu AB. 2005. Brief reviw of vestibular system anatomy and its higher order projections[J]. Neuroanatomy, 4: 24-27.

苗丹民，刘旭峰．2010. 航空航天心理学 [M]. 西安：第四军医大学出版社．

Tian JR, Shubayev I, Demer JL. 2002. Dynamic visual acuity during passive and self-generated trans ient head rotation in normal and unilaterally vestibulopathic humans[J]. Exp Brain Res, 142(4): 486-495.

Tsai ML, Liu CC, Wu YC, et al. 2009. Ocular responses and visual performance after high-acceleration force exposure[J]. Invest Ophthalmol Vis Sci, 50(10): 4836-4839.

藤野貞 . 2001. 神経眼科臨床のために第 2 版 [M]. 医学書院東京 , 309.

Vida PP, Waele CD, Vibert N, et al. 1998. Vestibular compensation revisited[J]. Otolaryngol Head Neck Surg, 119(1): 34-42.

王林 , 郭世俊 , 林年香 , 等 . 2009. 飞行员高振幅下不同振动频率的动态视力研究 [M]. 北京 : 人民军医 , 52(5): 311-312.

Wersall J, Gleisner L, Lundquist PG. 1967. In: Symposium on Myotatic, Kinaesthetic and Vestubular Mechanism[M]. JA. Chruchill, London.

Wearne S, Raphan T, Cohen B. 1998. Control of spetial orientation of the angular vestibuloicular reflex by the nodulus and uvula[J]. J Neurophysiol, 79: 2690-2715.

Wickens CD. 2008. Situation Awareness: Review of Mica Endsley' s 1995 Articles on Situation Awareness Theory and Measurement[J]. Human factors, 50(3): 397-403.

Wilson VJ, Jones MG. 1979. Mammalian vestibular physiology[M]. New York: Plenum Press, 53.

Wooltorton JR, Gabpyard S, Hurley KM, et al. 2007. Developmental changes in two voltage-dependent sodium current in utricular hair cells[J]. J Neurophysiol, 97: 1684-1704.

王建军 , 余启祥 . 1993. 小脑对运动的调节 . 韩济生主编 . 神经科学纲要 [M]. 北京 : 中国协和医科大学联合出版社 , 623.

吴国梁 . 1997. 振动对人眼视觉功能的影响 [J]. 东南大学学报 , 27(1): 93-96.

Xiong G, Matsushita M. 2001. Ipsilateral and contralateral projections from upper cervical segments to the vestibular nuclei in the rat[J]. Experimental Brain Research, 141: 204-217.

徐平 . 2007. 不同颜色视野范围比较初探 [J]. 湖北师范学院学报 (自然科学板), 27(1): 94-104.

Yates BJ, Miller AD. 1996. Vestibular Autonomic Regulation[M]. CRC Press Boca Raton, 3.

Yen-Hui Lin, Chih-Yong Chen, Shih-Yi Lu. 2008. Visua l fa t igue dur ing VDT work: Effects oftime-based and environment-based conditions[J]. Disp la ys, 29(11): 487-492.

于立身 . 2013. 前庭功能检查技术 [M]. 西安 : 中国人民解放军第四军医大学出版社 .

于立身 , 毕红哲 , 刘森 , 等 . 1996. 飞行 (学) 员仪表视觉空间定向水平试验研究 [J]. 中华航空医学杂志 , 7(4): 202-205.

Завалова. Н. Д, Ломов. Б. Ф. иПономаренко. В. А. Образ в системе психической регукяции деятельности. Акдемя наук институт псхологи СССР МОСКВА 《НАУКА》 1986.

张作明 . 2005. 航空航天临床医学 [M]. 西安 : 第四军医大学出版社 , 89.

Zhang Y, Partsalis AM, Highstein SM. 1995. Properties of superior vestibular nucleus flocculus target neurons in the squirrel monkey. I. General properties in comparison with flocculus projecting neurons[J]. J Neurophysiol, 73: 2261-2278.

Zee DS. 2000. Vestibular Adaptation. Vestibular Rehabilitation. 2nd Edition[M]. Davis FA. Company. Philadelphia, 77-90.

钟方虎 . 2004. 美国航空军医规范 [M]. 北京 : 解放军出社 , 85.

Previc FH, Ercoline WR. 2004. Spatial Disorientaion in Aviation[M]. American Institute. Aeronautics and Astronautics, Inc. Reston, Virginia, 182-183.

Bles W. 2008. Spatial disorientation traning - demonstration amd avoidance[C]. RTO Technical Report NATO. TR- HFM-118.

马谋超 . 1993. 心理学中的模糊集分析 [M]. 贵州 : 贵州科技出版社 , 171-187.
马谋超 . 1990. 词义赋值的模糊统计分析 [J]. 心理学报 , 1: 51-57.
游旭群、刘宁、任建军 , 等. 1994. 飞行错觉水平评定方法的初步研究 [J]. 心理科学 , 17(3): 133-136.
史玉泉 . 1994. 实用神经内科学 [M]. 上海 : 上海科学技术出版社 , 785.
Lauterbach EC, Spears TE, Prewett MJ. 1994. Neuropsychia-tric disorders, myoclonus, and dystonia in calcification ofbasal ganglia pathways[J]. Biol Psychiatry, 35(5): 345.
Fenelon G, Gray F, Paillard F. 1993. A prospective study ofpatients with CT detected pallidal calcifications[J]. J NeurolNeurosurg Psychiatry, 56(6): 622.
Ujihira N, Hashizume Y, Takagi T. 1997. An autopsied caseof atypical presenile dementia which shows lobar atro-phy, severe neurofibrillary tangles and calcification[J]. Rin-sho Shinkeigaku, 37(4): 292.
Prieto JM, Pardellas H, Sobrido MJ. 1997. Familial strio-palli-do-dentate calcification[J]. Rev Neurol, 25(144): 1213.
Ellie E, Julien J, Ferrer X. 1989. Familial idiopathic striopalli-dodentate calcifications[J]. Neurology, 39(3): 381
Polverosi R, Zambelli C, Sbeghen R. 1994. Calcification of thebasal nuclei in hypoparathyroidism[J]. The computed andmagnetic resonance tomographic aspects; Radiol MedTorino, 87(1-2): 12.
Raymond AA, Zariah AA, Samad SA. 1996. Brain calcificationin patients with cerebral lupus[J]. Lupus, 5(2): 123.
Calabrese VP, Hadfield MG. 1991. Parkinsonism and extraoc-ular motor abnormalities with unusual neuropathologicalfindings[J]. Mov Disord, 6(3): 25710.
Takashima S, Becker LE. 1985. Basal ganglia calcification inDown' s syndrome[J]. J Neurol Neurosurg Psychiatry, 48(1): 61.
Lugaresi A, Montagna P, Morreale A. 1990. Psychic akin-esia' following carbon monoxide poisoning[J]. Eur Neurol, 30(3): 167.
Schmidt H, Ullrich K, Korinthenberg R. 1988. Basal ganglioncalcification in hyperphenylalaninemia due to deficiency ofdihydropteridine reductase[J]. Pediatr Radiol, 19(1): 54.
隋南 , 翁旭初 , 高扬 . 1995. 梨状皮层或苍白球损毁对大鼠空间认知能力的影响 [J]. 心理学报 , 27(4): 428.
游旭群 , 王荣根 , 刘宁 . 1995. 认知特征与飞行错觉水平关系的初步研究 [J]. 中华航空医学杂志 , 6(2): 80.
Axer F, Haller R, Konig P. 1986. Clinical early symptoms andCT findings in Fahr syndrome[J]. Nervenarzt, 57(10): 583.
Melvill JG, Barry W, Kowalsky N. 1964. Dynamic of the semicircular canals compared in Yaw, Pitch and Roll[J]. Aerospace Medicine, 35: 984-989.
Vinacke WE. 1948. Aviator’s Vertigo[J]. Journal of Aviation Medicine, 19: 158-170.
Sipes WE, Lessard CS. 2000. A Spatial Disorientation Survey of experienced instructor pilots[J]. IEEE Engineering in medicine and biology, 19: 35-42.
Benson AJ. 1999. Spatial Disorientation-General Aspect. Aviation Medicine, 3rd ed[M]. Rainford,

Butterworth Heinemann, Oxford, Endland, UK, 1999, pp. 419-436.

Previc FH, Ercoline WR. 2004. Spatial Disorientation in Aviation: Historical Backgroind, Concets, and Terminology[J]. Spatial Disorientation in Aviation, Progress in Astronautics and Aernautics, 203: 1-4. Reston, VA: AIAA.

Bles W. 2008. Spatial Disorientation Training - Demonstration and Avoidance[J]. Final Report of Task Group TG-039, NATO RTO technical report TR-HFM-118.

Benson AJ. 1974. Orientation/Disorientation Training of Flying Personal. A Working Group Report[J]. AGARD Report, 625.

Gibb R, Gray R, Scharff L. 2010. Aviation Visual Perception[M]. Research, Misperception, and Mishaps, 149-152. MPG Books Group, UK, Engrand.

Ковалеко ПА, Понаморенко ВА и ЧунтулАВ. Учение об иллюциах полета - Основы авиационной деллалогии. Институт психологии. РАН. Москва 2007 28.

NATO MilItary Agency for Standardization. Aeromedical aspects of night vision device(NVD)training: STANAG7147-2007(S).

何晓晓 . 2020. 美军航空兵夜视夜战装备及训练情况！ [N]. 中国航空报 , 03-17(9).